国家能源集团
CHN ENERGY

技术技能培训系列教材

电力产业（火电）

燃气轮机技术

国家能源投资集团有限责任公司　组编

中国电力出版社
CHINA ELECTRIC POWER PRESS

内 容 提 要

本系列教材根据国家能源集团火电专业员工培训需求，结合集团各基层单位在役机组，按照人力资源和社会保障部颁发的国家职业技能标准的知识、技能要求，以及国家能源集团发电企业设备标准化管理基本规范及标准要求编写。本系列教材覆盖火电主专业员工培训需求，作者均为长期工作在生产第一线的专家、技术人员，具有较好的理论基础、丰富的实践经验。

本书为《燃气轮机技术》分册，主要内容包括燃气轮机和联合循环两部分。燃气轮机部分主要介绍了燃气轮机的工作原理、结构特点、性能分析、设计方法等方面的内容；联合循环部分则详细介绍了联合循环的基本原理、系统组成、设备选型、运行控制等方面的内容。此外，本书还对燃气轮机设备的运维管理进行了详细的阐述，并对燃气轮机技术的发展趋势进行了展望。

本书可作为燃气轮机机组从业者学习用书，有助于读者深入了解燃气轮机的关键技术和发展趋势，也可以作为燃气轮机机组运维职工岗位培训教材。

图书在版编目（CIP）数据

燃气轮机技术 / 国家能源投资集团有限责任公司组编. -- 北京： 中国电力出版社，2025.4. --（技术技能培训系列教材）. -- ISBN 978 - 7 - 5198 - 9488 - 7

Ⅰ．TK47

中国国家版本馆 CIP 数据核字第 20248EV128 号

出版发行：中国电力出版社
地　　址：北京市东城区北京站西街 19 号（邮政编码 100005）
网　　址：http://www.cepp.sgcc.com.cn
责任编辑：娄雪芳（010-63412375）
责任校对：黄　蓓　王小鹏
装帧设计：张俊霞
责任印制：吴　迪

印　　刷：三河市航远印刷有限公司
版　　次：2025 年 4 月第一版
印　　次：2025 年 4 月北京第一次印刷
开　　本：787 毫米×1092 毫米　16 开本
印　　张：23.75
字　　数：456 千字
印　　数：0001—1100 册
定　　价：125.00 元

序　言

习近平总书记在党的二十大报告中指出，教育、科技、人才是全面建设社会主义现代化国家的基础性、战略性支撑；强调了培养造就更多大师、战略科学家、一流科技领军人才和创新团队、青年科技人才、卓越工程师、大国工匠、高技能人才的重要性。党中央、国务院陆续出台《关于加强新时代高技能人才队伍建设的意见》等系列文件，从培养、使用、评价、激励等多方面部署高技能人才队伍建设，为技术技能人才的成长提供了广阔的舞台。

致天下之治者在人才，成天下之才者在教化。国家能源集团作为大型骨干能源企业，拥有近25万技术技能人才。这些人才是企业推进改革发展的重要基础力量，有力支撑和保障了集团公司在煤炭、电力、化工、运输等产业链业务中取得了全球领先的业绩。为进一步加强技术技能人才队伍建设，集团公司立足自主培养，着力构建技术技能人才培训工作体系，汇集系统内煤炭、电力、化工、运输等领域的专家人才队伍，围绕核心专业和主体工种，按照科学性、全面性、实用性、前沿性、理论性要求，全面开展培训教材的编写开发工作。这套技术技能培训系列教材的编撰和出版，是集团公司广大技术技能人才集体智慧的结晶，是集团公司全面系统进行培训教材开发的成果，将成为弘扬"实干、奉献、创新、争先"企业精神的重要载体和培养新型技术技能人才的重要工具，将全面推动集团公司向世界一流清洁低碳能源科技领军企业的建设。

功以才成，业由才广。在新一轮科技革命和产业变革的背景下，我们正步入一个超越传统工业革命时代的新纪元。集团公司教育培训不再仅仅是广大员工学习的过程，还成为推动创新链、产业链、人才链深度融合，加快培育新质生产力的过程，这将对集团创建世界一流清洁低碳能源科技领军企业和一流国有资本投资公司起到重要作用。谨以此序，向所有参与教材编写的专家和工作人员表示最诚挚的感谢，并向广大读者致以最美好的祝愿。

编委会

2024 年 11 月

前　　言

近年来，随着我国经济的发展，电力工业取得显著进步，截至 2023 年底，我国火力发电装机总规模已达 12.9 亿 kW，600MW、1000MW 燃煤发电机组已经成为主力机组。当前，我国火力发电技术正向着大机组、高参数、高度自动化方向迅猛发展，新技术、新设备、新工艺、新材料逐年更新，有关生产管理、质量监督和专业技术发展也是日新月异。现代火力发电厂对员工知识的深度与广度，对运用技能的熟练程度，对变革创新的能力，对掌握新技术、新设备、新工艺的能力，以及对多种岗位工作的适应能力、协作能力、综合能力等提出了更高、更新的要求。

在能源领域，燃气轮机技术日益受到重视，成为高效、清洁能源转换的代表。随着国家能源结构的调整和环保要求的提高，燃气轮机技术的应用范围不断扩大，对相关从业者的技术培训需求也日益迫切。正是在这样的背景下，我们编写了这本《燃气轮机技术》培训教材。

回顾历史，燃气轮机技术的发展经历了漫长的历程。从早期的简易模型到如今的高效、大功率设备，燃气轮机在技术上取得了巨大的突破。而随着技术的进步，燃气轮机的应用领域也在不断拓展，从航空、工业领域延伸至能源、交通等多个领域。

为了满足广大从业者对燃气轮机技术的学习需求，我们组织了一批经验丰富的专家和学者，共同参与了这本教材的编写工作。在编写过程中，我们结合了国内外最新的研究成果和实际应用案例，力求使教材内容既具有理论指导意义，又具有实际操作价值。

本教材共分为十五章，系统介绍了燃气轮机的工作原理、结构特点、性能分析、设计方法等内容。同时，还对联合循环技术进行了深入的探讨，包括基本原理、系统组成、设备选型、运行控制等方面的知识。此外，还特别关注了燃气轮机设备的运维管理，确保设备的安全、稳定运行。

值得一提的是，本书还对燃气轮机技术的发展趋势进行了展望。我们希望通过这一章节，帮助读者了解燃气轮机技术的未来发展方向，站在时代的前沿，把握技术发展的脉搏。

作为一本实用的培训教材，我们期望通过本书为广大的燃气轮机从业者提供有益的技术指导，共同推动燃气轮机技术的发展和进步。同时，也希望本书能够成为从业者学习、交流的平台，激发更多人对燃气轮机技术的兴趣和热情。

编写组

2024 年 6 月

目　录

第一章 燃气轮机概述

第一节 国内能源结构

2022年，我国着力增强能源生产保障能力，充分发挥煤炭"压舱石"作用，不断提升油气勘探开发力度，大力发展多元清洁供电体系，有力保障了经济社会稳定发展和持续增长的民生用能需求。原煤、原油、天然气、电力生产增速均实现不同程度增长。

面对复杂国内外形势，各地各部门落实党中央、国务院决策部署，助力能源行业多措并举保供稳价，煤炭增产保供成效显著，充分发挥了兜底保障作用，能源供应保持总体平稳，为经济恢复向好发挥重要作用。与此同时，风电、太阳能发电等新能源发展势头强劲，为我国经济社会发展提供绿色动能。近十年来，不同品种能源占比呈现不同趋势。原煤生产占比持续下降，2021年较2013年下降8.4个百分点。但因兜底保供原因，这一趋势在2022年发生临时性扭转，2022年占比较2021年回升2.2个百分点。原油生产总量占比继续下降，2022年较2013年降低2.1个百分点。天然气生产占比同比略有下降，总体上看，2022年较2013年提升1.6个百分点。

一、国内能源生产

2022年一次能源生产总量46.6亿tce，同比增长9.2%。其中，原煤产量45.6亿t，同比增长10.5%。原油产量20 472.2万t，同比增长2.9%。天然气产量2201.1亿m^3，同比增长6.0%。

二、国内天然气情况

1. 天然气产量现状

国家统计局数据显示，2022年，我国天然气产量达到2201.1亿m^3，同比增长6.0%，这是我国天然气产量连续6年增产超过100亿m^3。非常规油气成为天然气增产的重要领域，非常规天然气产量约占总产量40%，其中页岩气产量达到近240亿m^3，较2018年增加122%。

2. 国内天然气供需现状

国家发展改革委数据显示，2022年，我国天然气表观消费量3663亿m^3，同比下降1.7%。这是我国天然气年度消费量首次出现下降。具体来看，天然气市场需求从2022年上半年就已出现颓势，3—6月天然气消费量同比增幅均为负值，下半年市场需求仍未有明显反弹，全年消费量同比呈现负增长。究其原因，一方面，在多重因素影响下国内经济增长放

1

缓，导致工业用气、化工用气和交通用气消费疲软；另一方面，国际天然气价格高企，抑制了国内天然气消费需求。国际天然气价格屡创历史新高，2022 年天然气进口 10 925 万 t（约合 1508 亿 m³），同比减少 9.9%，金额 4683 亿元，同比增加 30.3%。2022 年，我国液化天然气（LNG）进口来源国主要有澳大利亚、卡塔尔、马来西亚、俄罗斯、印度尼西亚、巴布亚新几内亚、美国、阿曼、尼日利亚、特立尼达和多巴哥。其中，澳大利亚和卡塔尔仍为我国第一、二大 LNG 进口来源国。

3. 天然气管道建设现状

根据行业统计数据，截至 2022 年底，国内建成油气长输管道总里程累计达到 15.5 万 km，其中天然气管道里程约 9.3 万 km。2022 年，新建成油气长输管道总里程约 4668km，其中天然气管道新建成里程约 3867km，较 2021 年增加 741km。续建或开工建设的管道整体建设趋势维持向好态势，并且仍以天然气管道为主。

4. 储气库发展现状

2022 年，国内 7 座储气库投产、扩容，新增工作气量 21 亿 m³。截至 2022 年底，我国累计在役储气库（群）15 座，总工作气量 192 亿 m³，占全国天然气消费量比重 5.2%。

LNG 接收能力持续增长。2022 年，国内 3 座 LNG 接收站投产、扩建，新增接收能力 600 万 t/年。截至 2022 年底，我国已有 24 座接收站投运，总接收能力 9730 万 t/年，在建总能力超 1.2 亿 t/年。

三、国内电力生产

1. 2022 年全国总装机容量

2022 年，新增发电装机容量 19 974 万 kW，同比增长 11.5%，较 2021 年提高近 18 个百分点。截至 2022 年底，全国电力总装机容量约 25.6 亿 kW，同比增长 7.8%，增幅收缩 0.1 个百分点。我国发电装机容量在近十年内保持中高速增长。2013—2022 年，我国发电装机容量累计容量从 12.6 亿 kW 增长到 25.6 亿 kW，装机容量增速呈波动走势。2015—2019 年，装机容量增速整体呈下降趋势，受电力供需形势变化等因素影响，新增水电、核电、太阳能发电装机容量大幅下降；2020 年装机容量增速陡然回升，最主要原因是风电、太阳能发电等新能源新增装机容量创历史新高，见图 1-1。

2. 发电量快速增长

2022 年，我国发电总量约 8.7 万亿 kWh，同比增长 3.6%，全年净增发电量近 3000 亿 kWh。发电量约占世界总发电量的 32%，常居世界第一位且占比仍在提升。图 1-2 为 2015—2022 年我国发电量结构（亿 kWh）。

3. 发电结构持续优化

2022 年，煤电装机比重降至 43.8%，较上年下降 2.8 个百分点。煤电

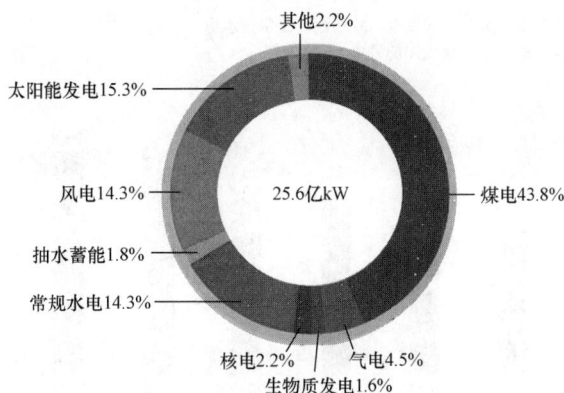

图 1-1　2022 年国内电源装机结构

（数据来源：国家能源局）

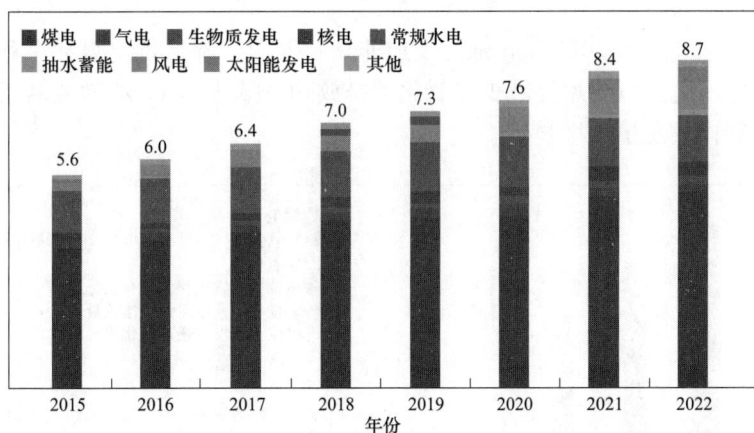

图 1-2　2015—2022 年我国发电量结构（万亿 kWh）

发电量比重降至 58.4%，较上年下降 1.6 个百分点。非化石能源装机比重增至 49.6%，较上年提高 2.5 个百分点。非化石能源发电量比重增至 36.2%，较上年提高 1.7 个百分点。2021 年，国内天然气发电装机容量达到了 10 894 万 kW，2022 年底国内天然气发电装机容量约 11 355 万 kW，2022 年气电占国内电源装机总量的 4.5%。

据国家能源局数据，全国可再生能源发电量 2.7 万亿 kWh，占全国发电量的 31.3%、占全国新增发电量的 81%，已成为我国新增发电量的主体。其中，风电、光伏发电量达到 1.19 万亿 kWh。2015—2022 年国内电源装机如图 1-3 所示。

4. 电力行业碳排放量有效减少

据中电联数据，见图 1-4，2021 年全国单位火电发电量二氧化碳排放量约为 828g/kWh，比上年降低 0.5%，比 2005 年降低 21.0%；单位发电量二氧化碳排放量约为 558g/kWh，比上年降低 1.2%，2021 年比 2005 年降

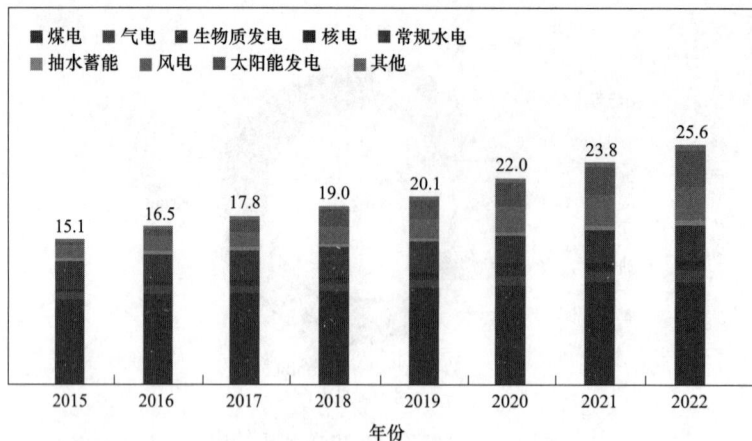

图 1-3 2015—2022 年国内电源装机容量（亿 kW）

（数据来源：国家能源局）

低 35.0%。2006—2021 年，通过发展非化石能源、降低供电煤耗率和线损率等措施，电力行业累计减少二氧化碳排放约 215.1 亿 t，有效减缓了电力二氧化碳排放总量的增长。

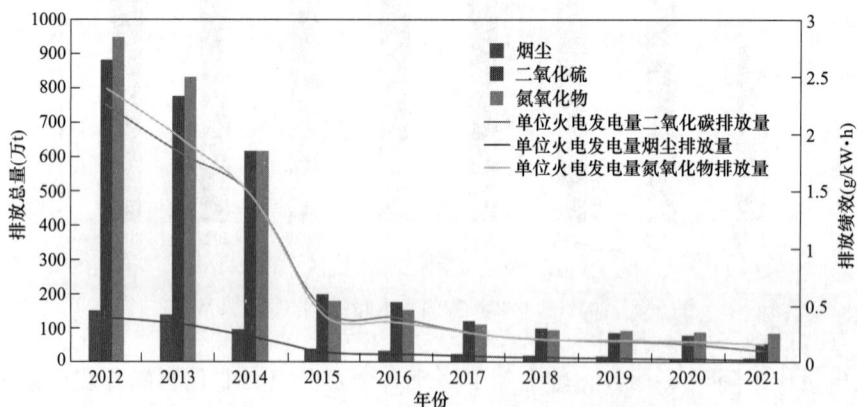

图 1-4 2012—2021 年污染物排放总量和排放绩效

四、国家能源政策

2022 年，全球能源供应总体趋紧，美欧加强能源安全与保障能力建设，多国扩大核能发展规模、延长煤电服役年限。我国"十四五"现代能源体系规划发布，碳达峰碳中和配套政策逐步完善，油气和电力市场化改革持续推进，改革要求及方向进一步明确。

1. 碳达峰、碳中和相关"标准"体系不断健全

2022 年 9 月 20 日，国家能源局印发《能源碳达峰碳中和标准化提升行动计划》，提升建立完善可再生能源、新型电力系统建设、新能储能等标准

体系；制定新兴技术和产业链碳减排相关技术标准；修订常规能源生产转化和输送利用能效相关标准；到 2025 年，初步建立起较为完善、可有力支撑和引领能源绿色低碳转型的能源标准体系；到 2030 年，建立起结构优化、先进合理的能源标准体系。

2. 碳市场建设不断完善

2022 年，国家相关部门出台系列政策，碳市场建设不断完善。4 月，《中共中央、国务院关于加快建设全国统一大市场的意见》中提出建设全国统一的能源市场以及培育发展全国统一的生态环境市场。6 月，生态环境部等 17 部门联合印发《国家适应气候变化战略 2035》，生态环境部等 7 部门印发《减污降碳协同增效实施方案》。8 月，科技部等 9 部门印发《科技支撑碳达峰碳中和实施方案（2022—2030 年）》，国家发展改革委、国家统计局、生态环境部联合印发《关于加快建立统一规范的碳排放统计核算体系实施方案》。10 月，国家能源局印发《能源碳达峰碳中和标准化提升行动计划》，市场监管总局等 9 部门联合印发《建立健全碳达峰碳中和标准计量体系实施方案》。12 月，生态环境部办公厅印发《企业温室气体排放核算方法与报告指南发电设施》《企业温室气体排放核查技术指南发电设施》。2022年，全国碳市场迈入第二个履约周期，总体运行平稳，碳价较 2021 年有所上涨。全年共运行 50 周（242 个交易日），全国碳市场碳排放配额（CEA）年度成交量 5088.95 万 t，年度成交额 28.14 亿元。截至 2022 年 12 月 31日，CEA 累计成交量 2.30 亿 t，累计成交额 104.75 亿元。每日收盘价在55~62 元/t 之间波动，成交均价为 45.61 元/t。

3. 非常规天然气开采增产稳步增长

2022 年 5 月 30 日，财政部印发《财政支持做好碳达峰碳中和工作的意见》。《意见》立足当前发展阶段，以支持实现碳达峰工作为侧重点，提出综合运用财政资金引导、税收调节、多元化投入、政府绿色采购等政策措施做好财政保障工作。《意见》明确，支持构建清洁低碳安全高效的能源体系、重点行业领域绿色低碳转型、绿色低碳科技创新和基础能力建设、绿色低碳生活和资源节约利用、碳汇能力巩固提升、完善绿色低碳市场体系等六大方面，其中明确提出，完善支持政策，激励非常规天然气开采增产上量。自 2012 年将页岩气纳入补贴范围以来，国内非常规天然气产量连续多年稳步增长。2019 年起，纳入补贴范围的非常规天然气包括页岩气、煤层气、致密气等气种。按照"多增多补、冬增多补"的原则，非常规天然气补贴按照增量考核的梯级奖励方式，以结果为导向，鼓励地方和企业增气上产。在政策支持下，2022 年非常规天然气产量占到我国天然气总产量的四成左右，成为天然气上产的重要保障。

4. LNG 接收站气化服务定价机制不断完善

2022 年 5 月 26 日，国家发展改革委发布《关于完善进口液化天然气接收站气化服务定价机制的指导意见》，指导各地进一步完善气化服务定价机制，规范定价行为，合理制定价格水平。这是我国首次专门就接收站气化服务价格制定的政策文件。《指导意见》的出台，为各地制定和调整气化服务价格提供标准和参照，有利于指导各地进一步完善价格机制，规范定价行为，合理制定价格水平，推动形成有序竞争的市场环境，助力接收站公平开放，促进天然气行业高质量发展，保障国家能源安全。

5. 燃气轮机行业发展受到国家政策大力支持

《依托能源工程推进燃气轮机创新发展的若干意见》：2017 年 6 月，国家发展改革委和能源局联合印发了该意见，旨在通过组织实施一批燃气轮机创新发展示范项目，加快推进燃气轮机技术装备攻关和项目建设，提高我国燃气轮机的自主创新能力和市场竞争力。

《关于加快推进分布式能源建设的指导意见》：2018 年 1 月，国家能源局印发了该意见，明确提出要加强分布式能源规划引导，完善分布式能源政策体系，推动分布式能源市场化运作，促进分布式能源与电网协调发展。

《关于加快推进船舶工业高质量发展的指导意见》：2020 年 12 月，工信部等六部委印发了该意见，明确提出要加强船舶工业技术创新，提高船舶工业核心竞争力，推动船舶工业转型升级，构建现代船舶工业体系。

第二节　世界燃气轮机发展现状

一、燃气轮机历史

20 世纪 40 年代，随着汽轮机和内燃机技术的发展，推动了重型燃气轮机的诞生。世界上第一台现代化发电用燃气轮机是 1939 年由 BBC 公司在瑞士纳沙泰尔（Neuchatel）投运的 4MW 燃气轮机，到 2002 年退役，这台机组运行了 60 多年。

世界上第一台商业燃气轮机是 GE 公司在 1949 年生产的，安装在美国俄克拉何马州的贝尔岛（Belle Isle）发电站。这台燃气轮机的投运不但奠定了 GE 公司在燃气轮机领域的地位，也正式开创了世界燃气轮机发电行业的蓬勃发展。

二、国内燃气轮机现状

目前我国现已具备轻型燃气轮机（功率 50MW 以下）自主化制造能力，低端设备甚至可以出口，但重型燃气轮机仍基本依赖进口，核心技术基本被美国 GE、日本三菱、德国西门子等国际厂家垄断，国内市场存在被"卡脖子"的风险。

目前，通过引进先进技术和自主创新，我国已经掌握了部分先进燃气发电装备的制造技术和工艺，如重型燃气轮机核心热端转动部件的核心技术，燃气轮机系统制造能力逐渐增强，打破了垄断，价格有所降低；技术服务逐步本地化，燃气轮机运营维护成本也逐步降低。以 F 级燃气轮机为例，我国燃气轮机零部件国产化率可达到 80%～90%。根据海关总署数据，2022 年燃气轮机进口 41.61 亿美元，出口 7.35 亿美元，无论是量还是单价进口都远高于出口，突破技术瓶颈是一场困难的持久战，燃气轮机自主化任重道远。当下燃气轮机的制造厂家主要有美国 GE 公司、德国 SIEMENS 公司（曾与上海电气集团是合作伙伴关系，现在与华电重工建立了合作伙伴关系）、东方电气（引进日本三菱公司技术）和上海电气（引进 Ansaldo 公司技术）四家主流厂家。

1. 首台国产 F 级 50MW 重型燃气轮机

2022 年 11 月 25 日，国内首台自主研制 F 级 50MW 重型燃气轮机在东方汽轮机的燃气轮机总装车间内正式完工发运，2022 年 12 月 31 日在华电清远华侨工业园天然气分布式能源站，实现首次点火成功，标志着我国在重型燃气轮机领域完成了从"0"到"1"的突破。相较于同功率的火力发电机组，东方电气 F 级 50MW 重型燃气轮机一年可减少碳排放超过 50 万 t，联合循环机组一小时发电量超过 7 万 kWh，可以满足 7000 个家庭一天的用电需求，将积极助推"双碳"目标实现。2023 年 3 月 8 日，被誉为中国"争气机"的我国首台全国产化 F 级 50MW 重型燃气轮机商业示范机组，在华电清远华侨工业园天然气分布式能源站顺利通过 72＋24h 试运行，研制、安装、调试工作圆满完成，各项性能指标达到标准要求，正式投入商业运行，填补了我国自主燃气轮机应用领域空白，解决了多项"卡脖子"关键核心技术难题，为清洁能源领域提供自主可控全链条式的"中国方案"，开启了中国自主燃气轮机产业高质量发展的新篇章。

2. 首台国产 HA 级重型燃气轮机，在秦皇岛重燃基地顺利下线

2023 年 2 月 14 日，由哈电集团和 GE 燃气发电合资组建的哈电通用燃气轮机（秦皇岛）有限公司生产的首台国产 HA 级重型燃气轮机，在秦皇岛重燃基地顺利下线。据了解，HA 级燃气轮机技术代表着当前燃气轮机发电领域最先进的技术之一。GEHA 级燃气轮机是世界上最大、最高效的燃气轮机发电机组之一，也是全球近几年装机量增长最快的燃气轮机，特别适合在大城市集群用作纯凝发电或作为调峰机组与可再生能源进行互补。其中，9HA.01 燃气轮机电厂的一拖一联合循环机组出力可达到 661MW，9HA.02 燃气轮机可达到 838MW，容量与国内 660MW 和 1000MW 煤电机组相当，完全可以作为基荷电力替代燃煤电厂使用。在效率方面，9HA.02 燃气轮机联合循环机组效率已经达到 64% 以上。与此同时，GE 旗下的 HA 级燃气轮机目前已经具备了 50% 的燃氢能力。GE 的目标是在 2030 年前实现 HA 级燃气轮机 100% 烧氢。

3. 联合开发 AE94.2K 超低热值燃气轮机

2003 年，上海电气首次引进国外先进的燃气轮机技术，但当时的引进技术并不完整。2014 年，上海电气通过对意大利安萨尔多进行股

权收购，才真正掌握了完整的燃气轮机技术，从而实现从销售到服务整个生命周期内的国产化。2016 年 11 月，上海电气与安萨尔多签署了联合开发 AE94.2K 超低热值燃气轮机联合开发协议。2017 年 2 月，上海电气与意大利存贷款银行、安萨尔多能源集团在北京人民大会堂签署 H 级燃气轮机技术联合开发备忘录。国家电投上海电力公司于 2018 年底与上海电气，安萨尔多公司成功签订了燃气轮机设备及相关服务采购框架协议。

三、国际燃气轮机发展

燃气轮机的起源可以追溯到 18 世纪末的工业革命时期。当时，人们已经开始利用蒸汽机来驱动机械设备。然而，蒸汽机存在启动慢效率低、体积庞大等问题，无法满足工业化的需求。于是，科学家开始研究利用气体燃烧产生动力的方法。在 19 世纪末，德国工程师奥托. 冯. 格林森发明了第一台以气体燃烧为动力的燃气轮机。这台轮机由一个压缩机和一个涡轮机组成，压缩机将空气压缩后送入燃烧室，与燃料混合并燃烧产生高温高压气体，然后通过涡轮机将气体转化为机械能。这一发明标志着燃气轮机的诞生，奠定了现代燃气轮机的基本原理。20 世纪，燃气轮机得到了进一步的发展。随着石油工业的兴起，燃料的供应问题得到了解决，为燃气轮机的应用提供了保障。同时，人们对燃气轮机的效率和功率密度提出了更高的要求。为了提高效率，科学家们开始研究采用多级压缩和多级膨胀的燃气轮机，以充分利用燃气的能量。为了提高功率密度，他们开始研究采用高转速和高温度的燃气轮机以增加单位体积内的动力输出。

现代燃气轮机技术的发展主要以提高燃烧温度（特别是透平初温）和增大压比来提高出力和效率。在 1986 年之前，重型燃气轮机市场主要以 D 或 E 级为主。GE 于 1986 年推出世界上首台 F 级燃气轮机（60Hz 的 7F），F 级燃气轮机经过 30 多年的发展，已经非常成熟，但受限于原生技术，联合循环机组效率一直在 59%～60% 之间徘徊。

直至 2000 年后，燃气轮机进入 H 级时代。所谓 H 级燃气轮机，GE 的定义（代表行业定义）为燃烧温度高于 1500℃ 以上的燃气轮机，比 F 级燃气轮机高出 100℃ 以上，联合循环机组效率比 F 级高出 3.5 个百分点以上。H 级燃气轮机经济性好，投资低，运行费用低，运行灵活性好，适应了能源市场多元化的需求，从 2010 年开始，全球燃气轮机市场 H 级占比快速增长，2017 年达到五成市场份额。H 级联合循环机组是大势所趋。在国内近几年，随着天津军粮城 GE9HA 燃气轮机项目和广东增城西门子 8000H 燃气轮机项目陆续投运生产发电，越来越多的 H 级燃气轮机项目落地。重型燃气轮机市场份额如图 1-5 所示。

H 级燃气轮机主要有 GE 的 9H 系列、西门子的 8000H 系列、三菱的 701J 和安萨尔多 GT36 系列。目前，各公司的 H 级燃气轮机均已发展到

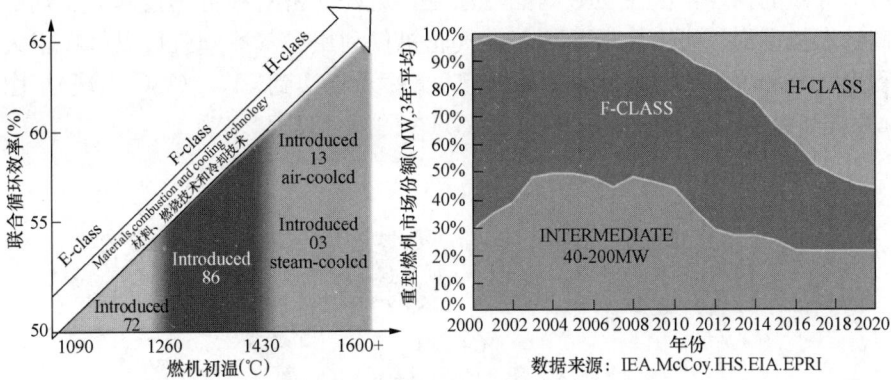

图 1-5 重型燃气轮机市场份额

第二代，在市场宣传上运行经验倾向于将第一代和第二代合并计算，但是第二代相对于第一代技术变化不小，表 1-1 将各家两代 H 级燃气轮机的首次投运时间做了详细比较，表中时间为当前 H 级燃气轮机首次投运时间。

表 1-1　H 级燃气轮机首次投运时间

机组	型号	首次投运年份
GE 第一代 H 级	7H/9H	2003
GE 第二代 H 级	9HA/7HA	2015
西门子第一代 H 级	8000H	2011
西门子第二代 H 级	8000HL/9000HL	2020
三菱第一代 H 级	501J/701J	2013
三菱第二代 H 级	501JAC/701JAC	2021
安萨尔多 H 级	GT36-S5	2023

1. GE 两代 H 级燃气轮机的技术发展

1995 年，GE 开始研发 H 级燃气轮机系统，1998 年完成 9H 系列燃气轮机全速空载试验，2000 年完成 7H 系列燃气轮机全速空载试验，2003 年 9H 系列燃气轮机首次进入商业运行，2008 年 7H 系列燃气轮机首次进入商业运行。GE 公司早期出厂的 H 系列燃气轮机采用蒸汽冷却技术，达到了较高的热效率，首个样板项目是英国巴格朗港的 9H 燃气轮机，此外还有日本东京电力公司富津电厂的三台 9H 机组，和美国 Inland 帝国能源中心的两台 7H 燃气轮机。

由于蒸汽冷却技术增加了客户维护费用和操作的复杂性，为实现系统简化和提高效率，GE 于 2013 年推出了全空气冷却的 HA 型燃气轮机，借鉴了航空引擎的技术，重新设计优化了叶片的空气动力学，通过复杂的冷却通路实现更为有效的空气冷却，优化热通道部件的设计以减少温度和热应力分布的梯度，使用更好的隔热涂层，更好的密封和传热技术，实现更高的燃烧室出口温度，新型 HA 燃气轮机仅利用空气冷却就可以就在很大程度上增加单机出力，联合循环机组净效率可以达到 64％（ISO 工况）。图 1-6 详细表示了从第一代 H 到第二代 HA 的演化过程。

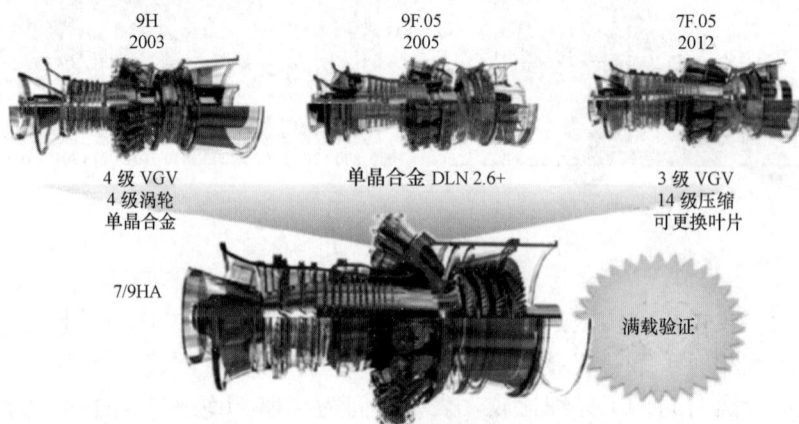

图 1-6　7/9HA 燃气轮机的发展进程

2015 年 12 月 17 日，位于法国布尚的（EDF）联合循环电厂的首台 9HA.01 成功完成"首次点火"，这标志着 GE 的第一台 HA 系列的燃气轮机成功投入运行。Bouchain 电厂于 2016 年 6 月中旬投入商业运行，其拥有超过 605MW 的发电能力，并且联合循环机组净发电效率为 62.22％，创造天然气发电最高效率吉尼斯世界纪录。

截至 2023 年 11 月，HA 燃气轮机累计运行小时数超过 220 万 h，订单 151 台，投运 88 台。

2. 西门子两代 H 级燃气轮机的技术发展

Siemens 公司于 2000 年 10 月首次提出 H 级燃气轮机的研发计划，2007 年 4 月在柏林工厂完成了首台 SGT5-8000H 型燃气轮机原型机的组装，并于 2009 年 8 月在德国巴伐利亚州 Irsching 电站成功完成全部燃气轮机单循环验证性试验项目，最终于 2011 年 7 月完成整台联合循环机组的调试，其单轴联合循环机组功率为 578MW，效率为 60.75％。2016 年 1 月 22 日，Siemens 公司向德国 Lausward 电厂交付一套 H 级燃气轮机联合循环发电机组，在验收试运阶段，机组最大发电输出功率达到了 603.8MW，效率为 61.5％。

8000H 从一开始就采用了空冷技术，避免了蒸汽冷却对客户维护费用和操作性造成的影响。因此早期收获大量订单，由于 8000H 效率大幅落后，2015 年 9HA 燃气轮机发布后，订单大幅下滑。

西门子于 2017 年推出第二代 H 级燃气轮机，将发电效率从 61％提高到 63％。西门子新型 HL 燃气轮机包括 SGT5-9000HL 和 SGT6-9000HL 分别对标 GE 的 9HA.02、7HA.02。相比第一代 H 级燃气轮机，HL 燃气轮机采用了一系列新技术提升性能，比如新的燃烧系统、新的热障涂层技术和大尺寸自立式叶片，如图 1-7 所示。另外，为了满足透平叶片冷却要求，HL 燃气轮机还要求在余热锅炉增加一个集成冷却器，用于冷却透平叶片冷却空气，同时增加中低压蒸汽产量，用以保障燃气轮机转子长期稳定运行，提高了循环效率，但降低了燃气轮机单循环的独立性，增加了系统的复杂性和发生故障的风险。

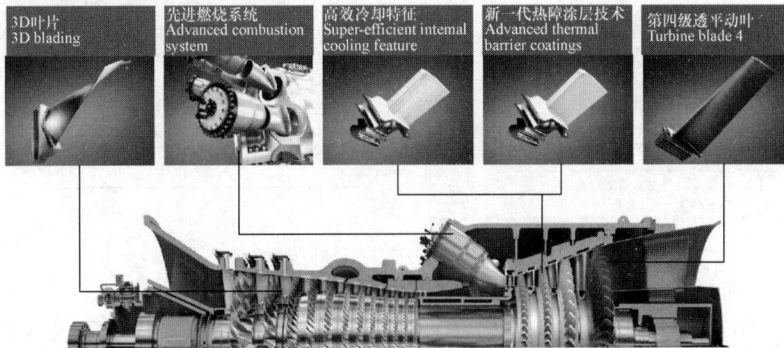

图 1-7　西门子 HL 燃气轮机前沿技术

3. 三菱两代 J 级燃气轮机的技术发展和业绩

三菱 J 型燃气轮机压气机研发借鉴了 H 级燃气轮机高压比压气机技术，通过改善进气导管和叶型三维轮廓，提高压比；燃烧室借鉴 G 级燃气轮机蒸汽冷却燃烧器的设计经验，采用成熟的 DLN 燃烧室和蒸汽冷却衬垫；透平采用了先进的涂层、冷却等优化技术。J 级燃气轮机透平进气温度达到 1600℃，比三菱 G 级燃气轮机高约 100℃。2011 年，M501J（60Hz）机组开始实际验证性运行，并于 2013 年首次进入商业运行。首台 50Hz 的 M701J 型燃气轮机已于 2016 年 1 月在日本东京电力公司川崎发电厂投入商业运行，联合循环机组设计出力 710MW，设计发电效率 61%。

三菱的第二代 J 级燃气轮机同样抛弃了蒸汽冷却技术，采用了空冷，命名为 JAC。三菱公司首台采用空气冷却燃烧器的 M501JAC（60Hz）燃气轮机于 2014 年完成了验证试验。

JAC 燃气轮机也采用了新的技术，如图 1-8 所示，比如增强型空气冷却燃烧器，新的热障涂层和高压比压气机，同时 JAC 燃气轮机在 J 型燃气轮机的三个外部冷却器的基础上，增加了一个强制冷却回路，进一步增加了冷却系统的复杂性。

4. 安萨尔多 H 级燃气轮机的技术发展

目前，意大利安萨尔多的燃气轮机销量虽不能和美日德三巨头相比，但它却拥有完整的技术产权、独立的技术，而且燃气轮机产品型号齐全，包括最大的是 50 万 kW 的 H 级燃气轮机，30 万 kW 的 F 级，18 万 kW 的

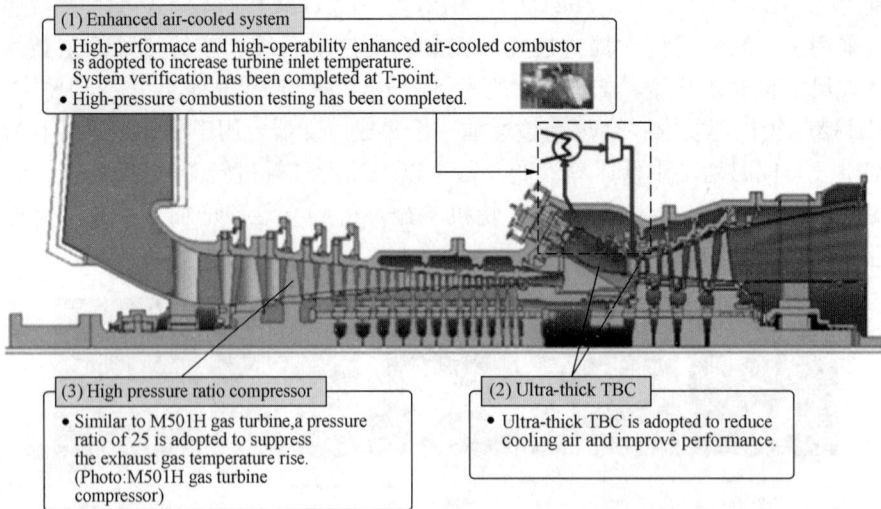

图 1-8　三菱燃气轮机技术

E 级，8 万 kW 的小 F 级，还有 100kW 的微型燃气轮机，都在国内有订单。再加上 2016 年安萨尔多能源公司最终收购了法国阿尔斯通的先进重型燃气轮机业务及其子公司 Power System Manufacturing，该交易包括 GT26 和 GT36 重型燃气轮机的所有知识产权，因此安萨尔多具备竞争燃气轮机第一梯队的实力。

安萨尔多 H 级 GT36 燃气轮机是 Alstom 公司继 GT26 后研发的新一代 H 级燃气轮机项目，采用了全新的设计和燃烧室技术。2016 年 5 月，GT36 燃气轮机在瑞士 Birr 正式运行，标志着 GT36 由研发阶段转入运行验证阶段。GT36 燃气轮机采用连续燃烧技术，但是不再使用环形燃烧器，而是采用了管型燃烧室，学名为 CPSC 恒压连续燃烧器。其中 50Hz 版本的 GT36-S5 采用 16 个管型燃烧室，60Hz 版本的 GT-S6 采用 12 个管型燃烧室。GT36 燃烧室的预混燃烧器利用 FlameSheetTM 燃烧室技术，连续燃烧器由 SEV 燃烧器和燃烧喷射器演变而来，具有更多的涡流发生器和提供多点喷射的燃料喷嘴以改善混合效果。由于燃烧技术的改进，GT36 的压气机部分由 GT26 的 22 级减少为 15 级，涡轮进气温度较 GT26 有显著提高，为此在涡轮前段叶片运用了双层热障涂层技术，第一级叶片采用了 3D 核心设计以增加冷却效率，如图 1-9 所示。

2017 年 5 月 5 日，意大利安萨尔多公司宣布，该公司首台 H 级燃气轮机机组 GT36 已完成了在瑞士 Birr 电厂的综合验证计划的第一阶段，实际功率输出高达 340MW，简单循环效率为 41%，联合循环机组预计高达 61.3%。安萨尔多表示，此次测试充分验证了该 H 级燃气轮机在整个负载范围内的高性能、低排放，并具有良好的操纵性。

综上所述，经过将近 20 年的发展，各家的主流型号 H 级燃气轮机都进

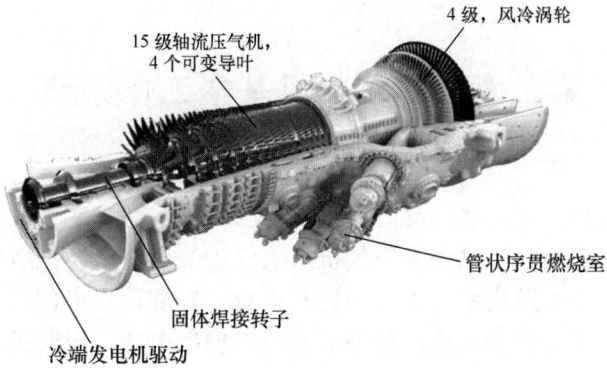

15 级轴流压气机，
4 个可变导叶

4 级，风冷涡轮

管状序贯燃烧室

固体焊接转子

冷端发电机驱动

图 1-9　安萨尔多 GT36 技术

入二代时期。国内电力市场化改革进入全面深化阶段，全国统一电力市场体系加速推进，清洁能源转型以及上网电价市场化改革不断深化。燃气轮机燃用天然气发电启停灵活且几乎不排放二氧化硫及烟尘，占地面积小，作为灵活性电源将发挥重要作用，发展空间不可小觑。国家发展改革委提出，要深化重点领域体制改革，推进燃气发电上网机制改革，将进一步倒逼发电企业提升自身技术水平，降低发电成本，来保证自身经济优势，实现可持续发展。H 级燃气轮机将有更大的空间发挥其更加环保、度电成本更低、调峰能力更灵活以及其他更先进的辅助性服务能力。

第二章 燃气轮机基本工作原理

燃气轮机是一种新型的动力机械，由压气机、燃烧室和燃气透平这三大部件组成，它的工作过程为压气机从大气中吸入空气，把空气压缩到一定压力，然后进入燃烧室与喷入的燃料混合、燃烧，形成的高温、高压燃气经透平逐级膨胀做功，推动同轴的发电机输出电能，同时推动同轴的压气机压缩空气维持燃气轮机的运行。

燃气轮机热力循环是"布雷顿循环"，在可逆的理想条件下，它是由以下四个过程组成的：①理想的绝热压缩过程；②等压燃烧加热过程；③理想的绝热膨胀过程；④等压冷却过程。

显然，在燃气轮机中完成的把燃料中的化学能转化成为机械功的数量及有效程度，必然与工质所参与的工作过程和热力循环有密切关系。

本章我们将就工质在燃气轮机中完成理想的简单循环、实际循环过程进行简要分析，以便揭示燃气轮机工作过程的实质。

第一节 燃气轮机理想热力循环过程

简单循环的燃气轮机，其通流部分由进排气管道和燃气轮机的三大件即压气机，燃烧室、透平组成。从大气中吸取空气，透平排出的燃气又回到大气中去，如图 2-1 所示。

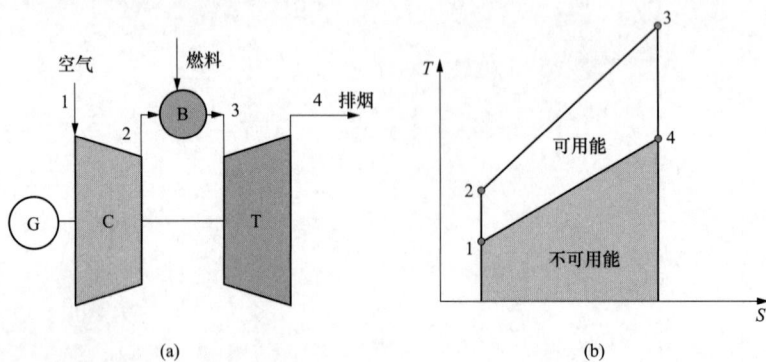

图 2-1 理想燃气轮机循环

(a) 理想燃气轮机循环的热力系统；(b) 理想燃气轮机循环的 T-s 图

由图 2-1 (a) 可以看出压气机从大气吸入空气，并把它压缩到一定压力，然后进入燃烧室与喷入的燃料混合、燃烧，形成高温燃气。具有做功能力的高温燃气进入透平膨胀做功，推动透平转子带着压气机一起旋转，从而把燃料中的化学能部分地转变为机械功、燃气在透平中膨胀做功，而其压力和温度都逐渐下降，最后排向大气。只要机组启动成功后，连续不断地向燃烧室喷入燃料，并维持正常燃烧，那么上述过程就会连续不断地进行下去，燃料中的化学能也将部分地、连续不断地转化为机械功，这就是开式简单循环燃气轮机的工作原理。

理想简单循环的热力过程如图 2-1（b）的 T-s 图所示。过程 1→2 是空气在压气机中被等熵压缩，过程 2→3 是空气在燃烧室中与燃料等压混合、燃烧的过程，过程 3→4 是燃气在透平中被等熵膨胀做功，过程 4→1 是透平排气在大气中等压放热的过程。

下面我们顺着工质的流向，对理想简单循环燃气轮机的热力过程以及循环特性参数作简要的介绍。

压气机中，空气被压缩，比容减小，压力增加，因此必须输入一定数量的压缩功。当忽略压气机与外界发生的热量交换时，这一压缩过程就是绝热的。如果过理进行得十分理想，没有摩擦和扰动等不可逆现象存在，那么这一过程就是理想绝热过程。

在燃烧室中，从压气机排出的高压空气与燃料喷嘴喷出的燃料混合燃烧，将燃料的化学能释放出来，转化为热能，使燃烧产物即燃气达到很高的温度，因此，这就相当于从外界吸收一定数量的热，使工质温度升高，比容增大的加热过程。在这一燃烧加热过程中，工质只与外界有热量交换，并不对机器做功。

空气或燃气在燃烧室中的流动过程伴随着损失，压力有所下降。但是设计良好的燃烧室中压力损失很小，因此，在进行理论分析时，可以认为燃烧室中工质压力保持不变，即是说，燃烧室中的燃烧升温过程可以看作为一个定压加热过程。

从燃烧室出来的具有较高压力的高温燃气进入透平后，在透平中膨胀，带动压气机旋转，同时对外界输出一定数量的机械功。与此同时，工质的温度、压力下降，比容增加。在这一过程中透平机壳会对外界环境散热，但是由于燃气流量很大，燃气流过透平所需时间很短，因此对外界的散热相对很小。从而可以忽略对外界的散热而把透平中工质的膨胀做功过程当作绝热过程。在这一过程中，工质与外界只有机械功的传递而没有热量的交换。在没有摩擦等不可逆现象的情况下，透平中的膨胀可以看作是理想绝热过程。

燃气轮机排气经排气管道和烟囱排入大气，在大气中自然放热，温度降低到环境温度，也就是压气机进口空气的温度，当忽略排气系统压力损失时，在这一自然放热过程中，压力不变，因而是一个定压放热过程。

第二节 燃气轮机实际热力循环过程

实际的燃气轮机循环与理想循环存在着较大的差异。首先是由于循环中各个过程都存在着损失，例如实际的压缩过程和膨胀过程都不是等熵的，使得实际压缩功大于等熵压缩功，实际膨胀功小于等熵膨胀功，即压气机效率和透平效率都小于1。又如燃烧室中存在流动的压力损失和燃烧不完全损失。其次是作为工质的燃气和空气的热力性质不同，两者的流量也有差别。此外还有其他的损失，例如燃气轮机的进气和排气压力损失，轴承摩擦和传动辅功等的机械损失。

实际简单循环见图2-2，此图是考虑到压气机效率和透平效率后循环的变化，即1-2和3-4变为1234，其中12和34是等熵的，1-2和3-4是计及压气机效率和透平后的实际过程。

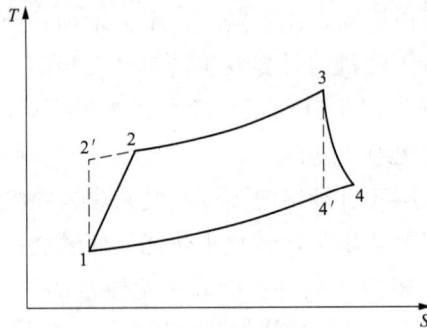

图2-2 燃气轮机实际简单循环

实际简单循环中各种不可逆因素，可以概况地用各部件效率和压力保持系数衡量，这些指标包括压气机内效率、燃烧室效率、燃气透平内效率、压气机进气管道的压力保持系数、燃烧室的总压保持系数、排气系统的压力保持系数。提高这些参数，就可以使实际循环向理想循环趋近，其中压气机的内效率及燃气透平内效率对循环影响最显著。

衡量一台燃气轮机设计好坏的技术指标是很多的，例如机组的热效率、尺寸、寿命、制造和运行费用，启动和携带负荷的速度等，这里我们主要从热力循环的角度，着重讨论机组的热效率、压比和温比等参数。

一、热效率

热效率的含义是：当工质完成一循环时，把外界加给工质的热量q（或Q）转化成为机械功的百分数。根据机械功是在什么地方测得的，有以下三种效率的定义。

1. 循环效率

$$\eta_i = \frac{\omega_i}{q_1} = \frac{\omega_T - \omega_c}{q_1} = \frac{\omega_T - \omega_c}{fH_W} \qquad (2-1)$$

式中 q——相对于1kg空气来说加给机组的热量，K/kg；

ω_{T}——相对于1kg空气来说的透平的膨胀轴功，kJ/kg；

ω_{c}——相对于1kg空气来说的压气机的压缩轴功，kJ/kg；

ω_{i}——相对于1kg空气来说的循环净功，kJ/kg；

H_{w}——燃料发热量，kJ/kg；

f——燃料流量与空气流量之比即燃料空气比。

2. 装置效率

$$\eta_{s} = \eta_{i} \cdot \eta_{m} = \frac{\omega_{T} - \omega_{c}}{q_{1}} \cdot \eta_{m} = \frac{\omega_{s}}{f H_{w}} \tag{2-2}$$

式中 η_{m}——燃气轮机机械效率；

η_{i}——燃气轮机循环效率；

f——燃料流量与空气流量之比即燃料空气比；

ω_{s}——相对于1kg空气来说在透平功率输出轴上测得的功率，kJ/kg；

ω_{T}——相对于1kg空气来说的透平的膨胀轴功，kJ/kg；

ω_{c}——相对于1kg空气来说的压气机的压缩轴功，kJ/kg；

H_{w}——燃料发热量，kJ/kg。

3. 机组的有效效率

$$\eta_{e} = \frac{\omega_{e}}{q_{1}} = \frac{\omega_{e}}{f H_{w}} = \eta_{i} \cdot \eta_{m} \cdot \eta_{g} = \frac{3600 N_{e}}{B H_{w}} \tag{2-3}$$

式中 η_{g}——发电机效率；

N_{e}——发电机的功率，kW；

B——每小时加给机组的燃料量，kg/h；

η_{e}——燃气轮机用来发电时衡量机组热经济性的一项指标。

有时还用热耗率 q_{e} 来衡量机组的热功转换效率，即：

$$q_{e} = \frac{B H u}{3600 N e} \tag{2-4}$$

显然，效率与热耗率互为倒数。油耗、热效率和是从不同角度来衡量机组功能转换效率的，因此，它们是互相关联的，知道其中一个，就可以求出另外两个来。

二、压比 π^{*}

压气机压比是压气机出口气流压力与其进口的气流压力的比值，表征工质在压气机内受压缩的程度，决定循环性能的重要参数。用滞止压力（总压）表示：

$$\pi^{*} = \frac{p_{2}^{*}}{p_{1}^{*}} \tag{2-5}$$

式中 p_{2}^{*}——压气机出口气流压力，MPa；

p_{1}^{*}——压气机进口气流压力，MPa。

三、温比 τ^*

压气机温比是燃气轮机透平前进口燃气温度与压气机进口气流温度的比值，表征工质被加热的程度，用滞止温度（总温）表示。决定循环性质的最重要参数（τ^* 愈高，性能愈好，但对耐高温材料或冷却技术的要求越高）。

$$\tau^* = \frac{T_3^*}{T_1^*} \tag{2-6}$$

式中　T_3^*——透平前进口燃气温度，MPa；

　　　T_1^*——压气机进口气流温度，MPa。

第三节　压气机热力学原理

根据相似理论有：

$$\pi_C = f(M_u, M_{ca}) = f\left[\frac{u}{\sqrt{kR_gT_{in}^*}}, \frac{c_a}{\sqrt{kR_gT_{in}^*}}\right] \tag{2-7}$$

$$\eta_C = f(M_u, M_{ca}) = f\left[\frac{u}{\sqrt{kR_gT_{in}^*}}, \frac{c_a}{\sqrt{kR_gT_{in}^*}}\right] \tag{2-8}$$

式中　M_u——周向马赫数；

　　　M_{ca}——轴向马赫数；

　　　R_g——理想气体常数；

　　　T_{in}^*——压气机入口温度；

　　　k——空气比热容。

考虑到 $p_{in}^*V = GR_gT_{in}^*$，则有：

$$\pi_C = f\left[\frac{D \cdot n}{\sqrt{kR_gT_{in}^*}}, \frac{G\sqrt{R_gT_{in}^*}}{D^2 p_{in}^* \sqrt{k}}\right] \tag{2-9}$$

$$\eta_C = f\left[\frac{D \cdot n}{\sqrt{kR_gT_{in}^*}}, \frac{G\sqrt{R_gT_{in}^*}}{D^2 p_{in}^* \sqrt{k}}\right] \tag{2-10}$$

式中　V——压气机入口空气体积流量；

　　　D——压气机入口叶轮直径；

　　　π_C——压气机空气压比；

　　　η_C——压气机等熵效率；

　　　n——压气机转速；

　　　p_{in}^*——压气机入口压力；

　　　G——进入压气机空气质量流量；

　　　T_{in}^*——压气机入口空气温度。

对同一台压气机而言，因 D 为定值，则：

$$\pi_C = f\left[\frac{n}{\sqrt{kR_g T_{in}^*}}, \frac{G\sqrt{R_g T_{in}^*}}{p_{in}^* \sqrt{k}}\right] \tag{2-11}$$

$$\eta_C = f\left[\frac{n}{\sqrt{kR_g T_{in}^*}}, \frac{G\sqrt{R_g T_{in}^*}}{p_{in}^* \sqrt{k}}\right] \tag{2-12}$$

由于当大气温度 T_0、压力 p_0 和相对湿度 ϕ 变化时，空气的气体常数 R_g 值为 $0.287 \sim 0.295 kJ/kg \cdot K$，而比热比 k 变化幅度相对较小，由此可得：

$$\pi_C = f\left[\frac{n}{\sqrt{R_g T_{in}^*}}, \frac{G\sqrt{R_g T_{in}^*}}{P_{in}^*}\right] \tag{2-13}$$

$$\eta_C = f\left[\frac{n}{\sqrt{R_g T_{in}^*}}, \frac{G\sqrt{R_g T_{in}^*}}{P_{in}^*}\right] \tag{2-14}$$

式（2-7）和式（2-8）适用于同一台压气机不同工质组分情况下的特性计算。

整理成通用的相对折合参数形式：

$$G_{cor,rel} = f(n_{cor,rel}, \pi_{C,rel}) \tag{2-15}$$

$$\eta_{C,rel} = f(n_{cor,rel}, \pi_{C,rel}) \tag{2-16}$$

式中 　　$n_{cor,rel} = \dfrac{n}{\sqrt{T_{in}^* \cdot R_g}} \Big/ \dfrac{n_0}{\sqrt{T_{in0}^* \cdot R_{g0}}}$ ——相对折合转速；

$$G_{cor,rel} = \frac{G\sqrt{T_{in}^* \cdot R_g}}{P_{in}^*} \Big/ \frac{G_0\sqrt{T_{in0}^* \cdot R_{g0}}}{P_{in0}^*}$$ ——相对折合流量；

$$\pi_{C,rel} = \frac{\pi_C}{\pi_{C0}}$$ ——相对压比；

$$\eta_{C,rel} = \eta_C / \eta_{C0}$$ ——相对等熵效率。

压气机通用特性曲线如图 2-3 所示。

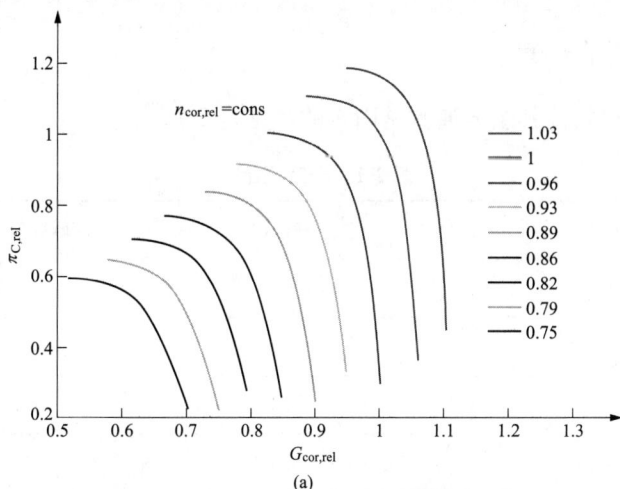

图 2-3　压气机通用的特性线示意图（一）

（a）流量特性曲线

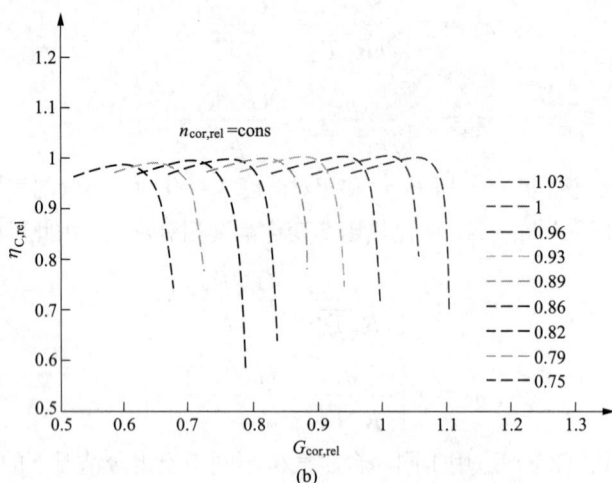

图 2-3　压气机通用的特性线示意图（二）

（b）效率特性曲线

压气机耗功 N_C 为：

$$N_C = G_a(h_{out,C} - h_{in,C})/\eta_{m,C} \tag{2-17}$$

式中　G_a——流过压气机的空气质量流量；

$h_{in,C}$——压气机实际空气入口比焓；

$h_{out,C}$——压气机实际空气出口比焓；

$\eta_{m,C}$——压气机轴上的机械效率。

第四节　燃烧室热力学原理

一、空气组分计算

对于干空气，其组分通常是固定的，见表 2-1。

表 2-1　干空气组分

气体类型	体积分数（%）	质量分数（%）
N_2	78.113	75.553
O_2	20.938	23.133
Ar	0.916	1.263
CO_2	0.033	0.050

然而空气中通常含有水蒸气，实际空气的组分需要根据当前大气温度 T_0、压力 p_0 和相对湿度 ϕ 来计算。

首先计算空气的含湿度 d：

$$d = \frac{y_{H_2O}}{y_{\text{干空气}}} = \frac{M_{H_2O}}{M_{\text{干空气}}} \frac{\phi \cdot p_{H_2O,\,max}(T_0)}{P - \phi \cdot p_{H_2O,\,max}(T_0)} \tag{2-18}$$

式中　　y_{H_2O}——空气中水蒸气的质量分数；

$y_{\text{干空气}}$——空气中干空气的质量分数；

ϕ——相对湿度；

p_0——空气压力；

T_0——空气温度；

$p_{H_2O,\,max}$——空气温度 T_0 下的饱和水蒸气压力；

M_{H_2O}——空气中水蒸气摩尔质量；

$M_{\text{干空气}}$——空气中干空气摩尔质量。

由空气的含湿度 d 可以确定空气中水蒸气的质量分数，结合干空气中各组分的质量分数，可以得到空气中所有组分的质量分数。

二、燃气组分计算

当压气机出口的空气与燃料 $C_xH_yO_zN_uS_v$ 进入燃烧室燃烧后产生燃气，通常空气一般是过量的，同时燃烧室中可能会注水或蒸汽以降低 NO_x 排放，所发生的燃烧化学反应如图 2-4 所示。

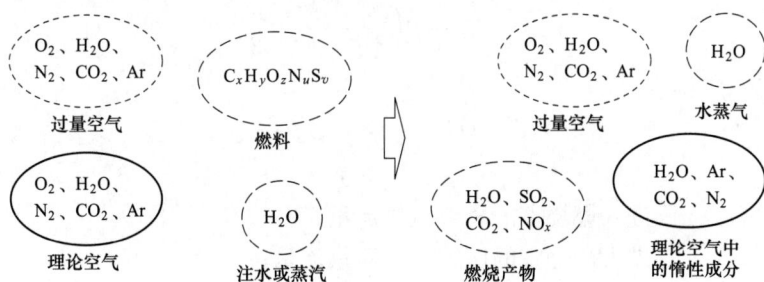

图 2-4　燃烧室中的燃烧化学反应过程

燃料 $C_xH_yO_zN_uS_v$ 的氮元素经过燃烧化学反应通常生成 NO_x，但由于其含量极低，在热力计算时可以计入最终的 N_2 成分中，可用如下燃烧化学方程式表示：

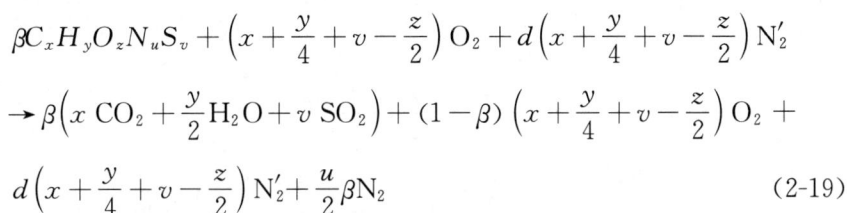

$$\beta C_xH_yO_zN_uS_v + \left(x + \frac{y}{4} + v - \frac{z}{2}\right)O_2 + d\left(x + \frac{y}{4} + v - \frac{z}{2}\right)N_2'$$

$$\rightarrow \beta\left(x\,CO_2 + \frac{y}{2}H_2O + v\,SO_2\right) + (1-\beta)\left(x + \frac{y}{4} + v - \frac{z}{2}\right)O_2 +$$

$$d\left(x + \frac{y}{4} + v - \frac{z}{2}\right)N_2' + \frac{u}{2}\beta N_2 \tag{2-19}$$

式中　　x，y，z，u，v——不同燃料中各元素比例系数；

β——燃料系数；

d——空气中氮气比例系数。

由上述燃烧化学方程式可以得出任意燃料 $C_xH_yO_zN_uS_v$ 的理论消耗空气摩尔量、理论生成燃气摩尔量、燃料系数 β 的燃气摩尔量和相应的燃气摩尔组分等。

（1）理论消耗空气摩尔量 $n_{\beta=0}$（即 1mol 燃料完全燃烧时消耗的空气摩尔量）：

$$n_{\beta=0}=(1+d)\left(x+\frac{y}{4}+v-\frac{z}{2}\right) \tag{2-20}$$

式中　d——空气中氮气与氧气的体积比。

（2）理论生成燃气摩尔量 $n_{\beta=1}$（即 1mol 燃料完全燃烧时生成的燃气摩尔量）：

$$n_{\beta=1}=n_{\beta=0}+\frac{y}{4}+\frac{z}{2}+\frac{u}{2} \tag{2-21}$$

（3）理论消耗空气质量 L_0（即 1kg 燃料完全燃烧时消耗的空气质量）：

$$L_0=\frac{n_{\beta=0}\cdot M_{air(N_2+O_2)}}{M_{fuel}} \tag{2-22}$$

式中　$M_{air(N_2+O_2)}$——空气中仅计及氮气与氧气时的摩尔质量；

　　　M_{fuel}——燃料的摩尔质量。

（4）燃料系数为 β 时生成燃气摩尔量 n_β：

$$n_\beta=n_{\beta=0}+\beta\left(\frac{y}{4}+\frac{z}{2}+\frac{u}{2}\right) \tag{2-23}$$

（5）燃料系数 β：

$$f=G_f/(G_a\cdot y_{O_2}+G_a\cdot y_{N_2}) \tag{2-24}$$

$$\beta=L_0\cdot f \tag{2-25}$$

式中　G_f——进入燃烧室的燃料质量流量；

　　　G_a——进入燃烧室的压缩空气质量流量；

　　　y_{O_2}——进入燃烧室的压缩空气中 O_2 的质量分数；

　　　y_{N_2}——进入燃烧室的压缩空气中 N_2 的质量分数。

则燃料系数为 β 时的燃气摩尔组分：

$$\left\{ \begin{array}{l} r_{CO_2}=x\cdot\dfrac{\beta}{n_\beta} \\[2mm] r_{H_2O}=\dfrac{y}{2}\cdot\dfrac{\beta}{n_\beta} \\[2mm] r_{O_2}=\left(x+\dfrac{y}{4}+v-\dfrac{z}{2}\right)\cdot\dfrac{1-\beta}{n_\beta} \\[2mm] r_{N_2'+N_2}=\left[d\cdot\left(x+\dfrac{y}{4}+v-\dfrac{z}{2}\right)+\dfrac{u}{2}\cdot\beta\right]\cdot\dfrac{1}{n_\beta} \\[2mm] r_{SO_2}=v\cdot\dfrac{\beta}{n_\beta} \end{array} \right. \tag{2-26}$$

得燃料系数为 β 时的燃气摩尔质量：

$$M_{gas} = \sum_{i=1}^{5} M_i \cdot r_i \qquad (2\text{-}27)$$

式中　M_{gas}——燃气的摩尔质量；

　　　r_i——燃气中各组分的摩尔分数；

　　　M_i——燃气中各组分的摩尔质量。

通过以上燃烧化学方程式可以由已知组分和质量的空气和已知组分和质量的任意燃料计算得到燃烧后的燃气组分，再计及燃烧室中有无注水或蒸汽情况及过量空气和理论空气中未参与燃烧化学方程式的 H_2O、CO_2、Ar，即可得到最终的实际燃气组分。

三、空气、燃气热物性计算

通过已论述的空气组分和燃气组分计算过程，之后可根据当前工质温度按照理想气体混合公式（2-22）、式（2-23）和式（2-24）计算得到当前空气、燃气的热物性。

$$M_{mixed} = \frac{m_{mixed}}{n_{mixed}} = \frac{\sum_{i=1}^{k} n_i \cdot M_i}{n_{mixed}} = \sum_{i=1}^{k} r_i \cdot M_i \qquad (2\text{-}28)$$

$$c_{P,mixed} = \sum_{i=1}^{k} y_i \cdot c_{P,i} \qquad (2\text{-}29)$$

$$h_{mixed} = \sum_{i=1}^{k} y_i \cdot h_i \qquad (2\text{-}30)$$

式中　M_{mixed}——空气或燃气的摩尔质量；

　　　r_i——空气或燃气中各组分的摩尔分数；

　　　y_i——空气或燃气中各组分的质量分数；

　　$c_{P,mixed}$——空气或燃气的比定压热容；

　　h_{mixed}——空气或燃气的比焓。

第五节　透平热力学原理

同压气机特性推导过程一样，整理成通用的相对折合参数形式：

$$G_{cor,rel} = f(n_{cor,rel}, \pi_{T,rel}) \qquad (2\text{-}31)$$

$$\eta_{T,rel} = f(n_{cor,rel}, \pi_{T,rel}) \qquad (2\text{-}32)$$

式中　$n_{cor,rel} = \dfrac{n}{\sqrt{T_{in}^* \cdot R_g}} \Big/ \dfrac{n_0}{\sqrt{T_{in0}^* \cdot R_{g0}}}$；

　　　$G_{cor,rel} = \dfrac{G\sqrt{T_{in}^* \cdot R_g}}{P_{in}^*} \Big/ \dfrac{G_0\sqrt{T_{in0}^* \cdot R_{g0}}}{P_{in0}^*}$；

　　　$\pi_{T,rel} = \dfrac{\pi_T}{\pi_{T0}}$，$\eta_{T,rel} = \eta_T / \eta_{T0}$。

$n_{\text{cor,rel}}$——相对折合转速；

$G_{\text{cor,rel}}$——相对折合流量；

$\pi_{\text{T,rel}}$——透平相对压比；

$\eta_{\text{T,rel}}$——透平相对等熵效率。

透平通用的特性线示意如图 2-5 所示。

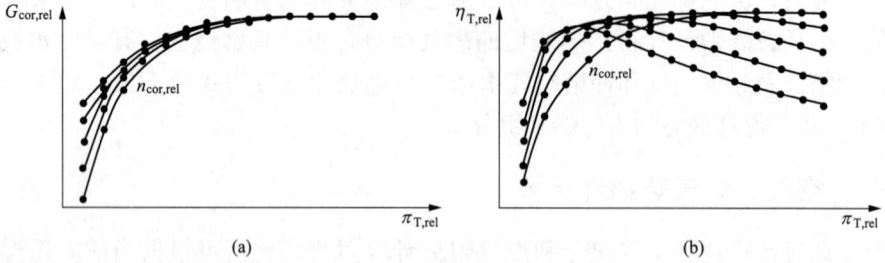

图 2-5　透平通用的特性线示意图

（a）流量特性曲线；（b）效率特性曲线

透平输出功 N_{T} 为：

$$N_{\text{T}} = G_{\text{g}}(h_{\text{in,T}} - h_{\text{out,T}})\eta_{\text{m,T}} \tag{2-33}$$

式中　G_{g}——流过透平的燃气质量流量；

$h_{\text{in,T}}$——透平实际燃气入口比焓；

$h_{\text{out,T}}$——透平实际燃气出口比焓；

$\eta_{\text{m,T}}$——透平轴上的机械效率。

第三章 燃气轮机本体

第一节 概 述

燃气轮机是以经过燃烧的高温烟气作为工质，进入透平涡轮将高温烟气的热能转化为透平涡轮的机械能的内燃式动力机械。其主要核心部件由压气机、燃烧室以及透平三大部分组成。通常在燃气轮机压气机进气端以及透平排气端各设置一个轴承用以支撑转子，而燃气轮机本体的支撑一般会配套使用通风冷却装置，用来确保支撑的稳定。图 3-1 是一种典型的 F 级燃气轮机结构形式。

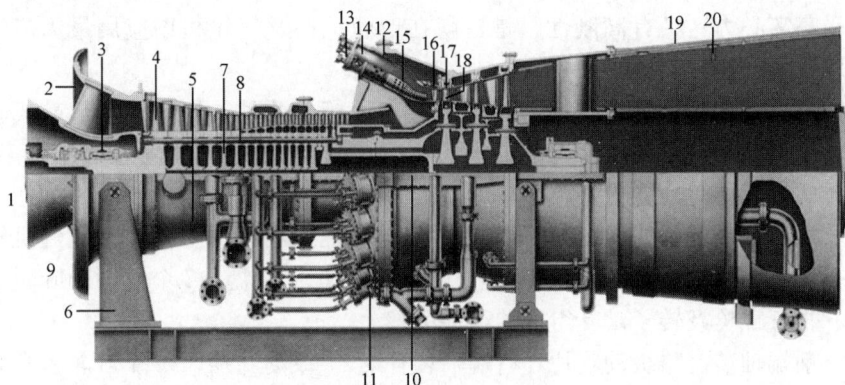

图 3-1 某典型的 F 级燃气轮机的纵剖面图

1—负载联轴器接出处；2—压气机进气缸；3—压气机侧轴承；4—压气机叶片；5—压气机中缸；
6—压气机支撑腿；7—压气机轮盘；8—转子拉杆；9—压气机进气口；10—透平缸；
11—燃料喷嘴；12—燃烧室导流衬套；13—燃烧室端盖；14—燃烧室火焰筒；
15—燃烧室过渡段；16—透平一级喷嘴；17—透平一级护环；18—透平一级动叶；
19—排气缸；20—排气热电偶

第二节 压 气 机

一、概述

压气机是燃气轮机中的一个重要组成部件，负责从周围大气吸入空气，并将空气压缩增压，绝大部分的压缩空气直接进入燃烧室参与燃烧，少量压缩空气用来实现冷却等其他功能。一般来说，一台燃气轮机的压气机所消耗的能量大约占燃气轮机透平出力的 2/3。

绝大多数发电用重型燃气轮机均采用轴流式压气机。轴流式压气机由两个基本部分组成，一部分是以转轴为主体的可转动部分，简称压气机转子。在转子上装有叶片，叶片是组成转子的主要部件。另一部分是以机壳及装在机壳上的各静止部件为主体的固定部分，简称为压气机定子。在每列动叶之后，有一列固定于气缸体上的静止叶片，称为静叶。

二、压气机的结构

1. 压气机转子

在燃气轮机转子的结构形式可分为鼓筒式、盘式和盘鼓式转子三种类型。鼓筒式转子由鼓筒和半轴组成，但鼓筒结构承载离心载荷能力不佳，比较适合小型燃气轮机，在重型燃气轮机中不太适用。盘式转子的各级轮盘与轴为过盈配合，轮盘结构强度足够，但主轴相对细长，刚度明显不足，同样在重型燃气轮机中不太适用。而盘鼓式转子结合了鼓筒式和盘式的优点，同时克服了两者的缺点。它在轮缘处是转鼓，而内部则是轮盘，既能承受高离心力，又有高刚性，是目前在地面重型燃气轮机中应用最为广泛的转子类型。

盘鼓式转子主要有拉杆组合盘鼓式和焊接式两种，拉杆组合盘鼓式转子目前大量为 GE、三菱和西门子所采用。焊接式转子阿尔斯通采用较多，焊接式转子相对性能更好，但其焊接工艺要求高，相对加工复杂。

以图 3-2 所示的 MS9001FA 型燃气轮机压气机转子为例，该压气机转子是一个典型的拉杆组合盘鼓式转子，它由 16 个轮盘、2 个端轴和叶轮组件、拉杆螺栓及转子动叶组成的组件。

前端轴装有零级动叶片，后端轴装有第 17 级动叶片，16 个叶轮各自装有第 1~16 级动叶片，第 16 级压气机叶轮后端面上有导流片。在第 16 级压气机叶轮和压气机转子后半轴之间有间隙允许导向风扇汲取压气机空气流，并将空气引向压气机转子后联轴器上的 15 个轴向孔，流到透平前半轴与压气机转子后联轴器相应的 15 个轴向孔，以冷却透平叶轮。每个叶轮和前、后端轴的叶轮部分都有斜向拉槽，动叶片插入这些槽中，在槽的每个端面将叶片冲铆在轮缘上。

为了控制同心度，各叶轮之间，或者端轴与叶轮之间，用止口配合定位，并用拉杆螺栓固定，依靠拉杆螺栓在叶轮端面间形成的摩擦力传递扭矩。

2. 压气机定子

压气机定子一般由压气机进气缸、压气机中缸和压气机排气缸组成。

为了方便讲解构造，以下以 GE 公司 MS6001FA 型燃气轮机压气机定子为例进行结构说明。

以图 3-3 所示，MS6001FA 型燃气轮机压气机的进气缸位于燃气轮机的前端，位于进气室内，它的主要功能是将空气均匀地引入。进气缸上还安装有一定数量的水洗喷嘴，水洗时喷出水洗溶液清洗压气机。压气机进气缸还负责支撑进气侧轴承组件，进气侧的轴承安装在进气缸的下半缸体

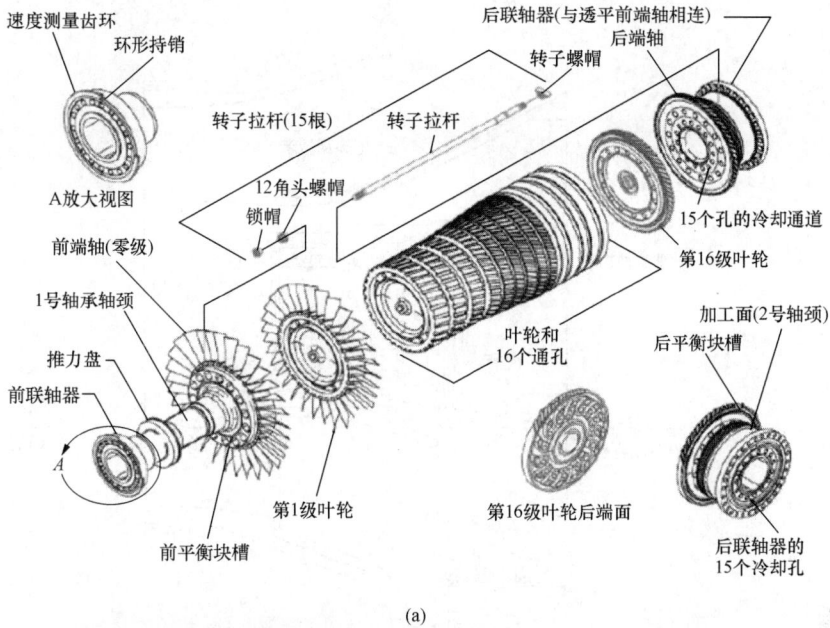

(a)

(b)

图 3-2　MS9001FA 型燃气轮机的压气机转子

（a）示意图；（b）实物图

上。压气机进气缸内壁安装有进口可转导叶，压气机采用进口可转导叶后，可有效地扩大压气机的运行区域，同时还能改善燃气轮机其他一些性能。另外不同类型的燃气轮机通常具备不同级数的可转静叶，多的可至 3 级。例如 GE 的 9FA 型燃气轮机入口可调导叶为 1 级，没有可转静叶。西门子 SGT5-4000F 机组入口可调导叶 1 级，可转静叶为 2 级，GE 的 9HA 型燃气轮机以及西门子 SGT6-8000H 型燃气轮机入口可调导叶为 1 级，可转静叶多达 3 级。

　　压气机中缸是容纳压气机大多数静叶片的缸体，如图 3-4 所示的 MS6001FA 型燃气轮机的压气机中缸分为前缸和后缸。压气机前缸上安装

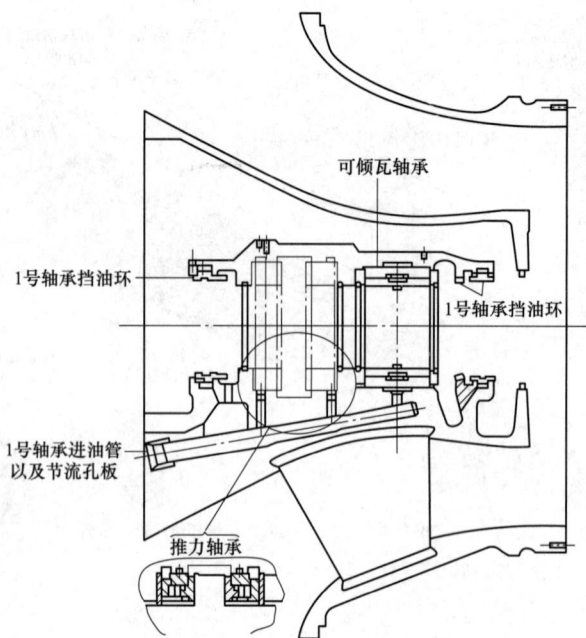

图 3-3　MS6001FA 燃气轮机的压气机进气缸

有 0～4 级静叶。压气机后缸上安装有 5～12 级静叶。压气机后缸末端有 13 级抽气口，用于冷却和防喘放气。

图 3-4　MS6001FA 燃气轮机的压气机中缸

　　MS6001FA 型燃气轮机的压气机的排气缸如图 3-5 所示，压气机排气缸是压气机的最后一部分，位于燃气轮机前后支撑的中间位置，是燃气轮机结构上的最重要部分。压气机排气缸包含了压气机的最后几级。压气机排气缸也为燃烧室外壳和透平一级喷嘴的内持环提供支撑。压气机排气缸有两个缸体：外缸作为燃烧室外壳的支撑，内缸围绕压气机转子。两个缸体是同心的，通过 14 个径向的筋板连接在一起。内外缸之间的排气扩散器是一个渐缩的环形，它把从压气机出来的气体动能进一步转换为压力势能。

三、压气机变工况特性

　　一般情况下，压气机的工作状况由进口压力、进气温度、转速和流量

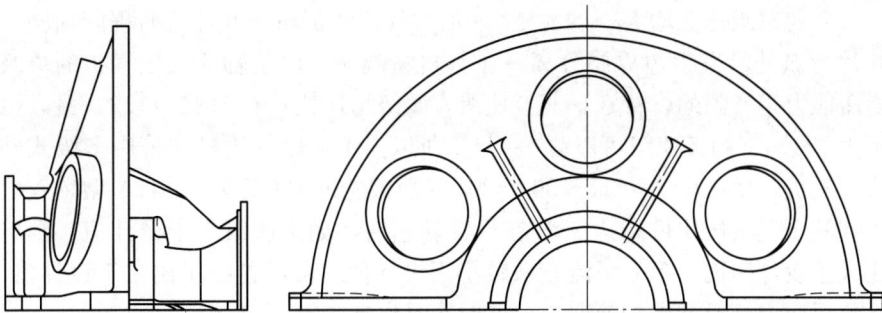

图 3-5　燃气轮机的压气机排气缸

等四个独立变量决定。在进气条件一定和转速不变的条件下，压气机的压比、效率随流量变化的关系通常称为压气机的流量特性。用曲线表示这些参数之间的关系称为特性曲线。

（一）单级轴流压气机特性

随着压气机流量的减少，压比起初升高，然后下降。如图 3-6 所示，每条特性线的高压比点将特性线分成左、右两支。右支对应随流量减少时压比增加的情况，左支则对应随流量减少时压比下降的情况。当流量减少到一定值时压气机的工作进入不稳定工况区，即进入喘振区。每个转速下的流量特性都有各自产生喘振时的最小流量。各转速下喘振流量点之连线称为喘振边界线。随着压力机转速的升高，流量特性线变得陡直。在一定的转速下，当流量增加到某一值时，压比和效率均急剧下降。这表明，流量的增加是有一定限度的，我们把这个现象称为压气机的"阻塞"。在不同的转速下，发生"阻塞"的流量是不同的。

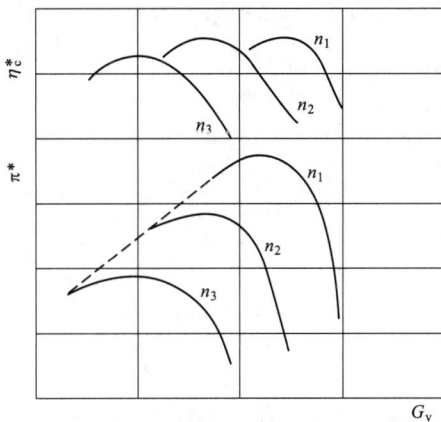

图 3-6　单级轴流式压气机的特性曲线

n—转速；G_v—流量；π—压比；η—效率

29

（二）多级轴流压气机特性

要使每级压比增大→加大 Δu →加大气流转折角→叶片弯曲程度加剧→叶片背弧处易发生边界层分离→压气机易喘振。由于轴流式压气机的单级增压能力是有限的，特别是亚音速级，每级增压比只有 $1.15\sim1.3$，最高也不大于 1.4（超音速级可以高一些），所以，工业燃气轮机均采用多级式轴流压气机，使压比高达 $17\sim30$，例如目前最先进的 GE 公司 9HA 型燃气轮机，其压气机压比可高达 23。在设计转速时，如果流量小于设计值，则压比大于设计压比，第一级流量系数小于设计值，由于各级压比大于设计值，导致后面级流量系数加速变小，此时容易出现喘振。

在中低转速时，如果此时流量小于设计值，压比小于设计压比，第一级流量系数远小于设计值，由于各级压比小于设计值，导致后面级流量系数加速放大。这就是压气机在中低转速容易出现前喘后堵的原因。

在超转速的情况下，如果此时流量大于设计值，压比也大于设计值，由于各级压比大于设计值，导致后面级流量系数加速变小。此时容易出现前堵后喘的情况。

（三）压气机的喘振及防喘振措施

1. 旋转失速

如图 3-7 所示，当压气机的转速一定，流量减小时，冲角增大，产生正冲角，到正冲角过大时，会在叶背引起气流分离，这就是失速现象。这时气流转折角增加，扭速也增加，从而使叶栅通道中沿气流方向的压力梯度增大，气流拐弯产生的离心力加剧了叶背的气流分离，失速使效率明显下降，甚至会导致喘振的发生。

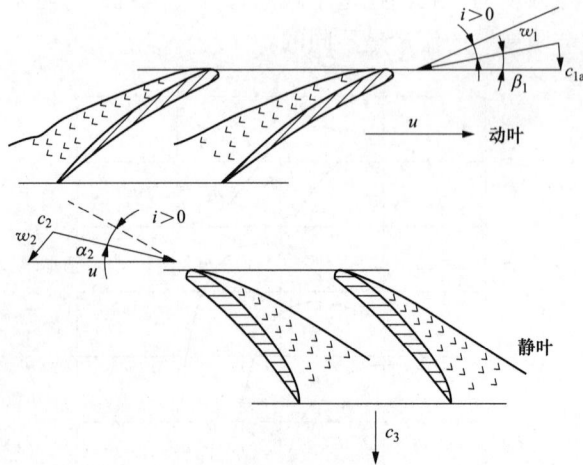

图 3-7　旋转失速时叶背的气流分离现象

当转速一定而空气流量减少时，就会引起转子动叶攻角的增加。空气流量减少到一定程度就能观察到不稳定流动，同时压气机发出特殊叫声，振动也增大。在转子后测得的流场表明，有一个或多个低速气流区以某一转速沿动叶旋转方向转动，这种非稳定工况被称为旋转失速。

旋转失速出现后，叶片会受到周期性交变的气动力作用，叶片材料会因此而产生疲劳。如失速频率接近叶片自振频率，将会使叶片产生很大的振动应力，造成叶片损坏。

2. 喘振

旋转失速发展到一定程度时就会引起压气机喘振，压气机的工质流量和气流参数时大时小的低频周期性强烈振荡，称为喘振。

喘振是压气机的一类气动失稳现象，其流量和压升具有周期性的高振幅振荡，时而体现为非失速的正常流动，时而体现为低流量低压升的失速流动。

喘振时，压气机的出口压力、流量等参数会出现大幅度的波动，机组的转速和功率都不稳定，并伴有强烈的机械振动，发出低沉的噪声，流量减少，攻角增大，叶背出现分离，当分离区扩展至整个压气机叶珊通道，这时压气机转子丧失了将气流压向后方，克服后面高反压的能力，于是流量急剧下降，出口的高压气流会向进口方向倒流，此时反压降低，由于压气机轮缘功的作用，流量又开始增加，并大致沿等转速线由低压升迅速发展为高压升小流量的状态；只要反高压环境继续维持，这种周期性的喘振现象就不会终止。因此，喘振总是经历流动、分离、倒流、再流动、再分离、再倒流的循环过程。

3. 防止喘振的措施

防止喘振的方法通常有中间放气，采用旋转导叶和分轴压气机等。尽管方法不同，但都是通过减小非设计工况时的冲角变化来保持压气机工作的稳定性。

放气是从多级轴流式压气机通流部分中间的一个或几个截面上引出空气，排放到大气中或重新引回压气机进口。放气系统打开，这时，放气口截面前后的空气流量是不等的，前儿级的容积流量增加，相应地轴向速度和流量系统增加，从而消除了冲角过大引起失速和发生喘振的可能性。由于前面级的工作条件的改善以及压比和效率的提高，末级的空气密度增加，流动条件也得到改善。

旋转导叶是将导叶叶片制作成可以按照叶片本身的一条轴线旋转，从而使叶片的安装角得以改变的方法。在低转速时，前几级出现过大的正冲角，如果减小导叶的安装角，使动叶栅进口的绝对速度流入角得以减小，那么就可以消除偏离设计值的正冲角，从而扩大了压气机的稳定工作范围。相对放气而言，它无放气损失。此外，当叶栅的流入角改变时，流出角的变化一般不大，所以导叶旋转后动叶栅的扭速将减小，即该级的耗功和压比都减小，特性线上的等速线将移向低压比，小流量处。高压比的压气机其前面数级往往采用跨声速级，在启动时且在较大的功率范围内，扩大压气机的稳定范围都是很重要的问题。这时不仅进口需要导叶可调，且前几级静叶亦要求可调。

分轴压气机可在宽广的工况下工作，效率较高，不易喘振，并具有容易启动等优点，使它获得了广泛的应用。显然，它的缺点是结构复杂，给制造带来困难。通常，当压气机的设计压比不超过 4～5 时，因工况偏离设计工况不大，不采取防喘振措施各级还能协调地工作。当设计压比达到 6～7 时，如不采用中间放气或转动导叶等防喘振措施，则难以避免喘振。当压比高达 10～12 时，就需要在好几个截面上放气，并且同时旋转好几级静叶，否则压气机在低转速工况下很难正常工作。如果压比更高，在单轴压气机中有时已无法有效地防止喘振，这时，往往需要采用双转子甚至三转子压气机结构。当然，它需要同时采用放气和压气机多级静叶可调的防喘措施。

第三节　燃　烧　室

一、概述

燃烧室是燃气轮机三大部件之一，燃料进入燃烧室进行燃烧，从而在燃烧室内产生高温烟气，这部分高温烟气随后进入透平做功。燃气轮机的燃烧室能够在启动时迅速、可靠地燃烧，并在整个启动、升温过程中不出现熄火、超温和火焰过长等现象。未装点火器的火焰筒，也能借助联焰管迅速、可靠地联焰，保证启动百分之百的成功。点火可靠、燃烧稳定，不发生大幅度脉动。

在各种工况，包括工况急剧变化的过程（过渡过程），燃烧室应保证稳定燃烧，即不熄火，无燃烧脉动。在燃气轮机的主要工况下，燃烧室应具有足够的完全燃烧程度和最小的散热损失。

燃烧室出口温度场要符合透平要求，温度沿叶片高度的分布，应能保证在最小的叶片质量下，与应力沿叶片高度分布相适应。尺寸小、质量轻，尽可能地提高燃烧强度，以减小烧烧室的尺寸和质量，以适应整台燃气轮机结构紧凑性的要求，排气污染要小，排气无黑烟，含 NO_x 等有害成分少；寿命长，燃烧室必须具有足够的刚度、强度和气密性，能承受振动负荷。合理地组织燃烧，燃烧室的高温元件冷却良好，避免火焰筒等高温元件局部过热、严重变形、裂纹和积炭等，有助于燃烧室部件可靠性和寿命的提高。目前，重型燃气轮机的翻修寿命要求在 20 000～30 000h。

MS9001FA 型燃气轮机燃烧室分布如图 3-8 所示。

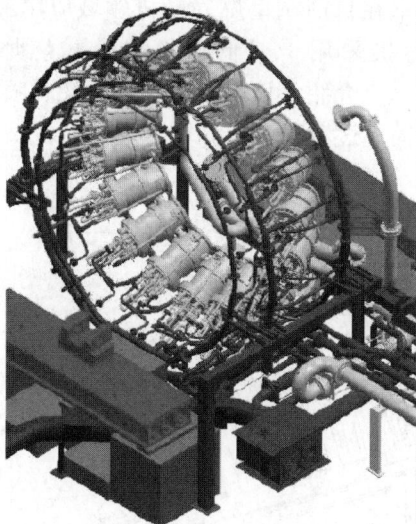

图 3-8　MS9001FA 型燃气轮机燃烧室分布

二、燃烧室结构

燃烧室位于压气机与燃气透平之间。燃烧室按结构能分为圆筒形、分管形、环管形和环形。目前大多数重型燃气轮机都采用的分管型燃烧室（如图 3-8）。分管型燃烧室目前被 GE、三菱、西门子大量应用在重型燃气轮机领域，但值得注意的是，其中西门的 F 级机组使用的是环形燃烧室（如图 3-9），这也是西门子公司在 F 级机组上的最大特征之一。

图 3-9　SGT-4000F 环形燃烧室

相对于分管形燃烧室，环形燃烧室具有体积小、质量轻、流阻损失小、无须联焰管、受热面积小等特点。但其缺陷也是很明显的，首先是燃烧性能难以控制，燃气出口温度场不稳定，容易受到进气流场的影响。另外，环形燃烧室在试验过程中需要大流量天然气进行整个燃烧室的燃烧试验，试验周期长而且耗费巨大。最后，环形燃烧室结构刚性较差，容易出现故障，维护要求较高。

　　圆筒形、环管形两种类型的燃烧室在重型燃气轮机领域的最先进机型上应用很少，不作详细介绍。

　　由于分管型燃烧室在目前重型燃气轮机领域应用最为广泛，下面就以 MS6001FA 型燃气轮机采用干式低氮氧化合物燃烧系统 DLN2.6（如图 3-10）为例，进行重点介绍。该燃烧室主要由燃料喷嘴、燃烧端盖组件、燃料喷嘴外缸、火焰筒、过渡段、导流衬套、后缸、联焰管等组件构成。

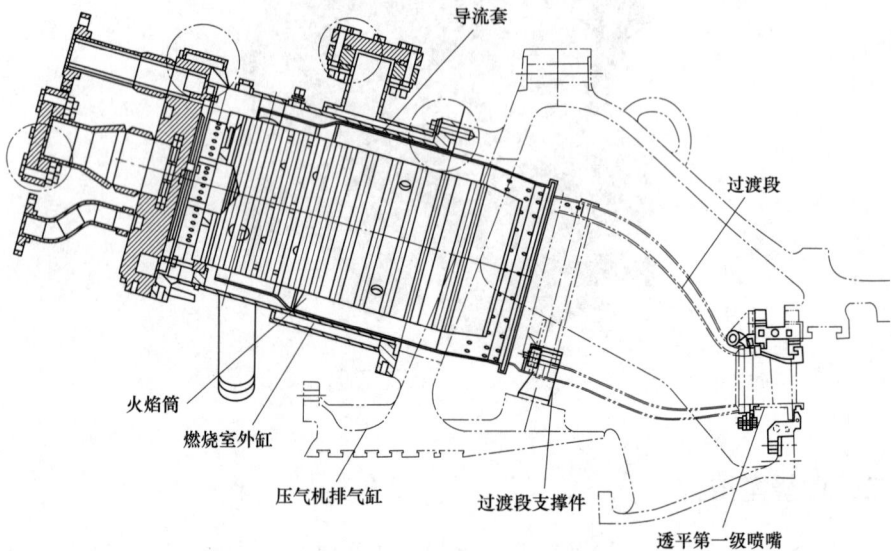

图 3-10　MS6001FA 型燃气轮机燃烧室剖面图

　　DLN2.6 燃烧系统属于并联分级燃烧，所有的喷嘴都是预混燃烧。预混燃烧是把天然气与空气预先混合成均相的、稀释的可燃混合物，通过对燃料与空气实时掺混比例的控制，使火焰温度保持低于 1650℃，从而有效减少 NO_x 的生成。燃烧系统由 6 个环形布置的逆流式燃烧室组成，每个燃烧室配有 6 个燃料喷嘴，5 外 1 内布置的燃料喷嘴装在燃烧器端盖上并伸入到火焰筒中。顺气流方向看，1～6 号燃烧室按逆时针方向布置。顶部 12 点（时钟）位置为 6 号燃烧室。燃料通过 6 个喷嘴供给每一个燃烧室，分配到每一个喷嘴的燃料流量都是经过计算的，使燃气轮机在各种工况下都保持最佳的排放。整个燃烧系统包括燃料喷嘴、两个可伸缩火花塞点火系统、四个火焰探测器和联焰管。燃烧室产生的高温燃气，流过过渡段进入燃气透平。

　　燃烧室的冷却空气取自压气机排气，从压气机排气缸出来的压缩空气包围在过渡段外面，大部分空气进入燃烧室的导流套，小部分进入过渡段冷却孔对其进行冷却。进入燃烧室的空气分为两部分，通过火焰筒上的流量孔的空气参与正常燃烧；从火焰筒上的冷却孔进入的空气是为了冷却火焰筒本身。MS6001FA 型燃气轮机燃烧室参数见表3-1。

表 3-1 MS6001FA 型燃气轮机燃烧室参数表

型　　式	分管回流式
数量（个）	6（顺气流方向看，1～6号燃烧室按逆时针方向布置）
布置	压气机周围同心布置
点火装置	2个火花塞，分别布置在4、5号燃烧室
燃料种类	天然气
火焰检测	4个紫外线式检测器，分别布置在1、2、6号燃烧室，其中1、2号燃烧器各布置一个，6号燃烧器布置两个；有冷却水套

（一）燃料喷嘴

燃料喷嘴是燃烧室组件的最前端，其主要作用是分配与混合可燃气体和压缩空气，确保它们按照设计的配比混合喷出，进而在火焰筒内燃烧。

以 MS9001FA 的 DLN2.0＋型燃料喷嘴为例（图 3-11），其燃料喷嘴组件由燃料喷嘴端盖、火焰筒端盖以及前燃烧筒组成，每个燃料喷嘴端盖上装有 5 个燃料喷嘴。通过特殊的结构来满足不同工况的需要。整个燃料喷嘴端盖上有扩散气 D5 管，预混合气 PM1 管，预混合气 PM4 管，吹扫管以及燃料喷嘴旋流器组成。

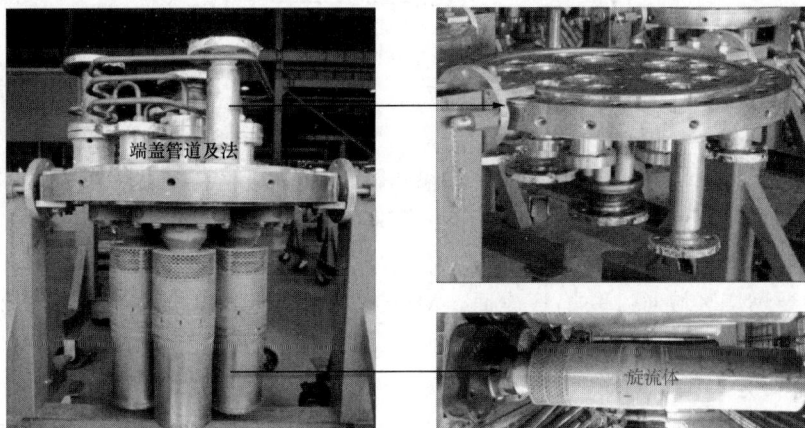

图 3-11 MS9001FA 型燃气轮机燃料喷嘴组件

（二）燃烧室外壳和导流衬套

燃烧室外壳的实际作用就是一个燃烧的压力容器，其上面装有燃料喷嘴、联焰管、火花塞、火焰检测器和启动失败排放管。导流衬套和火焰筒之间形成一个环形的空间，使助燃和冷却的空气流动到反应区域。燃烧室导流衬套一端嵌接在后缸法兰内，另一端通过浮动密封环与过渡段嵌接。过渡段将高温燃气从火焰筒引导到透平喷嘴。机组的过渡段通过多孔冷却外壳空气冲击冷却，过渡段内表面涂有热障涂层。MS9001FA 型燃气轮机导流衬套如图 3-12 所示。

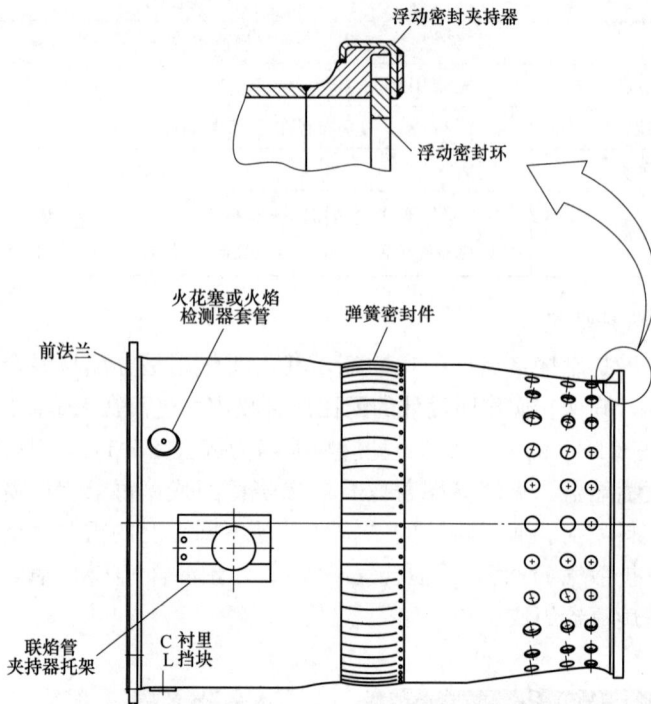

图 3-12　MS9001FA 型燃气轮机导流衬套

（三）联焰管

联焰管由内套、外套、弹性支架和密封件等组成。所有燃烧室用联焰管相互连接，并通过联焰管夹持器固定在前燃烧筒上。未安装点火器的燃烧室依靠联焰管传递火焰而着火。燃烧室外壳和联焰管外罩连接，火焰筒的主要燃烧区域通过联焰管连通。MS6001FA 型燃气轮机联焰管如图 3-13 所示。

（四）火焰筒

火焰筒从头部到过渡段进口带有一定锥度。在空气侧，利用不连续的扰流片来强化冷却。在燃气侧，加隔热涂层。火焰筒的后部有一双层的圆柱段，在其周围有多条轴向冷却槽道，冷却空气由导流套流入该槽道，冷却后排入火焰筒下游。火焰筒的内表面涂有热障涂层，用来降低火焰筒的金属温度和各部分的温度梯度。

火焰筒内表面涂有热障涂层，用来降低火焰筒的金属温度和各部分的温度梯度。火焰筒端盖上有数个浮动环，分别与对应数量的燃料喷嘴的旋流罩配合。火焰筒采用气膜冷却、冲击冷却和内表面涂热障涂层等措施。MS9001FA 型燃气轮机 DLN2.0＋型火焰筒如图 3-14 所示。

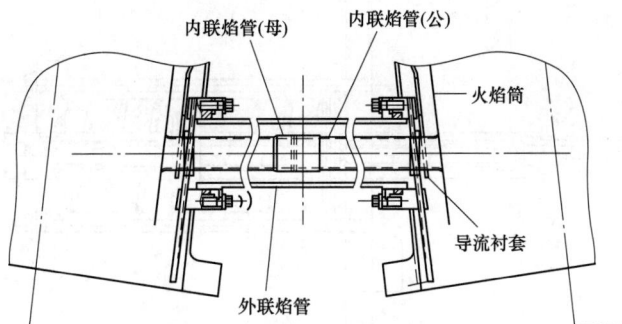

图 3-13　MS6001FA 型燃气轮机联焰管

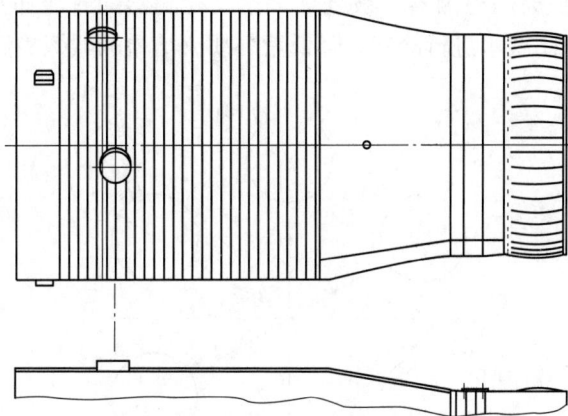

图 3-14　MS9001FA 型燃气轮机 DLN2.0＋型火焰筒

（五）火花塞

燃气轮机燃烧由不同燃烧室的两个伸缩式电极火花塞放电起燃，例如 GE 公司的 9FA 机组和 6FA 机组均共有两个高压电极火花塞。火花塞被螺栓固定在燃烧室外的法兰上，穿过燃烧室的衬里和导流衬套，插入燃烧室内。在点火阶段，弹簧将火花塞推入，火花塞产生的火花使天然气在燃烧室内点燃，其余燃烧室的燃料通过联焰管被点燃。火花塞可以伸缩，当点火后机组加速，转子转速升高、压气机排气压力升高时，火花塞被燃烧室中升高的压力压回，以免被烧坏。停机后，火花塞又被弹簧压进燃烧室，以便下一次点火启动，图 3-15 为典型的火花塞结构图。

（六）紫外线火焰检测器

为了监视火焰状态，燃烧室配备了多火焰探测器的监视系统，例如 GE 公司的 6FA 机组的火焰探测器为紫外线火焰检测器，共 4 个，其中 1、2 号燃烧室各布置一个，6 号燃烧室布置两个，如图 3-16 所示。4 个火焰检测器给出的信号传输到控制系统，控制系统进行逻辑判断后确认火焰是否存在

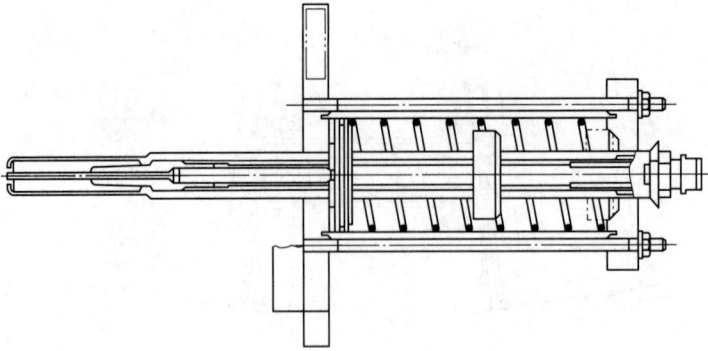

图 3-15　MS6001FA 型燃气轮机火花塞剖面图

或消失。为保护火焰检测器不被烧坏，火焰检测器配有冷却水夹层（即冷却水套），通入闭式水进行冷却，降低紫外线火焰检测器探头温度。

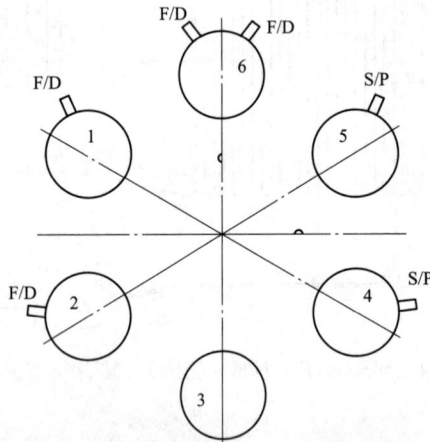

图 3-16　MS6001FA 型机组的火花塞位置图

除了火焰检测器配有冷却水夹层的湿式火检，目前燃气轮机厂家还提供了另外两种更为先进的解决方案。

第一种是干式火检，即无需使用冷却水进行冷却。原湿式火检最高耐温仅为 125℃，而干式火检探头设计的最大耐温为 325℃。其耐高温性能是通过独立的碳化硅发光二极管来实现，且该二极管材料对 UV 光具有高度敏感性，但对可见光和金属外壳产生的红外线不敏感，故探头具有很好的抗干扰特性。碳化硅能够通过燃烧室内的液体燃料气雾，精准识别燃烧室内火焰产生的长波长 UV 光。干式火检探头检测到火焰信号后，通过光纤传输至信号放大器，再将信号送至 MARKVIE 系统。

第二种是无火检系统，也是 GE 公司的最新技术之一。其主要原理是通过是燃气轮机本体测点算法（必须安装有燃烧脉动检测探头）来计算得出火焰是否存在，直接取消了火检探头，避免了持续的检修维护成本。

三、燃烧室的工作原理

以 MS9001FA 型机组 DLN2.0+燃烧室为例（图 3-19），该型号燃烧室共有 18 个分管式、逆流型燃烧室，每个燃烧室有 5 个燃料喷嘴，整台机组共有 90 个燃料喷嘴。正上方为 18 号燃烧室，2、3 号燃烧室设有火花塞装置，其余燃烧室通过联焰管联焰。15、16、17、18 号燃烧室装有火焰探测器。MS9001FA 型机组燃烧室布置如图 3-17 所示。

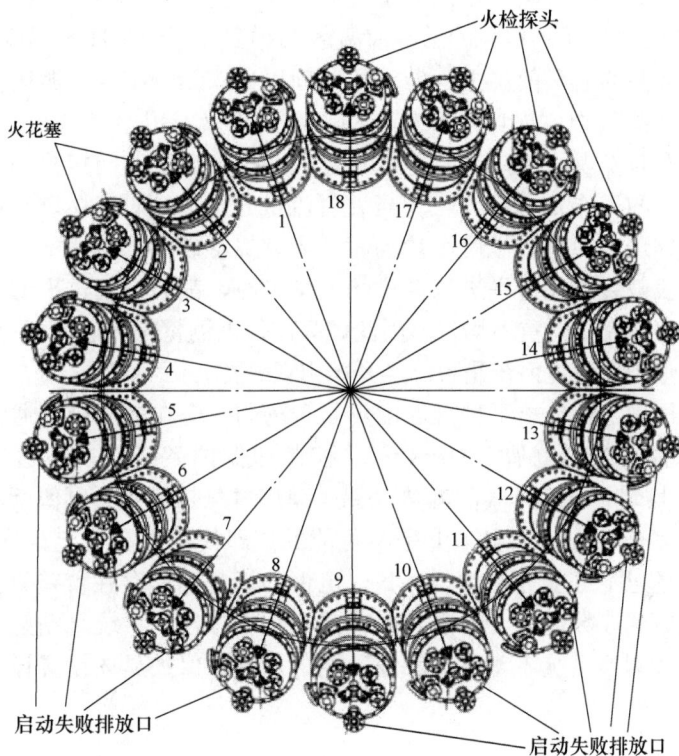

图 3-17　MS9001FA 型机组燃烧室布置图

燃烧室主要由燃料喷嘴组、燃料喷嘴外缸、火焰筒、过渡段、导流衬套、前缸、后缸、连焰管等构成，各组件均可单独拆卸。

压缩空气由压气机的排气缸流出，首先对过渡段形成对流冷却，再逆流向前，流过火焰筒与导流衬套之间的环形空间，流向燃烧室头部组件。其中，有少量空气用于冷却火焰筒和罩帽，其余空气经喷嘴的旋流器进入预混合室，与由燃料喷嘴喷出的燃料气进行预混合。燃料/空气混合物经预混合管流入火焰筒，被位于两个上部燃烧室上的高能点火器点燃。燃烧产物经过渡段进入透平第一级喷嘴环。各燃烧室之间用连焰管连接，未安装点火器的燃烧室靠连焰管连焰而着火。

每个燃烧室的端盖上均匀布置有五只燃料喷嘴。每只喷嘴内部都有扩散燃烧和预混燃烧的供气通道。燃料气分别来自 D5、PM1 和 PM4 环管。其中，D5 供气，通向五只喷嘴的扩散通道供气总管，再分配到每只燃料喷嘴的扩散燃烧通道。PM1 供气，通向一只喷嘴的预混燃烧供气通道总管，分流到一只喷嘴的内通道和外通道。PM4 供气，通向四只喷嘴的预混燃烧供气通道供气总管，分流到四只喷嘴的内通道和外通道。来自每只燃烧室外缸的压气机排气进入燃料喷嘴冷却空气总管，分流到五只燃料喷嘴中的中心去冷却燃料喷嘴。

燃烧监测保护。燃气轮机为了提高效率，透平前温 T3 的数值越来越高，如 MS6000B 系列机组的透平前温达 1104℃，MS9001FA 达到 1318℃。机组在如此高的透平前温下运转一段时间以后，燃烧室或过渡段等部件难免会出现一些破裂、损坏等。对这些高温部件又难以直接进行实时监测，也就无法及时发现故障，只能通过测量透平排气温度的间接检测方法来判断高温部件的工作是否有异常。当燃料流量分配器（对液体燃料而言）故障引起各燃烧室的燃烧温度不均匀时，当燃烧室破裂、燃烧不正常时，或者当过渡段破裂引起透平进口温度场不均匀时，都会引起透平的进口流畅和排气温度流场的严重不均匀。因此，只需仔细测量排气温度场是否均匀，即可间接地预报燃烧系统是否已经开始出现异常。

为了准确地测量透平排气温度场是否均匀，应在透平排气通道中尽可能多地布置测温热电偶。MARK-VI 控制和保护系统在排气通道安装了 18～31 根均匀分布的排气测温热电偶。理想情况是这些热电偶所测的排气温度数据完全相等，但实际上是不可能的。即使机组在稳定正常运转时，排气温度场也不可能完全均匀，各热电偶的读数总是存在着差异。通过分析这些热电偶读数偏差，设定判断模式和标准，控制系统自动判断机组燃烧不正常或测温系统不正常，触发不同的保护，保护具体设置详见控制系统章节。

四、燃烧室的变工况特性

（一）燃烧室的性能指标

在燃气轮机的实际运行中，燃烧室会经常在偏离设计工况的条件下工作。那时，流经燃烧室的空气流量、温度、压力、速度以及燃料消耗量都会发生变化，相应地，燃烧室的工作性能，如燃烧效率、压力损失系数、壁面温度、出口温度场等，都会发生一定的变化。

描述燃烧室性能的指标有：

（1）燃烧室效率。

（2）压力损失系数。

（3）熄火极限。

（4）富油熄火：空气含量小到一定限度后造成的熄火。此时，燃料过浓，空气不足。富油熄火时的空燃比叫作"富油熄火极限"。

（5）贫油熄火：空气含量大到一定程度以后，这时空气供应过量，燃料过少，造成所谓"贫油熄火"。它对应的过量空气系数称之为"贫油熄火极限"。

富油熄火极限与贫油熄火极限之间的差值越大，燃烧的稳定性就越好。

（二）干式低氮燃烧技术

近 20 年来，环境保护的要求希望电厂排放物中的 NO_x 和其他污染物质越来越少。燃气轮机厂商最早是通过燃烧室注水或注蒸汽的方法来降低燃气轮机排放的 NO_x，但这种方法对 NO_x 降低有限。从 20 世纪 80 年代开始，燃气轮机厂商不断地开发和改进了干式低 NO_x 燃烧技术。1991 年，DLN 燃烧系统已经在 222 台燃气轮机上使用，运行小时数达到 480 万小时，其中 DLN-1 是针对 E 级燃气轮机开发的，DLN-2 是针对 F 级燃气轮机开发的，但也被应用在 E 级和 H 级燃气轮机。另外燃气轮机厂商也致力于在燃烧轻油的燃气轮机上应用 DLN 技术。多年的运行情况表明，这种稀释预混燃烧技术能够满足电厂对更低 NO_x 排放的要求。例如 9F 级燃气轮机主要有 DLN2.0 和 DLN2.6＋两种燃烧系统，随着 DLN2.6＋技术的成熟，以及国内环保需求，其启动初期减轻黄烟排放的效果和更低的 NO_x 排放特性，使得国内 9F 燃气轮机电厂纷纷进行了 DLN2.6＋燃烧系统的升级改造。

1. MS9001FA 型燃气轮机的 DLN2.0＋燃烧室

DLN2.0＋燃烧室的燃料是分级供应的，设有 1 个速度比例/截止阀（SRV）和 3 个燃料控制阀（GCV1、GCV2、GCV3），其控制系统比传统的气体燃料控制系统更为复杂。气体燃料的供应分为 3 条管路（PM1、PM4 和 D5）：PM1 管路供应 1 个喷嘴、PM4 管路供应其余 4 个喷嘴、D5 管路仅在点火至低负荷时供应全部喷嘴。速度比例/截止阀（SRV）用来调节控制阀前的气体燃料压力，3 个控制阀（GCV1、GCV2、GCV3）用来控制通向 3 条管路（PM1、PM4、和 D5）的气体燃料流量。DLN2.0＋燃烧室喷嘴如图 3-18 所示。

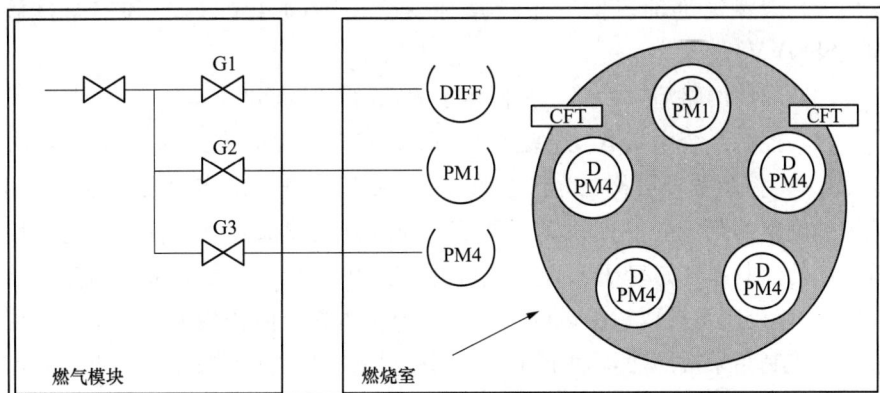

图 3-18　DLN2.0＋燃烧室喷嘴

(1) 扩散燃烧模式 (D5)。

燃气轮机启动时，从点火到全速之前，燃料直接供给每个燃烧室的 5 只扩散燃烧燃料喷头。这时 PM1 和 PM4 的预混通道将用压气机出口抽气进行空气置换。

(2) 亚先导预混模式 (D5+PM1)。

燃烧基准温度在 800℉ (426℃) 时同时转速大于 95%，燃气轮机处于该燃烧模式。从全速到 25% 基本负荷，燃料分别流到 D5 和 PM1 燃气通道。PM4 的预混通道将用压气机出口抽气进行空气吹扫。

(3) 先导预混模式 (D5+PM1+PM4)。

燃气轮机加载时，燃烧基准温度从 1800℉ (982℃) 到 2300℉ (1260℃) 的区间内，燃气轮机处于该燃烧模式。此模式下，燃料分别流到 D5，PM1 和 PM4 通道，直至预混燃烧模式时，D5 关闭，流过 PM1 和 PM4 通道的流量比为 20/80。

(4) 预混燃烧模式 (PM1+PM4)。

1) 当加载时，燃烧基准温度高于 2300℉ (1260℃)，燃气轮机处于预混燃烧模式。此模式下，燃料直接引入 PM1 和 PM4 支管，此时对应燃气轮机的负载为 50%～100% 基本负荷区间。

2) TTRF1 称为燃烧基准温度，它由 DLN2.0+ 控制软件计算获得。其计算方程是平均燃气轮机排气温度 TTXM、压气机排气压力 CPD 和压气机进气喇叭口处温度 CTIM 的函数。这样计算求得的燃烧基准温度并不是表示实际机组的进气火焰平均温度，而仅仅是燃烧配气模式和燃料分流程序控制的一个基准参考温度。该温度始终比 GE 定义的燃烧温度低。

2. DLN2.6+ 燃烧室

相比较 DLN2.0+ 燃烧室，DLN2.6+ 燃烧室有以下特点：

(1) 全新的 DLN2.6+ 燃烧器，增加了中央喷嘴，每个燃烧器上增加一个 CDM（燃烧脉动监测）探头。

(2) 天然气进辅机间管道上增加安全关断阀 (SSOV) 和安全排放阀 (SSOVV)。

(3) 取消两路清吹回路，只保留了 PM3 管路的清吹回路。

(4) 控制系统由 MK6 升级至 MK6E，实现了控制方式的根本性变化。DLN2.0+ 控制系统可称之为静态控制，控制始终按照由实验数据和现场调试数据确定的既定控制曲线进行调节，控制方式偏保守、不优化、适应性差；新的控制系统是基于 ETS（先进的暂态稳定性）上的 MBC（直接边界控制），该控制系统以最极端的情况形成控制边界，使各相关被调量独立调节，使控制结果按照燃烧稳定性-优化排放-燃烧脉动优先顺序保持近边界运行，保持动态调节的经济性和适应性。DLN2.6+ 燃烧室喷嘴如图 3-19 所示。

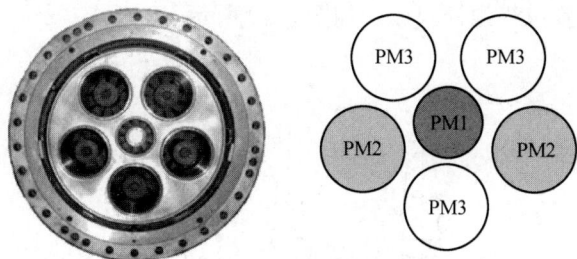

图 3-19　DLN2.6+燃烧室喷嘴

（5）模式切换过程。

1）点火直至并网，PM1＋PM2 进气，称为"3"模式。

2）并网后 CA＿CRT（燃烧基准温度 TTRF1 转换而来）达到 67.93，PM1＋PM2＋PM3 进气，清吹阀关闭，PM2 进气量多。此燃烧模式称为"6.2"模式。

3）在 CA＿CRT 达到 82.75 时，PM1＋PM2＋PM3 进气，PM3 进气量。此燃烧模式称为"6.3"模式。

第四节　透　　平

一、概述

燃气透平是燃气轮机中一个重要部件。它的作用是，把来自燃烧室的、储存在高温高压燃气中的能量转化为机械功，其中一部分用来带动压气机工作，多余的部分则作为燃气轮机的功率输出，带动外界的各种负荷。按照工质在透平内部的流动方向，通常可以把透平区分为轴流式与径流式两大类型，大型燃气轮机都采用轴流式透平。

轴流式透平既可以做成单级的，也可以做成多级的，但大多数发电用的重型燃气轮机的透平级数在 3～4 级。在透平中完成能量转换的基本单元是单级透平，称为级。级由一列喷嘴和一列动叶串联组成。多级透平则由各个单级按气流流动方向串列构成。装有动叶片的工作叶轮通过转动轴与压气机轴和燃气轮机所驱动的负荷轴相连接。

二、透平结构

各燃气轮机公司的燃气轮机透平结构大同小异，下面以 GE 公司 9FA 型燃气透平为例进行结构说明。该透平是三级轴流式透平，每个透平级由喷嘴和动叶片组成。透平部分包括：透平转子、透平气缸、喷嘴、复环、排气框架和排气扩压段。

（一）透平转子

透平转子组件由转轴、透平前半轴、叶轮、级间轮盘、透平后半轴、垫块、动叶片及拉杆螺栓组成，如图 3-20 所示。

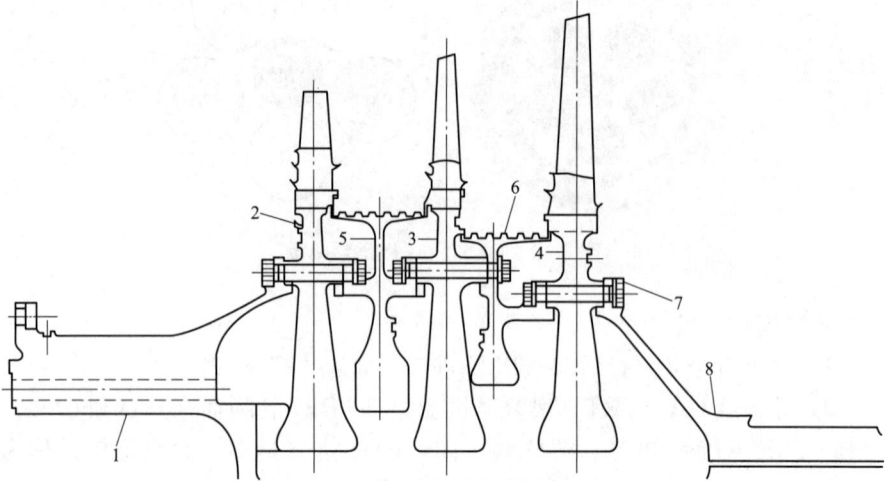

图 3-20　透平转子结构

1—前半轴；2—第一级轮盘；3—第二级轮盘；4—第三级轮盘；

5、6—级间轮盘；7—拉杆螺栓；8—后半轴

　　透平转子前半轴通过压气机排气缸后段联轴器的隔板法兰用螺栓与压气机转子刚性连接，叶轮轮轴和级间轮盘上的配合止口控制各部件的同心度，用贯穿螺栓将他们压合在一起，透平转子后半轴由排气侧的轴承支撑。在各级叶轮之间的级间轮盘为各叶轮提供轴向定位。级间叶轮设置有隔板密封齿，级间叶轮的前端面设有作为空气通道的径向缝。透平转子通过冷却保持适合的温度，以确保更长的运行寿命。

　　从压气机抽取的冷却空气径向朝外从透平叶轮和定子之间的空间排出，顺流进入燃气流。在结构上，透平转子前半轴法兰通过螺栓连接到压气机排气缸后段联轴器的隔板法兰，透平转子后半轴法兰，通过螺栓连接到排气框架的前法兰。在透平气缸中，有与动叶片级数相等的喷嘴（静叶），它们引导燃烧产生的高速膨胀气流对准透平动叶，推动透平转子转动做功。隔板位于相邻两级叶轮之间，确定每个叶轮的轴向位置，隔板上有密封。必要时，隔板上还会设置径向的冷却空气孔。

　　透平动叶片的尺寸由第一级到最后一级逐级增高，因为每一级的能量转化使得压力减少，要求环形面积增加以接收燃气的流量，保持各级的质量流量相等。

　　图 3-21 为某燃气轮机第一级动叶的冷却结构。它除了有对流冷却外，在头部有冲击冷却，还有多处气膜冷却。为了增强对出气边的冷却，在冷却通道内还铸有多排针状的肋条，以增强冷却效果。

　　图 3-22 为某燃气轮机的第二级动叶片自枞树形叶根底面至叶顶布置有多孔动叶冷却用的纵向空气通道。冷却空气从枞树形叶根底部的冷却孔引入，流向叶尖，并从那里流出。

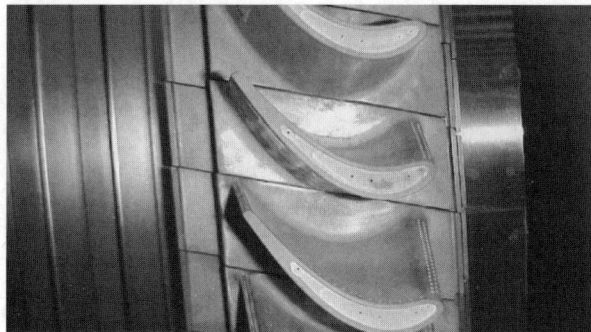

图 3-21　典型的第一级动叶

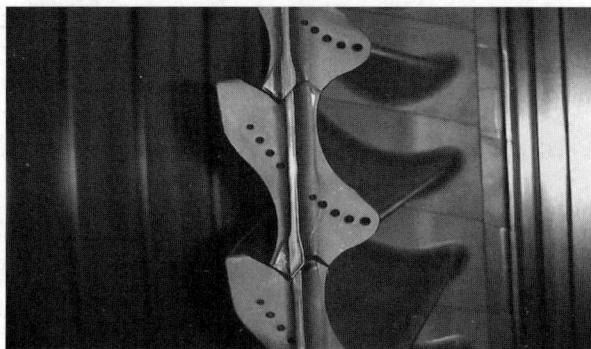

图 3-22　典型的第二级动叶

图 3-23 为某燃气轮机的第三级动叶，该动叶无内部空冷，这是由于第三级动叶处的燃气温度往往已经比较低，不需要进行额外冷却。实际情况还要根据不同的机型和设计来确定是否需要冷却。

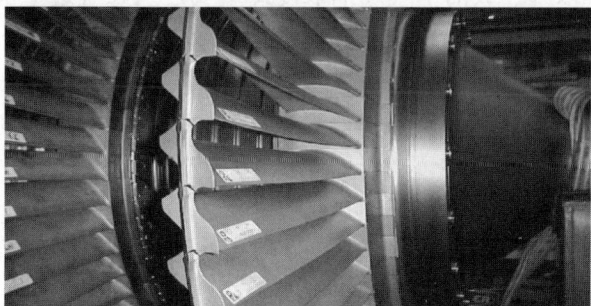

图 3-23　典型的第三级动叶

为保持合理的运行温度，从而保证透平有效的使用寿命，透平转子必须进行冷却。冷却是由一般强制性的冷空气完成的，它沿径向向外流过叶轮和动叶、定子之间的空间，然后汇入高温烟气。第一级前轮间由压气机排气冷却。在压气机转子后端，转子和压气机排气缸内筒之间有一个高压气封，来自这个迷宫式气封的一部分漏气供应穿越第一级前轮间的空气流，这股冷却空气流在第一级喷嘴之后排入高温烟气。

第一级后轮间由第二级喷嘴的冷却空气冷却。

第二级前轮间由来自第一级后轮间穿越级间密封的漏气冷却，这股空气在第二级动叶的入口返回燃气通道。

第二级后轮间由来自内部抽气系统（更确切地，来自压气机第十六级和第十七级间的抽气）的空气冷却。这股空气通过隔块前端面上的缝进入轮间。

第三级前轮间由来自第二级轮间穿过级间气封的漏气冷却。这股空气在第三级动叶入口返回燃气通道。

第三级后轮间由来自外部安装的鼓风机的空气冷却。这股冷却空气由管子接到透平排气框架，先被用来冷却支柱，然后大部分最终被引入第三级后轮间空腔。

（二）透平定子

透平汽缸、排气框架，以及安装在气缸上的透平喷嘴、复环，支承在排气框架上的2号轴承和透平排气扩压段共同组成透平定子。

1. 透平气缸

透平气缸作为承力骨架，承受着机组的质量、燃气的内压力和其他作用力。透平气缸固定了护环和喷嘴的位置，决定透平间隙和喷嘴与动叶的相对位置，它对透平性能有着决定性的影响。透平气缸采用双层结构，使用隔绝热源、冷却的方法控制受热，在内、外层之间接通冷却空气，能有效降低透平气缸工作温度，减少气缸的膨胀量和热应力，减少对气缸的热冲击，有利于控制动叶顶部径向间隙在运行中的变化，从而有利于机组快速启动、加载。从压气机特定级数（主要根据需要的冷却空气的压力和温度参数决定抽取哪一级的空气）抽取冷却空气进入燃气透平气缸环型夹层空间进行冷却，再进入透平喷嘴进行冷却，最终进入叶轮间，对叶轮进行冷却。透平气缸的前法兰和压气机排气缸后法兰用螺栓连接，透平气缸的后法兰和排气框架前法兰用螺栓连接，耳轴浇铸在缸体外表面两侧，可用来起吊燃气轮机，图3-24为透平气缸结构。

2. 透平喷嘴

燃气透平有多级喷嘴（通常为3级到4级），它们引导经过膨胀的高速燃气流向透平动叶，使转子转动。由于通过喷嘴时的高压降，在内外侧都有气封以防止由泄漏引起的系统能量损失。这些喷嘴在热气流中工作，它们除了承受燃气压力负荷外，还要承受巨大的热应力。

喷嘴处于高温高压燃气通道内，承受严酷的热负荷和气动负荷，在喷嘴前后有较大的压差，因此在喷嘴内侧与转子之间及喷嘴外侧与气缸之间都设有密封，以防止级间泄漏，造成能量损失，效率下降。

对于采用分管式的燃烧室来说，第1级喷嘴连接燃烧室的过渡段，接收从燃烧室出来的高温燃气，过渡段的内侧和外侧与第1级喷嘴连接部分

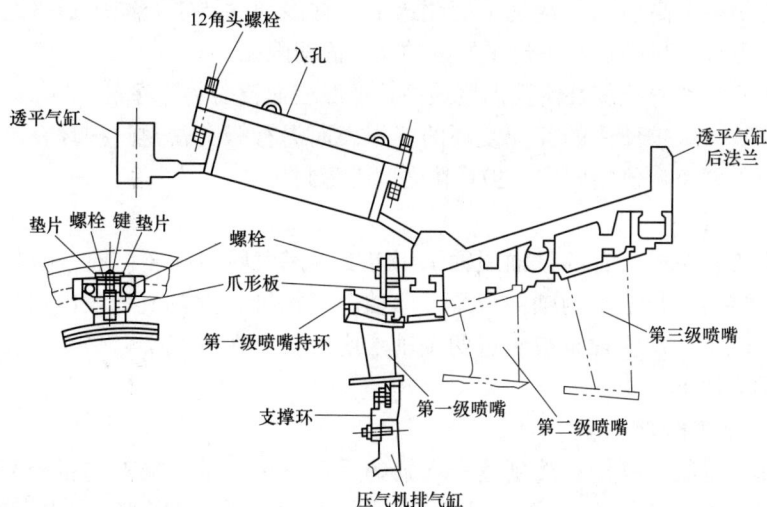

图 3-24　透平气缸结构

采用浮动密封，最大限度减小压气机排气漏入第 1 级喷嘴。在后面几级喷嘴内径侧设置隔膜块，在隔膜块的内径处设置有高低齿迷宫式密封，作用是减少燃气从喷嘴与转子之间的间隙泄漏。

（1）第 1 级喷嘴。从燃烧室出来的高温燃气，经过燃烧室的过渡段后进入第 1 级喷嘴。过渡段的内侧和外侧与喷嘴连接部分采用浮动密封，使泄漏的燃气中的压气机排气减少到最小。喷嘴通常会设计多种冷却方式，例如 MS6001FA 系列的燃气轮机第 1 级喷嘴的叶片内部前后都有腔室，采用气膜冷却、冲击冷却和对流冷却多种方式，降低叶片和侧壁的温度。

一般来说，根据加工需要以及安装方便，数片静叶会精密铸造成一个喷嘴组，装在具有水平中分面结构的持环上。持环水平中分面位置有挂耳支撑在气缸上。持环的最上部和最下部有导向键。这样的结构允许持环径向膨胀，同时能够与汽缸保持同心。

喷嘴外壁的后侧靠着一级护环前端面，起密封作用，防止压气机排气泄漏。喷嘴内壁上焊有密封片。

（2）其他级喷嘴。数片静叶精密铸造成一个喷嘴组，喷嘴组外壁的前后侧都有挂钩，沿圆周方向插入一级护环和二级护环的槽子中，与透平汽缸和转子保持同心。喷嘴组在汽缸圆周上位置由装在汽缸上的定位销确定。

3. 隔板气封

连接在喷嘴级间喷嘴段内径处的是喷嘴隔板。这些隔板阻止流过喷嘴内壁和转子的空气泄漏。

4. 复环

与压气机动叶不同，透平动叶的顶部是装在气缸上的一圈护环上，其主要作用就是减小动、静间隙。护环的另外一个作用是在热燃气与冷气缸之间提供一个高热阻，达到了简化透平气缸冷却的要求，减少透平气缸热膨胀，保证了机组运行中透平气缸的动、静间隙。

（1）一般一级复环耐受温度最高，一般表面覆盖热障涂层。

（2）一级护环后的其他复环的工作表面焊有蜂窝密封。护环在缸体上的周向位置有定位销固定，护环块之间有密封键。

5. 轴承

燃气轮机机组有两只轴颈轴承用以支撑燃气轮机转子。有一只推力轴承以保持转子与定子的轴向位置，单轴燃气轮机、汽轮机和发电机公用一只推力轴承。这些轴承被装进两个轴承座中：一在进气端，另一个在排气框架中心线上。

6. 排气框架

排气框架用螺栓连接到透平气缸的后法兰上。排气框架包括外套筒和内套筒，内外套筒由径向撑杆互相连接，排气侧轴承座固定在内套筒上，如图 3-25 所示。燃气的排气穿过排气框架的径向支撑杆，这些支撑杆决定了内套筒和排气侧轴承相对于燃气透平外缸的径向位置。为了控制透平转子相对于定子的中心位置，必须保证每个支撑杆温度均匀且相对稳定。框架式冷却风机提供了进入支撑杆与燃气透平内、外缸夹层之间的冷却空气，使支撑杆保持温度均匀且恒定，并用于冷却透平末级动叶轮的后空间。

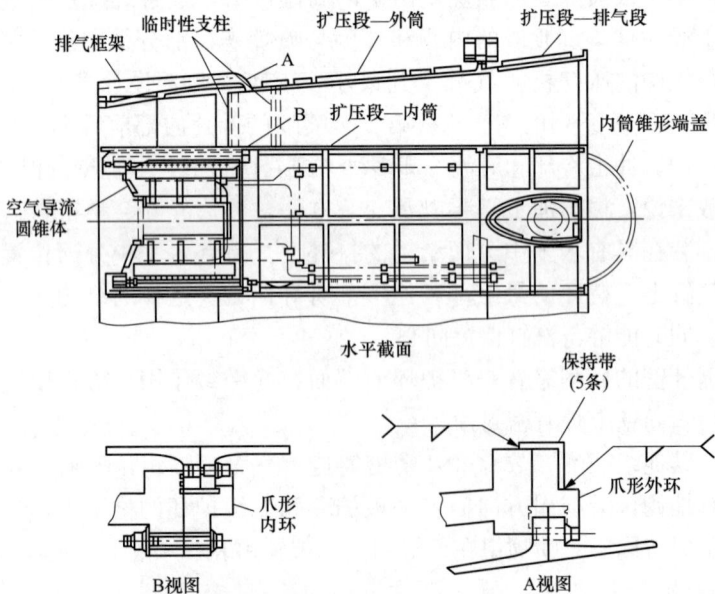

图 3-25　透平排气框架结构图

排气扩压段用螺栓连接在排气框架的尾部，从末级动叶排出的燃气进入该扩压段，在扩压段内通过扩散降低速度并回收压力，从而提高燃气轮机性能。排气框架组件的气路中装有数十个用于透平运行控制的排气热电偶。在扩压段中，内环在出口端由内筒锥形端盖封闭，将排气侧轴承封闭在内环里，外环和内环之间由中空的支柱连接。

三、工作原理

(一) 透平做功原理

当高温高压的燃气流过透平静叶（喷嘴）时，使气流加速，相应地燃气的压力和温度却会逐渐下降。在静叶中燃气的部分熔值转化成为动能，当这股具有相当速度的燃气以一定的方向喷射到工作轮上的动叶流道中去时，就会在动叶片上产生周向分力，从而推动工作叶轮连续旋转，并使燃气气流速度下降，在这个过程中，燃气就把部分能量传递给了工作叶轮，使叶轮在高速旋转中对外界做机械功。

透平和压气机的对比见表 3-2。

表 3-2 透平和压气机的对比

分类	透平	压气机
能量转换	熔→机械能	机械能→压力势能＋热能
叶栅通道	收敛式	扩散式
流动过程	膨胀加速	扩压减速
级的构成	静叶＋动叶	动叶＋静叶
叶型	厚、弯度大	薄、弯度小
轮缘功	大	小
工作环境	高温	低温
级数	少	多
多级流程	扩展	缩小
效率	单级：0.88～0.91	单级：0.88～0.90
	多级：0.91～0.94	多级：0.83～0.87

(二) 透平冷却原理

透平内部冷却是提高燃气透平进气初温，从而提高机组经济性能的有效措施。将燃气透平转子、喷嘴和动叶进行冷却，使其温度控制在合适的范围内，在提高机组经济效率的同时，延长热通道部件运行寿命，保证机组安全运行。

冷却方式：F 级以下的燃气轮机都采用空气冷却，即从压气机中抽出部分空气用于透平冷却。透平转子和定子由压气机排出或级间抽出的正向流动的相对冷却空气实现冷却，冷却原理如图 3-26 所示。下面以 GE 公司 F 级机组为例，进行冷却原理说明。

1. 动叶冷却

需要耐受高温的动叶片表面均有真空等离子涂层，采用空气冷却结构，冷却通道内表面再涂一层铝保护层，一般末级动叶无内部空气冷却。例如

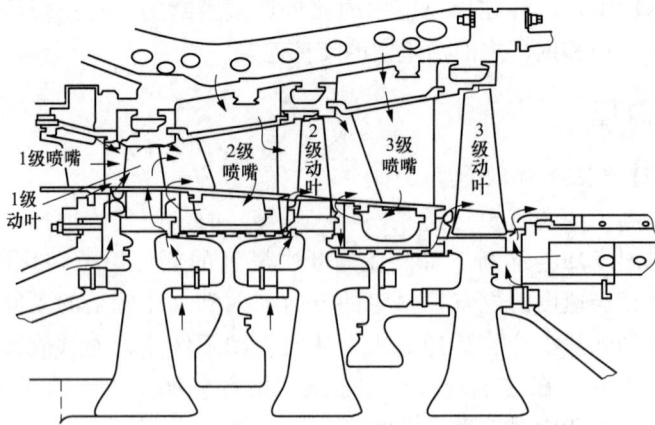

图 3-26　燃气透平冷却空气原理示意图

9FA 机组的第 1 级动叶除了有对流冷却外，在头部有冲击冷却，还有多处气膜冷却，为了增强对出气边的冷却，在冷却通道内还铸有多排针状的肋条，以增强冷却效果。9FA 机组的第 2 级动叶片自枞树形叶根底面至叶顶布置有多孔动叶冷却用的纵向空气通道。冷却空气从枞树形叶根底部的冷却孔引入，流向叶顶，并从那里流出，叶顶由 Z 形围带封装。末级动叶的内部没有冷却空气。

第 1 级动叶采用强制空气对流冷却，紊流气流被强制通过整体镶铸式蛇形管通道，并从叶顶和动叶尾缘上的孔排出；第 2 级动叶经由径向孔风道冷却；第 3 级动叶的内部无须空气冷却，如图 3-27 所示。

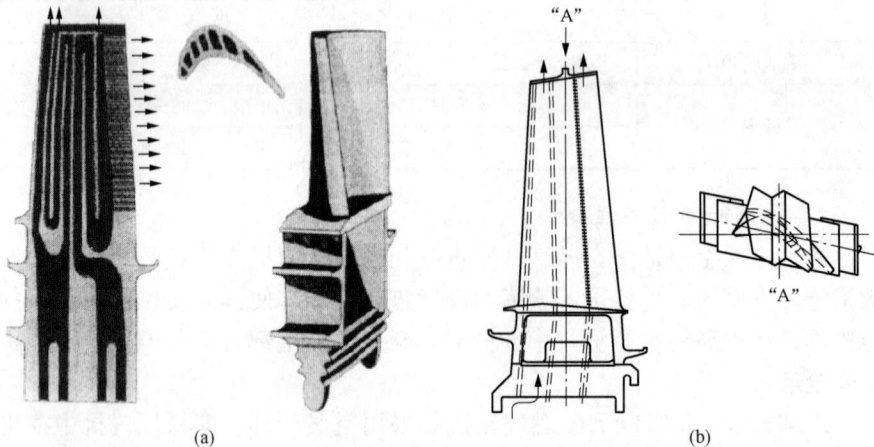

(a)　　　　　　　　　　　　　　　　　　(b)

图 3-27　动叶的冷却
(a) 第 1 级动叶的冷却；(b) 第 2 级动叶的冷却

2. 喷嘴冷却

9FA 机组 3 级喷嘴全部具有空气冷却，第 1、第 2 级喷嘴设计成两只叶片一组的铸造喷嘴扇段，采用气膜冷却、冲击冷却和对流冷却的复合冷却方式。第3级喷嘴设计成三只叶片一组的铸造喷嘴扇段，仅采用对流冷却。第1级喷嘴由压气机排气冷却，第2级喷嘴由压气机第13级抽气冷却，第3级喷嘴由压气机第9级抽气冷却。

3. 轮级间冷却

第1级轮级间前侧由压气机排气冷却。压气机排气缸内缸和转子之间采用蜂窝密封，第1级轮级间前侧就是由这个蜂窝密封间隙泄漏的压气机排气冷却。冷却后的空气进入透平第1级喷嘴后的主燃气掺混。第1级轮级间后侧由压气机第13级抽气冷却。压气机第13级抽气进入透平第2级喷嘴后，一部分从隔板前侧的孔进入第1级轮级间后侧，再流入透平第2级喷嘴前的主燃气掺混。

第2级轮级间前侧由压气机第9级抽气冷却。冷却后的空气进入透平第2级喷嘴后的主燃气掺混。第2级轮级间后侧由压气机第9级抽气冷却。压气机第9级抽气进入透平第3级喷嘴后，一部分从隔板前侧的孔进入第2级轮级间后侧，再流入透平第3级喷嘴前的主燃气掺混。

第3级轮级间前侧由压气机第13级抽气冷却。压气机第13级抽气进入透平第3级喷嘴后，一部分从隔板前侧的孔进入透平第2级轮级间后侧，部分空气经过透平第3级喷嘴隔板密封流入第3级轮级间前侧，再进入透平第3级喷嘴后的主燃气掺混。第3级轮级间后侧由排气框架冷却空气冷却，冷却后的空气进入排气扩散器的主燃气掺混。

四、透平的监测方法

为了检测燃气轮机透平内部的冷却状况，在叶轮间安装有轮间热电偶。当温度达到它们的整定值时，会发出报警。

轮间温度的测量对燃气轮机运行监测是很重要的。在燃气轮机运行时它反应动静叶片和叶轮的冷却效果，有无超温，冷却通道有无阻塞。停机后，轮间温度值作为盘车何时可以停止、水洗程序可否开始的依据。

当温度达到它们的整定值时，只发出报警，但不会停机或者跳机。

第四章　燃气轮机辅助系统

第一节　燃气轮机油系统

一、概述

燃气轮机油系统主要包括润滑油、液压油（控制油）、顶轴油、密封油、油泵、油雾风机及蓄能器、滤网、冷油器等。按照油系统作用可划分为润滑油系统、顶轴油系统、液压油系统、跳闸油系统及密封油系统。

二、燃气轮机润滑油系统

（一）系统流程及作用

润滑油系统的作用是在机组运行时为机组的各轴承提供润滑油。润滑油系统由油箱、主润滑油泵、事故润滑泵、过滤器、加热器、冷却器、蓄能器、油烟机、油管道等组成。

流程如下：油箱油——→油泵——→油压、温控组件——→润滑油过滤器——→润滑油调节阀——→各轴承——→回油——→油箱。

燃气轮机油系统通常为模块化安装，如图4-1所示。

（二）主要设备

（1）润滑油箱：主要作用是盛放润滑油。模块化的润滑油箱通常位于整体模块下方或在模块上独立装箱设置，装有母管压力调节阀、液位指示及油浸式润滑油加热器。油箱内装有油浸式加热器，防止机组启动时油温过低。压力调节阀装在主润滑泵后的供油母管上，用来保证润滑油母管压力维持在一定数值。

（2）主润滑油泵（图4-2）：作用是机组运行时，向各轴承提供压力、温度符合要求、数量充分的润滑油。

（3）直流润滑油泵：作用是主润滑油泵无法运行时，事故直流润滑油泵投入运行，向机组各轴承提供润滑油。这种情况发生在停机过程及盘车时。

（4）润滑油蓄能器（图4-3）：是油系统保护装置，正常运行时用于稳定系统油压，当系统油压因为油泵故障或其他原因而突然降低时，蓄能器释放出贮存的压力油能瞬时维持油系统正常运行，以便短时稳定油系统压力。

（5）润滑油冷油器（图4-4）：用途是吸收供油至轴承、负荷齿轮箱（如有）、液压油系统等用油部位上产生的热量，使润滑油出口母管油温保持恒定不变。

(a)

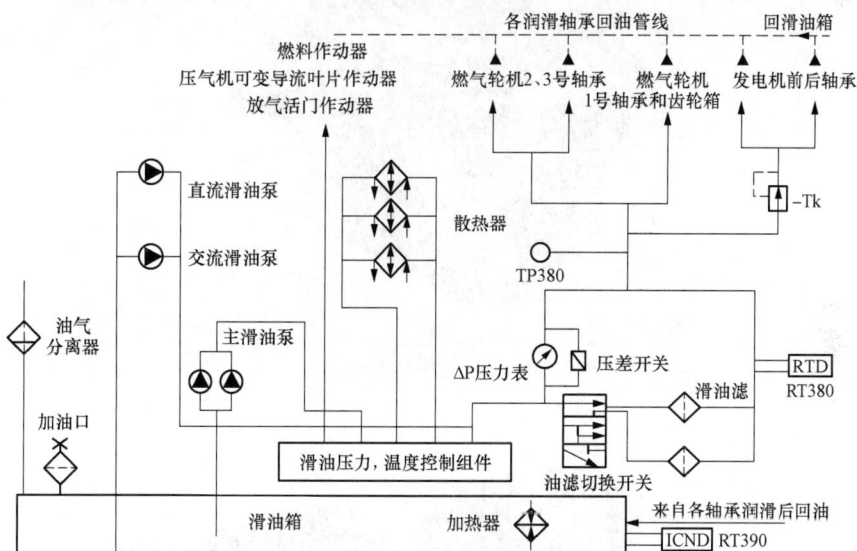

(b)

图 4-1　润滑油系统

(a) 实物图；(b) 示意图

　　(6) 润滑油排烟风机及油气分离器 (图 4-5)：运行时从润滑油箱中抽出油雾，含油空气通过油雾分离器排出，油被收集流入过滤容器底部，经净化的空气通过通风机出口止回阀排到大气。收集的油靠重力作用返回润滑油箱。

　　(7) 润滑油过滤器：用于过滤润滑油系统的各种杂质颗粒。

图 4-2　润滑油泵

图 4-3　润滑油蓄能器

图 4-4　润滑油冷油器（板式换热器）

图 4-5 排烟风机及油气分离器

三、燃气轮机顶轴油系统

1. 系统流程及作用

燃气轮机顶轴油的油源取自润滑油泵出口母管，通过顶轴油泵升压后供给燃气轮机轴承及发电机轴承将其顶起，用以保障转动部件的正常运行。顶轴油系统示意见图 4-6。

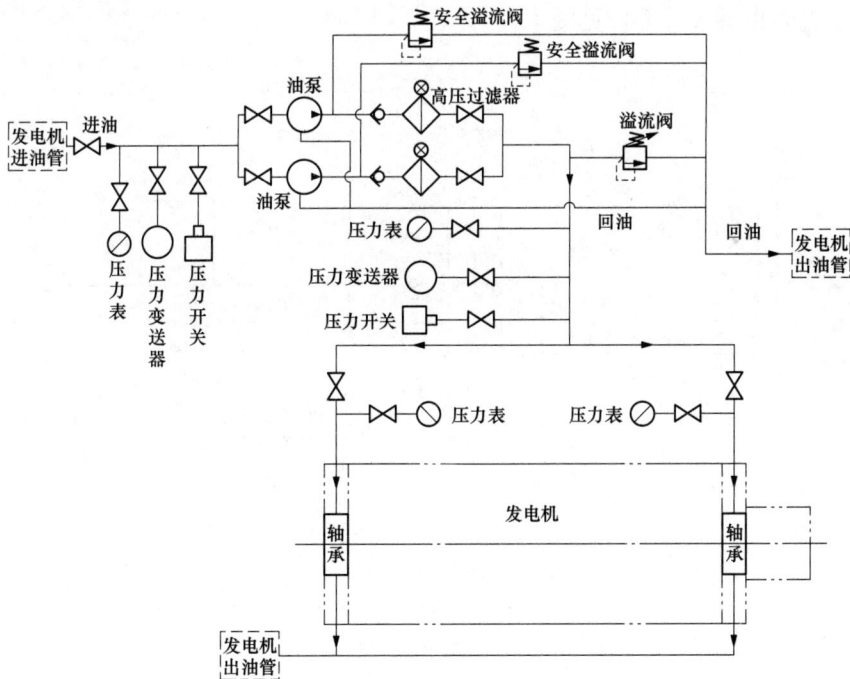

图 4-6 顶轴油系统示意图

2. 主要设备

顶轴油泵：为燃气轮机和发电机的轴承提供顶轴油。由两台液压油泵组成，顶轴油泵可以实现主、备相互切换。

顶轴油蓄能器：用来应付瞬间的系统压力波动，保证液压油压力稳定。

顶轴油过滤器：顶轴油过滤器用于过滤管路中的各种杂质。

四、燃气轮机液压油、跳闸油、密封油系统

（一）液压油系统设备组成及工艺流程

不同机组间的液压油系统有所不同，可分为润滑油与液压油系统共用油箱及液压油系统独立油箱的形式。液压油系统作用主要为供应各燃料控制阀（Gas Control Valve，GCV）、进口可调导叶（Inlet Guide Vane，IGV）等重要控制阀门用油。

共用油箱的液压油系统主要由两台液压油泵及液压油过滤器组成。液压油泵从润滑油母管获取油源，经过过滤器后送至各控制阀门。

独立液压油系统由独立的液压油箱，两台液压油泵，控制模块、滤油器、溢流阀、蓄能器、冷油器、仪控设备以及一套自循环滤油系统和自循环冷却系统组成。通过油泵吸入滤网将油箱中的液压油吸入，从油泵出口的油经过滤油器通过单向阀流入高压蓄能器，通过一进一回一保安三根油管道连接执行机构的压力油、回油和跳闸油，分别供给燃料控制阀、速比阀、进口可调导叶等，见图4-7。

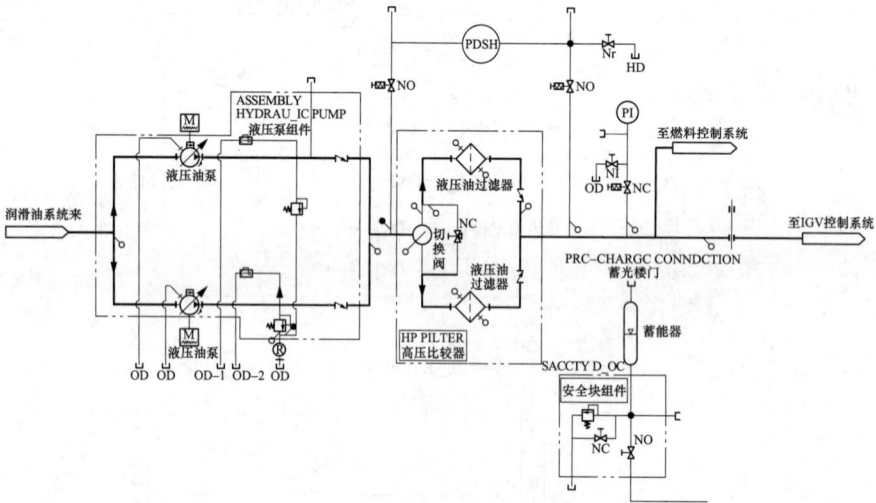

图 4-7　液压油系统示意图

（二）跳闸油系统设备组成及工艺流程

跳闸油系统油源取自润滑油母管或液压油系统（针对有独立液压油模块的机组），工作之后，将依靠自身重力回到润滑油箱。跳闸油系统供应压力油至燃料模块、进口导叶模块等，是燃气轮机基本的控制和保护系统，在机组发生异常和事故情况下，遮断保护动作，打开油动机泄压阀，将所有的压力油放回油箱，然后依靠油动机的弹簧力迅速关闭燃料速闭阀、燃料控制阀切断燃料，从而在极短的时间内切断轴系设备的驱动能量输入源，

实现机组的快速停机，防止事故的扩大。同时将压气机进口可调导叶也将关至最小。

跳闸油系统主要包括相应的跳闸油电磁阀组、跳闸油蓄能器及相关管路，见图4-8。

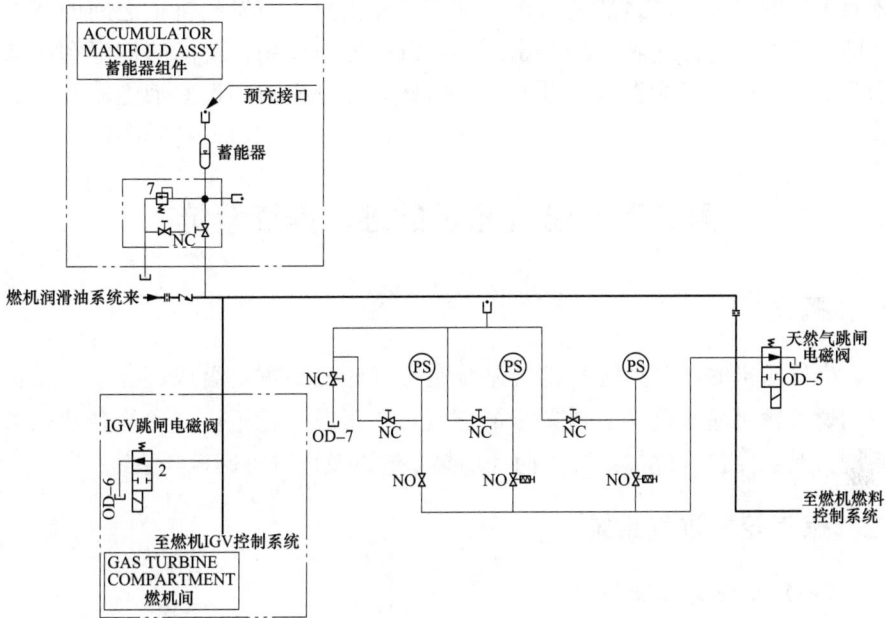

图4-8 跳闸油系统示意图

（三）密封油系统设备组成及工艺流程

针对有燃气轮机发电机氢气密封系统的机组，油系统配置一套密封油系统，用于密封燃气轮机发电机中用于冷却的氢气，系统流程见图4-9。

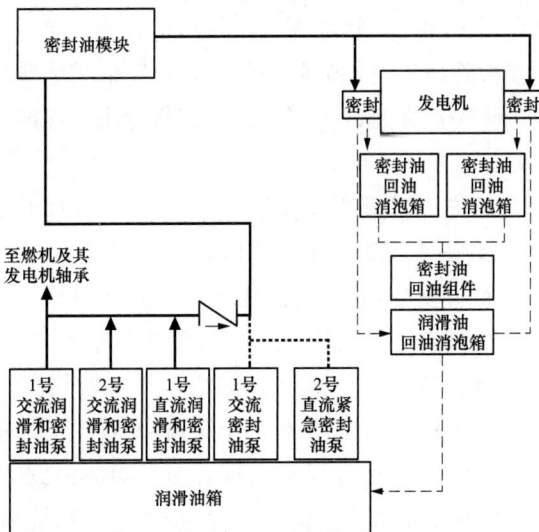

图4-9 发电机氢气密封油供油及回油过程示意图

GE 燃气发电机的密封油通常取自润滑油母管，通过隔膜式调压模块进行纯机械式的无差调压达到供油目的。对于氢冷发电机，由于发电机的转子必须穿出发电机的端盖，发电机内的氢气可能由此向外泄漏，因此，必须采用密封油系统向发电机密封瓦提供压力略高于氢气压力的密封油，以完成密封氢气的要求。密封油进入密封瓦后，经密封瓦与发电机轴之间的密封间隙，并在密封瓦间隙处形成密封油，既起密封作用，又能够润滑和冷却密封瓦。主要设备为密封油泵及相关管阀，部分机组还设有消泡箱和过滤设备。

第二节　燃气轮机的进、排气系统

一、概述

　　燃气轮机的进气系统和排气系统是燃气轮机的重要组成部分，主要负责向燃气轮机输送符合品质要求的空气，并将燃气轮机排气送往余热锅炉系统。其主要包含进气系统、抽气加热系统以及进口可调导叶系统。

二、燃气轮机进气系统

（一）系统流程及作用

　　燃气轮机进气系统应以最小压降将空气流从进口过滤室引入进气室。空气从进气口经过防冰系统、过滤室，经过进气滤网、抽气加热器（IBH 进气加热系统）、消声器。

　　进气系统的主要作用如下：

　　（1）提高供给压气机进口的空气质量。经过专门设计的进气系统，以提高在各种温度、湿度和污染状态下的空气质量，使之更适用于燃气轮机。

　　（2）消声器能消除压气机的低频率噪声，以降低其他频率范围的噪声。

　　（3）将进气压降保持在允许范围，保证燃气轮机的性能。

（二）主要设备

　　燃气轮机进气系统应以最小压降将空气流从进口过滤室引入进气室。进口过滤室包括进口滤网、除湿器和带自动过滤清洗系统的滤芯。在进口过滤室后，顺气流而下安装有进气加热母管。进气加热系统包括控制阀、传感器、位置指示器和抽气加热管道。抽气加热管道将压力气机抽气引入进气加热母管，有助于防止压气机进口结冰，并用来减少 NO_x 排放污染。紧靠抽气加热管道后面有一排消声器，用来降低来自压气机的低频噪声，然后弯管重新将空气向下引入进气室。弯管内有两层格栅式滤网，防止异物损坏燃气轮机。弯接头有助于现场安装，并将进气系统与燃气轮机隔离开来。两个膨胀节，一个位于过滤室与进口消声器组件之间，另一个位于过渡导管与进气室之间。

燃气轮机进气系统主要结构和管道如图 4-10 所示。

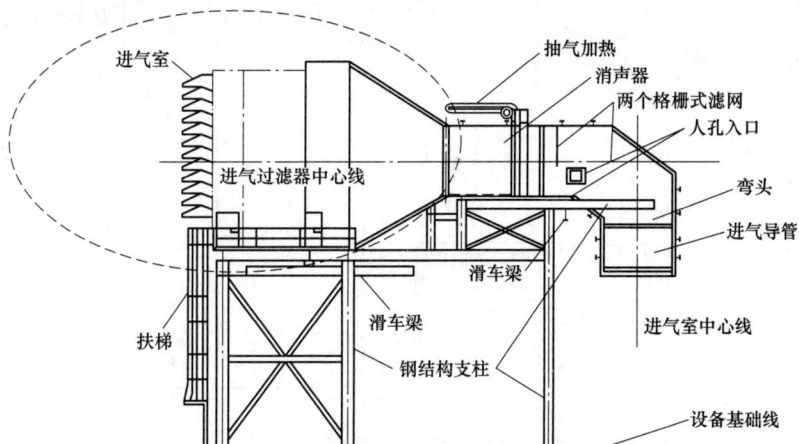

图 4-10　燃气轮机进气系统主要结构和管道

1. 进气滤网

根据各机组设计情况的不同，不同机组的进气滤网层级数各有不同，根据机组设计情况有 1~4 级不等。其中过滤形式也可分为反吹式滤网及静态式滤网。

针对反吹式滤网，过滤室上配置了过滤脉冲清洗系统，可以用它清洗进口过滤器滤芯。脉冲清洗系统提供压缩空气脉冲，使空气反向流过滤芯，驱除积聚在滤芯进气侧的积灰，从而延长滤芯的使用寿命，有助于保持过滤器效率。脉冲清洗系统使用的纯净干燥空气来自经冷却、净化、干燥处理后的燃气轮机压气机排气或直接采用仪用气。

针对静态式滤网，通过多级滤网的形式逐级过滤掉空气中的颗粒，由于未配置反吹系统，其主要采用定期更换的方式来保证进气系统的可靠。

2. 进气冷却装置

燃气轮机的性能与其所处的环境温度密切相关，当环境温度上升时，空气密度较小，由于燃气轮机是定容式动力机械，从而导致流过压气机和透平的质量流量减少，引起燃气轮机的出力下降。在高温天气情况下，给燃气轮机加装进气冷却装置是较为安全可靠且卓有成效的方法。

燃气轮机的进气冷却主要有两种形式：

（1）喷雾/蒸发冷却，水直接与进气接触换热，以除去进气显热，见图 4-11。

（2）制冷冷却，通过使用制冷剂/载冷机的方式，以除去进气显热及潜热，其还分为连续制冷及蓄能制冷两种方式，见图 4-12。

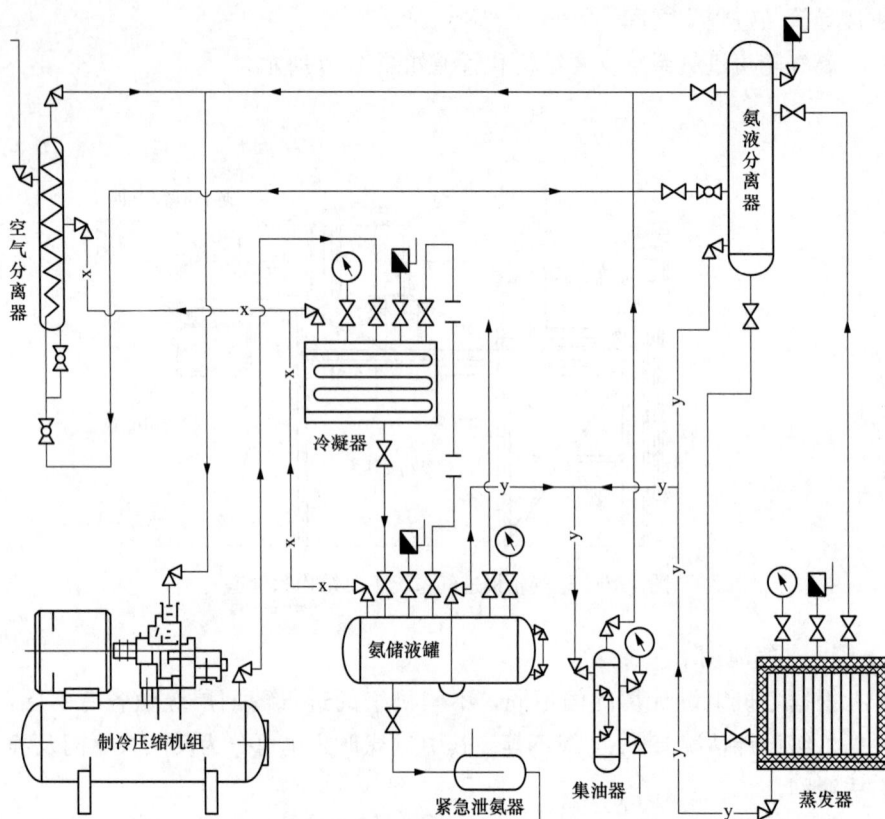

图 4-11 氨蒸汽压缩式燃气轮机进气冷却装置

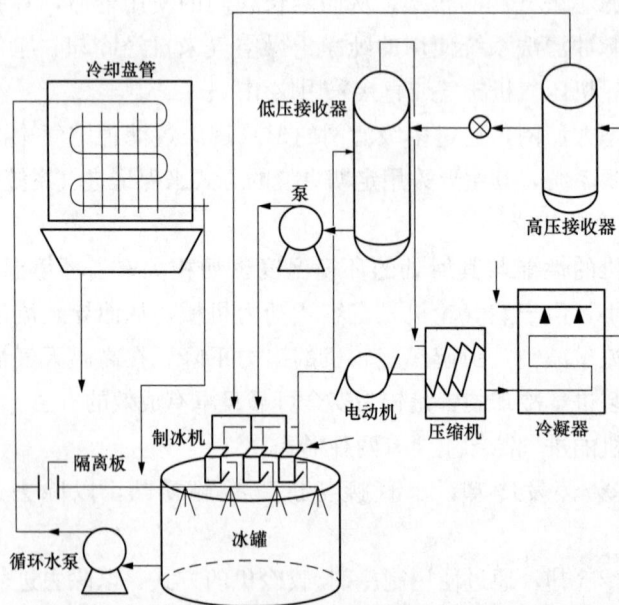

图 4-12 典型燃气轮机制冰蓄冷进气冷却系统

3. 防柳絮装置

由于进气系统滤网的容尘量、过滤效果是根据燃气轮机进气质量要求基于特定大气条件下而设计的,当空气粉尘偏离设计工况时,特别是当空气粉尘量增多时,过滤器将会很快失效。如在柳树的花期,空气夹带柳絮进到燃气轮机的进气系统,在滤芯表面形成厚厚的一层"棉被",堵塞气流通道,增加过滤系统的压差,导致进气滤网的寿命缩短、燃气轮机出力消耗加大、非计划停机更换滤网次数增加,影响燃气轮机安全可靠经济运行,因此,对于安装在柳絮高发区的燃气轮机机组,通常会在进气过滤器前加装防柳絮装置,见图4-13。

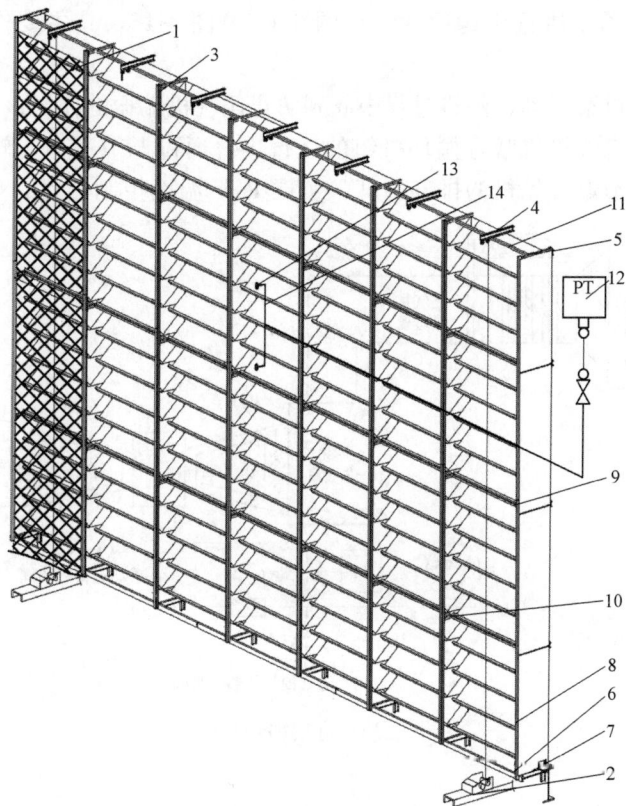

图 4-13 防柳絮装置示意图

1—防柳絮网;2—升降机构;3—支撑框架;4—顶部悬挑梁;5—顶部悬挑梁;
6—底部横梁;7—底部悬挑梁;8—垂直导轨;9—上部横梁;10—上部悬挑梁;
11—顶部横梁;12—压力变送器;13—压力取样点;14—压力取样管

三、进气抽气加热系统（IBH）

抽气加热系统由手动隔离阀、进气加热控制阀（Inlet Bleed Heating,IBH）、压力传感器及控制阀的气动回路组成,如图4-14所示。抽气加热系统从压气机排气缸抽出一部分高温、高压空气,通过一个手动隔离阀和气控调节阀，引入安装在进口消声器下游的加热管道，对压气机进口空气进行加热。

抽气加热系统的主要作用是防止空气中的水蒸气在压气机进口凝结或结冰，扩大燃烧器预混燃烧方式的运行范围，同时在部分负荷时，通过抽气加热回路使得压气机的容积流量增加，改变压气机进口可调导叶的气流冲角，防止压气机喘振及提供压气机压比超限保护。

四、压气机进口可调导叶系统（IGV）及可调叶片

压气机进口可调导叶（Inlet Guide Vane，IGV）系统由液压控制系统和可转导叶回转执行机构组成，见图 4-15 及图 4-16，其主要作用有下面几点：

（1）在机组启动、停机过程中起到防止压气机喘振的作用；

（2）在燃气轮机联合循环机组的运行中，通过调节进口可转导叶 IGV 的开度，调节燃气轮机的排气温度，实现 IGV 温度控制，以满足联合循环

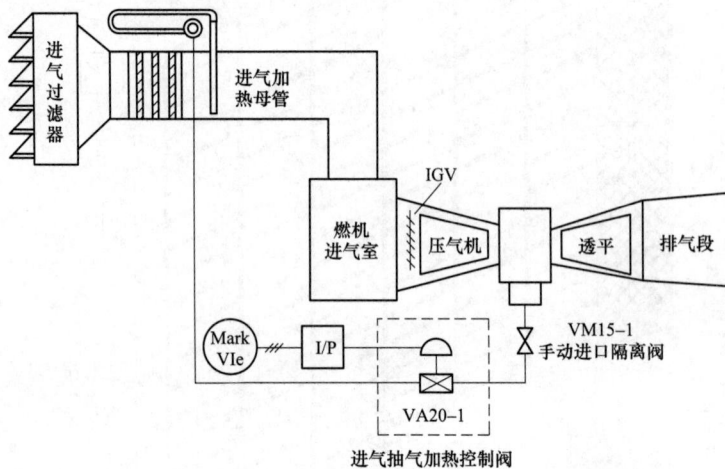

图 4-14　进气加热系统

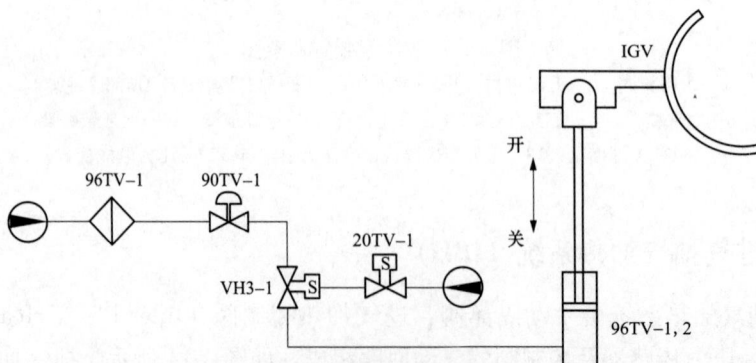

图 4-15　IGV 系统组成

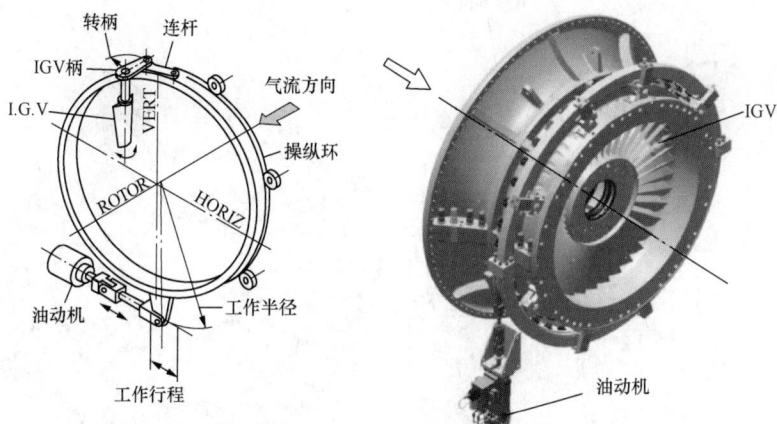

图 4-16　IGV 结构示意图

机组运行变工况时，对余热锅炉的温度要求，提高联合循环机组运行经济性；

（3）在单轴联合循环机组的启动、停机过程中，通过调节进气可调导叶的开度，调节燃气轮机的排气温度，实现燃气轮机排气温度与汽轮机汽缸温度的匹配；

（4）采用干式低氮氧化物燃烧室的机组，在加负荷时用减少 IGV 的最小全速角的设定值，再加上进气加热，能够扩大预混燃烧的运行范围。

系统由进口可转导叶、进口可转导叶伺服阀、进口可转导叶跳闸阀、伺服阀液压油回路滤网、进口可转导叶位置反馈、蓄能器及液压油压力释放阀等设备组成。

此外，针对大容量机组如 GE 的 9H 及三菱的 M701J 等 H 级压气机除了配备进口可转导叶外，还配置了可调静叶，见图 4-17，以便进一步改善压气机低转速的流动特性和在联合循环机组部分负荷的性能。

进口可转导叶在机组启动、停机过程中，以及机组带部分负荷运行的情况下，为避免压气机出现喘振，可控制关小 IGV 的角度，扩大压气机防喘裕度。同时通过调整 IGV 角度来控制压气机进气量，达到配合燃烧方式的切换。可转导叶的动作由液压系统控制，导叶的开度自动根据控制系统的指令进行调整，以满足燃气轮机排气温度的控制和在机组启、停时压气机防喘的要求。在启动和停机过程中，对可转导叶进行 IGV 温度控制，使燃气轮机透平的排气温度保持在允许的最高水平，以提高联合循环机组在部分负荷时的热效率。

可转导叶液压系统中设置有蓄能器，在液压油系统泄漏或液压油泵断电情况下，提供能量及时关闭可转导叶，防止压气机损坏，保护压气机。

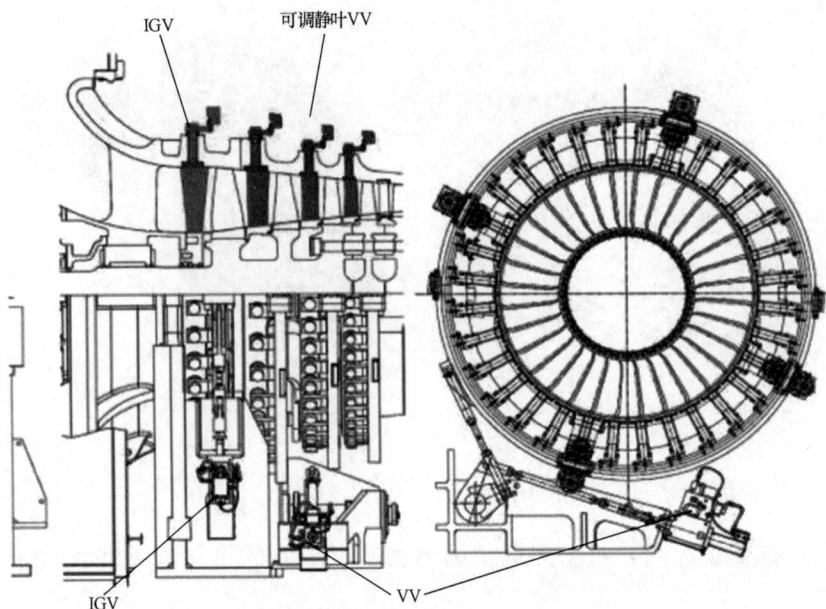

图 4-17　IGV 及可调静叶结构示意图

第三节　燃气轮机的冷却通风系统

一、概述

燃气轮机间、扩压段间、燃料气模块小室、负荷轴间均配置了通风加热系统。通风和加热系统的主要功能是：冷却舱室和加热舱室，以及将燃气轮机透平间、负荷轴间、燃料气模块等可能泄漏的天然气抽到安全区域。

配置通风加热系统的目的是使燃气轮机各间室保持在固定温度范围内，从而保证人员的安全和设备的防护。通风系统还提供了稀释泄漏的烟气和燃料气体的功能，并且连续吹扫掉积聚在室内的泄漏气体，另外，各间室通风系统还能保持气缸四周温度均衡，有助于维持燃气轮机动静叶片间隙的作用。同时为灭火介质提供一个封闭的空间，此外还能降低隔间噪声。

每个舱室都有互为备用的交流电驱动的通风机。风向是根据各自舱室的需要而设计的。进风口的挡板用来限制空气流动，当燃气轮机火灾保护系统动作时，重力作用挡板的进口和出口自动关闭，使模块隔间密闭，有助于灭火。排气扩散段是依靠从进气框架底部到排气框架顶部的自然对流的空气来冷却。

二、透平间、阀组间通风系统

燃气轮机透平间、燃料阀组间由于涉及天然气管路，故采用轴流式负压通风系统。其余罩壳均为正压通风。在负压状态下，空气通过设置在罩壳两侧的进风管道进入燃气轮机透平间。

透平间冷却风机系统使用了重力作用控制的进口挡板和二氧化碳驱动的锁闩出口挡板。二氧化碳锁闩出口挡板正常时由于 CO_2 泄压，使得锁紧杆松开，保持在常开位置；在火灾保护系统启动时 CO_2 排放，施加在锁闩上的力迫使活塞顶住弹簧，松开锁闩，推动锁紧杆，从而使出口挡板关闭，密封燃气轮机透平间。

三、负荷联轴间通风系统

负荷联轴间位于压气机进气室与发电机之间。与透平间的通风不同，负荷联轴间使用正压通风。通风空气由安装在外壳顶部的通风风机吹入负荷联轴间。通风空气先经过风扇吸取侧的重力驱动倒转挡板，再抽送进入隔间。经过隔间循环后的加热空气，经过位于外壳顶部的重力操纵挡板向上排出隔间。该挡板在负荷隔间通风扇关闭时闭合。在透平间失火的情况下，风扇电机停止，并关闭重力挡板。负荷隔间通风扇提供良好的外壳散热和充分的稀释通风功能，以免发生与氢冷发电机密切相关的潜在危险。对于停机期间的防潮控制，负荷联轴间风扇电机配有加热器。

四、2号轴承区通风冷却系统

来自2号轴承冷却风机的冷却空气经过各自的单向阀流入三个扩压段支柱中的一个进入2号轴承隧道区，见图4-18。这些冷却空气中的一部分由2号轴承通过轴承密封处吸入，作为密封空气，并由轴承排油系统所产

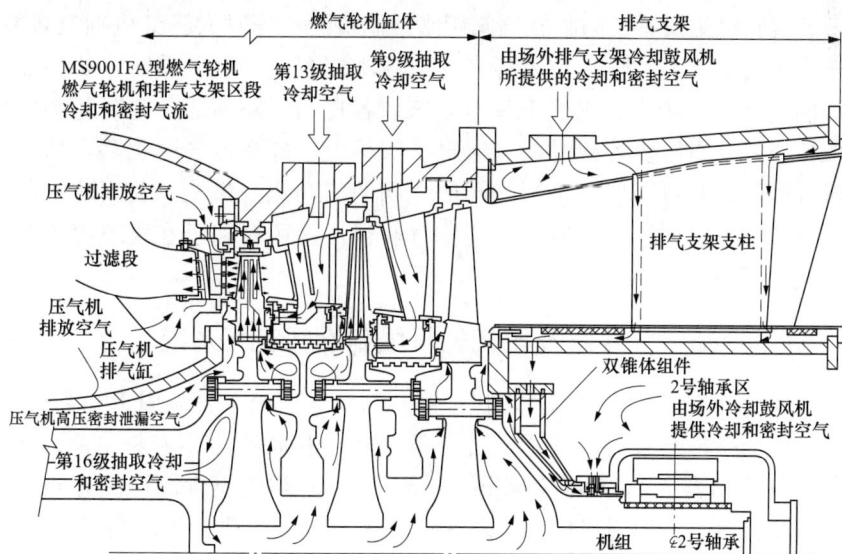

图 4-18 燃气轮机内部冷却与密封空气流向

生的微真空吸入到轴承密封气腔内。进入 2 号轴承区的空气经过滤剔除有害于轴承的污垢、颗粒。进入 2 号轴承区的其余空气，在进入燃气轮机隔间之前对四个排气支架进行冷却。

五、排气框架通风冷却系统

排气框架通风冷却系统由两个离心式鼓风机所组成，这两个鼓风机将空气提供给排气支架冷却总管。每个鼓风机根据期望冷却要求，按其大小提供所需全额冷却气流。

吹入排气支架冷却总管的空气通过支架外环面上的四个径向喷嘴进入排气支架，在此对排气支架和第三级叶轮间进行冷却。该空气对外部排气支架的外径进行冷却，部分空气从支架前方与第三级动叶围带接合处排出，其余冷却空气吹入尾部，然后转道吹向径向支撑杆进行冷却。该空气对排气支架内筒的内径进行冷却，并从排气支架中排出，进入第三级动叶尾轮间。该冷却空气还可以防止排放气体从吸气端进入 2 号轴承贮槽。

六、燃气轮机空间加热系统

在透平间、阀组间、润滑油间、负荷齿轮间除了装有空间加热器，部分机组还有防冻风机，用于这些舱室的防冻和除湿。

七、冷却与密封空气系统

燃气轮机的排气中，一部分空气从压气机中间级抽出，给燃气轮机转子和静叶的各个部件提供必要的冷却空气（详细情况可见第三章透平部分内容），防止在正常运行过程零部件过热烧损，并防止压气机喘振。

燃气轮机组设置了防喘放气阀用来控制机组启停时的压气机抽气排放，以达到防喘的目的。防喘阀由各自的电磁阀控制，机组启动时，防喘放气阀控制气管路三通电磁阀处于失电状态，各自的气路不通，此时防喘放气阀保持全开。当需要关闭时，三通电磁阀得电，打开各自的气路，从压气机排气抽气口获得气压，接通防喘放气阀的气动执行机构，关闭防喘放气阀。执行气源也可经过改造从仪用空气获得，这还有利于在机组停运时对防喘放气阀的传动检查。

八、透平冷却空气系统及燃气轮机强制冷却空气系统

透平冷却空气系统及燃气轮机强制冷却空气系统主要应用于三菱机组。燃气轮机透平冷却空气系统用于冷却透平转子和动叶片。主要设备为透平冷却空气冷却器（Turbine Cooling Air，TCA）和相应管阀。冷却空气来自压气机排气，并通过 TCA 冷却后供给透平转子和动叶片。TCA 的冷却水来自高压给水泵出口。冷却器余热通过余热锅炉回收，用于提高设备热效率。

燃气轮机强制冷却空气系统主要是将燃烧室使用的一部分燃气轮机压气机排气作为燃烧室冷却介质。压气机排出压缩空气，进行外部冷却和压缩以冷却燃气轮机燃烧室，并最终返回至燃烧室气缸，并作为燃烧空气，见图 4-19。

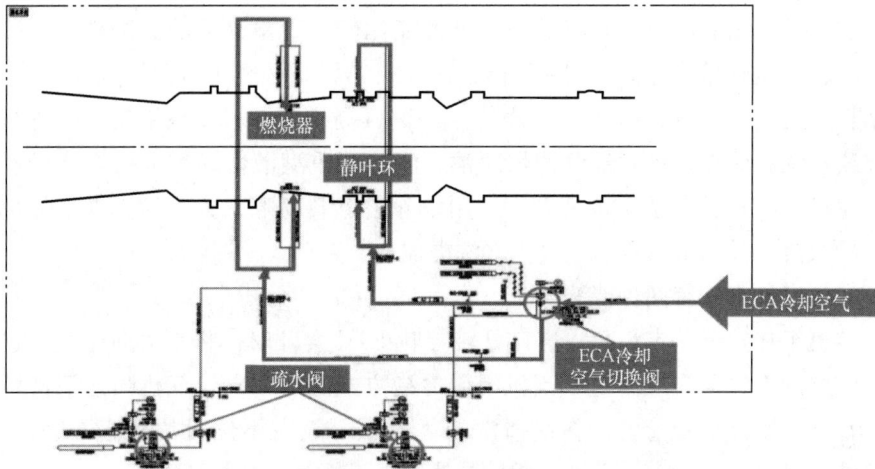

图 4-19　ECA 冷却空气流向示意图

第四节　燃气轮机的水洗系统

一、概述

在燃气轮机的运行期间，压气机所吸入的空气中可能含有灰尘、粉尘、昆虫和油烟，这些污染物大部分会在进入压气机前被入口过滤器除去，而少量的干性、湿性污染物会进入压气机，并沉积在压气机的通流部件上，随着压气机运行时间增长，叶片上积垢增多，叶片表面变得粗糙，引起压气机的效率下降，造成燃气轮机的出力及效率下降，热耗上升。附着在叶片上的污染物还会对压气机叶片产生腐蚀，压气机严重结垢后甚至可能引起压气机出现喘振现象，因此设置相应的水洗系统，定期对压气机内沉积污染物做清洁处理，以保证燃气轮机安全运行。

早期燃气轮机采用过固体物摩擦除垢在线清洗法，但该方法会增加燃气轮机通流部分的磨损，还会堵塞火焰筒的冷却孔的，现代燃气轮机已不采用这种方法，而是广泛采用水洗除垢法。压气机水洗有助于清除沉积物和恢复压气机的性能，定期水洗将取得更好的效果。具体的水洗周期视燃气轮机用户运行的情况和现场情况而定。压气机上结垢的种类和形成的速率取决于它的工作环境和进口处的过滤器的工作情况。叶片沉积物由水分和油、灰等黏合在一起，如果产生了叶片腐蚀，腐蚀性介质将助长沉积并使其稳定，将加速压气机结垢。

二、燃气轮机水洗分类及原理

判断压气机是否需要水洗有两种办法：性能监测和目测检查。通过例行监测燃气轮机性能，并将其与基准性能比较后观察趋势的方法称性能监测。若性能已显著降低，则有可能是压气机结垢，必须用目测检查来验证。用目测观察压气机进口及其叶片的方法称目测检查，若发现结垢，应进行离线水洗。此外，针对部分使用原油、渣油等重型液体燃料进行燃烧的燃气轮机会额外具备透平水洗功能，用以除去燃料喷嘴、火焰筒、透平等部位的灰渣，其水洗流程与压气机水洗类似。

压气机水洗有两种清洗方法：

机组在接近基本负荷，进口可转导叶 IGV 全开时，将水喷向压气机进行清洗的方法称在线水洗；当机组以冷拖方式运行，向压气机喷射清洗液进行清洗则是离线清洗。在线清洗的优点是可以在不停机的状态下完成，但清洗效果比不上离线清洗，因此在线水洗不能替代离线清洗。

压气机水洗装置由含喷嘴的水输送管路及压气机水洗模块组成。水洗模块包括水箱和洗涤剂箱、水系统泵和浸入式加热器，水洗模块上装有所有电器控制装置。水输送管路有两条支路，即在线水洗管路和离线水洗管路，它们由各自的进口控制及分布于压气机喇叭口的喷嘴组成，主要包括：

（1）在线水洗管路、孔板、喷嘴和相应电磁阀。

（2）离线水洗管路、孔板、喷嘴和相应电磁阀。

三、水洗模块

水洗模块是一个全封闭式的流体系统。具有自动在线清洗、轮间温度报警和水箱温度控制等功能。两台燃气轮机的水洗系统通常共用一套水洗模块。水洗模块由下列主要部件组成：水洗箱、水洗加药箱、水洗泵、水洗水加热器、水洗控制柜、文丘里喷射器、Y 型滤网、压力、温度、液位和流量指示器、流量开关以及热电偶、各类阀门，见图 4-20。由单独模块罩壳封装的水洗模块还配置有通风风机及加热器。

燃气轮机水洗用水的水质通常应对含杂质、金属颗粒、pH 等均有一定要求。洗涤剂质量也应符合设备厂要求。

离线水洗的周期推荐为：当压气机的性能由于阻塞而下降或机组在基本负荷的条件下经大气温度和压力修正后的输出功率下降 10% 或更大时。在两次离线水洗的间隔期内可穿插数次在线水洗。

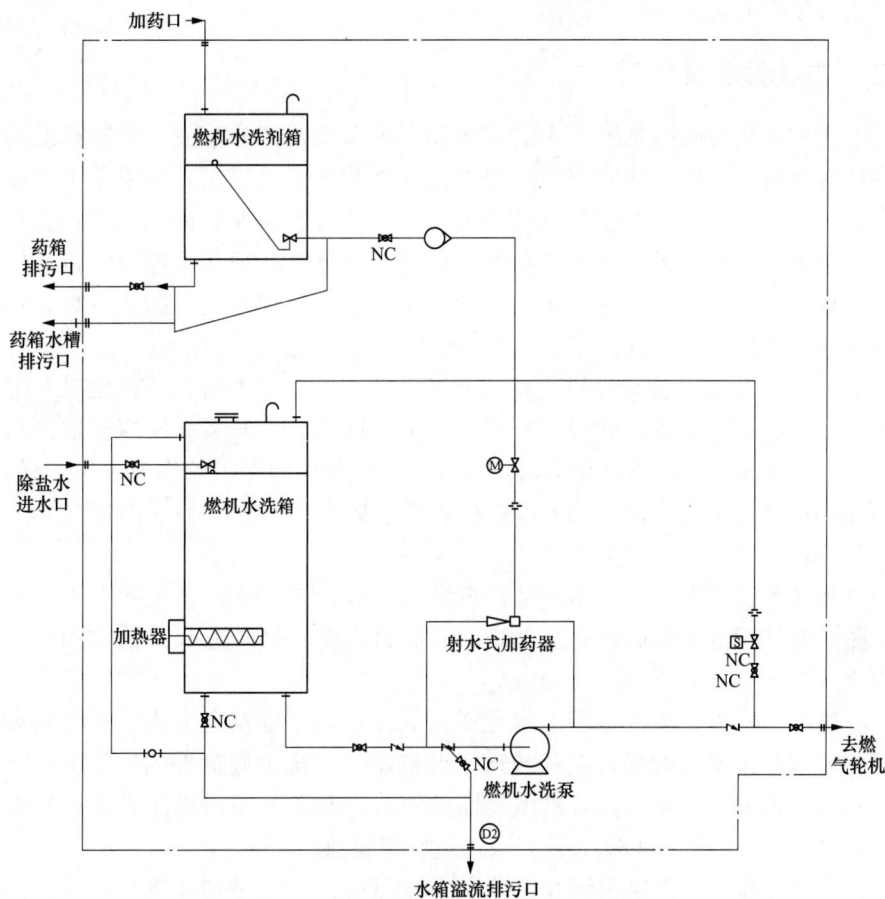

图 4-20 水洗系统示意

第五节 燃气轮机消防系统

一、概述

燃气轮每台机配置一套二氧化碳火灾保护系统，由火灾检测系统和灭火系统两部分组成。燃气轮机灭火采用的是燃气轮机组发生火灾时向发生火灾的舱室自动喷入 CO_2，通过将舱室空气中的氧气含量从标准大气的 21％降低到起燃水平（一般为 15％）以下的方法进行灭火。为了降低氧气含量，在一分钟之内把相当于或大于隔间容积 34％的大量二氧化碳排放到隔间中；同时考虑到暴露于高温金属下易燃物的潜在复燃性，需长时期的连续排放以维持灭火浓度，使潜在的复燃条件减少到最小。

根据设计不同，部分燃气轮机配置为一套高压水喷雾灭火系统而非 CO_2 灭火系统，通常与厂区的消防水系统相连，在触发火警时对相应罩壳进行水喷雾灭火。

二、主要设备及作用

火灾检测与保护系统由火灾检测和灭火系统两部分组成。消防系统的主要设备有：二氧化碳储存（多个管道连接的高压二氧化碳瓶或单个二氧化碳储罐）、各类型喷放用歧管及释放系统。火灾保护系统的功能有：自动检测火灾，给操作者发出火灾报警，启动紧急停机程序和关停通风机等操作，使用二氧化碳气体熄灭火灾，同时保持二氧化碳浓度，防止复燃，也允许手动释放二氧化碳。

安装火灾保护系统的部位有：燃气轮机、负荷齿轮箱、燃气轮机 2 号轴承区域、润滑油模块和天然气模块。上述区域分别安装火灾探测器进行火灾保护探测，由于各区域的环境温度不同，相应的保护动作值也不一样，当不同区域发生火灾时，CO_2 火灾保护系统向发生火灾区域进行喷放，未发生火灾区域不受影响。

燃气轮机灭火采用的办法是将机组隔间里的空气中的氧含量从 21％的大气正常体积浓度降低到制止燃烧所必需的浓度，通常为 15％的体积浓度以下。

燃气轮机灭火系统采用二氧化碳灭火系统。一旦发生火情，它将 CO_2 从储罐输送到所需的燃气轮机隔间。此储罐位于机组底盘外的模块上，储罐内装有饱和二氧化碳。与机组互联的管道将 CO_2 从模块输送到燃气轮机隔间，接入底盘内的 CO_2 管道，并通过喷嘴排放。

二氧化碳灭火系统有两个独立的分配系统：一个是初始排放，另一个是持续排放，相关管道布置见图 4-21。触发后的一段时间内有足够量的 CO_2 从初始排放系统流进燃气轮机隔间，迅速地积聚起灭火所需的浓度（通常为 34％），然后有持续排放系统逐渐地添加更多的 CO_2 以补偿隔间泄漏，保持 CO_2 浓度（通常为 30％）。CO_2 的流量由每个隔间的初始和持续排放管的管径及排放喷嘴的喷口尺寸控制。初始排放系统的喷口大，可迅速排放 CO_2，以便快速达到灭火所需的 34％浓度。持续排放系统喷口较小，允许有较慢的排放速率，能长时间地保持灭火浓度，以减少火情重燃的可能。

（一）二氧化碳模块

CO_2 储罐安装在独立的底盘上，CO_2 储罐上配有压缩机、压力开关、压力表、液位显示器、安全阀、CO_2 喷放控制用气隔离阀、CO_2 充排口以及电气控制柜和导向控制柜两套控制系统，见图 4-22。通过压缩机来日常维持一定压力、温度储存 CO_2。

CO_2 气瓶集箱则是按照火灾保护分区配置几十瓶高压二氧化碳气瓶，见图 4-23，气瓶之间通过气瓶重力系统监测气瓶是否能正常发挥作用、是否存在泄漏等问题。在触发火警时，通过电磁阀触发启动瓶，随后逐步触

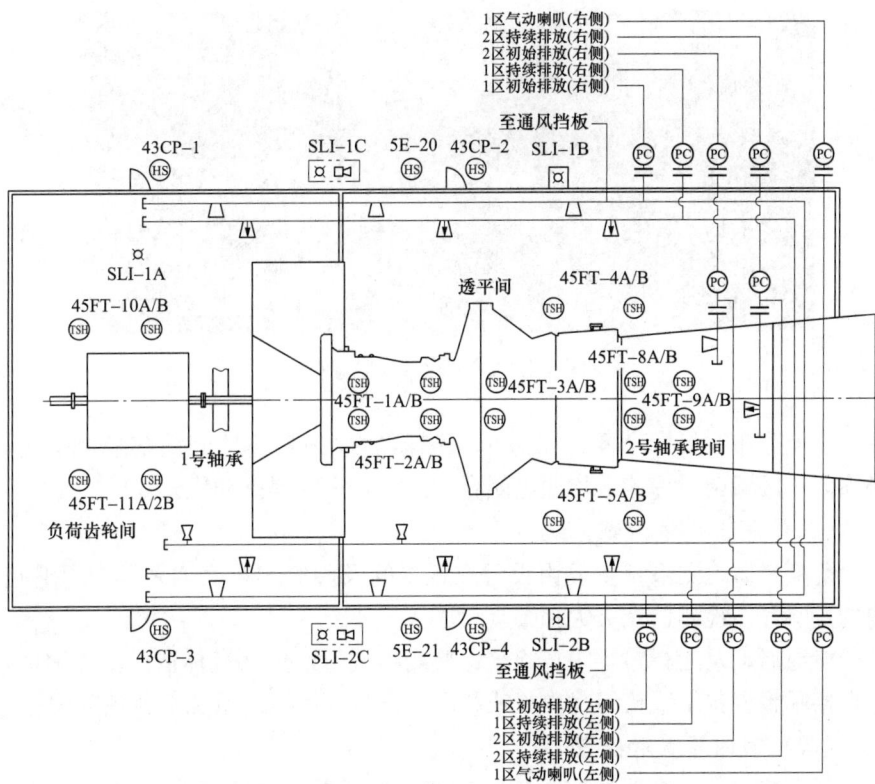

图 4-21 透平间二氧化碳喷放管道布置示例

图 4-22 二氧化碳储罐

发所有区域内气瓶喷放。

（二）火灾检测系统

燃气轮机火灾检测系统由各隔间的火灾探测器、初续放喷射系统、气动喇叭及报警器组成。

每个需要防火的间隔都配有火灾探测器，可及时探测火情。火灾探测

图 4-23 二氧化碳气瓶集箱

器均匀地分布在每一个隔间，每个探测器的线路都连接到消防控制盘上，必须同一区域两只探测器均通电闭合才能触发火灾保护动作。

（三）危险气体检测系统

危险气体检测系统主要由设置在透平间及阀组间罩壳内及其通风管道内的危险气体检测器及火灾报警盘组成。

机组启动及运行过程中危险气体检测器故障或天然气体浓度高报警时，根据实际报警数量，机组将停机或跳闸，危险气体检测系统不会触发火警。

（四）频闪装置和报警器

频闪装置和报警器都装在隔间各部位易于看到和听到的地方。频闪装置和报警器的接线使他们能协调一致运行。这些频闪装置通电后会在排放二氧化碳前警告人们在经短暂的延时会有火情，以便人员撤离或开展其他应急动作。

（五）典型喷放动作流程

（1）检测到火警开启声光报警；

（2）将火灾信号传送给火灾报警盘，关闭燃料切断阀；

（3）将信号传送给马达控制中心 MCC，关闭通风冷却风扇；

（4）电磁阀得电，CO_2 气瓶向母管释放 CO_2，启动气动喇叭；

（5）压力开关将 CO_2 母管的压力信号传送给消防控制盘；

（6）触发 30s 延时器，打开单向阀，随后开始释放 CO_2；

（7）1min30s 后，初始排放结束（以初始排放设定 1min 为例）；

（8）40min30s，延时排放结束（以延时排放设定 40min 为例）；

（9）在压力开关手动复位前，燃气轮机禁止启动；

（10）为了防止复燃，维持不易燃的环境，各个不同划分区的延时排放设定时间不同。

火灾保护动作喷放即二氧化碳火灾保护系统接收到任一区火灾保护动作信号，触发对应区域二氧化碳保护按既定程序动作；就地控制柜控制喷放即在就地电气控制柜面板上拔出闭锁销，直接拨动手动喷放操作柄触发对应区域二氧化碳保护动作喷放；机械控制喷放即在就地导向控制柜直接操作某一区域"初始喷放"或"延时喷放"手柄，触发对应区域二氧化碳保护动作喷放。

二氧化碳保护动作结束后检查火灾确已消除，在电气控制柜面板按"复位"按钮、在导向控制柜复位各区域"初始喷放""延时喷放"把手及各区域压力开关按钮，将整套二氧化碳保护装置复位，并检查二氧化碳储罐压力、液位，及时将二氧化碳储罐液位补充至正常位。

第六节　燃料控制系统

一、概述

燃气轮机的燃料控制系统分为硬件和控制部分两个部分，硬件包括燃气轮机辅机间的所有天然气紧急关断阀、燃料控制阀、清吹阀、放散阀等。控制部分主要包括控制逻辑和实现控制的伺服和执行机构。燃气轮机燃料控制系统在启动和正常运行期间，根据燃烧模式和转速需求，向对应的通道供入天然气或压缩空气，保证燃气轮机按照逻辑要求运行。异常情况下，根据保护配置执行燃烧模式切换、甩负荷或是跳闸，确保机组安全。

二、系统流程及作用

燃气轮机的燃烧器通常被称为 DLN（Dry Low NO$_x$，干式低氮）燃烧器，或 DLE（Dry Low Emission，干式低排放）燃烧器。不同主机厂商燃烧器设计均有所不同。针对 GE 燃气轮机燃料控制系统来说，燃料控制系统主要包含速比阀、燃料控制阀、清吹阀、紧急切断阀、流量计、滤网等设备。而三菱机组燃气轮机通过值班流量控制阀、主 A、主 B 喷嘴和顶环流量控制阀分配天然气流量，据此控制燃烧稳定并进一步降低燃烧过程中的 NO$_x$生成。

燃烧器分为分管式及环管型，GE 及三菱机组使用的是分管式燃烧器，西门子机组所采用的是环管型燃烧器，即环形燃烧室。各机组类型的燃烧器形式及相关参数详见第七章相关部分，本章节主要以 GE DLN 2.6＋及DLN2.6e 为例进行介绍。

（一）DLN2.6＋燃烧系统

GE DLN2.6＋燃烧器燃料控制系统如图 4-24 所示，根据燃气控制阀和清吹阀的状态将 DLN2.6＋燃烧系统分为 3.0 模式、2.0 模式、6.2 模式、6.3 模式共 4 个燃烧模式。其中 3.0 模式为 PM1＋PM2 通道供入天然气，图 4-25 为 MODE3 燃烧器火焰分布图。2.0 模式仅 PM2 通道供入天然气，6.2 模式和 6.3 模式为 PM1＋PM2＋PM3 通道供入天然气，区别在于 PM2 和 PM3 通道供入的天然气量比例不同。图 4-26 和图 4-27 分别为 6.2 和 6.3 模式燃烧器火焰分布。

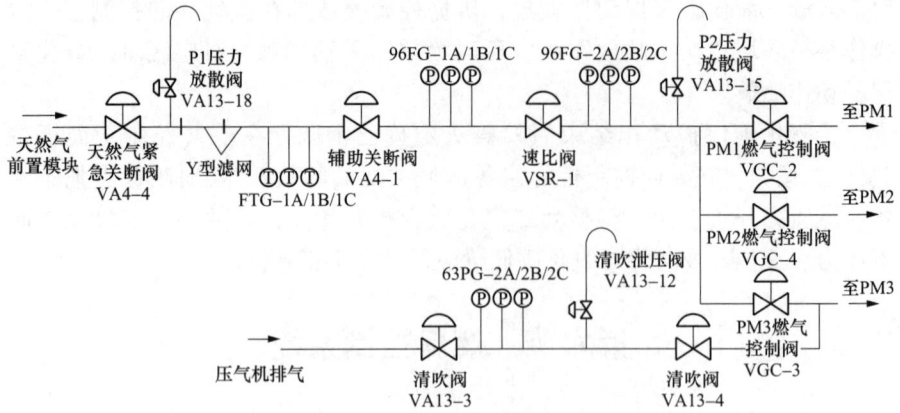

图 4-24　DLN2.6＋燃烧器燃料控制系统

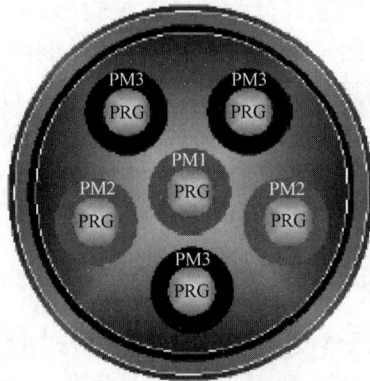

图 4-25　MODE3 燃烧器火焰分布

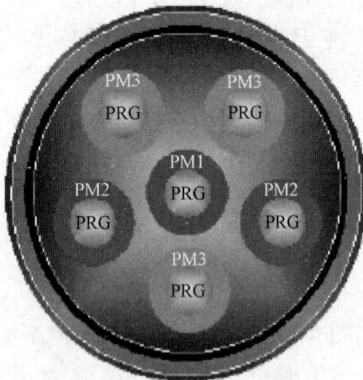

图 4-26　6.2 模式燃烧器火焰分布　　　图 4-27　6.3 模式燃烧器火焰分布

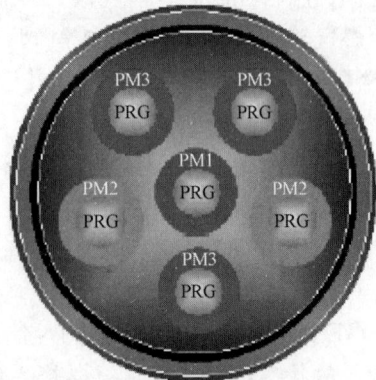

（二）DLN2.6e 燃烧系统

DLN2.6e 是 DLN2.6＋燃烧系统的改进版，其具有三个重要特征：轴向燃料分级燃烧，减少反应滞留时间和先进的微孔预混技术，能够优化燃气轮机的性能、运行灵活性和降低排放。DLN2.6e 与 DLN2.6＋两者之间的运行模式非常接近，区别在于前者采用轴向燃料分级燃烧系统而后者采用四分火焰。两者的启动都采用预混模式，而不再是扩散火焰。点火、加速、加载到满足排放的最小负荷时采用 MODE3，超过满足排放的最小负荷之后采用 MODE6，DLN2.6＋是四分火焰投入，DLN2.6e 则是轴向燃料分级燃烧火焰投入。

通过先进的全预混燃烧方式，从点火到满负荷都是预混燃烧，从而在启动和加载期间大大减少氮氧化物的排放。DLN2.6e 燃烧系统的优点：

（1）达到 H 级燃烧温度且满足排放要求下提高燃气轮机性能；

（2）降低燃烧脉动，从而扩大运行范围；

（3）火焰与金属材料的接触面积减少从而提高部件的耐用性；

（4）燃料灵活性增加，经过验证可以燃烧不同甲烷含量的气体；

（5）满足排放的负荷更低且具有竞争力的部分负荷效率，使电厂在增加运行时间上同时能够在部件寿命、检修间隔、启动和停机排放量、全厂运行成本上都将获得更多效益；

（6）全预混燃烧使得启动过程中无可见黄烟，对于周边环境更友好。

三、主要设备

（一）燃气截止阀

使用加热的燃气时，燃气截止阀装在速比阀的上游，它是一只正向管断的气动阀，由一只电磁阀操纵的两位气动滑阀控制，启动时打开，机组熄火时关闭。

（二）燃气速比阀

速比阀（Speed Ratio Valve，SRV，也被称为 VSR）有两种作用：第一，使它成为保护系统中的一部分，保证机组在停机或事故停机时，能够既迅速又严密地切断送往燃料室的天然气；第二，调节进入气体控制阀前的天然气压力 $p2$，使 $p2$ 成为机组转速的函数。其阀体及执行机构内部结构分别如图 4-28 及图 4-29 所示。

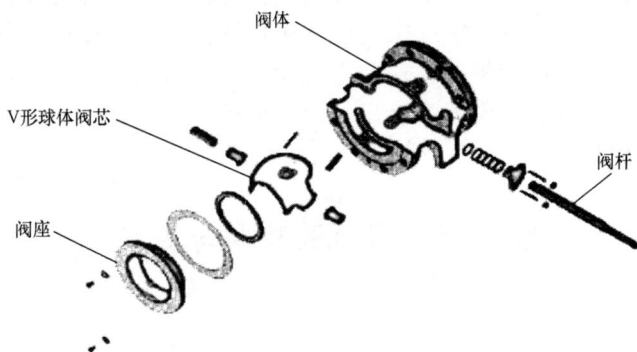

图 4-28　速比阀阀体分解图

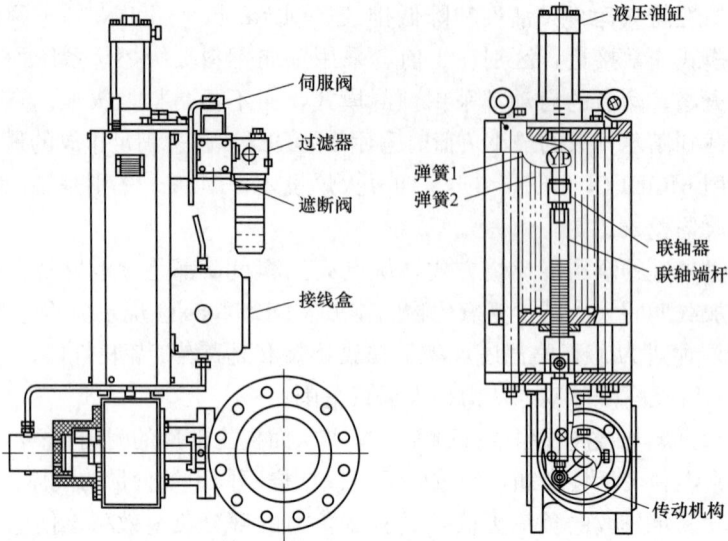

图 4-29　速比阀阀门执行机构主视图及侧视图

（三）燃料控制阀（Gas Control Valve，GCV）

燃气控制阀的作用是，根据转速和外界负荷变化的要求，不断地改变燃料控制阀的开度（阀门通流面积），以调整送入燃烧室的天然气流量。

（四）气体燃料放空电磁阀和放空阀

当电磁阀断电时，此电磁阀排放速比阀和燃气控制阀之间的气体燃料。当主控保护电路通电，燃气轮机高于盘车电机转速时，电磁阀就通电，放空阀关闭，在气体燃料运行时，它一直会关闭。

燃气轮机停机时，放空阀是开启的，因为速比阀和燃气控制阀有金属阀芯和阀座是不严密的。停机期间，通风口能保证燃气压力不会聚集在速比阀和控制阀之间，而且不会有燃气漏过关闭的燃气控制阀聚集在燃烧室或排气段。

（五）气体燃料系统吹扫

当流经扩散气体燃料喷嘴的燃料停止流动时（预混燃料通道运行）时，扩散气体燃料吹扫系统就启动。通过抽气支管将压气机排气导入扩散气体燃料管。燃料喷嘴的吹扫空气来自压气机排气接口。通过抽气支管将压气机排气导入扩散气体燃料管。这些空气吹扫了扩散气体燃料喷嘴，需不断地有空气从扩散气体燃料喷嘴流出，以保证扩散气体燃料支管与其相连的管道里不会积聚易燃气体。

第七节　燃气轮机盘车系统

一、概述

重型燃气轮机由于气缸和转子的结构比较厚重，停机后需要较长的冷却时间。在冷却过程中，由于气缸中热气上升冷气下降，形成气缸中上部气体温度而下部温度低的情况。若机组停机后转子始终处于静止状态，那么转子就会由于上下温度不同，造成转子上部与下部热膨胀不均匀而产生弯曲变形。机组完全冷却后，按理该变形随着温度的均匀能够自行消除，但有的机组由于冷却时间长使变形时间长，以及结构上的因素造成残留的永久变形，机组若再启动运行将产生很大的振动。对于无残留变形的机组来说，若停机后不久机组还未完全冷却就启动，即热态启动，则因转子暂时的弯曲变形而产生很大的振动。这不仅严重威胁机组安全，也将降低机组使用寿命。为了避免上述现象，在机组停机后缓慢转动转子，使它始终处于温度较均匀的情况下冷却，这就是盘车。

燃气轮机转子由静止状态开始转动时所需力矩最大，所以机组启动时先由盘车装置带动主机转子旋转，可使启动机较容易地带动主机转子，减小启动装置的启动力矩，同时也可避免在静止状态下启动燃气轮机因摩擦力过大导致叶片及轴承发生损伤。

在机组启动前通过盘车系统的工作情况可以检查机组是否具备正常的工作条件，如：动静部分是否有摩擦、主轴弯曲度是否过大、润滑油系统工作是否正常等。

此外，用孔探仪检查动叶时或给叶片加装平衡块时，可用盘车装置带动转子旋转，以观察整列动叶或达到理想的角度，通常这种情况下采用手动盘车。

当燃气轮机的最高轮间温度均低于规定值时方可停运盘车，启动前盘车时间依照各个主机厂规定有所不同，通常燃气轮机启动前需连续盘车 2h 以上。

二、主要设备

盘车系统主要由盘车电机、全自动 SSS 离合器（如有）、传动齿轮、挠性联轴器等组成，示意见图 4-30。

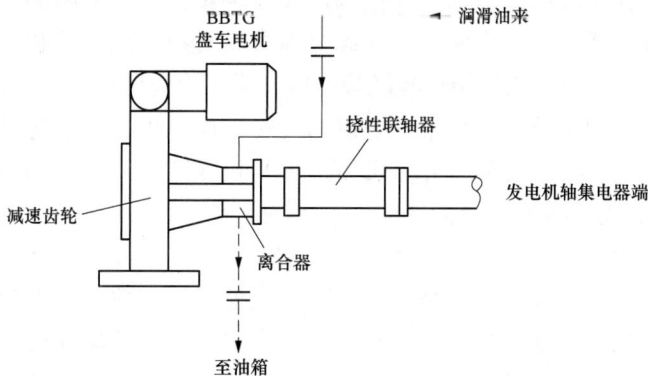

图 4-30 盘车系统示意图

盘车装置提供透平启动前起步和转动透平以及透平停机后转动轴系所需的动力，以避免轴系变形。盘车装置能驱动燃气轮机慢速转动，当电源故障时盘车装置还可提供手动转动的功能。减速齿轮的润滑油是自保持的，SSS 离合器的润滑和输出轴的轴承需要主润滑油系统连续供油。SSS 离合器为正齿轮型超速离合器，它能在透平发电机轴系超过盘车驱动速度时以脱离或转动模式自行啮合并运行。隔离式挠性联轴器允许有角偏差和平行偏移，也能让发电机轴系轴向膨胀。

三、负荷齿轮箱

盘车电机通常安装于燃气轮机发电机侧，而部分具有负荷齿轮箱的机组则安装在负荷齿轮间内，结构见图 4-31。

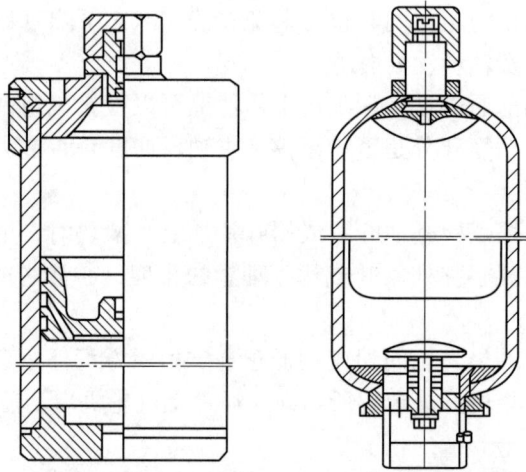

图 4-31　负荷齿轮箱结构图

负荷齿轮箱为装配式结构、高刚性设计，以便在极端负荷状态下维持转子对齐，并获得最大的轴承支撑刚度。齿轮箱分为上下两部分，在轴的水平中心线处连接。下齿轮箱为基础界面提供支撑。轴承盖和轴承座与齿轮箱构成一个整体。齿轮箱设有隐蔽开口，便于检查齿轮。

燃气轮机的旋转速度高于发电机的旋转速度，机械功率通过负荷齿轮箱的减速齿轮进行传输。以 GE 的 6FA 机组为例，燃气轮机转速为 5231r/min，需要减速转换为 3000r/min，以满足 50Hz 的要求，故需配置一套负荷齿轮箱，GE 的 9FA 燃气轮机转速为 3000r/min，则不需要负荷齿轮箱。负荷齿轮为高速度、高精度、双螺旋形减速齿轮。小齿轮为单片合金钢锻造，轮齿与轴切割成一个整体。小齿轮由燃气轮机通过挠性联轴器驱动。小齿轮和齿轮轴承为钢背轴承，牢固地保持在轴承体范围内，防止轴向移动或转动。各类轴水平分开，以便拆卸。各齿轮轴和小齿轮轴由套筒轴承支撑，旨在提供最大的油膜阻尼和刚度，以防止在运行过程中发生转子临界转速和不稳定性现象。所有轴承均由燃气轮机润滑油系统提供的润滑油进行压力润滑。齿轮啮合润滑通过喷油嘴完成，喷油嘴喷出足够的润滑油，在齿轮啮合的整个宽度提供油膜。

低速盘车装置安装在负荷齿轮上，此外，还有一个用于检查的手动盘车装置，在高速小齿轮发电机旁边还安装有分离用内置盘车装置。

另外还配有振动探头及热电偶测点，分别用于测量轴承振动和温度。在电机驱动的盘车齿轮和负荷齿轮之间有自动离合器。

第八节　燃料处理系统

一、概述

天然气作为优质洁净的能源，被公认为世界三大支柱能源之一，在发电行业有着广泛的运用。天然气的主要成分为甲烷（CH_4）和乙烷（C_2H_6）等饱和碳氢化合物。上述各种碳氢化合物在天然气中的含量在90％以上，除了碳氢化合物外，天然气中还有少量的 CO_2、N_2、H_2S、SO_2、H_2、CO 等。因此，天然气的发热量很高，一般为 33 440～41 800kJ/m³ 或更高。由于天然气一般不含有钒、钠等有害物质，发热量又高，因而，天然气成为燃气轮机使用最广泛的燃料之一。尤其随着我国燃气轮机规模的不断壮大，节能减排、绿色发电战略的不断深入，天然气燃料的地位更是无可替代。

天然气通过长输管道进入电厂，在进入燃气轮机之前需经过处理，对天然气在管道输送过程中夹带的颗粒、液滴等进行过滤，对压力、温度等进行调节，以满足燃气轮机对天然气的要求。

天然气电厂的燃料处理系统一般分调压站和前置模块两大部分，包括过滤设备、调压设备、计量设备、加热设备等一系列工艺程序，达到对燃气的处理、减压、计量等功能，最终达到对用户进行稳定供气的目的。输出的燃气需满足如下要求：清洁的燃气，燃气中不含液态烃；燃气温度大于露点温度并在前置系统中加热至工作温度；控制燃气压力保证燃气轮机的正常工作；燃气轮机工作变化时能够响应迅速；计量精确；提供足够的运行安全保护。

二、天然气调压站

天然气调压站包括计量系统、过滤及排污系统、调压系统、天然气分配、电气仪表系统及相应的照明、充氮、接地等辅助系统组成，可以分成入口及计量部分、过滤分离部分及调压部分，其作用是对进厂的天然气进行过滤和压力调整。

调压站设有紧急关断阀 ESD、超声波流量计、过滤器、调压器、色谱分析仪等；通常每台燃气轮机设有两条调压线，一条工作，一条备用；每条调压线设有安全截止阀、监控调压阀和工作调压阀，当工作调压阀故障时由监控调压阀参与调节；当工作调压线故障时由备用调压线参与调节。

（一）天然气入口和计量部分

调压站入口和计量部分主要由绝缘接头、进口紧急切断阀（Emergency Shutdown，ESD)、超声波流量计三部分组成。

入口绝缘接头用于将静电隔离在调压站之外，确保调压站安全运行。天然气流经绝缘接头后进入超声波流量计，该流量计还配有气相色谱仪，在对天然气流量计量的同时还对天然气的成分进行分析。

1. 绝缘接头

绝缘接头主要作用是将燃气输配管线的各段间、燃气调压站与输配管线间相互绝缘隔离，保护其不受电化学腐蚀，延长使用寿命，还可直接埋地使用，如图 4-32 所示。绝缘接头是由以下各零部件组成：套筒、上法兰、下法兰、上管、下管、密封件、绝缘件、绝缘涂层。在绝缘接头的上法兰、下法兰对接端面件，夹有密封件和绝缘件，形成具有双密封结构的绝缘性能。套筒采用坡口焊接或与上导管直接焊接两种形式，将绝缘件和上管、下管牢固封裹在里面，形成"密封容器"，从而既保证了良好的绝缘效果，又大大提高了绝缘结构的承压能力。

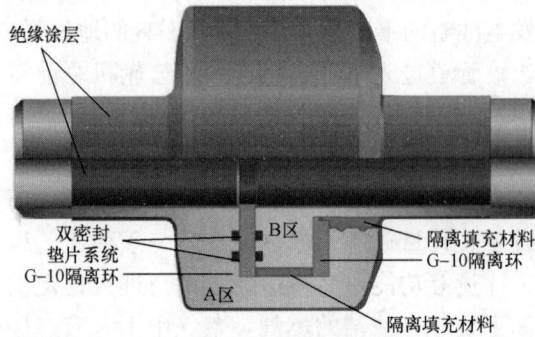

图 4-32　绝缘接头

2. 进口紧急切断阀

在调压站入口设置紧急关断阀，紧急切断阀由主控室控制，与燃气轮机遮断报警系统连锁，并且在发生火警时可就地或远控切断阀门。阀门关闭时间应≤3s，ESD 为气开式。紧急切断阀的开启时间应小于 10s，要求零泄漏。紧急切断阀（ESD）只能由手工开启，装备有气动执行机构，以天然气作为操作介质，可以实现远距离操作。阀门需配置手轮，并配置有阀位指示、阀位开关、可以就地显示，同时可以将信号远传。紧急切断阀设有远传信号，传输阀门的状态信号至电厂主控室。紧急关断阀如图 4-33 所示。

图 4-33 紧急关断阀

3. 超声波流量计

超声波流量计通常是由壳体、超声传感器及电子线路（信号处理单元）组成，是利用超声脉冲在气流中传播的速度与气流的速度有对应的关系，即顺流时的超声脉冲传播速度比逆流时传播的速度要快，这两种超声脉冲传播的时间差越大，则流量也越大的原理。在实际工作过程中，处在上下游的换能器将同时发射超声波脉冲，显然一个是逆流传播，一个是顺流传播。气流的作用将使两束脉冲以不同的传播时间到达接收换能器。由于两束脉冲传播的实际路程相同，传输时间的不同直接反映了气体流速的大小。超声波流量计如图 4-34 所示。

图 4-34 超声波流量计

天然气先经过紧急切断阀 ESD，再进入到超声波流量计，进口紧急切断阀 ESD 的开与关决定整个调压站以及整个燃气轮机是否通气，当调压站或燃气轮机机组发生特殊情况时，将进口 ESD 关闭，紧急切断天然气，确保天然气供气系统乃至整个电厂的运行安全。

（二）天然气过滤及排污系统

天然气过滤及排污系统由过滤器和排污箱组成，见图 4-35。天然气经过紧急切断阀 ESD（计量单元）后进入过滤器，除去天然气中的杂质。由于天然气中存在着少量的水及重烃类，这些成分将严重影响燃气轮机燃烧室的正常工作，为确保燃气轮机机组长期稳定运行必须要将水及重烃除去。过滤器共两台，一用一备，每个过滤器由安全阀、排空阀、液位计等设备组成，其中安全阀用于在过滤系统超压时自动泄压，排放阀用于过滤器排放泄压；液位计有两套，下半部的一套用于挡板分离出来的凝结物液位的判断，上半部的一套用于凝聚式过滤芯分离出来的凝聚物液位的判断。液位计用于现场液位的监控，液位开关的信号用于控制排污阀及发出报警信号。另外还配置了两套差压变送器，用于显示过滤器进出口的差压，当差压高时，表明滤芯已经受到污染，应考虑更换滤芯。

图 4-35　调压站过滤模块

排污系统由一个气动排污阀、两个隔断阀和一个限流孔板组成。运行中，隔断阀全开，排污阀的开启和关闭由电磁阀控制。当液位高时，液位开关动作，电磁阀通电，排污阀开启；当液位降低时，液位开关返回，电磁阀失电，排污阀关闭。

（三）天然气加热系统

为满足燃气轮机及燃气锅炉对进口天然气的温度要求，同时防止调压后天然气降压降温可能导致的调压器冰堵，故需设置一套天然气加热系统，天然气加热可采用热水炉加热，即通过天然气燃烧加热循环水，再通过循环水加热与天然气换热，或在管道上加装电加热设备，或根据厂内系统情况引一路蒸汽、热水加热循环水，再同天然气换热。

（四）天然气调压系统

天然气调压系统主要由隔离阀、快关阀、监控调压阀、工作调压阀及相关仪表管阀组成。主要作用是为燃气轮机及燃气锅炉提供符合压力要求的天然气。

1. 调压阀

自力式调压器能够自动调整上游压力，保证出口压力为稳定的设定值。图 4-36 为荷兰 GORTER（高特）公司的 R100S 型燃气调压阀：调压阀下游的压力信号反馈至调压阀和控制器的皮膜下腔室，调压阀上游的压力信号则经控制器送至调压阀的皮膜上腔室，机组正常运行期间，当下游压力下降时，调压阀皮膜下腔室压力下降，调压阀阀芯下行开大，更多的天然气流向下游，同时控制器皮膜下腔室的压力也下降，控制器向调压阀皮膜上腔室充压，直至下游压力达到控制器设定压力为止。机组运行期间下游压力上升时的动作过程正好相反。

监控调压阀和工作调压阀均配有控制器，监控调压阀多配置一套加速控制器，用于当工作调压阀和监控阀均失效导致下游压力过高时能够快速关闭监控调压阀。

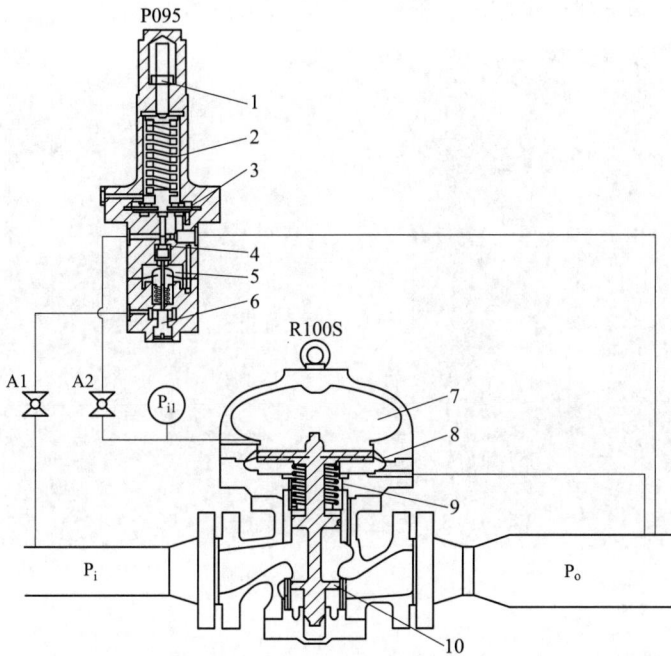

图 4-36　R100S 型燃气调压阀

1—调节螺钉；2—控制器 2 级调压器弹簧；3—控制器 2 级调压器膜片；
4—控制器 2 级调压器阀芯；5—稳定器压力；6—控制器 1 级调节阀芯；7—调压器控制腔；
8—调压器膜片；9—调压器弹簧；10—调压器阀芯

监控调压阀为故障关闭型，工作调压阀为故障全开型。天然气调压阀有一个最小工作压力，当其前后压力差小于一定值时，调压阀将失去调节作用，自行关闭或全开。

天然气调压阀正常工作期间，其控制器内部始终保持一股微小的气流流向下游，以保证调压的稳定。

2. 安全截止阀（Safety Shut-off Valve，SSV）

调压管线每条支路入口配置有快速切断阀，可以实现在超压或者欠压情况下快速、安全切断。

安全切断阀为快速关闭型的机械式安全切断装置，安全切断装置不能自动复位，当故障解除后，切断阀由手柄（安装在本装置上的部件）将其打开，切断阀只有在故障已排除并且开关装置已经释放时才能被打开。

安全切断装置作用十分精确，运动轨道受到限制，所以它的切断压力设定值与调压器的设定压力值相对接近。在压力传送器中出现故障或管道中出现冲击现象时，阀会自动切断。

（五）增压模块

调压站由于上游天然气压力较低，为了满足下游燃气轮机等设备要求，额外设置一套一用一备的天然气增压装置。主要由压缩机、干气密封装置、制氮设备、润滑油系统设备等组成，如图 4-37 所示。

图 4-37　天然气增压模块

（六）调压站安全辅助设施

为了安全，在调压站门口放置静电释放器，用于释放进入调压站人员身上的静电。调压站内还设置避雷针、天然气放散管路、放散塔、危险气体检测器及灭火设备。调压站内的照明应采用防爆型照明。

天然气放散管放散的天然气将通过放散管道汇集到放散塔进行放散，天然气放散管作用：①压力容器达到工作压力上限的时候进行放散，防止超压对设备造成损坏；②设备维修前对压力容器进行放散，降压及排空天然气，从而达到能使维修安全进行；③关闭出口隔离阀后作为管道设备试验调整用放散。

三、前置模块设备

天然气从调压站出来后要经过前置模块处理。主要由过滤器、出口计量装置、加热装置、凝液罐、关断阀和放散阀等设备组成。

（一）过滤器

为两级过滤、分离装置，垂直布置。第一级是一个微粒过滤器，用惯性分离除去较大的液滴和颗粒。第二级是两个聚凝过滤器，燃气从内侧经过，外侧流出，聚凝在过滤器外侧的液滴在重力作用下收集到收集箱，可以去除微小雾滴，但不能除去大量液体（例如未蒸发的燃料液滴）。每台过滤器中有一液体收集槽。收集槽装设排液系统，自动从容器去除液体，设置高液位开关来监控收集槽的液位。

（二）性能加热器

由两台管壳式热交换器串联而成，燃气从壳侧流过，管内为给水通道，利用中压锅炉给水加热天然气温度至要求温度，提高机组性能。在水压高于燃气压力的情况下，可以保证燃气不会在管子泄漏或断裂后进入给水系统。

每个热交换器的壳体一端都装有疏水器，疏水器的内部都装有水位仪表，在燃气轮机运行前和运行时，可为管子泄漏或断裂提供报警和指示信号。

（三）启动电加热器

当供给的燃料不能满足天然气最低要求时，燃气轮机点火的时候需要电启动加热器加热。

加热器是晶闸管整流器（SCR）控制加热器，在需要加热的整个燃气流量范围保持恒定的热量交换。在环境温度低或者机组冷态启动，性能加热器未投运时用电热器加热天然气至指定温度，保证天然气的过热度，防止天然气析烃。

（四）涤气器

气体燃料涤气器是立式、多旋流、高效干式分离器，由多路惯性分离器组成，用于去除液态和固态物质，为燃气进入燃气轮机的最后一道分离器。涤气器对于 $8\,\mu m$ 及更大的颗粒，在设定额定流量时，去除效率达 100%。涤气器的性能可保证在额定流量时，每百万标准立方英尺的燃气所夹带的液体不超过 0.1 加仑。涤气器还安装自动排液系统，把液体排放进排液箱（凝液罐）。

排液箱收集并贮存凝聚过滤器模块、性能加热器排液罐和气体燃料涤气器排出的液体。由于可能收集气态和液态两种碳氢化合物，因此在排液箱的排气口装有火焰消除装置。排液箱还装就地液位表和高液位开关。当液位达到规定的设定点时，需要靠手动把箱中的液体排除。如果收集在排液箱内的液体量过大，应该对液体进行分析，确定来源。

第五章 燃气轮机控制系统

第一节 概 述

联合循环发电机组主要由三大部分组成，分别为燃气轮机、余热锅炉、汽轮机。在三者的控制中，又以燃气轮机的控制为核心。燃气轮机的控制区别于余热锅炉和汽轮机的控制，更加多变和复杂。不同燃气轮机控制系统具有不同的特征。这些特征是由燃气轮机热力性能和机械构造决定的。无论各种燃气轮机和控制系统有多少特征差别，控制和保护一个完整热力循环机组的自动化设备，都必须具备严谨完整的测量、控制、顺控、保护四大功能，以及设备维护和故障诊断的分析判断功能。控制系统自身要具备适度冗余的高度可靠性、高度可操性。对于一套完备的自动化系统，还必须具备完善的测量方法和控制策略。

一套完备的燃气轮机自动化控制系统，由于热力系统设计差异、热机工艺和不同的耐高温材料，对控制系统会提出不同的测控配置需求。就控制系统本身而言，不同的硬件配置、编程方式、供电方案、制造工艺及安装调试等因素，都会使得控制系统配置和测控方法有所不同。随着高科技材料和新技术的不断发展，燃气轮机的主机以及燃气轮机的控制系统，也在不断地进行技术创新，并取得了较大的技术进步，使得被控设备与控制系统高度贴合、协调默契、高度智能。

本章节将简单介绍目前市场应用较为广泛的德国西门子公司、日本三菱集团、美国通用电气（简称 GE 公司）公司三家大型燃气轮机控制系统，并将重点围绕 GE 公司的 Make-VIe 控制系统进行深入详细的功能介绍，以讲述 GE 公司燃气轮机控制机理。

一、西门子公司燃气轮机控制系统

西门子公司燃气轮机控制系统均采用西门子的 Teleperm XP 系统（简称 TXP），在国内的应用业绩主要有上海华能石洞口、萧山发电厂、郑州燃气轮机、中原驻马店电厂等。

（一）TXP 控制系统的结构特点

TXP 控制系统是从西门子 Teleperm ME 基础上改进而成的，其在硬件及软件分配上并不完全以 DAS、MCS、SCS 及 FSSS 来设立子系统，而是以被控对象以及功能区来设立子系统，如燃气轮机系统、汽轮机系统、给水系统、旁路系统等。这样的分配方案面向现场工艺过程，使得一个设备的控制，包括输入/输出、报警、连锁等相对集中在一块或几块模件，一个子系统的控制集中在一个 CPU 中，提高了单一对象处理的独立性，减少了 DCS 内部信号的通信量。

西门子公司燃气轮机的 TXP 控制系统包括 ES 工程师站、OT 操作员终端、PU 和 SU 服务器、WINTS 系统、GPS 主时钟装置、AP 开环控制柜、Simadyn 闭环控制柜、S5、95F 故障安全型保护柜、Measurement 测量柜、远程 I/O 柜及网管等与外界的接口装置。其整个网络系统分为 Terminal Bus 和 Plant Bus 两层，两层网络合起来称为 SINEC H1 总线系统。燃气轮机和汽轮机的控制柜都连接在该网络上。

TXP 控制系统可分为 AS 620 自动系统、OM 650 操作与监视系统、ES 680 工程实施系统和 SINEC H1 总线系统。控制级别分为现场级、单项控制级、成组控制级、处理级及操作和监视系统。

1. AS 620 自动化系统

AS 620 系统实现信号采集、开闭环控制、机组协调功能，提供现场设备接口，担负成组控制及单项控制任务。它从过程中采集测量值和状态量，完成开环和闭环控制，把产生的命令送往过程，并将 OM 650 过程控制信息系统所需信息从过程传送到操作和监视系统，同时把 OM 650 所发出的命令传送给现场级。

AS 620 自动化系统完成电厂过程的自动化任务。AS 620 从过程获取测量的数值和状态，进行开环和闭环控制功能，并传递产生操作变量数值、校正数值及对过程的命令。AS 620 传递来自 OM 650 操作员通信和显示系统的命令至过程，从过程读出 OM 650、ES 680 或 DS 670 诊断系统所需要的信息，并传递这个信息到上游操作员通信和显示层。根据不同的要求，AS 620 自动化系统分为不同类型，主要有基本型 AS 620B 和故障安全型 AS 620F。AS 620 系统还作为其他子系统的通信接口。AS 620B 是基础系统，用于一般的自动化任务、系统和设备保护、闭环控制。中央结构和使用总线的分布式布置两者都是可能的。AS 620F 用于保护和控制的任务是故障安全类型，例如燃烧器控制，它需要 TUV 审批。

2. 操作与监视 OM 650 系统

OM 650 过程控制和信息系统是控制室中在系统与操作员之间的人机接口。这个过程高度符合人机工程学的窗口，能使过程被集中地监视和控制。此外，此系统还提供了为记录过程和存档数据所需要的全部功能，包括 OT（操作员站）、PU（处理单元）、SU（服务单元）和 XU（数据交换单元）。

3. 工程设计 ES 680 系统

ES 680 工程系统是 Teleperm XP 的中央组态系统。可使用 ES 680 来组态 AS 620 自动化系统、OM 650 过程控制和信息系统、SINEC H1 FO 母线系统和必要的硬件。ES 680 对每个目标系统提供了一个组态包。ES 680 在中央管理着所有组态数据（即数据只能一次进入）。

ES 680 工程设计系统是一个由数据库支持的全图形系统。采用国际上成熟的标准化软件,如 UNIX 和关系数据库。为了使控制系统的操作快速、安全、方便,采用了统一的现代化的图形系统 OSF-MOTIF 和用户接口 X/Windows. ES 680 工程设计系统为高性能系统,是该 DCS 各个子系统的设计接口,可为各个子系统组态,包括总线系统。除了在设计调试阶段使用,还应用于系统的运行优化和扩展阶段,保证了工程设计和系统维护阶段数据的统一性。该工程设计系统为图形界面,无须编程语言。自动生成代码及自动下载代码。系统不仅可以利用 OM650 进行故障分析,还可以利用 ES 680 进行系统故障跟踪分析。

4. 总线系统 SINEC H1 FO

SINEC H1 总线系统的网络结构可使过程控制系统的各个子系统之间进行通信。这个总线系统符合国际标准,并随后提供开放式通信的先决条件。总线系统由工厂总线和终端总线组成。工厂总线用于 AS620、OM650 和 ES 680 之间的通信。终端总线用于 PU、SU、OT 和 ES 之间的通信分为终端总线和工厂总线。

SINEC 总线系统担负 DCS 各子系统间的通信任务,以及与其他外部系统的通信,与外部系统通信采用基于 ISO/OSI 的七层结构建立起来的国际标准通信协议。该总线结构是通过使用光缆的局域以太网建立起来的,采用 IEEE 802. 3 标准的 CSMAA/CD 协议。传输速率为 10mb/s。通常西门子会采用若干个 OSM 模件,将 TXP 系统的设备以星形结构连接在一起。OSM 模件为光缆总线接口总站,它具有自带电源和 LED 诊断指示,通过开关量信号报告 OSM 状况或者故障,用于远程管理。

(二) 透平控制系统

V94.3F 型燃气-蒸汽联合循环机组,其燃气轮机、汽轮机的控制系统都是采用 Simadyn D 控制装置。它的作用类似于燃煤机组的 DEH 控制系统,每一台该类型机组配备两套 Simadyn D 控制系统,分别对燃气轮机及汽轮机进行数字电液控制,与 TXP 控制系统通过过程控制级网络(Plant Bus)通信。

Simadyn D 控制系统是一种快速处理的控制系统,其结构为框架式。系统配备一对冗余的 CPU 模件,配置的 I/O 卡件有模拟量及开关量采集卡 EM11 卡、ADD7-FEM,通信卡件有连接 Profibus bus 的 CS7 通信卡件、连接 SINEC H1 总线的 CSH11 卡件,这些卡件和 CPU 一样都是冗余配置。正常工作时主控制器运行,副控制器处于备用状态,同时采集 I/O 信号并进行运算,主控制器故障后自动切至副控制器工作,主/副控制器之间冗余靠 CS11、CS12 通信卡配对完成。在燃气轮机控制中使用 Simady D 实现闭环控制功能,主要包括 PM6 控制器、EM11 框架 I/O、EA12 框架 I/O、CS7+SS52 Profibus DP 总线接口、CSH11 以太网接口、CS12、CS22 框架连接、Ad-dFEM 多功能 I/O 模件等。在 Simadyn D 系统中,通过 46 个软件包来实现各种控制功能，主要包括转速控制、负荷控制、排气温度控制、燃料量计算、燃烧方式切换、阀位控制、启动控制等。

Simady D 系统组态不同于 TXP 系统，它必须使用 PG 机工作站。通过数据线与 Simady D 系统 CPU 的 COM 端口相连接，进行相应的组态和数据读取。目前所使用的 PG 机工作站有两种型号，一种是 PG740，另一种是 FIELDPG。

PG 机一般安装两个操作系统，一个是 SCO-UNIX，另一个是 Windows 98。对应操作系统安装两种应用软件，一种是 STRUC G V4.2.7A，另一种是 IBS。进入 SCO-UNIX 系统，使用 STRUC G V4.2.7A 软件进行相应的硬件设置及逻辑控制宏的定义，然后产生代码并传送至 Flash 卡，Flash 卡需插在 CPU 中。通过 Windows 98 进入 IBS 模式，可以在线读取或强制各逻辑块端口参数，机组正常运行期间，一般较多使用 IBS 应用程序，用以分析、判断机组运行参数及情况。

1. Simady D 燃气轮机控制器

燃气轮机控制器主要控制功能有燃气轮机排气温度控制、启动控制、燃料控制、负荷限制控制、超速控制、压气机进口压力控制等。根据不同的运行阶段输出燃料供给基准，通过燃料基准的改变，控制机组的转速与负荷。通过改变压气机进口可转导叶，控制汽轮机排气温度以及防止压气机喘振。

控制器就地控制主要设备是燃气轮机液压系统，由液压供油系统、液压伺服系统、跳闸电磁阀等组件构成。液压伺服系统中，有一套两位操作型伺服机构（即控制天然气紧急切断阀），三套连续操作型伺服机构，分别为天然气先导控制阀、扩散控制阀、预混控制阀。

（1）基本控制功能项目。燃气轮机控制回路主要有转速控制、负荷控制、出口温度控制、燃气轮机冷却空气流量控制、氢气温度控制和发电机定子水温控制。

（2）主要完成控制任务。

1）燃气轮机低应力启动和停机；

2）速度/负荷控制；

3）极限负荷控制；

4）排气温度控制；

5）压气机压力比极限值控制；

6）冷却空气极限值控制；

7）进口导叶温度控制；

8）压气机进口导叶位置控制；

9）同期并网；

10）燃气轮机加负荷；

11）一次调频；

12）防止压气机过载；

13）阀门开度控制；

14）甩负荷；

15）蜂鸣（振动）检测及保护；

16）自动调整故障和异常工况；

17）控制燃烧运行模式（扩散燃烧、混合燃烧、预混燃烧运行）；

18）余热锅炉吹扫；

19）压气机清洗控制；

20）燃气轮机各系统顺序启停；

21）故障保护。

2. Simady D 汽轮机控制器

汽轮机控制器控制从高、中、低压调节阀进入汽轮机的蒸汽流量。根据运行要求，调节各运行阶段需要调整的变量，这些变量是汽轮机转速，汽轮机进汽量，高、中、低压蒸汽压力，同时执行下述特定的任务：

（1）用转速调节器从汽轮机的盘车速度开始控制汽轮机的启动；

（2）监测汽轮机的热应力并防止汽轮机在临界转速范围内停留；

（3）汽轮机转速与燃气轮机匹配；

（4）用进汽调节器从无负荷状态开始对汽轮机加载，同时采取许可的加载速率；

（5）当锅炉故障或超过了负荷指令，通过极限压力调节器节流汽轮机的进汽量；

（6）进汽调节至滑压控制的转换（负荷根据滑压运行）；

（7）在甩负荷工况下，控制汽轮机转速低于超速跳闸设定点，防止汽轮机超速。

（三）透平保护系统 S5-95F

西门子 V94.3A 型燃气轮机为 F 级燃气轮机，燃气-蒸汽联合循环机组配备两套 S5-95F 系统，即燃气轮机、汽轮机危急遮断保护装置。它接收来自机组 TSI 系统信号和燃气轮机、汽轮发电机组其他报警或停机信号，进行逻辑处理判断后，输出灯光报警信号和燃气轮机、汽轮机危急遮断信号。

S5-95F 就是西门子公司的 S5 系列可编程控制器（S5-PLC），一套故障安全型 PLC 系统包括两个基本单元 A、B。两个基本单元用光纤连接进行通信，同时也可连接扩展 I/O 部分。A、B 两基本单元在逻辑上实现两重冗余功能，所有的 I/O 信号都同时进入 A、B 基本单元，两个基本单元同时运行。S5-95F 的两个基本单元提供了多种输入输出通道，这些输入输出通道称为主板输入输出。可根据需要扩展故障安全型 I/O 的地址。主板上的 I/O 地址是固定不变的，扩展 I/O 地址是根据插槽而定的。当把一个扩展 I/O 插入总线单元的插槽时，该 I/O 模块便立即由系统分配一个固定的插槽号与位地址。

S5-95F 的组态及信号读取，也需要使用 PG 机工作站，使用的应用软件为 STEP5（7. 1），通过联机可以看到各逻辑支路信号的状态，信号为"1"，则逻辑支路显示绿色，信号为"0"，则逻辑支路显示白色，从 PG 机上可以一目了然地看到各信号的状态，逻辑触发变化，比较直观。

（四）燃气轮机保护系统的功能

燃气轮机保护系统的主要任务就是监视机组的运行状态，在出现异常时快速关闭主燃料阀门遮断燃气轮机，保证机组的安全。燃气轮机的保护分为故障安全型和非故障安全型两种，主要的功能如下：

1. 轴承温度保护

监视燃气轮机及压气机轴瓦的金属温度，在每个轴承处设有两个三支热电偶，分别用三取二表决原则，在轴承金属温度高时遮断机组，以避免造成机组或轴承的严重损伤。

2. 轴承振动保护

监视燃气轮机及压气机轴承的绝对振动，发出相应的报警或保护信号，以保护机组的安全运行。保护采用二取二冗余原则，即在两个探头均正常的情况下，两路信号都检测到超限才发出保护信号。

3. 透平温度保护

燃气轮机的温度保护通过排气温度的监视实现。排气温度的测量共有 24 个三支热电偶沿圆周分布，取其中的 6 个测点的一支作为燃气轮机排气温度高保护用途。如果 6 个信号中 3 个或 3 个以上达到或超过通过保护值，则遮断燃气轮机；如在闭环控制系统中计算出的校正排气温度达到保护值，同样遮断燃气轮机。

燃气轮机温度的保护除了排气温度高保护以外，还有冷点和热点保护，用来监测燃气轮机的燃烧状况。冷点保护就是用 1 个测点的测量值与 24 个测点的平均值进行比较，如果相邻的 2 个测点与平均值的偏差值都达到设定值以上，则产生报警；如果相邻的 3 个测点与平均值的偏差超过设定值，则发出关机信号；如果相邻的 4 个测点与平均值的偏差超过设定值，则直接遮断燃气轮机。热点保护也是用 1 个测点的测量值与 24 个测点的平均值进行比较，如果超过设定值，则相应进行报警或遮断机组。

4. 压气机喘振保护

喘振是压气机的一种非稳定工况。在此工况下，正常的气流流动和增压已经被完全破坏，气动参数随时间剧烈变化，并产生巨大的声响和机器振动。在这种工况下运行对设备是极其危险的，而且喘振是持续时间很短的现象，因此对喘振保护的测量和处理逻辑都要求非常迅速。在保护系统中采用了中断保护方式来确保其快速性。保护信号的测量是检测压气机入口高流速处和低流速处之间的压差，当转速达到一定值以后，这两处压力差异很小，则认为喘振很可能发生，因此遮断机组。

5. 进气装置关断闸保护

在燃气轮机正常运行期间，如果进气装置的关断闸门离开全开位置，将有可能在大量空气流动的作用力下关闭，从而产生严重的后果。因此，设置了 3 个位置变送器来监视该闸门的位置，一旦转速达到额定值后发现闸门离开了全开位置，则遮断燃气轮机。

6. 压气机放气阀保护

在燃气轮机启动阶段，没有达到额定转速前会打开压气机的放气阀门，以防止喘振。这些阀门的全开位置是通过位置反馈的三取二表决来监视的，一旦在特定转速范围内放气阀没有打开，则遮断燃气轮机。

7. 密封空气温度保护

密封空气可以实现对燃烧室的冷却。如果密封空气的温度过高，就可能导致燃烧器的过热或损坏，因此设置了对密封空气温度的三取二表决保护，在温度过高时遮断燃气轮机。

8. 超速保护

燃气轮机在压气机轴承座处安装了 6 个测速模件，其中 3 个同时送入控制系统的两块 AddFEM 模件中，作为转速的反馈信号用于控制。6 个信号分别为两组三取二表决来实现超速保护。

从实施保护的方式上，又可分为硬件实现的超速保护和软件实现的超速保护两种。

硬件超速保护是把 3 个通道的超速信号直接接入保护回路中，如果 2 个以上的通道达到保护值，则直接从电路上切断对主燃料阀门驱动电磁阀的电源，不需要经过任何控制器的处理直接跳机。软件超速保护则是把 3 个通道的超速信号送入保护系统中，用系统的中断保护功能来实现快速动作跳机。

9. 火焰监视系统

火焰监视保护主要是监视燃烧室的火焰燃烧状况。它不是监视单个燃烧器的燃烧情况，而是检测燃烧器组的状态。如果在机组运行期间两个探头的检测信号均为无火焰，则遮断燃气轮机。点火时增加了时间延迟，在主气阀打开 3s 后才开始检测，如果 9s 内没有检测到火焰燃烧的信号，则认为点火失败，遮断燃气轮机。

10. 嗡鸣保护

嗡鸣保护主要是监测燃烧不稳定的状态，通过安装在燃烧室上的两个探头测量脉动压力的方法实现监测。如果两个测点中的一个测量到脉动压力超出允许的压力值，则机组降负荷。如果持续一段时间后仍然存在报警，则机组保护动作。

11. 加速度保护

加速度探头测量燃烧室的状态。其保护设置了 4 个设定值，根据不同的设定值有不同的保护动作，从降负荷到保护停机等。保护一，减少燃气轮机负荷约 6MW；保护二，减少负荷约 6MW，如持续 19s 以上则跳机；保护三，减少负荷 15MW，如持续 13s 以上则跳机；保护四，直接停机。

除了以上这些保护外，燃气轮机的保护还有机组保护、进气压力低保护、润滑油箱液位保护、润滑油压力保护、控制油压力保护、压缩空气保护、天然气泄漏监视、消防保护、超频/低频保护、汽轮机保护、罩壳系统保护、天然气控制器故障保护、主燃料遮断阀不在开位置保护、主燃料遮断阀上游天然气温度高保护、天然气系统故障保护等。

（五）燃气—蒸汽联合循环机组控制系统

西门子公司提供的控制系统，采用通用的 DCS 平台，即 Teleperm XP（TXP）系统。联合循环电厂余热部分 DCS 包括余热锅炉（HRSG）、辅助工艺系统（BOP）的控制系统，也采用 Teleperm XP 系统配置。全厂控制系统网络结构简洁，技术难度和备件一致。

主控制系统中 PU（Processing Unit）为处理单元，SU（Server Unit）为服务器单元，一般控制采用 AS620B 基本型控制系统。燃气轮机和汽轮机都采用 AS620T 透平控制系统，AS620T 也就是 SIMADYND 系统，需要采用 PG 机单独组态，它由冗余的透平自动处理器 APT 和专用模件 SIM-T 组成，通过双通道结构实现两个相同闭环控制器以主从方式同时运行，既保证快速响应又保证透平控制的高可靠性。

联合循环机组一体化控制系统增加了特殊控制功能单元，即 IGV 控制装置、燃烧室翁鸣（振动）分析装置、机械保护系统 MPS 等自动装置。MPS 用于燃气轮机、汽轮机主轴和壳体机械状态参数监测，具有热应力检测计算和寿命消耗管理等 TDM 功能，该系统采用 Vibro-Meter 公司的 VM600 系列产品。

透平跳闸保护系统设计采用 S5-95F 故障安全型控制系统，它在 AP 控制器下用两对 AG95F 故障安全型控制模块，组成二取二比较故障安全可靠回路。这一设计符合德国国家标准要求。西门子公司设计的燃气-蒸汽联合循环机组控制系统，不需要设置就地控制室或就地操作员站，采用自动启停程序，在不多于 2 个断点的情况下实现燃气轮机、汽轮机的自动启停操作。

二、三菱集团燃气轮机控制系统

三菱集团 M701F 燃气轮机采用三菱重工的 Diasys Netmation 控制系统，是 Disays 系列的第三代过程控制系统。M701F 燃气轮机控制主要由燃气轮机控制系统 TCS、燃气轮机保护系统 TPS 和高级燃烧压力波动监视系统 ACPFM 三大块组成。

Diasys Netmation 控制系统的微处理器是基于数字控制器的双冗余结构，是燃气轮机速度、负荷、温度的自动控制中心。在燃气轮机发电机从启动到满负荷运行的各个阶段，若处于控制状态的微处理器发生故障，控制系统能无扰切换到冗余的微处理器。

（一）Diasys Netmation 构成

1. 多功能过程站（MPS）

MPS 用于完成自动控制和 I/O 数据的处理，存储 1h 的短期数据。MPS 采用嵌入式实时操作系统 PSOS，CPU 处理速度最高 700Hz，采用紧凑型 133Mb/s PCI 总线，配 32M 一级缓存，256M 二级缓存，能进行高级算法运算，支持高速运算，应用范围广。

2. 工程师站（EMS）

EMS 用于控制系统组态和维护整个 Disays Netmation 系统。所有的数据维护都用称为 ORCA（Object Relation Control Architecture）的集成数据库管理，维护人员不需要具备复杂的数据库知识。工程师站硬件采用 Dell Power Edge1800 服务器，配以千兆以太网卡，1G 内存。EMS 软件采用 DIASYS-IDOL＋＋，包含组态工具（FLIPPER）、画面组态工具（MAR-LIN）、文档组态（CORAL）和操作面板组态工具（SCALLOP）。

3. 操作员站（OPS）

OPS 是用于监控和操作电厂设备的人机接口，它采用基于 Windows 系统的 WSM（Work Space Manager）软件，使得操作员监控设备运行很容易。操作员站硬件采用 Dell Power Edge1800 服务器，用以实现生产过程画面及实时数据显示、操作窗口显示及实时操作、实时及历史趋势显示、报警显示、报表制作及显示和事故追忆等功能。

4. 历史数据站（ACS）

ACS 能周期性地实时采集 MPS 中的数据，并存储、管理大量的历史数据和外部设备，如打印机等。ACS 也起着服务器的作用，硬件采用 Dell Power Edge1800 服务器，配以千兆以太网卡，1.5G 内存。

（二）MPS 系统结构

Diasys Netmation 系统支持五层功能的网络结构，分别是 Internet 级、办公局域网（Office LAN）级、机组控制级、过程控制级和现场控制级。MPS 主要由 CPU、系统 1/O 卡、以太网卡、Control Net 卡、Control Net 网络、适配器和各种 I/O 模块构成。Diasys Netmation 是建立在以太网基础上的分散控制系统，包括两种类型的通信网络，上层是以太网网络，下层是 Control Net 网络，采用双冗余总线型架构。

以太网用于 MPS 和 OPS、EMS、ACS 之间的通信，MPS 的 CPU 通过 C-PCI 总线与以太网卡相连，再与 OPS、EMS 和 ACS 进行数据交换。Control Net 网络用于 MPS 内部网络的连接，MPS 的 CPU 通过和 Contol Net 卡相连，与 1/O 模块通信。实时数据采用双冗余网络结构，包括 P 通道和 Q 通道，P、Q 通道以总线式网络拓扑结构连接各站，实现各站间的数据共享。

（三）Diasys Netmation 系统通信

1. MHI CARD 通信系统

MHI CARD（Agent-oriented communication architecture）通信系统是一种通信协议，通过 Internet 或者 Internet 给 Diasys Netmation 提供了高效的通信手段。它用于通过单元网络交换过程数据和使用 Browser OPS 通过 Internet 或者 Intranet 交换数据。由于它使用微软 DCOM 组件技术和标准的 TCP/UDP/IP 通信协议，任何时候可从任何地点获取需要的数据。由于通信负荷低，使得它支持远程监控效果很好。

2. MHI CARD 通信系统协议

MHI CARD 系统使用两种分别称为卡片和包的信息包进行通信。任何时候客户端 OPS 发送数据请求，MHI 卡片写入数据请求指令，通过网络进行广播。数据请求指令卡片通过机组网络、Internet 或 Intranet 被 MPS 获取。MPS 生成一个包含所请求数据的包，并通过网络以广播方式响应，显示在客户端 OPS 的屏幕上。由于传输的仅是所请求的数据，因此网络上的负荷可以保持到最小。

（四）M701F 燃气轮机控制功能

三菱 M701F 燃气轮机的主要控制功能与西门子 V94.3 燃气轮机基本相同，其 TCS 燃气轮机控制系统具有如下控制功能：负荷自动调节（ALR）、速度控制、负荷控制、温度控制、燃料限制控制、燃料分配控制、燃料压力控制、燃气温度控制、进口导叶控制和燃烧室旁路阀控制及 RUNBACK 控制等。

1. 负荷自动调节（ALR）

在负荷自动调节 ALR 的 ON 模式下，燃气轮机控制器自动改变调速器设定值或负荷设定值，运行方式选调速器控制或者负荷控制。

（1）调速器控制模式。

当选择 ALR 的 ON 和调速器模式时，燃气轮机控制器接收 ALR 指令信号，并且自动调整调速器设定值，发电机的输出和 ALR 指令信号相同。同时负荷控制器自动调整负荷设定值为发电机输出加偏置（5%），确保电网频率突然降低时，负荷控制限制发电机输出的速度增加。

（2）负荷控制模式。

当选择 ALR 的 ON 和负荷控制模式时，燃气轮机控制器接收 ALR 指令信号，并且自动调整负荷设定值，发电机的输出和 ALR 指令信号相同。同时调速器控制器自动调整调速器设定值，使调速器控制信号输出等于控制信号输出加偏置值 5%。

2. 速度控制

速度控制用于发电机同期调节和发电机并网前空载的转速控制。转速基准信号可通过手动增减转速或同期装置来调整。在升速和升负荷阶段，通过自动同期或手动按钮来改变基准值。在带负荷情况下选择调速器控制模式时，如果选择 ALR ON 运行模式，速度基准信号（SPREF）将根据来自 DCS 的 ALR 负荷设定指令信号来改变；如果选择 ALR OFF 运行模式，速度基准信号将根据操作员的手动增减指令而改变。速度控制功能比较实际的发电机转速和 SPREF，经 PI 计算后输出负荷控制信号输出 LDCSO。

3. 温度控制

温度控制用于防止过高的透平进气温度。M701F 的温度控制分为两类：叶片通道温度控制和排气温度控制。M701F 燃气轮机设置了 BPT 和 EXT 两组温度测点，叶片通道温度测点 20 个和排气温度测点 6 个，都是环形均匀布置，这样就提高了测量和控制的可靠性。

4. 燃料压力控制

M701F 燃气轮机压力控制的目的是根据 CSO 的变化，保持值班燃料流量控制阀和主燃料流量控制阀前后差压的稳定，进而调整燃料总流量。气体燃料流量控制由值班流量控制阀和主流量控制阀分别根据 MFMCSO 和 MFPLCSO 来实现。由于压力控制阀前后差压为一个定值，气体燃料流量与流量调节阀的开度就成正比，通过控制气体燃料流量调节阀的开度来控制流量，压力控制阀则通过 PI 控制方式对差压进行控制。

5. 负荷控制

负荷控制信号适用于带负荷运行工况下的负荷控制。若在带负荷工况下选择了 ALR ON 模式，负荷基准（LDREF）自动根据 ALR 指令信号改变。若 ALR 运行模式为 OFF 并且在带负荷工况下选择了负荷控制，LDREF 可根据手动按钮指令信号改变。负荷控制功能比较实际的发电机负荷和 LDREF，经 PI 计算后输出负荷控制信号 LDCSO。

6. 进口导叶控制

在启动期间，通过控制进口导叶 IGV 角度能有效防止燃气轮机喘振，IGV 在部分负荷运行时保持关到最小开度（空气流量约 70%），随着燃气轮机负荷的增加开度逐渐增大，目的是提高排烟温度，获得较高的热效率。IGV 开度是根据预设的排气温度进行控制的，其开度的大小直接影响着排气温度，进而影响热通道部件的寿命。

7. 燃烧室旁路阀控制

燃烧室旁路阀调整燃烧室的空气流量，目的是保证燃烧过程中火焰的稳定。因此，燃烧室旁路阀能调整燃料/空气比。燃烧室旁路阀控制信号输出 BYCSO，由发电机输出函数、燃烧室壳体压力、压气机入口温度和速度决定。BYCSO 控制燃烧室旁路阀的位置进而影响排气温度和叶片通道温度。

8. RUNBACK 控制

为了保护燃烧器不受损坏，在出现下列情况时 M701F 燃气轮机将快速减负荷：燃烧压力波动大；叶片通道温度偏差大；叶片通道温度趋势变化大；发电机绕组温度高；燃气压力低；燃气温度异常。

（五）TPS 系统和 ACPFM 系统

1. TPS 保护系统

三菱 M701F 型燃气轮机保护系统 TPS，主要包括超速、超温、振动大、灭火、燃烧监测、润滑油压低、润滑油温度高、凝汽器真空低、DCS 硬件故障等保护功能。每台机组配有 2 套 TPS 系统，每套 TPS 系统配双冗余 CPU。保护系统是独立于控制系统的，在控制系统故障或失效的情况下仍可安全停机。保护的关键参数和保护模块采用三重冗余结构，控制逻辑为 3 取 2 表决，保护停机信号输出后通过切断燃气轮机进气阀达到安全停机。每套保护系统到跳机电磁阀的输出 DO 都是冗余的。

2. ACPFM 燃烧状态监测系统

M701F 燃气轮机有 20 个燃烧室，为了监测燃烧室燃烧情况，M701F 燃气轮机装有 20 个燃烧室压力波动速度传感器（每个燃烧室一个）和 4 个燃烧室压力波动加速度传感器（3、8、13 和 18 号燃烧室），传感器测得的信号经过傅里叶变换送到 ACPFM 系统进行控制。ACPFM 可对燃烧室燃烧状况数据采集和分析，并对燃烧状况进行动态修正。燃烧室出现燃烧状况异常时，ACPFM 系统会发出报警或向 TPS 系统发出跳机指令。

三、美国 GE 公司燃气轮机控制系统

（一）GE 公司燃气轮机控制系统

GE 公司燃气轮机控制平台采用的是 Mark VIe 控制系统，它是 GE 公司 SPEEDTRONICTM 燃气轮机控制盘的最新系列。SPEEDTRONIC 控制系统从最早的系列开始，经历了 Mark II、Mark II＋ITS、Mark IV、Mark IV＋、Mark V、Mark V＋、Mark VI 至 Mark VIe 系列的发展，通过几十年来对控制系统软硬件的不断完善，使系统的功能不断增强，使用范围也得到很大扩展，Mark VIe 除了用于燃气轮发电机的控制外，目前已扩大到汽轮发电机、余热锅炉等其他辅助设备和系统的控制，控制系统在功能性、可靠性和灵活性也得到很大的提升。

Mark VIe 控制系统是基于 ETS（先进的暂态稳定性）上的 MBC（直接边界控制），该控制系统以最极端的情况形成控制边界，使各相关被调量独立调节，使控制结果按照燃烧稳定性-优化排放-燃烧脉动优先顺序保持近边界运行，保持动态调节的经济性和适应性。

Mark VIe 燃气轮机控制系统对燃气轮机实现全自动控制，从燃气轮机盘车开始，带动机组到清吹转速，经过点火阶段，再将机组提速至额定工作转速，经过同期并网，最后升负荷至设定值，整个过程主要依靠自动控制系统来完成，运行人员只需进行少量的干预，停机过程亦然。在燃气轮机的启、停和负荷调整过程中，Mark VIe 控制系统自动计算所需的燃料量，控制燃气轮机各个部件的热应力，保障热通道部件的安全。

Mark VIe 燃气轮机控制系统主要包括：主控制系统、顺序控制系统、

压气机进口可转导叶 IGV 控制系统、压气机入口抽气加热 IBH 控制系统和气体燃料控制系统等。

Mark VIe 控制系统和保护系统是不可分割的一个整体，当机组由于种种不可预测的原因出现故障偏离正常的运行参数时，此时保护系统发出报警并指示出故障的起因，提醒运行人员注意并及时分析故障的原因，尽可能在不停机的情况下排除故障，使机组恢复正常运行。当燃气轮发电机组出现比较大的故障时，Mark VIe 保护系统在报警的同时会使机组执行自动停机和跳闸的功能来保护机组设备的安全。各个保护系统独立于控制系统，以避免控制系统故障而影响保护装置正确动作的可靠性。

燃气轮机保护系统也由许多子系统组成，其中有一些仅仅是在正常启动和停机过程起作用，其他是在应急或非正常运行状态起作用。燃气轮机控制系统绝大多数的故障是传感器及其导线连接而引起的故障。保护系统对这些故障进行监测和报警。如果状态严重到不能完善和恢复时，轮机将被遮断。

Mark VIe 保护系统主要包括：超速保护、（排气）超温保护、振动保护、熄火保护、燃烧监测保护、危险气体泄漏保护、压气机喘振保护、紧急超速和发电机同期及同期检查等。其中超速保护、超温保护、振动保护、熄火保护、燃烧监测保护是主要保护功能。

（二）Mark VIe 网络结构

Mark VIe 设置了三级数据通信网络，分别是 PDH 网、UDH 网和 IO-NET 网。

1. PDH（Plant Data Highway）

PDH 称为厂级数据高速公路网，它是一个对外开放的网络系统，它将 HMI（Human Machine Interface）服务器（操作员站、工程师站）、历史数据站、OPC 站、打印机及其他计算机用户联网，这些设备不能与 Mark VIe 的控制器直接连接，只能通过 UDH 与其通信。

PDH 采用 TCP/IP（Transfer Control Protocol/Internet Protocol，传输控制协议/网际协议）通信协议，其通信方式为广播式，具有载波监听、多路访问/碰撞检测功能，允许共享一条传输线的多个站点随机访问传输线路，各站点平等竞争，使用 32 位循环冗余校验的误码校验技术。网络速度为 100Mb/s，最多可支持 1024 个节点，当采用双绞线时最长可传输 100m，采用光缆时最长可传输 2000m。

PDH 可使 Mark VIe 与 DCS、PLC 等其他控制设备之间进行数据通信，支持与 DCS 通信的协议有 Ethernet TCP-IP GSM、Ethernet TCP-IP Modbus slave 和 RS232/485 Modbus RTU。其中 Ethernet TCP-IP GSM 协议可传输就地高分辨率报警、SOE 时间标记、事件驱动消息、周期数据包等。

2. UDH（Unit Data Highway）

UDH 称为机组级数据高速公路网，用于控制器与 HIM 服务器之间的通信。它不直接对外界开放，只能通过服务器或 PDH 对外界通信。UDH 是一个以太网，采用以 UDP/IP（User Datagram Protocol/Internet Protocol，用户数据报协议/国际协议）协议标准为基础的 EGD（Ethernet Global Data，以太网全球数据）协议。与 PDH 一样，UDH 的网络控制方式为广播式，使用 CSMA/CD 技术，误码校验方法也是 32 位循环冗余校验，可与 GPS（Global Position System，全球定位系统）实现时钟同步，精度可达±1ms。支持节点的类型主要有控制器、PLC、操作员站、工程站。网络速度为 10Mb/s 或 100Mb/s，当采用双绞线时最长可传输 100m，采用光缆时最长可传输 2000m。

UDH 虽然支持不同控制器之间的通信，但每个控制回路都在各自的控制器内完成。为了确保可靠性，Mark VIe 控制器之间以及来自其他 DCS 的跳闸指令都通过硬接线连接。UDH 和 PDH 之间是基于 CIMPLICITY 图形界面和 Windows 操作系统的服务器，这些服务器作为就地/远程的操作员站或工程师站，用于人机通信以及控制维护。

3. IONET

IONET 采用了 IEEE 802.3 100 Mbit 的全双工以太网网络，可以配制成单、双重或三重冗余结构，每个网络（红、蓝、黑）都是一个独立的 IP 子网，专用于 Mark VIe 控制系统内控制处理器、保护模块以及扩展模块间的通信，是系统内部的通信总线。IONET 采用主/从式通信结构，最多可支持 16 个节点，使用 32 位 CRC 的误码校验技术，采用同轴电缆时最长可传输 185m，采用光缆时最长可传输 2000m。

IONET 使用 ADL（asynchronous drives language）以太网数据交换协议，不可编程，能有效提高 Mark VIe 的安全性，保护系统不受病毒的侵害。IONET 上的所有通信信号都是确定的 UDP/IP 包，采用全交换全双工模式，可以避免在非交换以太网中可能出现的冲突。网络中采纳了用于精确时钟同步化协议的 IEEE 1588 标准，以便对帧和时间、控制器以及 I/O 模块进行同步化处理，这种同步化为网络提供了高级的信号流控制功能。

（三）Mark VIe 硬件配置

MarkVIe 硬件包括控制站、交换机及通信网络、人机界面（Human Machine Interface，HMI）等设备。

1. 控制站

Mark VIe 控制站由控制柜或控制柜加 I/O 扩展柜组成，控制柜的上方安装了电源、控制器、I/ONet 交换机等模块，I/O 模块安装在这些模块的下方，机柜风扇可以安装在机柜门的上部或下部。当控制系统的 I/O 数量较多时，可增加 I/O 扩展柜。

Mark VIe 控制站根据控制器和 I/O 模块冗余方式的不同，在配置上分为三重冗余（Triple Module Redun-dancy，TMR）和双重冗余（Double Module Redun-dancy，DMR）两种方式，如图 5-1 所示。燃气轮机 Mark VIe 控制器采用了三重冗余方式。

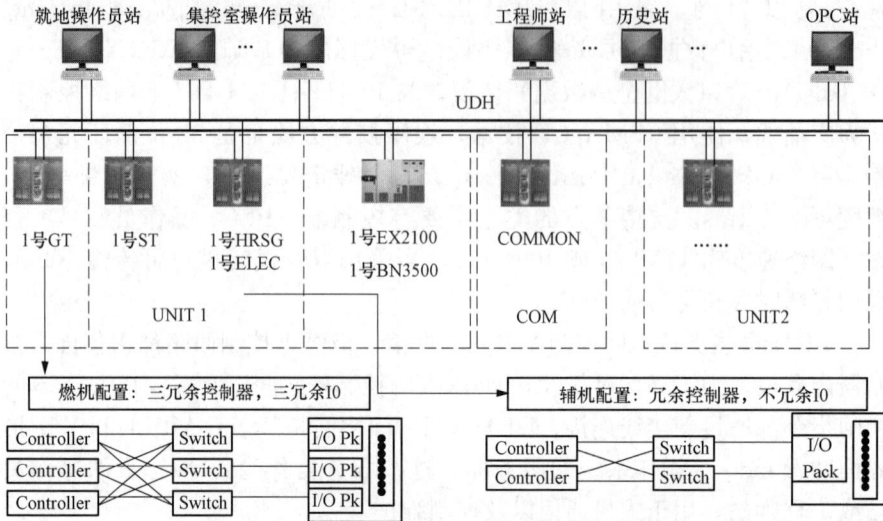

图 5-1　三重、双重冗余配置方式示意图

三冗余控制站中控制器、I/O 模块及交换机的连接如图 5-2 所示。控制柜中布置有三个控制器，分别称为 R 控制器、S 控制器和 T 控制器，通过三个 IONet 与 IO 模块相连。也可配置三重冗余的保护控制器，分别称为 X

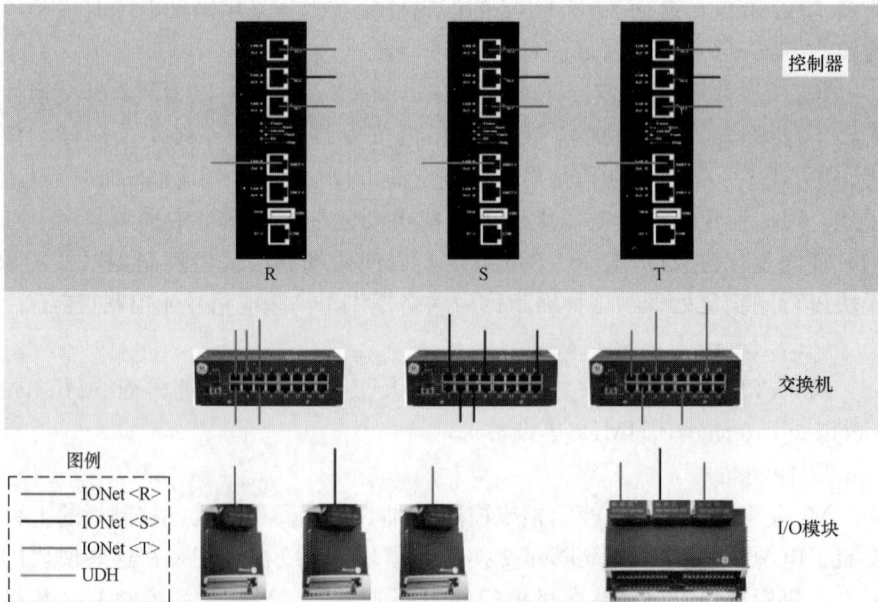

图 5-2　三重冗余控制站内通信连接示意图

控制器、Y 控制器和 Z 控制器。三重冗余控制站对关键控制及保护参数采用了三取二表决和软件容错（SIFT）技术，其测量传感器信号采用三重冗余，并由三个处理器分别表决；系统的输出信号对关键电磁阀以及继电器进行三取二表决，对其余的触点输出信号在逻辑输出处进行表决；对伺服阀量信号则采用取中方法，这些措施可以有效地防止控制系统的误动。

2. 控制器

Mark VIe 控制器是一个运行应用程序代码的模块，采用实时多任务的 QNX®Neutrino®操作系统，适用于高速、高可靠性的工业应用。控制器是控制系统的核心，所有关键的控制运算、操作顺序控制和主要的保护功能均由该模块来实现。Mark VIe 采用了新型的 UCSBH4A 控制器，与之前的控制器相比，UCSBH4A 控制器可直接用 U 盘下载程序，操作更为方便快捷。该模块及其前面板如图 5-3 所示。

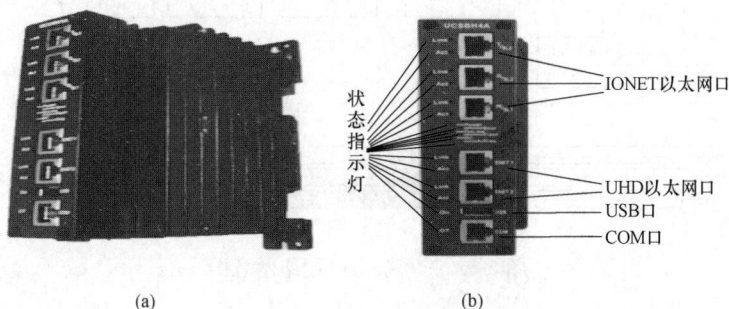

图 5-3 UCSB 控制器模块图
(a) UCSBH4A 控制器模块；(b) UCSBH4A 控制器前面板

控制器的核心为 UCSB CPCI 处理器版，其上配有一个 650MHz 的 Celeron® 处理器、128MB 的 DRAM、两个 100Mbit 以太网接口（用于与 UDH 连接）以及一个串行口。

3. 电源模块

Mark VIe 控制系统的供电由 PDM（Power Distribution Module）电源模块提供，该模块可分成 24V DC、125V DC、115/230V AC 等多种控制电源输入，并可转换成 28V DC 供 I/O 包的电源。PDM 带有电压监视功能，在模块失电时会发出报警信号至监控系统。

4. IONet 交换机

图 5-4 为 Mark VIe 中典型的 16 通道 10/100Mbs IONet 交换机，用于连接控制器和 IO 模块，实现两者的通信。该交换机为非托管、全交换和全双工型，符合工业应用规范和环境要求，适用于工业实时控制系统的工业级交换机，可在关键的输入扫描期间内提供数据缓冲和流量控制，防止信息冲突。

5. I/O 网络（IONet）

I/O 网络是专有的、用途特殊的以太网，它们只支持 I/O 模块和控制

图 5-4　16 通道 ESWB IONet 交换机

器，其连接方式如图 5-5 所示。

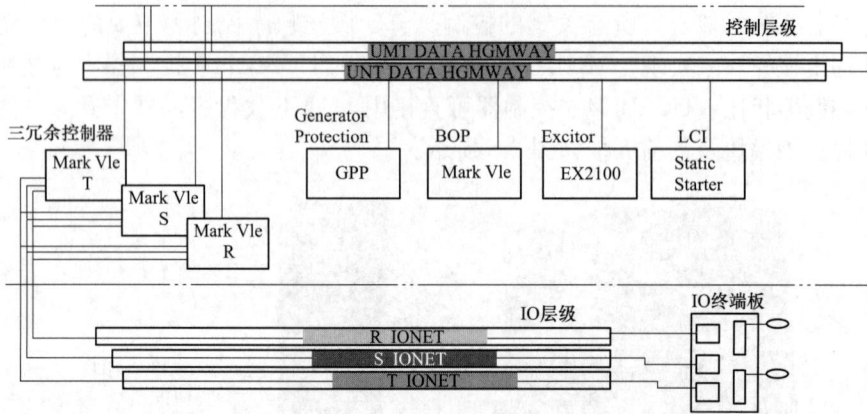

图 5-5　三冗余 I/O 网络示意图

　　IONet 是 C 类网络，每个网络都是带有不同子网地址的独立网络。控制器的 IONet IP 主机地址是固定的。I/O 包的地址由 ToolboxST 分配，控制器会通过控制器内标准的动态主机配置协议（DHCP）服务器自动把地址分配给 I/O 包。系统通过电缆颜色编码来减小串接的危险，分配的电缆或者 RJ45 罩为：红色用于 IONet 1（R 型网络）；黑色用于 IONet 2（S 型网络）；蓝色用于 IONet 3（T 型网络）。所有在控制器或者 I/O 模块上设置的 IONet 端口都会连续发送数据，对出现故障的电缆、交换机或者电路板部件进行即时检测。

　　6. I/O 模块

　　I/O 模块安装在控制柜或 I/O 扩展柜中，有通用和专用两种。通用 I/O 可同时用于涡轮控制和过程控制。专用 I/O 则用来和涡轮上独有传感器以及制动器进行直接连接，这样可以在很大程度上避免对检测装置的干扰，消除很多潜在的单点故障，提升设备运行的可靠性。通过直接与传感器和制动器相连接，还可以对设备上的仪器进行直接诊断，从而可减少维护的工作量，最大限度地提高工作效率。I/O 模块包括三个基本部件：终端板、终端块以及 I/O 包，图 5-6 给出了两种典型的 I/O 模块。

　　终端板安装在 IO 机架上，它用于终端块的 I/O 接线，为 I/O 包提供连接器和唯一的电子 ID 码，同时对输入信号进行隔离和保护。终端板分两种

图 5-6　I/O 模块

(a) 单个 I/O 模块；(b) TMR I/O 模块

类型：S 型和 T 型，如图 5-7 所示，可实现单工、双工以及三重冗余（TMR）输入。

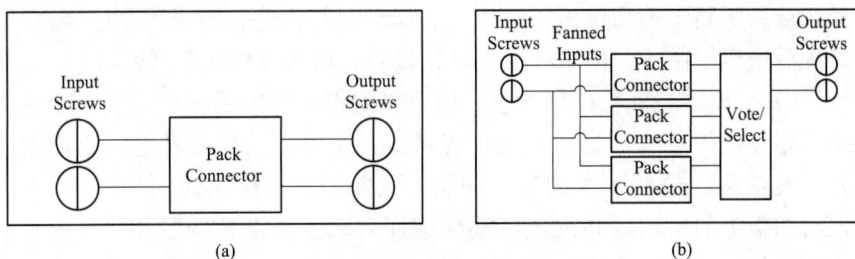

图 5-7　两种终端板示意图

(a) S 型：单工终端板；(b) T 型：TMR 终端板

S 型板的每个 I/O 点都带有一套螺钉，可对单个 I/O 包设定信号条件并对信号进行数字化处理。T 型 TMR 板通常将输入扇出到三个独立的 I/O 包，完成对三个 I/O 包的输出表决。

I/O 包配有一个通用处理器板和一个数据采集板，该采集板对相连的设备来说具有唯一性。I/O 包带有一个 266MHz 的处理器，它对输出或输出信号进行数字化处理和运算，并与 Mark VIe 控制器进行通信。I/O 包通过数据采集板上的特殊电路和处理器板上运行的软件实现故障检测功能。

Mark VIe 中用到的典型 I/O 模块有以下几种：

（1）PDM 配电模块：分为核心配电和支路两类，前者为机柜中的端子板和一个或者多个主电源进行配电，后者为机柜中的单个交流和直流电路进行配电。

（2）PRTD 热电阻输入模块：处理 8 路三线制热电阻输入信号，支持单工型。

（3）PTCC 热电偶输入模块：PTCC 可以处理 12 个热电偶输入，两个包可以处理 TBTCHlC 端子板上的 24 个输入。在 TMR 模式的 TBTCHlB 端子板中，三个包使用 3 个冷端。TBTC 端子板能够接受 24 个 E、J、K、S 或 T 类热电偶输入。

（4）PAIC 模拟量输入输出模块：配合 TBAI（TMR 型）端子板，处理 10 路模拟量输入信号以及 2 路模拟量输出信号。可实现内/外供电方式下二、三、四线制信号的连接。

（5）PAOC 模拟量输出模块：配合 TBAO 端子板（单工型），提供 8 路 0～20mA 电流环路输出及一个模拟/数字转换器。

（6）PDIA 离散输入模块：处理 24 路开关量输入（DI）信号。

（7）PDOA 离散输出模块：处理 24 路开关量输出（DO）信号。

（8）PSVO 伺服控制块：使用相邻的 WSVO 伺服驱动器模块来处理两个伺服阀位环路，可控制 5 个电液伺服阀的状态开启或关闭燃料阀。

（9）PVIB 振动监测器：接受并处理 13 路振动及位移信号。端子板 TVBA 为位移、加速度等类型的探针提供了直接接口，并为每个输入信号提供信号抑制和电磁接口保护。端子板前 8 路支持振动信号，4 路支持位置信号，最后 1 路支持相位信号。模块对振动探针供电，测量信号经 A/D 转换处理后送至控制器，用来产生振动、偏心、轴向位移的控制逻辑。

（10）PPRO 燃气轮机保护包：PPRO 和相连的端子板构成了一个独立的备用超速保护系统，为主控设备提供了一个独立的检测功能。它能接收多种速度信号，包括基本超速、加速、减速等。当检测到问题时，PPRO 会使脱扣板上的备用脱扣继电器动作继而启动主控设备的脱扣，完全独立于主控操作之外并不受其影响。

（11）PTUR 燃气轮机专用主脱扣：该包插入到 TTURHlC 输入端子板，处理四速传感器输入、总线和发电机电压输入、主轴电压和电流信号、8 个 Geiger Mueller 火焰传感器以及到主断路器的输出，实现超速停机和同步功能。配合 TRPG 超速停机输出端子板，通过控制 3 路跳闸线圈的带电/失电状态来实现停机控制。与 TREG 继电器端子板一起控制相应的跳闸线圈，实现机组正常停保护以及紧急停机保护。

终端块用于接入 I/O 端子信号，与端子板对应，也分 T 型板和 S 型板两种，如图 5-8 所示。

T 型板带有两个 24 点挡板类可拆卸终端块，S 型板带有一个用于单工和双工冗余系统的 I/O 安装端子，尺寸是 T 型板的一半，可以采取标准的底座安装方式，也可以通过 DIN 导轨安装。

7. 人机接口（HMI）

人机接口是运行 Windows 操作系统的计算机，系统装有用于数据公路的通信驱动以及 CIMPLICITY 操作显示软件，安装有 CIMPLICITY 软件的人机接口有 SERVER 和 VIEWER 两种，两者的区别为 SERVER 工作于

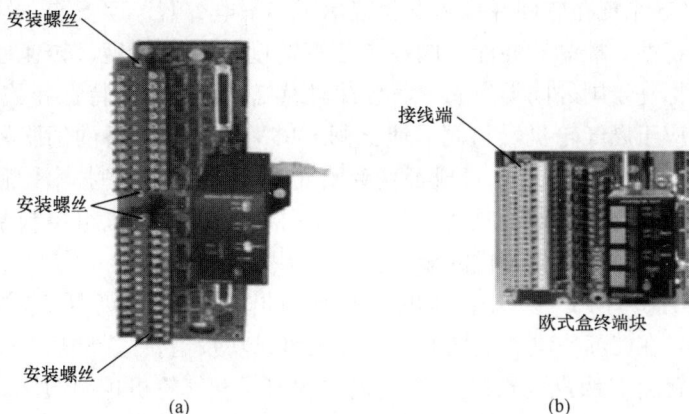

图 5-8　两种不同类型的终端块
(a) T 型；(b) S 型

UDH，配置有 EGD 协议，可以与 Mark Ⅵe 控制器通信交换数据；VEWER 工作于 PDH，接收来自 SERVER 的数据。

UDH 上必须有一个以上的 SERVER 方能运行，每个 SERVER 配有单独的 IP 地址，SERVER 和 VIEWER 二者通过 TCP/IP 协议用以太网连接。可以把 HMI 与一个数据公路相连，也可以使用冗余网络接口板把人机接口同时连接到两个数据公路上，以增加通信网络的可靠性，还可以使用多个服务器实现冗余功能。CIMPLICITY 服务器收集 UDH 的数据，并通过 PDH 与浏览器通信。运行人员在 CIMPICITY 图形显示设备上浏览机组运行实时数据和报警信息，并发出操作命令。

四、重型燃气轮机控制系统国产化概况

重型燃气轮机作为尖端装备制造业的集大成者，体现了一个国家的工业水平，而 TCS 系统作为核心控制系统，决定着燃气轮机的性能和安全。长期以来，TCS 系统的设计、组态、调试等相关核心工作一直由国外燃气轮机原厂家提供，燃气发电领域"卡脖子"现象突出。

由中国华电集团有限公司组织开展自主可控 TCS 攻关，对重型燃气机组的保护原理、控制策略、功能算法、控制系统软硬件设计以及涉网安全运行等方面进行深入研究，成功突破了 E 级重型燃气轮机本体控制原理研究与逻辑设计、燃烧压力脉动监测与燃烧调整、涉网精准控制、仿真建模等关键技术，成功研制出自主可控 TCS 系统，并自主开展了燃气轮机本体调试与运行调整，多项技术填补了国内空白。

2021 年 5 月 25 日，国内首套自主可控重型燃气轮机控制系统（TCS）在华电龙游电厂 9E 级燃气轮机上成功并网投运，标志着中国华电在国内率先完整掌握了重型燃气轮机控制系统的自主设计、生产、调试、改造等全过程关键技术，推动了我国燃气轮机的国产化发展。

该 TCS 系统在软硬件平台方面继承了"华电睿蓝"DCS 自主可控、本质安全的特性，控制器性能、阀控卡运算速度、SOE 精度、转速控制偏差等重要指标优于国外同类产品，而且针对燃气机组的运行特点和关键特征，设计了适应于燃气轮机燃料阀、速比阀、IGV 等关键设备的伺服控制以及湿接点输入 SOE 等卡件，形成了整套燃气轮机控制与保护技术，整体达到和部分超过国外同类产品技术水平，具备了对重型燃气机组控制系统实施全功能、全方位国产化替代的能力。

2022 年 3 月 11 日，中国华电自主研制的国内首套 F 级燃气轮机控制系统（TCS）在江苏华电戚墅堰电厂 2 号机组成功投运。这是继 2021 年成功投运国内首套 E 级燃气轮机 TCS 之后再次取得燃气轮机控制领域关键核心技术的重大突破，实现了从 E 级到 F 级的新跨越。

F 级燃气轮机是目前国内燃气发电的主流机型，相较于 E 级燃气轮机，F 级燃气轮机容量更大、系统更复杂、控制要求更高，控制技术长期被国外极少数厂家垄断。中国华电在成功实现 E 级燃气轮机 TCS 国产化和自主可控的基础上，全力加快 F 级燃气轮机 TCS 的国产化、自主化、产业化进程。研制了基于国产先进 CPU 和操作系统等核心软硬件的全套芯片级一体化控制平台，并从 F 级燃气轮机的热力学理论和控制理论、数据分析、机理研究等多角度出发，设计了基于燃气轮机数字孪生雏形的应力计算、温升速率、温度匹配等核心模块，开发了集闭环控制回路、启停顺序控制逻辑、燃烧模式切换、保护回路等为一体的燃气轮机控制策略，有效解决了信息交互系统通信协议兼容性、燃气轮机-汽轮机同轴配置牵连控制等一系列技术难题，打通了主控系统与静态启动装置（SFC）等其他关键部件之间的通信壁垒，掌握了燃气轮机-汽轮机同轴联合循环机组控制的核心技术，从而实现了 F 级燃气轮机 TCS 的自主可控。初步具备了对国内外不同品牌、各类型燃气轮机进行安全、稳定、精准控制的能力，有序构建了燃气轮机控制领域的生态链、产业链以及自主创新体系，进一步提升了保障电力重要基础设施安全运行的能力。

2023 年 12 月 15 日，适用于又一型号的重型燃气轮机控制系统（TCS）国产化自主可控示范应用项目在华电戚电公司成功投运，中国华电再次取得燃气轮机控制领域关键核心技术的重大突破。在江苏戚电公司投运的这套控制系统基于"华电睿蓝"自主可控、本质安全的特性，创新采用延寿控制设计，可将内部核心部件特别是热端部件的损耗降到最低，有效延长燃气轮机寿命，实现示范机组从点火、升速到定速全速空载等启动过程一次成功，目前示范机组运行稳定，各项指标达到和超过改造前。

第二节　燃气轮机主控制系统

燃气轮机主控制系统也称为燃料量控制系统，是燃气轮机控制中最重要的部分，它由以下 8 项控制功能构成：

(1) 启动控制（Start up）；

(2) 转速控制（Speed）；

(3) 温度控制（Temperature）；

(4) 加速控制（Acceleration）；

(5) 停机控制（Shutdown）；

(6) 输出功率控制（Dwatt）；

(7) 压气机压比控制（Compressor Ratio）；

(8) 手动控制（MAN）。

可将上述每项控制功能看成一个大的控制功能块或者控制子系统，它们各自输出相应的燃料行程基准 FSR（Fuel Stroke Reference）指令，分别是：

(1) 启动控制燃料行程基准 FSRSU；

(2) 转速控制燃料行程基准 FSRN；

(3) 温度控制燃料行程基准 FSRT；

(4) 加速控制燃料行程基准 FSRACC；

(5) 停机控制燃料行程基准 FSRSD；

(6) 压气机压比控制燃料行程基准 FSRCPR；

(7) 功率限制燃料行程基准 FSRDWCK；

(8) 手动控制燃料行程基准 FSRMAN。

任何时刻只有一个控制功能块的输出能作为最终的燃料行程基准 FSR 去控制实际的燃料量，控制逻辑通过一个"最小值选择逻辑"来判断哪个功能块的输出可以作为燃料控制系统的输入，如图 5-9 所示，采用最小值可确保燃气轮机始终在最安全的方式下运行。

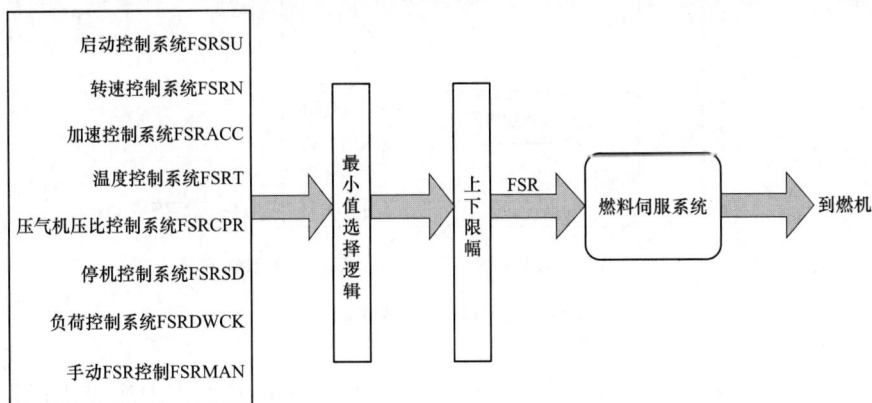

图 5-9 控制原理简图

目前，GE 公司前沿控制技术 GEH-6810 AOpFlex Enhanced Transient Stability（ETS），使用基于模型的控制（MBC）-直接边界控制方法（称为

MBC 技术）重新编写了燃气轮机的核心控制软件，提供基于的空气/燃料（MBCAF）控制边界的模型，比目前较为常规"最小值选择逻辑"算法更为先进。

一、启动控制系统

燃气轮机的启动控制主要实现燃气轮机启动过程中程序控制和启动控制，确保燃气轮机安全稳定地从盘车状态至全速空载状态。燃气轮机的正常启动由顺序控制系统中的启动控制和主控系统的启动控制来完成。顺序控制系统实现相关设备的启停控制，主控系统完成参数的调节。运行人员首先通过操作画面选择操作指令键，下达启动命令，顺序控制系统（及有关保护系统）检查准备启动的允许条件、复位遮断闭锁、启动辅助设备（如液压泵、燃料开闭式阀等），控制启动机（静态启动变频装置 SFC）把燃气轮机带到点火转速，继而点火，再判断。

点火成功与否，随后进行暖机、加速，在达到一定转速后关闭启动机，直到燃气轮机达到运行转速，完成启动程序。主控系统的启动控制以开环控制方式实现从点火开始直到启动程序完成（全速空载）这一过程中的燃料量调节，其 FSR 的变化规律如图 5-10 中的曲线所示。

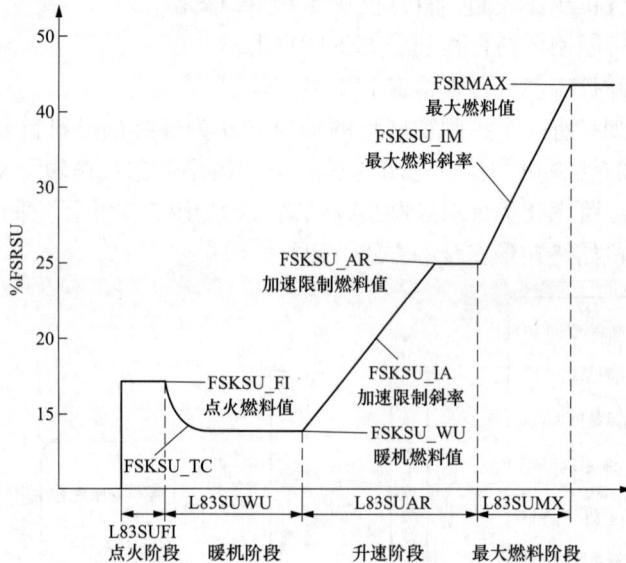

图 5-10　FSRSU 变化曲线

燃料量在燃气轮机启动过程中会有很大的变化，其最大值和最小值分别受限于压气机喘振（或透平超温）和零功率，该上、下限值还会受到燃气轮机转速变化的影响，在脱扣转速时其范围最窄。燃料量若按上限控制则启动速度最快，但可能会使燃气轮机温度变化剧烈，产生较大的热应力，导致材料热疲劳而缩短设备的使用寿命，这一点对重型燃气轮机尤为重要。

用于发电的重型燃气轮机对启动时间的要求并不太高，因此其启动过程中一般选择偏低的燃料控制目标值，整个变化过程偏缓，热应力相对较小，以减轻燃气轮机的热疲劳。

二、转速控制

燃气轮机转速控制系统分为有差转速（Droop Speed）控制方式和无差转速（Isochronous Speed）控制方式两种控制算法，可根据需要选用。带动交流发电机时应选用有差转速控制方式，驱动压缩机或泵时可选用无差转速控制方式。当轮机处于转速控制时，控制方式将显示"DROOP SPEED"或"ISOCH SPEED"。

有差转速控制遵循比例控制规律，即 FSR 的变化正比于给定转速（即转速给定值 Speed Set Point 或转速基准 Speed Reference）TNR 与实际转速 TNH 之差。

有差转速控制原理如图 5-11 所示。

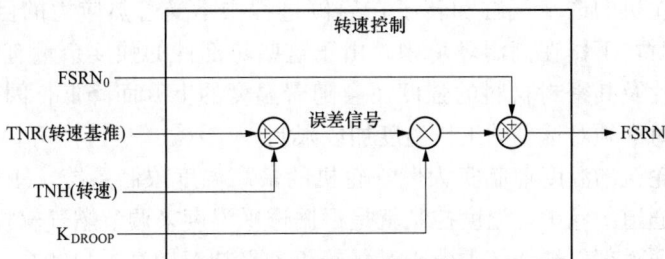

图 5-11　有差转速控制原理图

转速基准 TNR 信号增减时，静态特性曲线作上下平移。若轮机尚未并网，则燃气轮机转速 TNH 随之变动（此时 TNH＝TNR）。若轮机已经并网，则 TNR 变化会改变轮机出力，TNR 上升，出力就增加，TNR 下降，出力就减小，所以 TNR 又称为转速负荷基准。有差转速控制的静特性曲线如图 5-12 所示。

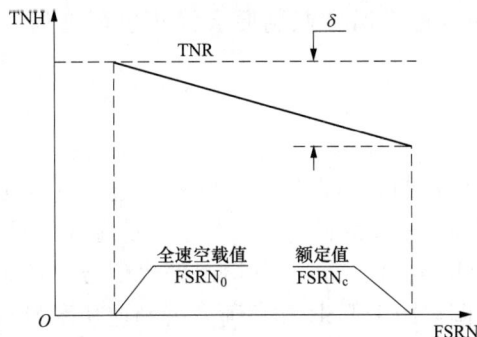

图 5-12　有差转速控制的静特性曲线

三、加速控制

加速控制信号将转子角加速度信号 TNHA 与给定基准 TNHAR 比较，若 TNHA 超过了 TNHAR，则减小加速控制燃料行程准则 FSRACC，以减小角加速度，直到该值小于或等于给定值为止。若 TNHA 小于 TNHAR，则不断增大 FSRACC，直至使加速控制系统自动退出控制。由此可见，加速控制系统其实质是角加速度限制系统。角加速度为正值时就是转速增加的动态过程，因此加速控制系统仅限制转速增加的动态过程的加速度，对稳态、静态和减速过程不起作用。

加速控制系统主要在以下两种加速过程中发挥作用：在轮机突然甩去负荷后帮助抑制动态超速；在启动过程中限制轮机的加速率，以减小热部件的热冲击。

四、温度控制

燃气轮机的透平气缸和转子在启停过程中承受着热应力的巨大变化，负荷稳定时均工作在高温环境中。由于这些热部件的强度余量有限，高温下透平叶片及其密封材料的强度还会随着温度的上升而降低，因此，燃气轮机运行时必须对透平的工作温度加以限制。

燃气轮机的温度控制实为燃气轮机的最高温度限制系统，用于燃气轮机各个热通道的保护。温度控制就是根据透平温度来调节燃气轮机燃料量，防止高温通道部件被烧坏。由于燃气轮机透平初温较高（1100℃以上），检测其温度较困难，所以通常利用容易检测的排气温度作为被控量来控制燃气轮机的工作温度，同时考虑压气机入口温度的影响构成综合性的温控基准。Mark VIe 设置的温度控制系统根据燃气轮机排气温度信号与温控基准比较的结果去改变温度控制燃料行程准则（FSRT）。

温度控制的具体作用有：当排气温度超过温控基准时，FSRT 进入控制，减少燃料量直到排气温度降到温控基准为止，所以温度控制系统本质上是最高温度限制系统；和超温保护共同作用，当排气分散度超过定值时发出报警，机组一旦进入温度控制便会停止负荷增加，以确保工作温度不升。

五、停机控制

燃气轮机的停机控制就是选择优化的停机过程，达到减少热通道受到冲击提高燃气轮机使用寿命的目的。正常停机是通过 HMI 的启动页面选择 STOP 操作键而给出停机信号，一旦给出停机信号，转速/负荷基准 TNR 开始以正常速率下降以减少 FSR 和负荷，直到逆功率继电器动作使发电机断路器开路。此时 FSR 将逐步下降到最小值 FSRMIN，让燃气轮机下降到 20％TNH，触发熄火保护，从而关闭燃料截止阀，切断燃料。

跟启动过程一样，升温和降温速度过快同样影响了机组部件的使用寿命，因此要通过控制系统来控制停机过程中燃料行程准则 FSRSD 的递减速率来合理控制热应力的大小。形成的 FSRSD 变化曲线如图 5-13 所示。

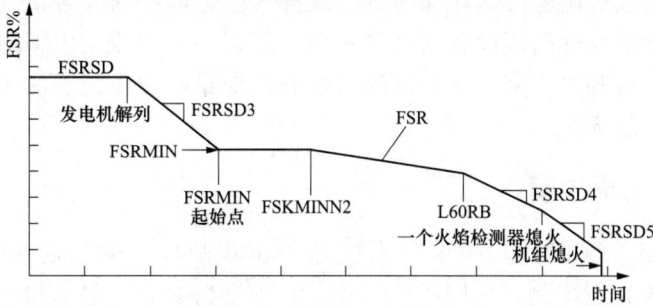

图 5-13　FSRSD 变化曲线

六、压气机压比控制

压气机压比控制的原理如图 5-14 所示。

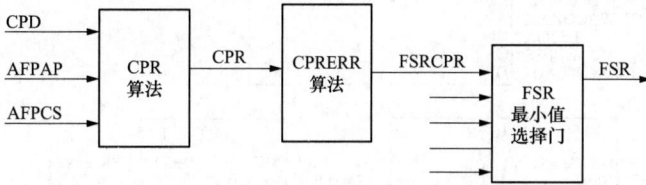

图 5-14　压气机排气压力控制算法简图

AFPAP—大气压力（实测或采用常数）；AFPCS—进气系统总压压差；CPD—压气机排气压力

根据压气机的进气压降、大气压、压气机排气压力和一些控制常数计算得出实时压比值，其计算公式为：

$$CPR = (CPD + AFPAP \times CPKRAP) / [(AFPAP-AFPCS/CPKRPC) \times CPKRAP] \tag{5-1}$$

式中　CPR——由压气机排气压力 CPD 计算得出的压气机压比；

　　CPKRAP——控制常数，大气压基准值，单位为 lb/in（一般为 0.4912）；

　　CPKRPC——单位制转换系数，数值为 $13.608\text{inH}_2\text{O/inHg}$。

再根据压比计算出压比的偏差量为：

$$CPRERR = CPRLIM - CPR - CPKERRO \tag{5-2}$$

式中　CPRERR——压比的偏差量；

　　CPRLIM——计算得出的压比极限值；

　　CPKERRO——压气机压比偏差的偏置值（控制常数）。

最终得到压气机排气压力控制的 FSRCPR 限制值为：

$$FSRCPR = (CPRERR + CPKFSRO) \times CPKFSRG + FSRTC \quad (5-3)$$

式中　CPKFSRO——压气机压比极限的 FSR 偏置值（控制常数）；

　　　CPKFSRG——压气机压比极限的 FSR 增益值（控制常数）；

　　　　FSRTC——FSR 随 CPKFSRTC 的渐变时间常数值（控制常数）。

如果压气机在运行的任何时刻出现排气压力偏高的异常情况，就有可能导致燃烧温度过高，设置这个算法就会使得一旦出现 CPREER 的下降，FSRCPR 也要随之下降，从而限制了燃料供应量，防止超温的出现，实现了对压气机的保护。

七、输出功率控制

在同期并网以后，如果功率变速器出现故障，输出功率控制将对 FSRDWCK 加以限制，采用压低 FSR、减少燃料的方法限制输出功率。输出功率限制的运算过程如图 5-15 所示。

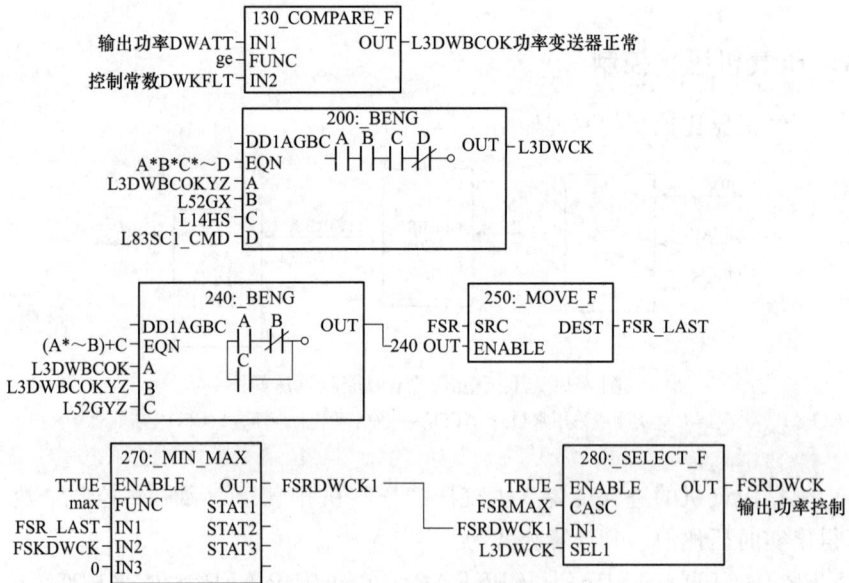

图 5-15　输出功率限制的运算过程图

在并网以后，当测量到输出功率大于 DWKFLT（2MW），就认为功率变送器能够有正常的输出，此时 L3DWBBOOK 信号为"真"。在连续发电运行过程中，一旦出现功率变送器异常，而且在 5s 内不能恢复正常，就不允许使用 FSR_LAST（也就是当时的 FSR 输出），而是把控制常数 FSRK-DWCK 所设定的值 30%FSR 作为新的 FSRDWCK 的值输出。这样使得 FSR 最小值选择门放弃了 FSRT 或者 FSRN 的控制，转而选择更低的 FSRDWCK＝30%FSR，实现了限制输出功率的目的。

八、手动 FSR 控制

可以通过操作接口手动控制 FSR，一般用于控制器故障或调试场合。手动控制燃料行程基准 FSRMAN 也将作为最小值选择门 MIN SEL 的诸项输入之一。图 5-16 为手动 FSR 控制算法。

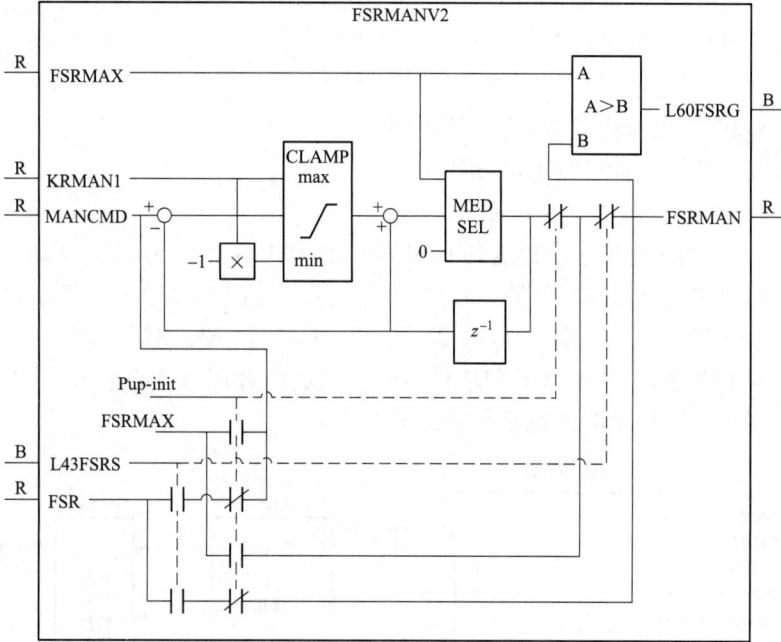

图 5-16　手动 FSR 控制算法

FSRMAX—最大燃料行程准则；KRMAN1—FSRMAN 斜率，%FSR/SEC；

MANCMD—手动 FSR 指令准则；L43FSRS—将手动 FSR 预置为当前 FSR 的逻辑信号；

FSR—燃料行程准则；L60FSRG—FSR 已偏离最大值；FSRMAN—FSR 手动燃料行程准则

中间值选择门 MED SEL 的输出为 FSRMAN。它的输入信号有三个，其中两个分别是 FSRMAX（最大值）和零，由此构成 FSRMAN 的最大和最小极限。第三个输入信号为手动控制信号，通常就是中间值。 旦 FSR-MAN＜FSRMAX，手动控制的 FSR-MAN 参与控制 FSR，此时比较器 A＞B 成立，L60FSRG 逻辑置 1，发出报警通报信号。

CLAMP 功能块用于限制手动控制时的增减速率，它将控制常数 KRMAN1 的正负值作为上下限，使手动控制指令 MANCMD 的增减变化速率限制在上下限范围。

在通电过程 pup-init 为"真"时，联动的 5 个伪触点同时动作，切断手动命令的输出，并将 FSRMAX 作为 FSRMAN，保证手动方式完全退出控制。当 FSR 预置开关逻辑 L43FSRS 为"真"时，相应的 3 个伪触点同时动作，把当前输入的 FSR 作为控制信号输出，同时还把它作为手动控制 FSR 指令输送到减法器，达到限制 FSR 变化率的目的。

九、FSR 最小值选择门

8 个控制系统分别控制其相应的燃料行程基准 FSR，其分别是：

（1）启动控制系统 FSRSU；

（2）转速控制系统 FSRN；

（3）温度控制系统 FSRT；

（4）加速控制系统 FSRACC；

（5）停机控制系统 FSRSD；

（6）压气机压比控制系统 FSRCPR；

（7）输出功率控制系统 FSRDWCK；

（8）手动 FSR 控制系统 FSRMAN。

这 8 个燃料行程基准都送到 FSR 最小值选择门，这些信号在 FSR_CM-BC_2 模块中先进行取小运算，再跟 FSR 的最大值 FSRMAX 和最小值 FSRMIN 作中值运算，输出 FSR 计算信号 CA_FSRCMBC。该信号再经 RSLEW 切换模块和 RAMP 斜坡信号转换模块的处理，最终输出 FSR 控制指令。图 5-17 为 FSR 控制信号的运算过程。

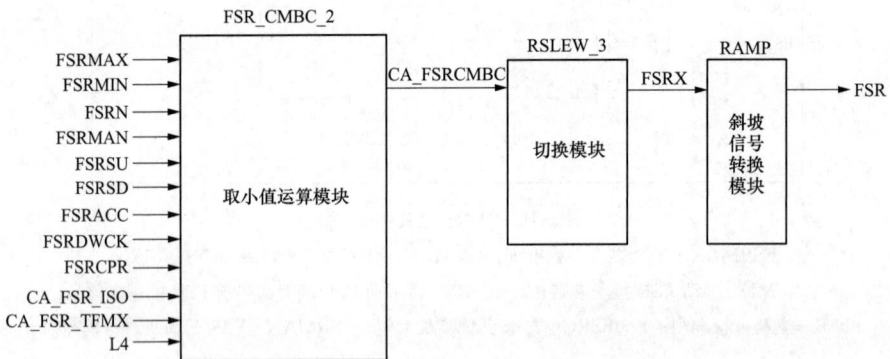

图 5-17　FSR 最小值选择门运算块

FSR 最小值选择门使同一时刻仅有一个燃料行程基准输出，保证了上述各子控制系统的协同配合。FSR 的输出还与保护逻辑 L4 有关，当 L4 为"真"，时，FSR 正常输出。一旦燃气轮机出现任何原因的遮断，系统会退出主保护，L4 为将"假"，最小值选择门的输出被遮断，FSR 立刻被钳制到 0，以确保切断燃料立刻停机，保证机组的安全。

当燃气轮机处于点火阶段时，系统处于启动控制，FSR＝FSRSU，而其他控制系统都处于退出控制状态。

在暖机阶段，转速低、加速度、排气温度均低，只有 FSRSU 进入控制。暖机后的加速度过程仍然由启动控制系统介入控制。但是如果出现加速速率较高的时候，加速控制系统也可能参与控制。一旦后者参与控制，就表明启动升速过程中的加速度已经达到了程序规定的加速速率。这时候转速控制和温度控制只是后备控制和限制。

　　暖机以后，开始仍由 FSRSU 按启动加速速率提升 FSR，排气温度 TTXM 和转速 TNH 随之上升。该阶段中，TNH 的上升过程近似于直线。当 TNH 上升到 98％左右时，FSR 上升速率已较启动控制系统的启动加速上升速率低，使 FSRSU 退出控制。接下来是转速控制或加速控制的复杂过程。升速完成后，转速便停在 100.3％，此时，加速控制的 FSRACC＝FSRMAX，加速立即停止，退出控制，而 FSR 转至转速控制。因此 FSR 降下来，稳定在全速空载值上，等待并网。

　　并网运行时，启动控制处于 FSRMAX，加速控制紧跟着转速控制且恒比 FSRN 大 0.4％，因此处于退出状态，进入控制的是转速控制和温度控制。在出力（输出功率）不太高的情况下，排气温度达不到温控基准，温控系统退出控制作为备用，由转速控制系统控制运行。增加转速/负荷基准就可以增加出力，直到温度控制的 FSRT＜FSRN，转速控制系统便退出控制，机组的输出功率被温控所限。

十、MBC 基于模型的直接边界控制

　　GE 公司使用基于模型的控制—直接边界控制方法（称为 MBC 技术）重新编写了燃气轮机的核心控制软件，该技术提高了控制精度和能力。传统燃气轮机是采用基于时序逻辑的控制（SBC），是一种离线的固定时序的静态模型，非直接边界控制的特点是为单一设计点制定简单边界模型，所有运行条件采用单一的逻辑时序，控制的执行器相互关联，相对来说控制偏于保守，灵活性差，控制安全边界保留了较大的裕度。最新的燃气轮控制技术是基于模型的控制（MBC），是一种在线的实时的仿真模型，直接边界控制的特点是每个边界都有具体模型和控制回路，各执行器独立运作，其灵活性好，控制性能得到了极大的优化，能自动适应环境条件、燃气轮机老化、燃料变化，目前应用较为成熟，也是目前 GE 公司燃气轮的标准配置。对比示意如图 5-18 所示。

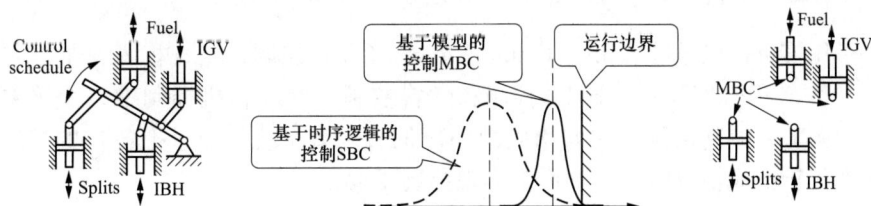

图 5-18　燃气轮机 SBC 控制与 MBC 控制对比示意图

　　MBC 直接边界控制的目的是识别物理系统的运行参数（如排气温度、点火温度和排放），并针对每个参数创建一个控制回路进行调节。这确保了涡轮机作为一个整体，以及各个部件，始终在预期的设计空间内运行。直

接边界控制概念消除了传统控制方法（如排气温度控制）带来的固有耦合。相反，燃气轮机执行器或效应器，如燃料、空气（进气导叶［IGV］）、入口引气热（IBH）和燃料分流可以独立运行，提供更灵活的控制解决方案，具有更大的优化能力。在实践中，许多燃气轮机边界通常是无法直接测量或甚至无法测量的参数（如点火温度）。为了克服这一局限性，使用了各种边界模型。这些模型的目标是根据已知的物理知识，估计系统的行为，以达到应用所需的保真度水平。MBC 的基本架构如图 5-19 所示。

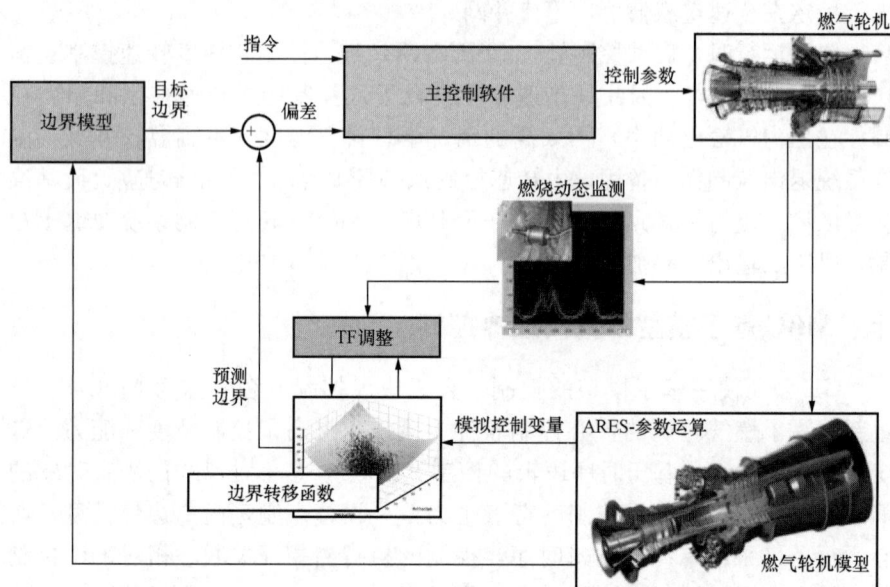

图 5-19　MBC 的基本架构示意图

第三节　燃气轮机重要辅助控制

一、IGV 控制、IBH 控制和燃料控制

压气机进口导叶（Inlet Guide Vane，IGV）控制、压气机入口抽气加热（Inlet Bleed Heat，IBH）控制和燃料控制是燃气轮机控制中三个重要的伺服随动控制系统，它们均属于闭环伺服调节系统，通过把各自的控制基准值转换成相应阀门的动作来实现控制要求。

（一）IGV 控制系统

以某 F 型燃气轮机为例，其压气机采用了可变进口导叶系统 VIGV（Variable Inlet Guide Vane），它可以根据燃气轮机不同的运行工况，通过改变入口导叶的进气角度来改变流通面积，进而控制压气机的进气流量，以实现不同阶段下的排气温度要求，并保证压气机及燃气轮机的安全。

1. IGV 控制系统的主要功能

（1）在机组启动、停机过程中起到防止压气机喘振的作用。

（2）在燃气轮机联合循环机组的运行中，通过调节进口可转导叶 IGV 的开度，调节燃气轮机的排气温度，实现 IGV 温度控制，以满足联合循环机组运行变工况时余热锅炉对进口烟气温度的要求，提高联合循环机组运行经济性。

（3）在联合循环机组的启动、停机过程中，通过调节进气可调导叶的开度，调节燃气轮机的排气温度，实现燃气轮机排气温度与汽轮机汽缸温度的匹配。

（4）对采用干式低氮氧化物燃烧室的机组，在加负荷时通过减少 IGV 最小全速角的设定值和对进气加热，来扩大预混燃烧的运行范围。

2. IGV 的液压系统

可转导叶的执行机构是一整套液压系统，导叶的开度自动根据控制系统的指令进行调整。液压系统的组成如图 5-20 所示。

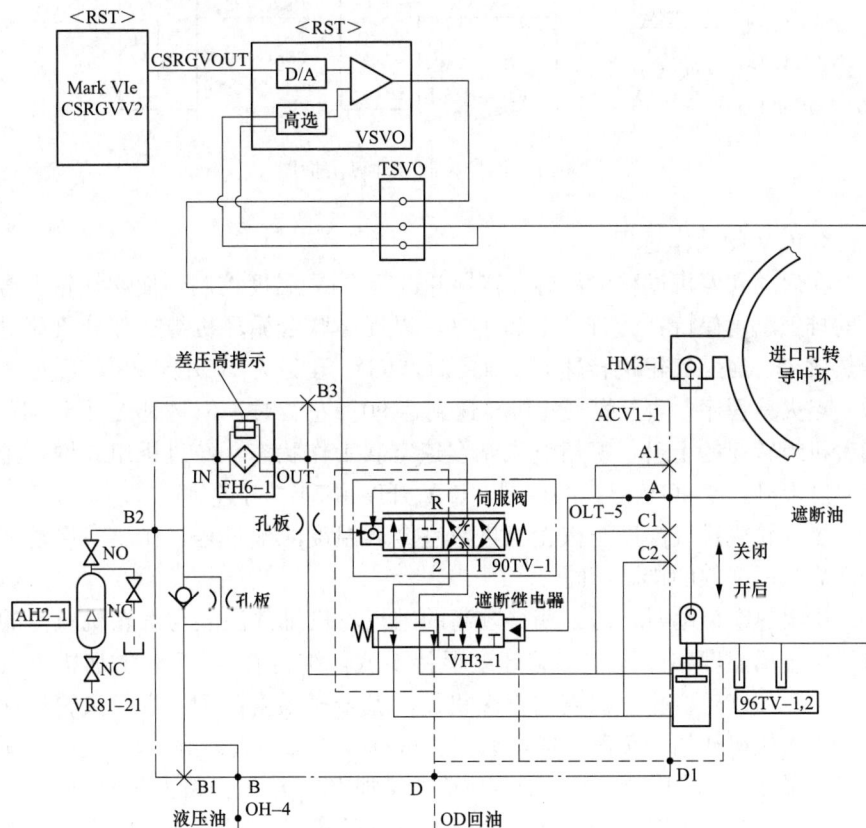

图 5-20 IGV 系统组成示意图

系统包括 HM3-1 进口可转导叶、90TV-1 进口可转导叶伺服阀、VH3-1 进口可转导叶跳闸阀（又称遮断阀）、FH6-1IGV 伺服阀液压油回路滤网，

96TV-1/2进口可转导叶位置反馈，AH2-1IGV液压油储能器及VR81-21IGV液压油压力释放阀等部件。蓄能器在液压油系统泄漏或液压油泵断电情况下，提供能量及时关闭可转导叶，防止压气机损坏，保护压气机。

正常启动时IGV保持在全关位置29°，一直持续到达到额定的转速（修正转速），这时IGV开始开启。在全速空载时，IGV开启到最小全速位置54°。当发电机断路器闭合时，压气机放气阀和IGV配合动作，以维持压气机喘振裕度，IGV的最大开度为86°。

3. IGV控制基准的计算

IGV控制基准的算法框图如图5-21所示，由应用程序CSP软件完成。IGV控制基准输出信号CSRGVOUT被送到控制器，与96TV（LVDT）来的位置反馈信号进行比较，其差值推动执行机构把IGV调整到理想位置。

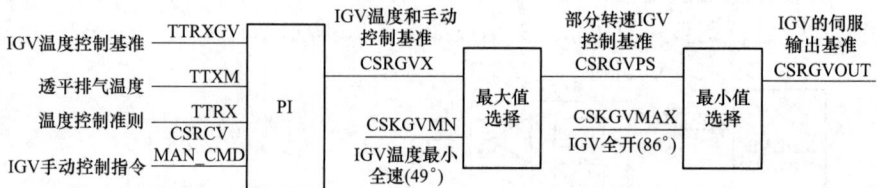

图5-21　IGV控制基准算法框图

4. IGV的动作过程

在启动和停机过程中，对可转导叶进行IGV温度控制，使燃气轮机透平的排气温度保持在允许的最高水平，以提高联合循环机组在部分负荷时的热效率。当燃气轮机转速到8.4%时，IGV角度从21°开至29°，经过清吹、点火等程序，直至燃气轮机转速到达90%左右时，IGV开度开至54°。随着机组转速的上升，机组进入到全速空载工作状态，经过机组并网，排气温度上升，受IGV温控的控制，IGV开度由54°关小至41.5°。

燃气轮机排气温度与汽轮机进汽室金属温度匹配过程，在热态启动和冷态启动所采取的措施不同。

机组热态启动时，为了获得较高的燃气轮机排气温度与汽轮机较高的进汽室金属温度相匹配，IGV开度保持不变，维持在41.5°，增加机组负荷。一旦燃气轮机排气温度与汽轮机进汽室金属温度匹配，进行汽轮机冲转。当汽轮机初始加负荷完成，燃气轮机进一步加负荷，在40%左右负荷IGV开始由41.5°开始开大，随着负荷的增加IGV渐增至最大角度86°。

机组冷态启动时，为了获得较低的燃气轮机排气温度与汽轮机较低的进汽室金属温度相匹配，在燃气轮机并网带初负荷后，采用投入燃气轮机排气温度匹配模式使IGV角度开大，从而控制较低的排气温度。IGV开度的大小取决于汽轮机进汽室的金属温度高低。一旦燃气轮机排气温度与汽轮机进汽室金属温度匹配，汽轮机满足冲转参数开始冲转暖机，冲转至

3000r/min，汽轮机并网带初始负荷。当汽轮机初负荷暖机完成，通过缓慢提高燃气轮机温度匹配设定值使 IGV 关小，当 IGV 关小至 41.5°后，撤出燃气轮机温度匹配，投入预选负荷模式，燃气轮机进一步加负荷。负荷到40%额定值左右时，IGV 开始由 41.5°开始开大，随着负荷的增加 IGV 开度增加到最大开度 86°。

燃气轮机达到全速前，若 IGV 的 CSGV（IGV 实时角度）与 CSRGV（IGV reference）相差 5°（LK86GVA）的绝对值，发出报警。若相差 7.5°（LK86GVT）的绝对值，则会出现 IGV 不跟随基准 CSRGV 而跳闸。

（二）压气机入口抽气加热 IBH 控制系统

1. 压气机入口抽气加热系统的作用

（1）在环境温度较低时，将部分压气机排气循环至压气机进口，防止由于低温造成压气机进口处结冰。

（2）在带有 DLN2.0＋及以上燃料喷嘴的燃气轮机中，IBH 系统具有防喘、扩展 DLN 燃烧室预混燃烧工作范围和限制压比超限的作用。

2. 压气机入口抽气加热系统的执行机构

压气机进口抽气加热控制（IBH）采用了一套气动伺服调节机构，系统由手动隔离阀、进气加热控制阀、压力传感器及控制阀的气动回路组成，如图 5-22 所示。

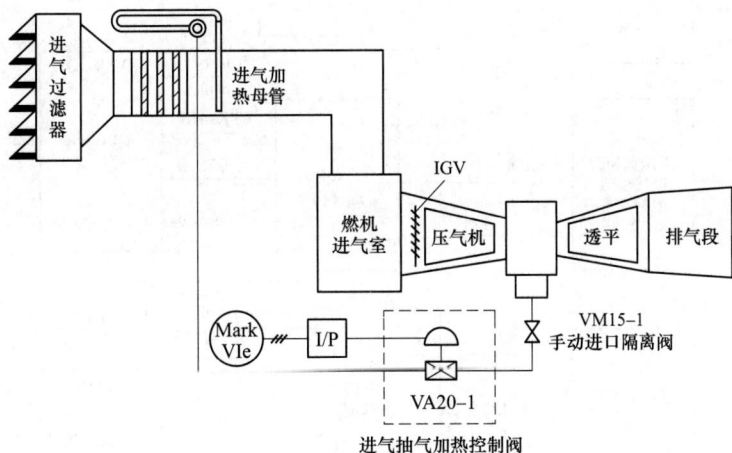

图 5-22　进气加热系统

抽气加热系统从压气机排气缸抽出一部分高温、高压空气，通过一个手动隔离阀和气控调节阀，引入安装在进口消声器下游的加热管道，对压气机进口空气进行加热。在阀门 100%全开的状态下，通过该阀门的抽气量最多占压气机排气量的 5%。一般来说，抽气口选择在压气机末级出口处引出。

压气机抽气的执行机构是一个 4～20mA 的气动伺服执行器 65EP-3，以此操纵 VA20-1 控制阀处于输出命令所要求的开启位置。其位置反馈是由另一个 4～20mA 的变送器测量后返回到燃气轮机控制器中，可以实现位置故障的监测。另外还配备了机械行程极限位置（100％行程的）限位开关保护。将压气机排气温度信号 CTD 作为进口抽气加热空气流温度，同时，压力变送器可以测量 VA20-1 控制阀进口压力和压力降。可以用这些参数以及制造厂提供的阀门曲线与行程特性，计算出不同的阀门行程时的加热空气的质量流量。而控制阀的进口压力和压力降又是压气机进口可转导叶开度的函数。

3. 压气机入口抽气加热控制的计算原理

抽气加热控制的计算原理如图 5-23 所示。

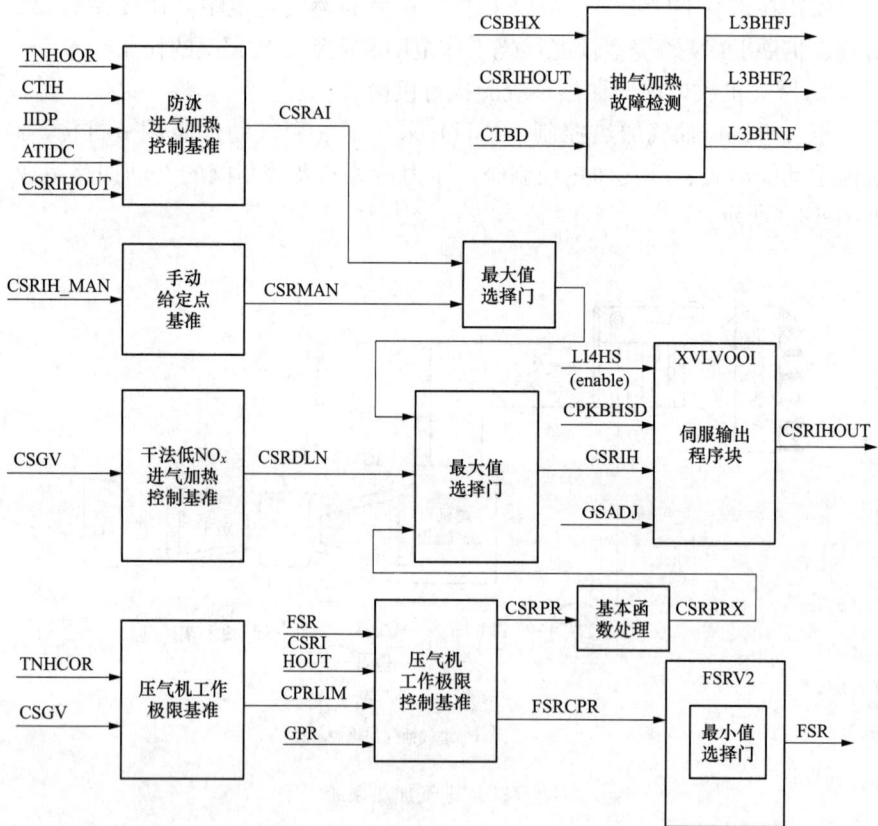

图 5-23　压气机入口抽气加热算法原理

进气加热控制阀的开度由伺服输出 CSRIHOUT 驱使，它受控于防冰进气加热控制基准 CSRAI、手动给定点基准 CSRMAN、干式低 NOₓ 进气加热控制基准 CSRDLN 和压气机工作极限基准 CSRPRX。压气机工作极限控制基准同时输出 CSRPR，在快速负荷变化时或是在进气抽气加热有故障时，用燃气轮机 CPR（压气机压比）燃料控制基准去限制燃料量，对压气机压比进行保护。

4. DLN 入口抽气加热控制

干式低氮（DLN2.6）燃烧系统采用预混的模式运行，空气和燃料在燃烧前先进行混合。预混模式被设计为：当机组在排气温度控制时，调整压气机空气流量保持完全恒定的燃烧温度。在额定的 IGV 最小全速角，投入了 IGV 温控的情况下，大约在 70% 负荷以后才能进入预混模式运行。

用低于允许的 IGV 最小全速角，投入了 IGV 温控的情况下，可以使得预混模式运行范围扩大到较低的负荷，大约 40%～50% 负荷。借助于减小 IGV 角度，把预混燃烧模式扩大到较低的负荷，必然导致燃气轮机压气机的设计喘振裕度的减小。同时，IGV 角度的减小会引起较大的压降和空气流的总温度下降，它将可能导致第一级静叶片在一定的环境温度下结冰。

在压气机设计时，为了考虑采用低于 IGV 最小全速角来扩展预混燃烧范围（这样可能导致压气机接近于喘振边界），从压气机抽取其总排气量的 5%，在压气机入口处与入口气流混合实现再循环。这种采用压气机抽气并从压气机排气引到入口的再循环，可使压气机的工作点远离其设计喘振的边界，从而也避免了在第一级静叶处形成结冰的条件。入口抽气加热控制采用 PI 控制器，反馈信号为计算得出的压气机抽气信号，控制信号是根据一些可能参与的进气抽气加热基准值选取的最大值，通过 VA20-1 控制阀来实现抽气流量的调节。

5. 入口防冰叶片加热控制

若环境温度低于 4.44℃，并且压气机进口温度和露点温度之差（过热度）小于 5.6℃ 时，为了防止冰冻，若操作员将进气防冰按钮投入，将自动启动进口抽气加热功能，在进气过滤器和入口弯头挡板处采取防冰措施。一种用于防止结冰的方法是前面所述的抽取压气机排气，把它送去加温进气气流，进行再循环，从压气机排气的抽气数量和入口空气流量作为控制入口露点温度（ITDP）的一个函数。为了优化稳定运行状态，进气防冰加热控制采用对露点温度比例积分的闭环控制，以便维持入口空气温度在高于露点的安全温度，避免了低于 0℃ 可能出现的冷凝结冰现象。

6. 压气机运行极限保护

从压气机的通用特性曲线可知，压气机必须运行在其极限压比之下，而极限压比 CPRLIM 又是 IGV 角度和经温度修正过的折合转速 TNHCOR 的函数。各种因素共同作用，例如极冷的大气温度、很小的 IGV 角度、高的燃气初温、低热值的燃料组分以及热爱少时水/蒸汽的喷注量等，都会引起压气机压比接近设计的极限值。

在某机组的加载运行中，压气机压比设置了三道超限保护：①作为压气机工作极限保护的间接方法，用 IGV 温度控制去抑制温度控制曲线，当燃气初温超限时迫使 IGV 开大，IGV 开大将增加压气机运行的喘振裕度。

②利用抽气加热进气对压气机压比进行保护。在机组的加载运行中，当压气机压比达到它的工作极限基准时，打开抽气加热控制阀。③在快速负荷变化时或是在进气抽气加热有故障时，用燃气轮机 CPR（压气机压比）燃料控制基准作为备用限制措施去限制燃料量，对压气机压比进行保护。

（三）气体燃料控制

燃料控制系统的作用是将天然气燃料调整到适当的压力、温度和流量后输送到燃烧室进行燃烧，以满足燃气轮机点火启动、升速和加负荷的所有要求。

1. DLN2.6 燃烧室

以目前主流的干式低氮氧化合物 DLN2.6 燃烧器为例，大部分电厂燃气轮机使用天然气燃料，F 型燃气轮机的燃烧系统由 6 个环形布置的逆流式燃烧室 DLN2.6 组成，属于并联分级燃烧形式。每个燃烧室配有 6 个燃料喷嘴，五外一内布置的燃料喷嘴装在燃烧室端盖上并伸入到火焰筒中，相邻燃烧室由联焰管相连。4、5 号燃烧室上各自装有 1 个伸缩式电极火花塞用于对燃料放电起燃。1、2 号燃烧器各布置一个紫外线式火焰监测器，6 号燃烧器布置有两个同类型的火检。随着新技术及计算模型的应用，目前部分先进的燃气轮机控制系统已经建立燃烧参数计算模型，通过计算燃气轮机实时数据来确认火焰监测情况，这种情况下可以不需要采用火焰监测器对燃烧情况进行监测。

燃烧室的冷却空气取自压气机排气，从压气机排气缸出来的压缩空气包围在过渡段外面，大部分空气进入燃烧室的导流套，小部分进入过渡段冷却孔对其进行冷却。进入燃烧室的空气分为两部分，通过火焰筒上的流量孔的空气参与正常燃烧；从火焰筒上的冷却孔进入的空气是为了冷却火焰筒本身。火焰监测器采用闭式冷却水冷却。每个 DLN2.6 燃烧室有四种燃料喷嘴，其管路布置如图 5-24 所示。

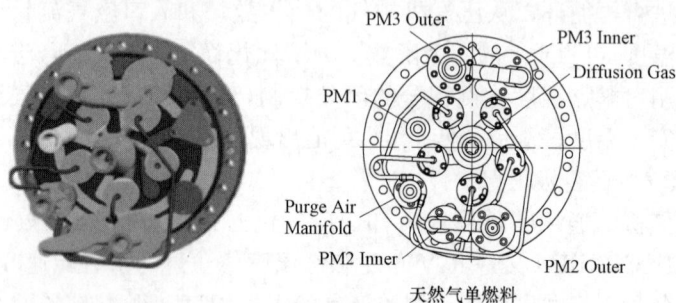

图 5-24　DLN2.6 燃烧室喷嘴布置示意图

6 个喷嘴为径向布置，1 个喷嘴位于中心，用 PM1（预混合 1）表示，两个靠近交叉管的外部喷嘴用 PM2（预混合 2）表示，其余三个外部喷嘴用 PM3（预混合 3）表示，PM1、PM2、PM3 每个喷嘴都可作为一个完全预混合燃烧器使用。另一个燃料通道位于预混合喷嘴上游的空气流中，围绕燃烧室，称为第四燃料管（QUAT），配有 15 个小的喷嘴，如图 5-25所示。

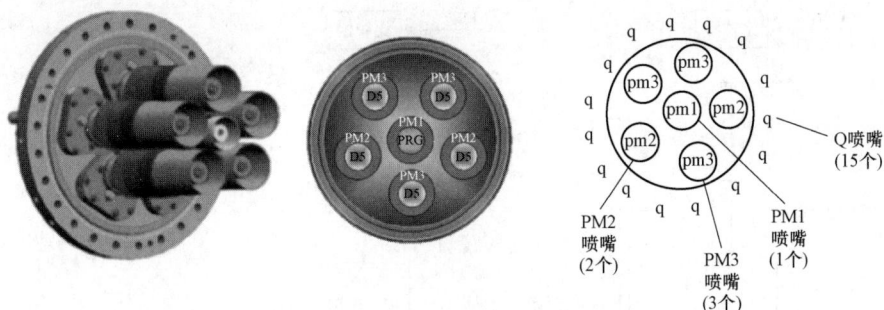

图 5-25　燃烧室不同类型的喷嘴示意图

2. 燃烧控制系统的工作原理

燃烧控制系统控制 DLN2.6 多喷嘴预混合式燃烧器的燃料分配，每个燃烧室燃料喷嘴的燃料流量分配均经过计算，以保证达到机组负荷要求和轮机最佳排放。燃料控制系统的主要部件如图 5-26 所示，包括进口滤网、燃料气速比截止阀（VSR1）、燃料控制阀（VGC1、VGC2、VGC3、VGC4）以及燃料压力传感器、温度传感器、机内输送支管和喷嘴等部件。所有部件组装在一个模块上，并封闭在燃气轮机旁的气体燃料小室，燃料输送管道和燃料喷嘴装在燃气轮机本体内。

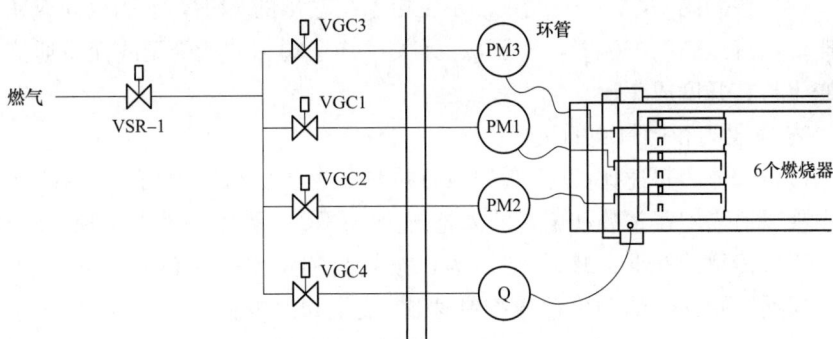

图 5-26　1 号机组燃烧控制系统主要执行器

燃料流量由燃料速比阀 SRV（Speed Ratio/Stop Valve）（也称速比截止阀）和气体燃料控制阀 GCV（Gas Control Valve）控制，速比阀和各个燃料控制阀串联在一起，共同调节进入燃烧室的天然气流量。控制系统在机组运行的不同阶段，通过燃料供应集管（PM1、PM2、PM3、QUAT）及燃料控制阀控制各路燃料供给之间的比例，实现低氮燃烧，同时根据透平转速和负荷的变化，不断地改变阀门开度，调节进入燃烧室的总燃料流量的大小。燃料控制系统有两个控制回路：其一是由 TNH 到速比/截止阀的控制回路；其二是由 FSR 到燃料控制阀的控制回路。气体燃料控制系统的组成如图 5-27 所示。

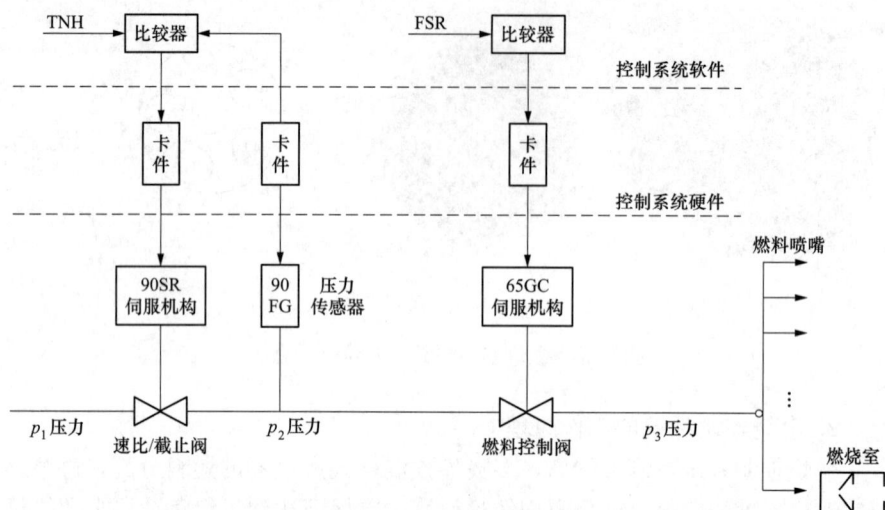

图 5-27　气体燃料控制系统组成示意图

速比/截止阀 SRV 使阀间的压力 p_2 维持在给定值，这个给定值正比于转速 TNH，因此速比阀的调整保证了在全速空载以后无论机组的输出功率是多少，压力 p_2 都能维持恒定不变。该阀门还兼具截止阀的作用，在遮断机组时通过电液系统及时切断燃料的供应。

燃料控制阀 GCV 的开度正比于主控系统输出的 FSR，该阀设计成超临界流动，流经阀门的流量与背压 p_3 无关，并且阀芯的特殊型线使得通流面积变化与其开度成正比。

3. 速比阀和燃料阀的执行机构

(1) 气体燃料速比/截止阀的执行机构。燃气轮机转速信号 TNH 在软件中乘以适当增益常数和偏置的调整成为 FPRG，经硬件处理实现 D/A 转换。压力传感器 96FG 测量 p_2 压力，按规定的正比关系转换成 FPG 模拟量。根据此硬件中的输出信号控制速比/截止阀的控制信号。速比/截止阀所处的位置又经 LVDT 测量并转换成位置量的模拟信号反馈到硬件电路。由压力反馈信号和位置反馈信号构成两个闭环回路。FPRG 与 FPG 在第一级运算放大器 PI 前进行比较，如果存在差异则不断改变其输出（阀位基准），直到这个差值消失为止。第一级 PI 的输出与阀位反馈信号再在第二级 PI 前比较，若有差别则不断改变其输出，直到此差别消失。速比阀的位置则随两级 PI 输出而变。气体燃料速比/截止阀执行和控制回路如图 5-28 所示。

速比阀兼作为截止阀，其液压执行器单侧进油，液压驱动开启阀门。

关闭阀门则是依靠弹簧推动。遮断时通过 20FG 电磁阀使遮断油泄压，卸去液压执行器油缸的油压，从而速比/截止阀在弹簧力的推动下立即关闭。

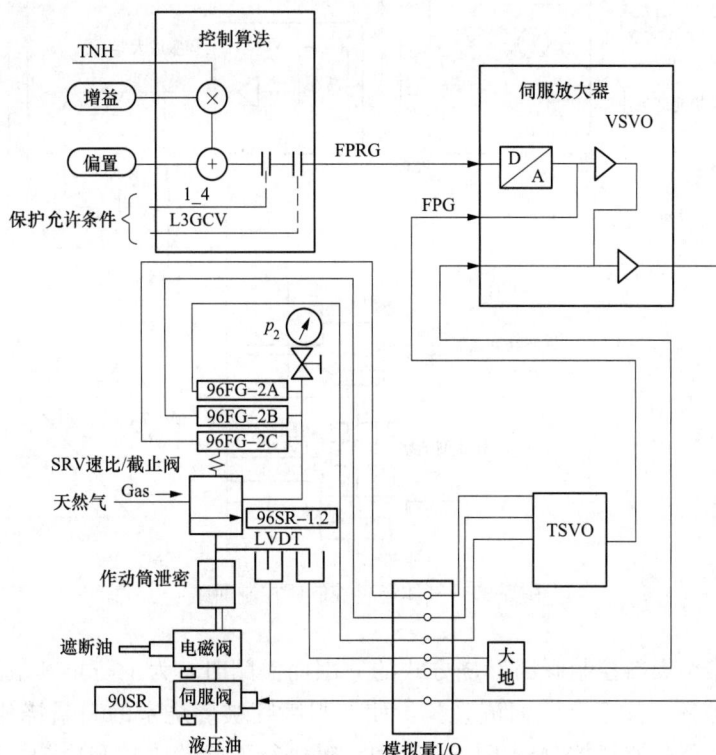

图 5-28　气体燃料速比/截止阀控制回路

（2）GCV 气体燃料控制阀的执行机构。气体燃料控制阀使用带有裙边的蝶形体阀芯和文丘里型阀座。由于设计时已经考虑到在所有工况下，确保燃料控制阀前后的天然气压比总是满足小于临界压比的条件，因而流过燃料控制阀的天然气流量与阀门前后的压力降无关，仍是阀前压力 p_2 和阀门行程的函数。速比阀负责调节燃料控制阀前的压力 p_2，燃料控制阀根据控制系统的燃料行程基准 FSR，同速比阀联合起来工作，调节供给燃气轮机的总燃料量。气体燃料控制阀执行回路如图 5-29 所示。

控制回路中，FSR2 以适当增益常数和加以调零偏置后成为 FSROUT，作为气体控制阀的阀位基准进入 TSVO 卡。96GC-1、2 两个 LVDT 测量阀位给出的阀位反馈信号也进入 VSVO 卡，在此经最大值选择，选出大的位置信号，在 PI 运算放大器前与 FSROUT 比较。如果存在着差值，则 VSVO 卡将改变送到电液伺服阀的输出电流驱动液压执行器，直到此差值消失为止。

4. 燃料吹扫系统

（1）燃料吹扫系统的作用。

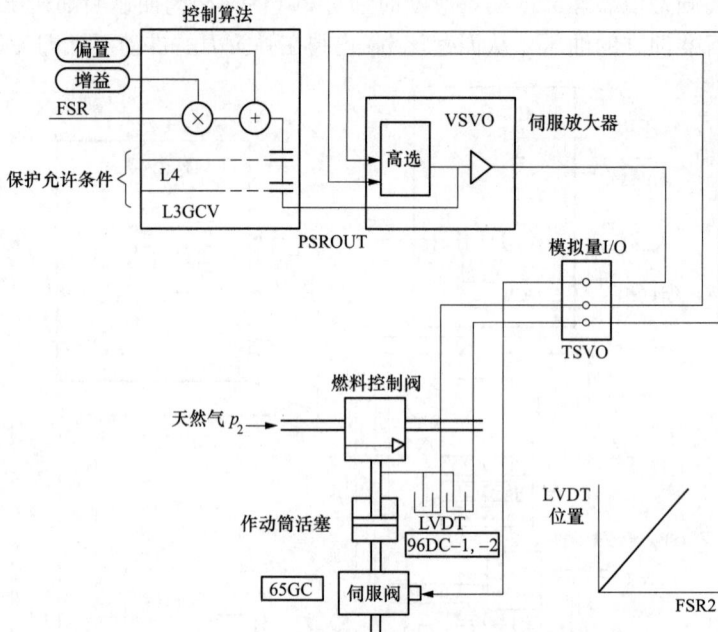

图 5-29　气体燃料控制阀控制回路

当某个燃料控制阀因燃烧方式的原因而关闭时，为了防止其下游管道天然气堆积，甚至燃烧回流现象，使燃料喷嘴被燃烧室的高温烧化情况，需要对关闭的燃料控制阀下游管路和喷嘴进行不断的吹扫和冷却。燃料气喷嘴的吹扫空气来自压气机排气。提供吹扫空气的管路系统称为燃料气吹扫管路系统。采用 DLN2.6 燃烧室的燃气轮机，在 VGC-1、VGC-2、VGC-3 和 VGC-4 燃料控制阀后的燃气管道中都接入了吹扫管道。

（2）燃料吹扫系统主要设备和功能。来自压气机排气 AD6 接口的吹扫空气分为四路：三路分别通往燃料气喷嘴流道（PM1、PM2、PM3），另一路通往燃料喷嘴流道（QUAT）。当流经某一气体燃料喷嘴的燃料停止流动时，就要启动对该燃料气喷嘴流道的吹扫。通过抽气支管将压气机排气导入气体燃料管，吹扫气体燃料喷嘴。需要不断地有空气从气体燃料喷嘴端流出，以保证气体燃料支管及其相连的管道里不再集聚易燃气体，并且冷却燃料喷嘴。

二、燃气轮机燃烧监测系统

燃烧压力波动监测（Combustion Pressure Fluctuation Monitoring，CPFM）、燃烧脉动监测（Continuous Dynamics Monitoring，CDM）控制和自动燃烧调整系统（AutoTune）控制是燃气轮机控制中三个重要的在线监测控制系统。燃烧脉动监测与自动燃烧调整系统以 GE 公司的燃气轮机应用为例，以下将进行较为详细的叙述。

（一）燃烧压力波动监测

以三菱集团的燃气轮机应用为例，燃烧压力波动监测引入预混燃烧技术提高燃烧效率，降低 NO_x 排放，但此燃烧方式稳定工作范围窄，低负荷条件下容易熄火。此外，预混燃烧过程中的热声耦合还会导致燃烧的振荡现象。振荡出现时，会伴随着放热量和压力的大幅度波动，使系统性能下降并降低燃烧室的使用寿命。

三菱 M701F4 燃气轮机周向共有 20 个燃烧室，每个燃烧室上都安装有一个压力波动传感器，其中第 3、8、13 和 18 号共四个燃烧室上各再安装一个振动加速度传感器。机组运行中这些传感器的测量值被分解为 9（12）个不同频段，构成燃烧室压力波动监测（CPFM）系统。每个频段设置提醒、预报警、报警和跳闸四个限定值。压力波动监测系统会根据监测结果通过 Runback 降低机组负荷或跳闸来防止热通道部件损坏。

为增加机组运行稳定性，三菱集团在压力波动监测系统基础上增加了燃烧压力波动分析系统，即 ACPFM。机组正常运行时，系统基于过去稳定运行数据，叠加当前燃烧室压力波动、NO_x 排放量、BPT 偏差、燃气压力温度、燃气的成分等参数，通过回归分析的方法预测出燃烧室燃烧最稳定区域，并确定燃烧调整的修正方向。燃烧调整通过对值班喷嘴扩散燃烧燃料量和主燃料预混燃烧的空燃比进行调整，使机组达到最佳运行状态，提高运行可靠性。空燃比通过调整旁路阀开度进而调整参与燃烧的空气量实现。

（二）燃烧脉动监测系统

1. CDM 系统硬件配置

CDM 系统可持续监测燃气轮机每个燃烧室的燃烧脉动及监测燃烧室的燃烧变化，提供报警功能及现场实时数据显示。系统性能可靠，是 OpFlex^{TM} AutoTune DX 的基本数据来源和燃气轮机燃烧调整的基础系统，其硬件组成如图 5-30 所示。

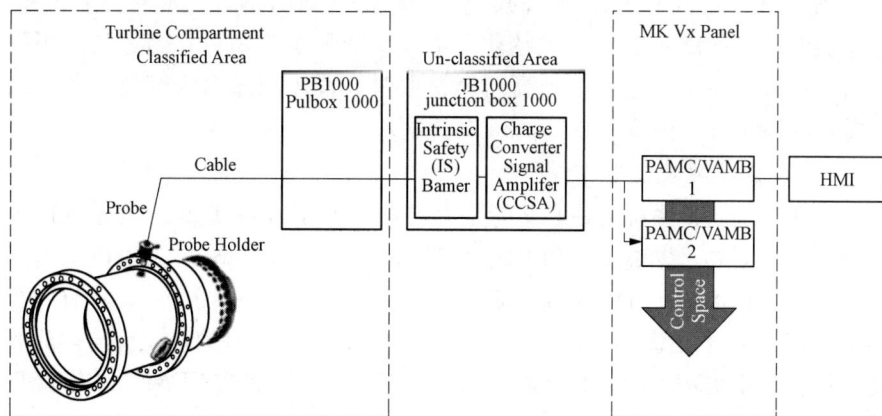

图 5-30 典型 CDM 系统布置

127

系统由 CDM 探头实时监测各燃烧室的脉动，脉动监测传感器为 96KP-1/2/3/4/5/6。信号传输至信号柜中相关卡件，再由电缆接入到燃气轮机控制柜。脉动数据用于 HMI 上实时显示并接入至 AutoTune DX 系统。CDM 系统硬件设备还包括控制器、PAMC 板卡及其对应的控制卡件。

2.CDM 监测系统

安装 CDM&Autotune 系统后，为方便进行监视，燃气轮机控制画面新增 5 个 CDM 画面，分别为 CDM Barchart、CDM Can Swirl、CDM TC Swirl、CDM Upstream、CDM Combustion，前 4 张为 CDM 监视画面，第 5 张为 Autotune 监视画面。CDM Barchart（CDM 柱状图）画面如图 5-31 所示。

CDM Barchart 画面主要显示为当前 6 个燃烧器内燃烧脉动的情况及与燃烧相关的部分参数。其中 1～6 表示 1～6 号燃烧器，B-S 表示频段。

各频段对应含义：

B(Blow-Out)—熄火频段（6～30Hz）—燃烧不稳定，即将熄火；

L(Low)—低频段（30～120Hz）—火焰强度太软（soft）；

M(Medium)—中频段（120～240Hz）—火焰强度好；

H(High)—高频段（240～650Hz）—火焰强度硬，燃烧强烈；

S(Screech)—超高（啸声）频段（650-3200Hz）—燃烧强烈。

Can	B		L		M		H		S	
1	0.20	22.0	0.26	88.1	0.27	138.4	0.67	320.9	0.09	1094.9
2	0.21	22.0	0.24	94.4	0.31	135.3	0.81	320.9	0.11	1101.2
3	0.19	18.9	0.28	88.1	0.24	141.6	0.83	330.4	0.11	1088.6
4	0.17	18.9	0.28	119.6	0.30	138.4	0.95	327.2	0.12	1009.9
5	0.20	18.9	0.21	91.2	0.27	138.4	0.66	327.2	0.09	1104.3
6	0.18	22.0	0.23	119.6	0.26	138.4	0.24	327.2	0.09	1022.5

图 5-31　燃烧脉动监测数据

图 5-31 中显示每个燃烧室的五个频段的最高动压幅度值和对应的频率，用于表明燃烧脉动是否正常。脉动正常鲁棒图显示为白色；当达到高报警值时，鲁棒图显示橙色；达到高高报警值时，鲁棒图显示为红色（各频段报警值在右下方 Amplitude Limits 中显示）。

（三）自动燃烧调整系统

自动燃烧调整系统的核心功能是实现直接边界 AutoTune，通过准确的指示来控制排放、燃烧动态和火焰稳定性边缘。AutoTune 需要准确的传感器来估计这些指标，并将这些反馈值用于控制回路。AutoTune 还具有两个关键优势：实时模型和可靠性。AutoTune 的模型是实时的，没有与排放和动态传感器系统相关的显著延迟。此外，直接依赖排放或 CDM 系统会降低整个系统的可靠性。

OpFlex™e AutoTune DX 燃烧自动调整系统基于 CDM 所测数据，不断计算最佳的燃料分配，使燃烧系统调整适应燃气组分的变化和环境变化（温度和湿度）。这个调整过程利用了可靠的燃气轮机 MBC 技术（基于模型的控制）和完整的闭环燃烧脉动控制技术。MBC 利用 CDM 系统来监测和控制燃气轮机的燃烧动态。CDM 系统可以提供燃烧动态的实时信息，帮助 MBC 更好地了解燃气轮机的燃烧状态，从而实现性能优化。此外，CDM 系统还可以提供燃烧动态的边界信息，这对于 MBC 在控制算法中放置控制效应器非常重要。

这种适应性，使燃烧系统适应燃气组分的变化和进气的温度、湿度，直到有来自硬件的限制。这也使控制系统迅速、实时适应变化的操作条件，同时保护燃气轮机的组件、保持排放合规及优化燃烧输出。利用 MBC 专利技术，AutoTune DX 基于实际的硬件表现和环境条件，对控制参数实时调整，所以扩展了操作边界，提高了利用率。

燃气轮机燃烧的优劣可通过四个参数表征：燃烧脉动、NO_x 排放、火焰稳定度和 CO 排放。当燃料充分燃烧，火焰温度很高，此时火焰稳定度好、CO 排放较低，但会产生大量的 NO_x，而随着进入预混燃烧方式，火焰温度下降，NO_x 排放降低，但是随之火焰稳定度有所下降、CO 排放上升，而且燃烧脉动也会根据不同的燃空比有所上升。CDM&Antotune 画面见图 5-32。

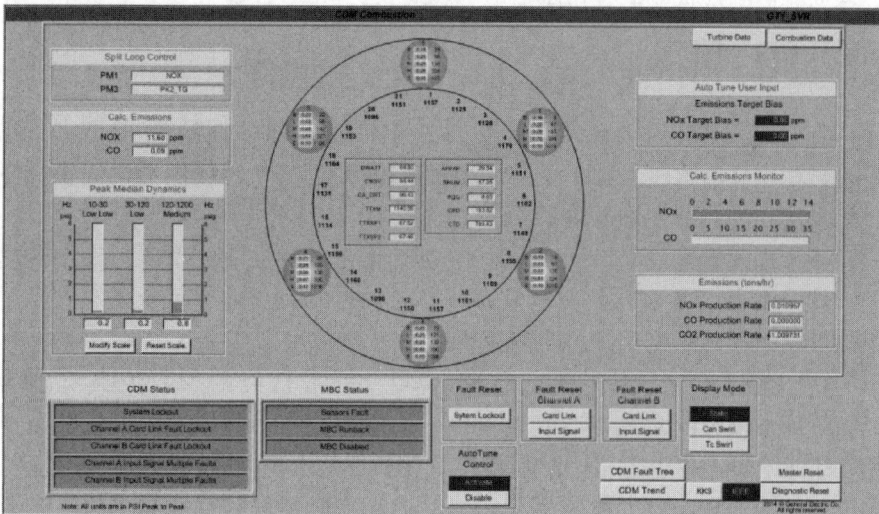

图 5-32　自动燃烧调整监控画面

三、燃气轮机顺序控制系统

顺序控制系统提供了在启动、运行、停机和冷机期间燃气轮机、发电机及励磁系统、静态启动器和辅机的顺序控制。顺序控制系统包括监测保护系统和其他一些系统，如密封和冷却空气系统、液压油系统，并发出燃气轮机按预定方式启停的逻辑信号。这些逻辑信号包括转速级信号、转速设定点控制信号、负荷方式选择、启动设备控制和计时器信号等。

（一）启动程序控制

启动程序控制也就是燃气轮机整个启动过程的顺序逻辑控制。从启动机启动、带动燃气轮机转子转动、燃气轮机点火、转子加速直至达到额定转速。启动程序安全地控制燃气轮机从零转速加速到额定运行转速，在这个过程中要求燃气轮机热通道部件的低频疲劳为最小，既保证较迅速地启动又不能产生太大的热应力。启动程序还涉及一系列辅机、启动机和燃气轮机控制系统的顺序控制命令。因为安全、迅速地启动还取决于燃气轮机各有关设备的适时启停运作，所以程序必须及时地查验各有关设备所处的状态。这些程序的顺序逻辑不仅与实施控制的设备有关，还与保护回路有关。

启动程序发出的各控制指令首先要依赖于当前燃气轮机转子的转动速度，因而转速的正确检测在启动过程中是至关重要的。轮机用电涡流式磁性传感器测量转速。当转速达到各个关键值时，将分别发出一系列控制指令，使相应电磁阀、风机和泵动作。这些关键的"转速级"常用的有下列四个：

（1）零转速（0.14%额定转速）：当轴转速低于启动信号释放值或在没有转动时启动信号触发（故障保安），逻辑允许信号使离合器开始带电，开始轮机的盘车程序。

（2）最小转速（13.5%额定转速）：最小转速逻辑表示燃气轮机达到了允许点火的最小转速，在火花塞点火之前需完成清吹周期，然后点火。在停机过程中（清吹、点火指令）最小转速逻辑置"0"则提供了燃气轮机停机后再启动的几个允许逻辑。

（3）加速转速（50%额定转速）：加速信号的触发值典型值为额定转速的50%，释放值控制常数典型值为额定转速的46%。加速信号触发主要用于燃气轮机排气热电偶开路跳闸逻辑的生效。

（4）运行转速（95%额定转速）：启动完成信号的触发值典型值为95%，释放值控制常数典型值为94%。启动完成信号的触发为"真"主要用于表示启动程序已完成，从而使燃气轮机燃烧器由PM2切至PM1运行、允许发电机同期、启动排气框架风机；启动完成信号的释放为"假"主要用于停运排气框架风机。

燃气轮机的启动过程是由启动程序控制和主控制系统中启动控制共同作用的结果。前者从启动开始给出顺序控制逻辑信号，后者从燃气轮机点火开始控制燃料命令信号值。

（二）正常停机程序控制

正常停机也称热停机（Fired Shutdown），既不同于燃气轮机点火前（冷拖期间的）停机又区别于紧急停机。

以 MARK VIe 控制系统停机控制程序为例，当主控制选择停机并开始执行时将产生一个停机信号。此时如果发电机线路断路器在闭合状态则转速/负荷给定点开始下降，以正常速率减少燃料行程基准和负荷。一旦燃气轮机控制系统中的逆功率继电器动作，则立即断开发电机断路器。随之转速基准继续下降，转速也逐渐下降直到额定转速的常数设定值时（一般在 20%～46% 之间），即 14HA 释放，燃料行程基准箝位到零，关闭燃料截止阀切断燃料供应并熄火，燃气轮机则进入惰走。

第四节　燃气轮机保护

一、燃气轮机保护系统概况

保护系统既响应简单的逻辑遮断信号，如润滑油压力过低、润滑油母管温度过高、继电保护系统信号等，也响应更复杂的参数，如超速、超温、燃烧监测和熄火等。为此，一些保护系统和部件通过在燃气轮机控制系统内的主控和保护回路起作用；而另一些机械系统直接作用于轮机部件，它们通过两种独立的切断燃料的方法，即利用燃料控制阀（GCV）和辅助截止阀（VS4-4）。各个保护系统独立于控制系统，以避免控制系统故障而阻碍保护装置正常动作的可能性。为了使机组能安全可靠的运转，燃气轮机控制和保护系统采用了冗余的控制和保护方案，即 2/3 表决。2/3 表决主要有伺服阀的三线圈、4～20mA 输出的表决和继电器触点输出的硬件表决三种。

（一）伺服阀的三线圈表决

伺服阀设计成具体三个独立的线圈，〈R〉〈S〉〈T〉的输出通过伺服阀实现三个电流的叠加。每个输出的电流量分别受到限制，以便两个输出信号电流之和可以抵消第三个信号出现的不正常电流。这是一种代偿性的表决，也是一种补偿。假设燃气轮机在温度控制状态下满负荷运行时〈S〉控制机发生故障，致使它输出了最大电流（通常为 8mA），它将存在着潜在的导致伺服阀增加燃料驱动趋势。实际去燃气轮机的燃料也将会稍有增加，引起的温度变化稍微超过在〈R〉和〈T〉上的给定点。〈R〉和〈T〉处理器就会改变它们输出的电流，在它们的共同控制下，又将会减少燃料量。这两个输出的总量将会超过由〈S〉产生的故障信号，也就是这两个输出之和扣除故障通道的输出后，维持总的输出电流不变，从而恢复到原来应有的燃料。这样表决的结果，排除了〈S〉故障对机组所产生的影响。由于〈S〉故障所引起的燃料波动的瞬态变化值是很小的，不至于出现明显的波动，见图 5-33。

对于伺服输出，如图 5-34 中所示，三个独立的电流信号驱动三线圈伺服执行机构，这个执行机构是用磁通量叠加的方法把它们相加。当感测到

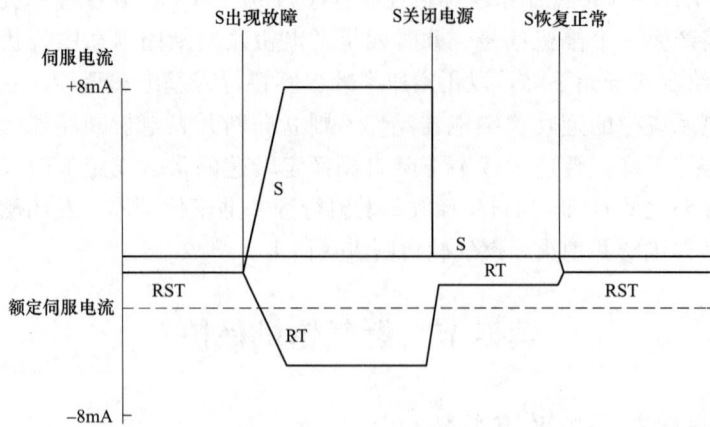

图 5-33 伺服电流输出的补偿

伺服驱动器出现故障时，如果已经设置了自灭功能，就会断开自灭式继电器的触点，可以保证不至于因为伺服阀的故障而损坏保护控制卡件。

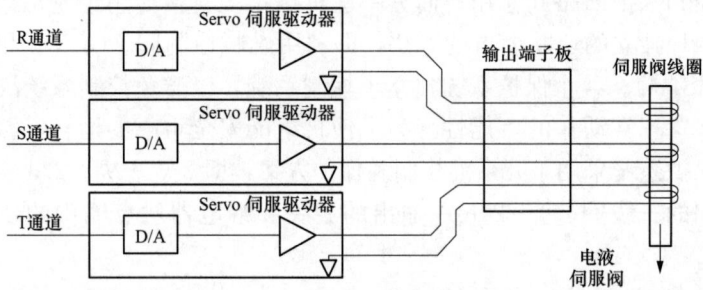

图 5-34 伺服电流输出的叠加

（二）4～20mA 输出的表决

如图 5-35 所示，4～20mA 输出的表决是通过 2/3 电流共用电路叠加了三个 4～20mA 信号，就把这三个信号表决出一个值。这个独特的电路确保了总输出电流是三个电流的表决值。一旦感测到 4～20mA 输出出现故障，就断开自灭式继电器的触点。

（三）继电器触点输出的硬件表决

保护系统在系统故障确需遮断停机时，〈R〉〈S〉〈T〉三个输出信号要由三个独立的继电器的触点经适当的连接完成 2/3 的表决。即如果〈R〉〈S〉〈T〉中任何 2 个（或全部 3 个）单独要求"遮断"，就决定"遮断"。在保护系统中采用 2/3 的硬件表决可以克服由于〈R〉〈S〉〈T〉控制器中的任意一个控制器（例如〈R〉控制器故障而发出遮断信号）出现故障而造成机组的停机，从而提高了燃气轮机-发电机组的可利用率。硬件输出表决如图 5-36 所示。

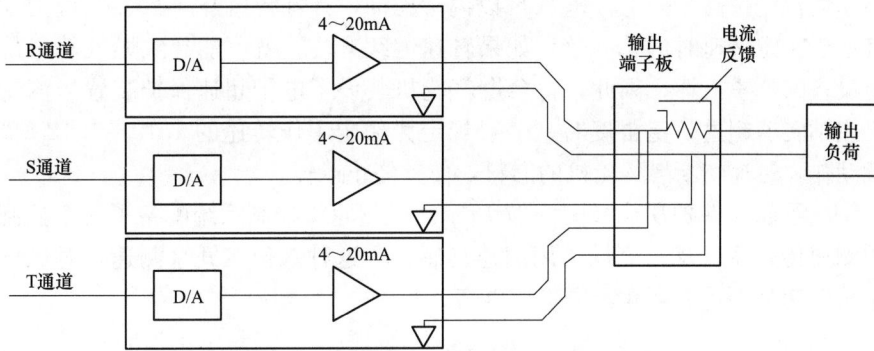

图 5-35　4~20mA 输出表决

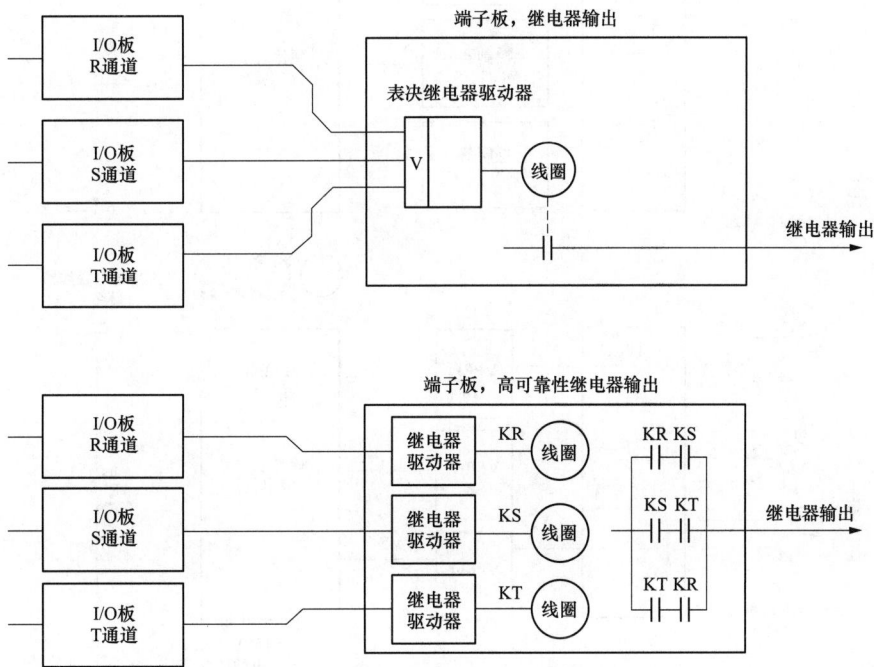

图 5-36　硬件输出表决

图 5-34 中的两种继电器在控制系统中应用都很频繁，干触点输出和电磁线圈输出大都采用图 5-39 中上半部的表决形式，而图 5-39 中下半部输出形式主要用于保护模块的遮断输出的表决。

二、主要保护功能介绍

（一）超速保护

燃气轮机是在很高角速度下运转的，其转动部件在运转时的应力和转速有密切的关系，离心力正比于转速的二次方，当转速增高时，由于离心力所造成的应力将会迅速增加。叶片、叶轮等紧密配合的转动部件的允许转速通常是按高于额定转速 20％ 以内考虑的，一旦转速升高 20％，应力就接近于额定转速时的 1.5 倍，如果转速继续升高，就可能导致燃气轮机旋转设备的严重损坏，因此，每台燃气轮机装设了电子超速保护装置当汽轮机主轴转速超过一定限度时（一般规定为额定工作转速的 $1.10 \sim 1.12$ 倍）就动作，迅速切断燃气轮机的燃料，使其停止运转。

电子超速保护功能如图 5-37 所示。燃气轮机控制系统配备了三个控制用测速传感器以及三个保护用测速传感器，这种双份三冗余测速，对燃气轮机转速的测量更可靠，准确性更高。

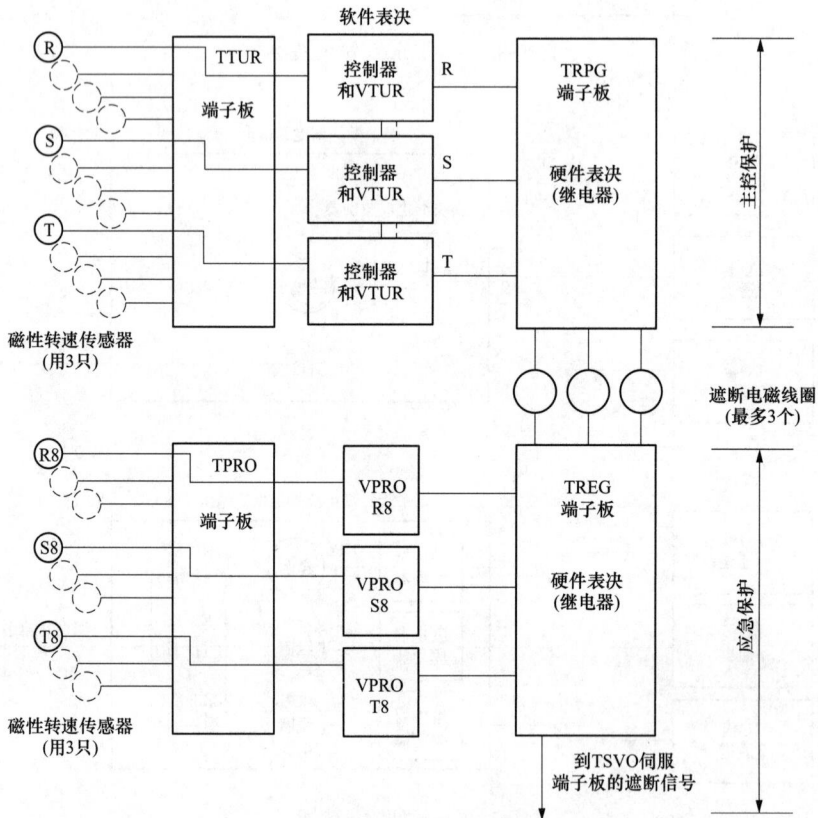

图 5-37　主超速保护和应急超速保护

燃气轮机控制系统的三重冗余 R、S、T 控制器将从转速传感器来的信号输入到 TTUR 端子板，经由 VTUR I/O 卡表决，再通过 TRPG（或者 TRPL、TRPS）输出遮断信号驱动遮断电磁线圈。

除此之外，燃气轮机控制系统还设有一套独立的三重冗余结构的 X、Y、Z 保护模块。模块通过 TPRO 端子板从另外三个转速传感器接收转速信号的输入，传送到 VPRO 卡，经过表决后再通过该模块的遮断卡 TREG（或者 TREL、TRES）完成电磁线圈输出信号的硬件表决，从另一端来驱动这些遮断电磁线圈。

（二）超温保护

超温保护系统保护燃气轮机不因过热而发生损害，是燃气轮机的后备保护，仅在温控回路发生故障时起作用。正常运行情况下，燃气轮机应在温控回路的控制下能够在透平前温 T3 等温线状态下运行。为了防止因透平前温过高而损害透平叶片，燃气轮机一般都设置有等 T3 的温控器。

1. 等 T3 温度线的控制原理

为了确保机组能在最高的温度 T3 下安全可靠地运行，为此设置了 T3 温度的温控器，因此可以通过测量燃气轮机透平的排气温度 T4 来间接反映透平前温 T3 的变化。两者的变化趋势是相同的，而 T4 温度远低于透平前温 T3，且排气温度 T4 的温度场也因燃气经过透平时有所混合而比较均匀，所以 T4 便于测量和控制。

在大气温度不变的情况下，要控制透平前温 T3 为常数，只要控制排气温度 T4 为某一相应的数值就可以了，这是很简单的一种温控器。由于大气温度在时时变化着，如果还要维持燃气轮机的透平前温为常数时，就不能只控制排气温度 T4 了，要相应对 T4 作修正。一般可用大气温度、压气机出口压力等参数来修正 T4 温度。

2. 超温保护系统的实现

Mark VIe 超温保护如图 5-38 所示。

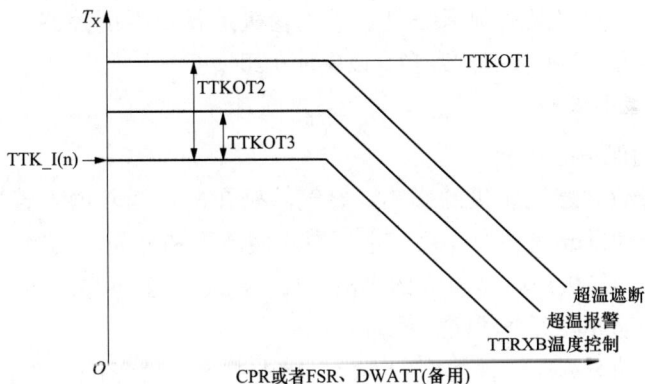

图 5-38　Mark VIe 超温保护曲线图

当机组在某大气温度下运转时，燃气轮机温控器投入运行后，可使透平前温维持在额定参数，排气温度和压气机出口压力相应处于温控基准线上的某点。当大气温度升高时，此点在温控器的控制下沿温控基准线 TTRX 向左上方移动；当大气温度降低时，此点在温控器的控制下沿温控基准线向右下方移动。当温控器发生故障时，则透平前温 T3 失控，有可能因燃料流量过大而使透平前温 T3 超过额定设计参数，故障轻者会使透平叶片的寿命下降，重者会使透平叶片烧毁。为了防止此类重大故障的发生，燃气轮机保护系统设置了三道超温保护。

（1）TTKOT3报警线。TTKOT3报警线是超温保护的第一道防线，是在温控基准线TTRX的基础上向上平移一个由TTKOT3常数（典型值为$13.9℃/25F$）所确定的温度差值。即当温控器出现故障，导致透平前温上升时，在同样压气机出口压力的情况下，排气温度T4就可能比由温控基准所确定的值高；当它比温控基准高出TTKOT3常数所给定的温度值时，燃气轮机保护系统将发出超温报警信号。

（2）TTKOT2遮断线。当温控器故障，导致透平前温超过额定值时，若在同样的压气机出口压力下，排气温度T4高于温控基准所确定的值达到TTKOT2常数所给定的值时，燃气轮机-发电机组遮断停机。

（3）TTKOT1遮断线。当温控器出现故障，导致透平前温T3超过额定值时，排气温度T4必然会相应增高。当T4达到TTKOT1常数值时，机组遮断停机。

当出现超温报警时，减小转速控制器的给定值，以降低机组的透平前温T3，同时减小输出功率以确保安全。此时机组将在转速控制器的控制下维持运行。注意的是既然已经发生超温报警，就预示着温控器工作已经不正常，应及时处理其故障。在温控器故障排除以前，不宜再手动调整转速/负荷基准值，即不允许再增加负荷，以免在温控器已经出现故障的情况下再次造成透平前温超温报警动作。

超温报警和超温跳闸保护可在燃气轮机运行中温度控制出现故障时，保证透平前温T3不会超过太多，以保证机组安全。

（三）振动保护

1. 振动保护的功能

（1）振动对燃气轮机的影响。燃气轮机在高速运转时，若振动较大，有可能使压气机或透平的叶片产生断裂或使转子和外壳、动叶和静叶发生碰擦，这都会给机组带来重大的事故。要使机组安全可靠地运转，必须限制机组的振动并设置振动保护系统。

（2）振动对测速元件的影响。由于磁性测速传感器的磁钢和齿轮的间隙很小，当机组的振动较大时，此间隙会产生忽大忽小的现象。有可能会引起数据转换的失误，出现"丢转速"的现象，即测量到的指示转速比实际转速偏低，使得转速控制系统的依据失准。在超速保护系统中，实际转速比指示转速偏高就更加危险。因此机组的振动不能过大，以便确保磁性测速传感器和检测电路指示正确。

（3）振动对轴承和轴系的影响。振动过大会影响轴承和轴承油膜的稳定。对于机组的轴系，特别是单轴机组，如果振动过大可能影响到基础定位，甚至影响轴系的对中。这些因素会形成恶性循环，促使振动的进一步加剧。

2. 燃气轮机的振动保护系统

燃气轮机的振动保护系统由几个独立的通道组成。各测振传感器分别安装在燃气轮机和发电机的轴承座上。振动传感器有两种类型的，电磁式传感器—速度型传感器是一种利用电磁感应原理工作的传感器；接近度传感器-位移型传感器是一种非接触式间隙测量传感器。它的测量信号经输入/输出模拟量转换进行功率放大后再输入到 A/D 转换器，将振动值用数字量来表征。

燃气轮机振动保护系统的原理如图 5-39 所示。

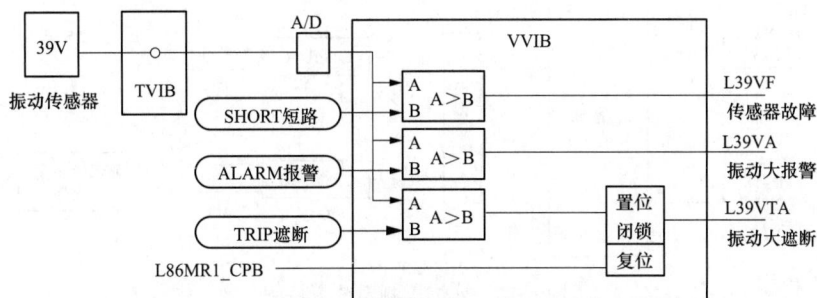

图 5-39 Mark VIe 振动保护系统原理图

3. 振动的保护功能

某 F 型燃气轮机振动测量的保护一般设置：①传感器失效报警；②燃气轮机组振动大报警；③燃气轮机组振动大遮断；④燃气轮机组振动大自动停机。

（四）熄火保护

1. 火焰检测系统

熄火保护是基于火焰检测器来实现的。火焰检测系统方块图如图 5-40 所示。火焰检测系统中一般都使用 4 个火焰检测通道，系统的每个通道都输出逻辑信号 L28FDn 的同时送到轮机控制系统，以便在启动过程中监视点火是否成功和在运行时提供燃烧室熄火的报警或遮断的保护。

2. 火焰检测器工作原理

燃气轮机因为燃烧含氮的燃料，其火焰光谱成分偏于紫外光，也就是说色温较高。火焰检测系统也就通常采用了紫外（UV）光谱较敏感的检测器。它比用可见光谱（即从紫光到红光范围）的检测更加可靠。所以一般都采用感受紫外线来判别燃烧室是否点火成功。

3. 火焰检测器功能

熄火保护是基于火焰检测器来实现的。在燃气轮机控制系统中，火焰检测器具有以下两个功能：

（1）用于启动程序。燃气轮机在正常启动过程中，点火期间监视燃烧

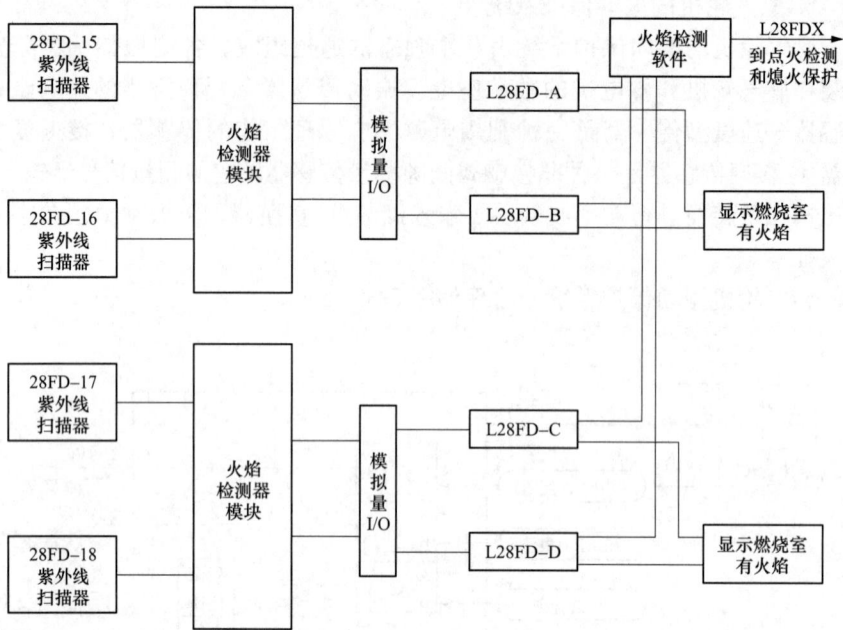

图 5-40　火焰检测系统方块图

室是否点燃是非常重要的。

如果燃烧室内已经喷入燃料而又没有能够及时点燃，应立即报警或跳闸停机，以免燃料积聚在燃烧室或透平内发生爆燃。程序的设计是在 4 个火焰检测器中如果有 2 个检测到火焰的存在并且能够稳定 2s 以上，就认为点火已经成功，启动程序就继续进行下一步，进入燃气轮机 20s 的暖机过程，否则认为点火失败。对于燃用天然气的机组，当出现点火失败事件，必须停机以后再次重新启动，才能进入点火程序。

（2）用于保护功能。火焰检测系统中一般都使用 4 个火焰检测通道，系统每个通道输出的信号同时送到燃气轮机控制系统，以便在启动过程中监视点火是否成功和在运行时提供燃烧室熄火的报警或跳闸的保护。当燃气轮机低于启动过程最小点火转速时，所有通道都应该指示出"无火焰"，如没有满足这个条件，燃气轮机将不能启动。当启动程序完成以后的正常运行中，如果出现一个检测器指示无火焰，会出现"火焰检测器故障"并发出报警，但燃气轮机将继续维持运行。当有两个以上火焰检测器都指出"无火焰"时，熄火保护动作机组跳闸。

（五）燃烧监测保护

燃气轮机的做功过程就是来自燃烧室的高温高压燃气在透平中膨胀，把储存在高温高压燃气中的能量转化为机械功的过程。燃气轮机为了提高效率，透平前温 T3 的数值越来越高。如 9F 系列燃气轮机达约 1380℃。机组在如此高的透平前温下运转一段时间以后，燃烧室或者过渡段等部件难免会出现一些破裂、损坏等各种故障。对这些高温部件又难以直接进行实时监测，也无法及时发现故障，只能通过测量透平排气温度的间接检测方法来判断高温部件的工作是否有异常。当燃烧室破裂、燃烧不正常时，或者当过渡段破裂引起透平进口温度场不均匀时，都会引起透平的进口流场和排气温度流场的严重不均匀，因此测量排气温度场是否均匀，即可间接地预报燃烧系统是否已经开始出现异常。

1. 燃烧监测软件

为了准确地测量透平排气温度场是否均匀，应在透平排气通道中尽可能多地布置测温热电偶。燃气轮机在排气通道安装了多根均匀分布的排气测温热电偶。用实际排气温度的分散度和设置的排气温度的分散度进行比较，以此来判断燃烧室或过渡段是否破损造成排气温度场的不均匀，触发报警或将机组跳闸。

机组在稳定正常运转时，排气温度场也不可能完全均匀，各热电偶的读数总是有所差别。因此有必要规定一个合理的标准，确定机组在正常情况下允许各热电偶测量结果有多大的温度差，或者称允许的分散度。一旦超出这个规定值，就认为机组或测温仪器不正常。燃气轮机温度分散度的定义如下：S 为排气温度的允许分散度，它是燃气轮机出口的平均排气温度、压气机出口温度的函数。

燃气轮机保护系统用压气机的出口温度来表征机组工况变化时排气温度的变化。当压气机出口温度高时，意味着燃气轮机的压气机压比较高，燃气轮机前温较高，排气温度较高；相反，当压气机出口温度低时，排气温度也低。因此使用压气机出口温度作为计算排气温度允许分散度的主要依据。

2. 燃气轮机燃烧监测保护

燃烧监测的判别原理如图 5-41 所示。

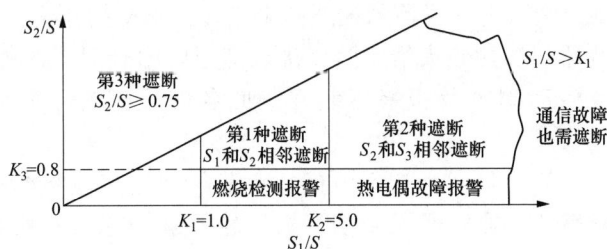

图 5-41 燃烧监测的判别原理图

Sallow—允许的排气温度分散度；K_1—常数；K_2—常数；K_3—常数

（1）排气热电偶故障报警。如果热电偶测量到的最高排气温度的分散度 S_1 和允许分散度 S 之比超过了常数 K_2，则发出热电偶故障的报警信号，则发出热电偶故障的报警逻辑信号，从而燃气轮机报警。

（2）燃烧故障报警。若燃烧不正常情况，使排气温度的分散度 S_1 超过了允许的分散度，即图 5-41 中的横坐标 $S_1/Sallow$ 大于 $K1$ 的值，则产生燃烧失常报警。

（3）排气温度分散度过高而遮断。燃烧不正常致使排气温度分散度过高时，需遮断机组。

3. 燃烧监测保护的退出

燃烧监测系统主要用于监测排气温度热电偶和燃烧系统的故障。这种故障主要包括由于清吹或燃烧喷嘴磨损、堵塞引起的燃料分布不均匀以至燃烧室熄火、燃烧室或过渡段破裂引起的透平进、排气场不均匀等。而燃气轮机工况在变化的过渡过程阶段，因燃料量在过渡过程阶段处于调整状态，此时若投入燃烧监测系统将必然引起机组报警甚至跳闸。因此当燃气轮机处于启动和正常停机、加减机组负荷等不稳定的工况期间，应将燃烧监测系统保护退出，以免保护误报警和误动作。

（六）火灾检测与保护系统

火灾检测与保护系统由火灾检测和灭火系统两部分组成。

火灾保护系统的功能有：自动检测火灾，给操作者发出火灾报警，启动紧急停机程序和关停通风机等操作，使用二氧化碳气体熄灭火灾，同时保持二氧化碳浓度，防止复燃，也允许手动释放二氧化碳。

1. 燃气轮机火灾检测系统

某 F 型燃气轮机组安装火灾保护系统的部位有：燃气轮机、负荷齿轮箱、燃气轮机 2 号轴承区域、润滑油模块和天然气模块，并通常划分为三个独立的火灾保护区域，分为Ⅰ、Ⅱ区和Ⅳ区，每个区都配备火灾探测和控制装置，如图 5-42 和图 5-43 所示。

燃气轮机火灾检测系统由各隔间的火灾探测器、初续放喷射系统、气动喇叭及报警器组成。燃气轮机组每个需防火的隔间都配有火灾探测器，可及时探测到火情。每一探测器的线路都连接到消防控制盘上，必须是 A 和 B 两只探测器都探测到火情，两个接点都通电闭合时，才能排放 CO_2。初续放喷嘴、启动喇叭及报警器装在隔间各部位都易于看到和听到的地方。

（1）Ⅰ区：负荷隔间和透平隔间。负荷隔间通过隔板与透平隔间隔离。每个区域都带有独立通风系统。燃气轮机隔间带有火灾检测器、初始排放喷嘴和持续排放喷嘴。透平隔间两侧门外侧的罩壳上都带有手动释放按钮。

（2）Ⅱ区：2 号轴承区域。2 号轴承区域包含排气机架内缸以及轴承箱周围的扩压器。

（3）Ⅳ区：辅助模块。

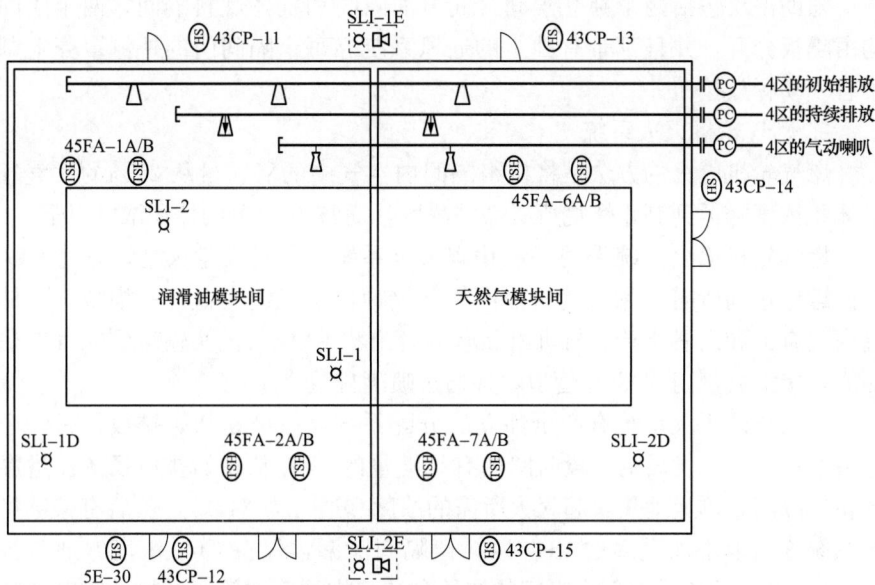

图 5-42 润滑油模块和天然气模块火灾保护系统图

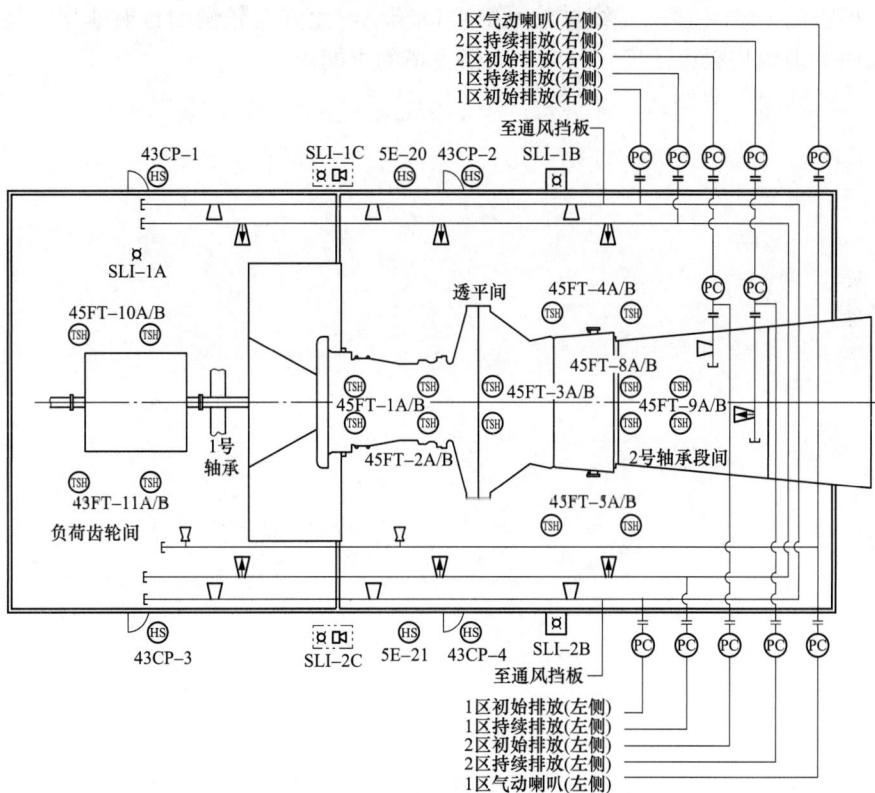

图 5-43 负荷齿轮间和透平间火灾保护系统图

141

辅助模块包括两个独立隔间：润滑油隔间和气体燃料隔间。两个隔间均由隔板分开，并且都带有独立的通风系统。每个隔间门的外侧罩壳上都带有手动释放按钮。

2. 燃气轮机灭火系统

燃气轮机灭火的方法是将机组隔间内空气中的氧含量从 21％的大气正常体积浓度降低到制止燃烧所必需的浓度，通常为 15％的体积浓度以下。

燃气轮机灭火系统采用二氧化碳灭火系统。一旦发生火情，它将 CO_2 从储罐输送到所需的燃气轮机隔间。此储罐位于机组底盘外的模块上，储罐内装有饱和二氧化碳。与机组互联的管道将 CO_2 从模块输送到燃气轮机隔间，接入底盘内的 CO_2 管道，并通过喷嘴排放。

二氧化碳灭火系统有两个独立的分配系统：一个是初始排放，另一个是持续排放。触发后的一段时间内有足够量的 CO_2 从初始排放系统流进燃气轮机隔间，迅速地集聚起灭火所需的浓度（通常为 34％），然后有持续排放系统逐渐地添加更多的 CO_2 以补偿隔间泄漏，保持 CO_2 浓度（通常为 30％）。CO_2 的流量由每个隔间的初始和持续排放管的管径及排放喷嘴的喷口尺寸控制。初始排放系统的喷口大，可迅速排放 CO_2，以便快速达到灭火所需的 34％浓度。持续排放系统喷口较小，允许有较慢的排放速率，能长时间地保持灭火浓度，以减少火情重燃的可能。

第六章 燃气轮机的运行与维护

第一节 概 述

同燃煤发电机组比较，燃气轮机机组在运行与检修上有许多相似之处，但同时又有着其独特的特点：在运行方面，其启停速度快、自动化程度高，可实现一键启停及深度调峰；在维护方面，由于燃气轮机的关键部件制造技术和设计技术仍掌握在国外公司手中，国内没有相应的燃气轮机关键部件配件制造技术，也就不具备关键部件的检修、维护能力，这种垄断局面造成主机检修费用异常昂贵，按照目前流行的燃气轮机制造厂（OEM）维修和维护服务模式，可分为服务式合约（Contractual Service Agreement，CSA）、长期维修合同（Long Term Maintenance Contract，LTMC）、多年维护合约（Multi-Year Maintenance Program，MMP）、多年检修和维护服务合约（Outage Management Program，OMP）。

第二节 燃气轮机的启停

一、概述

燃气轮机具有快速启停、自动化程度高的特点。正常情况下，燃气轮机从盘车转速到并网启动耗时约20~30min，从解列到盘车投运停机耗时约20~40min，根据机型情况有所区别。以 GE PG6111FA 燃气轮机为例，燃气轮机典型的启动曲线和停机曲线分别如图6-1和图6-2所示，记录了启停过程中燃气轮机参数变化过程。

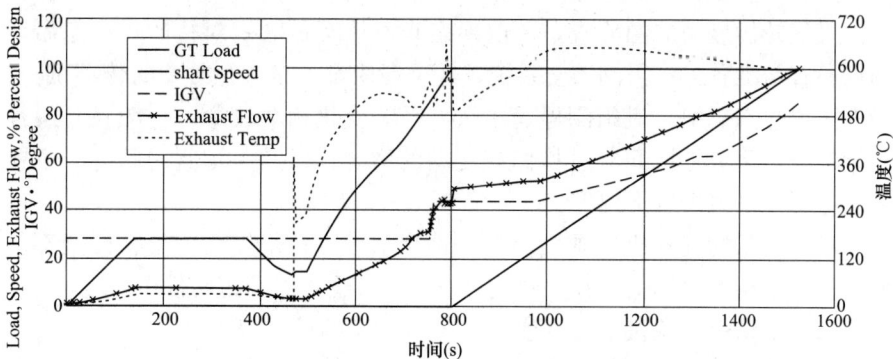

图 6-1 燃气轮机典型启动曲线

其中 a 点是燃气轮机升速到清吹转速；a-b 这一段是清吹过程；b-c 这一段是降速点火；c 点之后燃气轮机升速；d 点 IGV 开始开大至最小运行角度；e 点燃气轮机达到全速空载，之后并网开始加负荷。

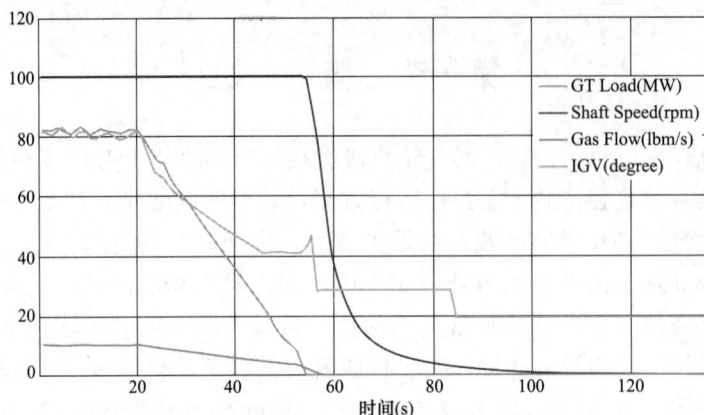

图 6-2　燃气轮机典型停机曲线

二、燃气轮机启机

（一）启动状态

由燃气轮机启动特点可知，联合循环机组主设备燃气轮机的启动，受余热锅炉、汽轮机等各方面的条件影响。一般把燃气轮机启动前状态划分为冷态、温态和热态（包括极热态）。这三种状态的划分目前并无严格的定义，大多数厂家按停机后时间的长短来区分，一般冷态启动指联合循环发电机组停运时间大于 72h，温态启动停运时间在 8～72h，热态启动停运时间小于 8h。也有厂家除按停机时间的长短外，还结合热部件的温度或参数来区分。

（二）燃气轮机启动前检查

燃气轮机启动前的检查，一般冷态和温热态是区别对待的。冷态启动前的检查与准备工作需涵盖全系统，甚至有些设备需进行必要的传动试验。而对于温热态机组，机组刚停运不久，系统变化相对较少，一般只开展针对性检查，重点是期间有过检修或变动的系统，以及关键阀门状态。主要检查包括但不限于以下内容：

（1）确认燃气轮机主画面启动条件全部满足；热控系统报警已全部复归，无影响机组启动信号在；各测点正常；各逻辑保护正常投运。

（2）确认燃气轮机至少已连续盘车 4h 且转动部分无异声。

（3）燃气轮机各辅助系统均正常。

（4）燃气轮机火灾保护、危险气体保护等系统投运正常。

（5）天然气参数满足要求，天然气系统正常，无泄漏。

（6）发电机、励磁、交直流等电气系统正常。

（7）确认余热锅炉侧满足燃气轮机启动条件，汽包水位正常，烟囱挡板开启。

（8）确认汽轮机侧满足燃气轮机启动条件。

（三）启动过程及注意事项

燃气轮机在静止状态下必须依靠可以产生大扭矩的外界驱动装置才能使其旋转起来。一般大型发电用燃气轮机选用柴油机、交流电机和 SFC 作为启动装置。当启动装置带动燃气轮机转动后，随着转速的增加，压气机中的空气流量与压比增大，当压缩空气的流量和压比达到燃烧室中规定的点火要求时，燃气轮机开始点火，并在启动装置和透平燃烧的共同作用下继续升速。此时，透平中的燃料介质温度、流量增加，功率随转速的上升不断增大，当达到透平产生的功率可以维持压气机所消耗的功率时，此时的转速称为自持转速。略高于自持转速后，透平产生的功率大于压气机消耗的功率，启动装置就可以脱扣。一般来说，正常运行中，透平功率的 2/3 要用来拖动压气机，其余的 1/3 功率才作为输出功率用于发电。

以 GE Mark VIe 启动控制程序为例，燃气轮机启动步骤主要分为冷拖清吹-降速点火-升速-并网-带负荷这 5 个阶段。

1. 冷拖清吹

检查燃气轮机启动条件均满足，触发燃气轮机启动指令后，通过静态启动装置将同步发电机作为电动机来使用拖动这个转子转动，把整个转速升速至清吹转速，燃气轮机在清吹转速对系统吹扫，吹掉可能泄漏至燃烧室或余热锅炉中的天然气。清吹的时间要根据被清吹的排气道容积来选择，至少要求能将整个排气道体积三倍的空气吹掉，避免爆燃。

2. 降速点火

燃气轮机清吹结束后，静态启动装置暂停出力，机组转速开始下降至点火转速，天然气控制阀门打开，通气点火。

3. 升速

点火成功后，静态变频启动装置同时重新输出，燃气轮机在透平燃烧做功和静态变频启动装置的共同作用下开始稳步加速。

4. 并网

当燃气轮机进入全速空载后，机组进入同期控制，当发电机频率、电压和相位与电网相匹配时，发电机出口断路器可以同期并网。如若未给定负荷指令，机组自动加载至旋转备用负荷，以防系统频率升高、燃气轮机逆功率保护动作。

5. 带负荷

当燃气轮机并网带负荷后，燃气轮机进入转速控制，此时即可根据规定执行负荷加减操作，通过负荷指令的加减去控制燃料阀的开度。当燃气轮机带满负荷后，燃气轮机即由转速控制转入温度控制模式，此时燃气轮机不具备一次调频功能，因而一般不在此模式运行。

燃气轮机在整个启动过程中，需重点关注与余热锅炉的匹配、燃气轮机振动、模式切换时燃料阀的动作情况、排气分散度、环保排放等参数，防止出现参数超标威胁机组安全稳定运行的情况。

三、燃气轮机停机

燃气轮机的停机是指发电机从带负荷的正常运行状态转到静止状态的过程。停机的过程实质上是燃气轮机各个金属部件的冷却过程。燃气轮机的停机方式有正常停机、自动保护停机、紧急停机三种。

（一）正常停机程序

燃气轮机的正常停机过程程序大致可以分为以下步骤：下达停机指令、燃气轮机降负荷、燃气轮机发电机逆功率跳开发电机开关、燃气轮机减速、熄火、机组惰走、盘车冷却。

（二）自动保护停机

在运行中，控制系统检测到某些可能危及机组安全运行的因素时，自动切除燃料供给的一种停机方式，就是自动保护停机。自动保护停机后的处理同正常停机。

（三）紧急停机

在运行中，发现某些危及人身、设备安全运行的因素时，自动或立即手动切除机组燃料供给，迅速停机的过程，就是自动（手动）紧急停机。紧急停机除燃料切除时间不同和停机速度快慢不同外，其他过程与正常停机过程相同。

（四）停机注意事项

燃气轮机在整个停运过程中，需重点关注以下内容：减负荷过程中锅炉主汽温情况、燃气轮机天然气阀门切断情况、停机过程防喘阀试验情况、燃气轮机惰走情况、停运后盘车及相关辅机运行情况。

第三节　燃气轮机的运行

一、燃气轮机运行特点

（1）燃气轮机在高温、高转速下运行，要求不超温、不超速、不超振等，能长期安全运行。

（2）燃气轮机的启动速度快，加载和减载运行工况速度变化快，热冲击剧烈，尤其适用于调峰运行的机组，故热通道部件的寿命管理很重要。

（3）燃气轮机随环境温度、大气条件的变化，其功率、热效率等性能参数变化较大，故燃气轮机在不同季节，甚至每一天的不同时间内的负荷（出力）都是变化的。与之相配套的联合循环机组也不可能保证在额定工况下运行，而是在滑参数下运行。

（4）现代燃气轮机采用先进的自动控制系统，简化了运行操作，有效地提高了机组运行的可靠性。

二、运行监视重点

由于燃气轮机自动化水平高，除了负荷调整、燃气轮机辅机主备用切换等操作，正常运行期间基本不需要操作人员调整干预。因此，在燃气轮机正常运行期间，更多的是需要做好参数监视和分析工作，监视和分析重点包括：

（1）机组运行时应随时监视系统画面信息和数据，特别注意监视机组的出力情况、透平轮间温度和排气温度及其变化趋势、各轴承温度、排气分散度、润滑油温度和压力、天然气参数等，对机组的运行状况进行综合性分析，发现异常情况应立即采取措施进行处理，并做好记录。

（2）应特别注意监视系统画面出现的报警信息，及时分析，采取有效措施，在报警未被确认、引起报警的条件仍然存在的情况下，不得复归消除报警信号。特别是影响机组启动的报警，在无法确认或不能复归时不应再次启动机组。

（3）应注意监视机组运行参数是否在规定的指标范围内。特别要注意监视转速继电器的动作规律，FSR 的变化范围以及排气分散度与限值的比较，发现异常情况应及时查明原因，做出处理。另外，当机组变工况运行时，应注意监视透平轮间温度的变化。

三、运行检查重点

在燃气轮机运行过期间，除了应监视燃气轮机主、辅设备各项运行参数并按时记录，还应重点检查燃气轮机主、辅设备的以下运行状态：

（一）天然气调压站和前置系统检查

（1）各阀门位置正确，各管接口无跑、冒、滴、漏现象。

（2）天然气压力正常，各滤网压差正常。

（3）流量计运转正常。

（4）天然气温度计指示与 TCS 显示一致。

（5）各法兰阀门无泄漏。

（二）润滑油、控制油等油系统检查

（1）各油系统管路、阀门位置正常，无跑、冒、滴、漏现象。

（2）检查油泵出口压力和母管压力正常。

（3）各滑油滤网压差正常。

（4）油箱真空度正常。

（5）检查油箱油位、油温正常。

（6）检查各运转泵体无过热、无异常声响。

（7）滑油冷却器过滤器正常。

（8）滑油冷却器进水调节阀在自动位置且开度正确。

（9）各轴承回油、温度正常。

（三）燃气轮机间检查

（1）运行中的机组正常情况下，不得打开轮机间两侧的门。有必要进入轮机间时，应两人同行，一人进入轮机间，另一人应在门外视线可见范围内。

（2）检查外围管路及阀门正常无漏气漏油现象。

（3）轮机间无异常的气流啸叫声。

（四）发电机间检查

（1）发电机各轴瓦声音正常，各轴瓦油挡、油管路、压力开关、测点都无漏油泄漏。

（2）检查发电机冷却系统正常。根据实际类型，加强氢气、水、空气等冷却系统检查。

（五）其他相关检查

（1）检查燃气轮机轴承振动情况正常，运转声音正常。

（2）检查燃气轮机各阀门、连接法兰无渗漏，尤其是天然气和润滑油系统相关部件。

（3）检查保温层是否完好，膨胀节及支撑件无明显破损和变形。

（4）检查罩壳通风系统入口防护格栅清洁无杂物，罩壳内温度、天然气浓度符合要求。

（5）检查压气机进气滤网差压正常，进气滤网、进气格栅无脱落，进气格栅无异物附着，进气室门关闭严密。

（6）检查火警保护无报警，CO_2 灭火系统正常。

（7）检查燃气轮机电气设备运行正常，相关电源电压满足要求。检查电气保护屏无异常报警。

（8）检查燃气轮机控制卡件等仪控设备运行正常。

四、运行操作重点

1. 负荷调整

（1）预选负荷模式。选择预选负荷模式，输入需要的负荷值，燃气轮机实际负荷跟随。正常情况下燃气轮机加减负荷选用这种方式。

（2）外部负荷模式。设定机组负荷的上下限值和负荷变化率，设定完成后点击"外部负荷选择"按钮，确认燃气轮机负荷控制权限已切换至DCS；投入 CCS 和 AGC，燃气轮机负荷自动跟踪外部给定的负荷指令值，实时启动调整。

2. 电压调整

发电机正常运行的电压为额定电压，其变动值应在制造厂规定的范围以内。运行人员应执行上级调度值班员下达的电压控制曲线调整无功，正常运行期间投入 AVR 自动调整，也可切至手动调整干预，避免进相运行。

3. 辅机定期切换

根据燃气轮机内部设置逻辑或定期需求，定期进行燃气轮机相关油泵、风机等切换试运。

第四节　燃气轮机检修维护

一、燃气轮机检修

（一）概况

由于燃气轮机的工作温度很高，又是高速旋转式机械，其工作条件是相当恶劣的，在燃气轮机的运行中不时发生因高温而引发的各种事故，所以对燃气轮机的定期检修规定了明确且严格的时间周期和具体的检修内容，必须严格按照制造厂的技术文件和有关规范要求实施，通过定期检修解决机组运行中发现的问题和及时排除安全隐患。合理而科学的检修可以有效延长燃气轮机零部件的寿命。

（二）影响燃气轮机检修的因素

1. 燃料

不同的燃料，其成分及特性各不相同，燃料中所含的可燃成分（热值）、元素、杂质，以及其比重黏度和可挥发性等，表现出来的可雾化程度、燃烧反应速度、火焰热辐射能量、燃烧产物的腐蚀性和烧产物的灰分等也各不相同，对燃气轮机热部件的使用寿命的影响也大不一样。因此燃气轮机的维护期、检修间隔和热通道部件的更换周期必须根据燃用的燃料来确定。燃用不同燃料对燃气轮机维修的影响见图 6-3，燃料中氢所占质量越高，检修间隔缩短系数越小，燃用重油的检修间隔比燃用天然气的检修间隔缩短一半以上。

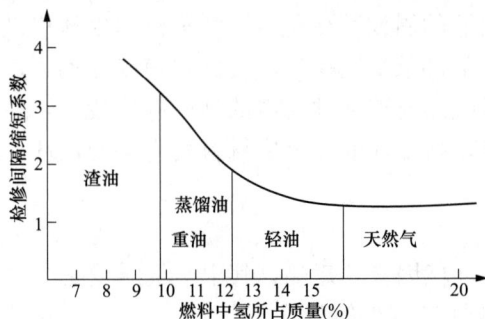

图 6-3　燃料种类对检修的影响曲线

2. 负荷变化及运行负荷

燃气轮机的热通道部件寿命还取决于运行温度，高负荷时的运行温度比低负荷时的运行温度要其寿命也相应缩短。

如果机组长期低负荷运行时对热通道部件的使用寿命影响很小，燃气轮机的寿命也会延长，如在60％基本负荷下运行2h的影响相当于基本负荷下运行1h。如果在尖峰负荷下运行则对热通道部件的影响最大，每小时尖峰负荷运行对透平热通道部件的影响相当于基本负荷下运行6h。采取连续运行以及负荷变化率较小的运行方式，对热部件的使用寿命影响很小。如果采用负荷变化频繁、快速升降负荷以及负荷变化率较快的运行方式，则热通道部件承受强烈的热冲击，必然会大大缩短燃气轮机的寿命。具体如图6-4所示。

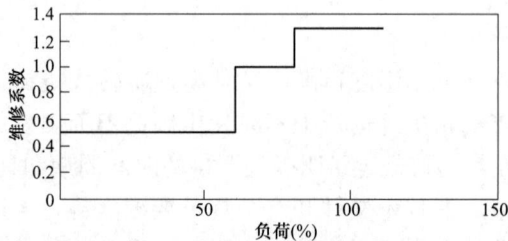

图6-4　负荷对检修系数的影响

3. 水或蒸汽注入

采用注水或注蒸汽来减少和控制烟气排放污染（降低 NO_x 的排放），会增加燃气的热导率和比热容，从而增加其传热系数，因而增加了对透平喷嘴和动叶等高温部件的热传导，导致了更高的金属温度，降低了部件的寿命。注水或注蒸汽提高燃气轮机出力的同时，也增加了透平叶片的负载，加快了叶片的腐蚀，缩短了叶片的寿命。

4. 启动次数

燃气轮机的启动和停机均会使透平热通道部件承受热冲击。燃气轮机每次正常启机和停机时，从启动点火、暖机、升速、加负荷、降负荷、降速到熄火的整个过程，热通道部件经受了剧烈的温度变化过程，经历了从加热膨胀到冷却收缩的周期性变化。燃气轮机频繁地启动和停机，反复多次地使透平热通道部件承受因燃气温度的快速变化而引起的热冲击，产生热应力，必然会导致热通道部件材料的某些部位疲劳，在某些应力集中部位产生裂纹。另外，高温环境使金属材料发生蠕变，从而缩短热通道部件的使用寿命。

5. 环境因素

维修周期也受环境因素的影响，其中空气质量是一个主要因素。空气中的杂质除了对热通道部件有害影响外，灰尘、盐和油等也能引起压气机叶片磨蚀、腐蚀和积垢。$20\mu m$ 的颗粒进入压气机能产生明显的叶片磨蚀。

超细灰尘颗粒进入压气机以及吸入油气、烟、海盐和工业排气都会导致积垢。压气叶片的腐蚀使叶片表面产生凹痕，不仅增加表面粗糙度，也成为产生疲劳裂纹的潜在部位。这些表面糙度和叶片外形变化会降低空气流量和压气机效率，同样导致降低燃气轮机的出力和整机热效率。

一般来说，轴流式压气机的性能下降是燃气轮机降低出力和效率的主要原因。由于压气机叶片积垢而引起的可恢复性损失一般占性能损失的70%～85%。压气机的积垢使空气流量减少 5% 时，出力会低 13%，热耗增加 5.5%。通过压气机水洗可恢复压气机的效率，进行其他维护，如定期更换进口过网也可有效地延长机组检修间隔。

（三）检修周期

目前燃气轮机厂商对燃气轮机检修间隔推荐有一个周期表，主要根据机组的运行小时数或机组启动次数两个指标来确定（均为折算值，先到为准原则）。常见 GE 公司在国内机型的检修周期见表 6-1，三菱等其他主机厂具体标准略有不同。

表 6-1　GE 公司燃气轮机检修周期表

检修形式	运行时间/启动次数（h/次）				
	6B	6FA	9E	9FA	9HA
小修 （燃烧检查）	12 000/450	12 000/450	12 000/450	8000/450	—
中修 （热通道检查）	24 000/1200	24 000/900	24 000/900	24 000/900	32 000/900
大修 （整机检查）	48 000/2400	48 000/2400	48 000/2400	48 000/2400	64 000/1800

（四）检修分类及检查重点

燃气轮机的检修形式分为三类，即"燃烧检查""热通道检查"和"整机检查"，具体检查范围如图 6-5 所示。

1. 小修（燃烧检查）

燃气轮机小修（燃烧检查）主要是打开燃烧室端盖，拆出联焰管、火焰筒、过渡段和导流衬套，重点检查燃料喷嘴、火焰筒、过渡段、联焰管、导流衬套、火花塞和火焰探测器等零部件，检查其积炭、结垢、烧蚀、烧融、烧穿、裂纹、腐蚀、涂层剥落等情况，同时检查火花塞、火焰探测器的性能。对可以修复的零部件进行修复，不能修复的进行更换。

2. 中修（热通道检查）

燃气轮机中修（热通道检查）主要内容包括从燃料喷嘴开始到透平末级动叶为止的零部件，其中包括燃烧室检查的所有内容。透平通流部分的检查需要吊开透平上缸，吊出一级喷嘴，检查喷嘴和动叶的相关损坏情况，检查护环的烧蚀、烧融、腐蚀和其他的损坏情况，检查压气机进口可转导

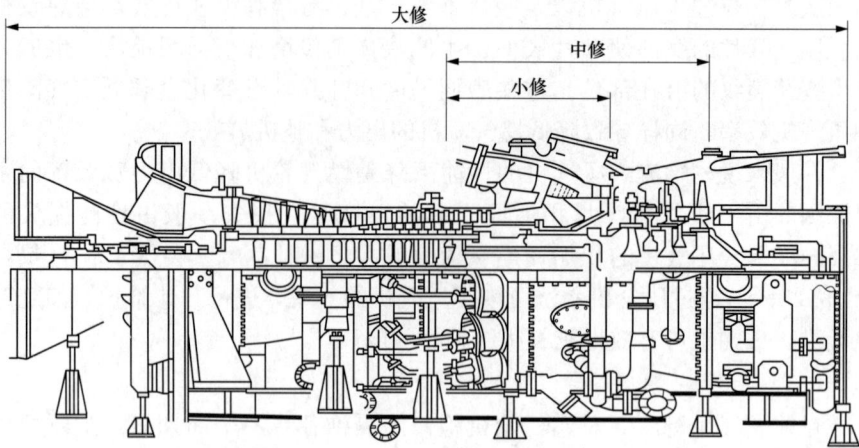

图 6-5　燃气轮机 A/B/C 级检修范围

叶的情况，并用孔探仪检查压气机的叶片，并对燃气轮机辅机进行检查。

3. 大修（整机检查）

整机检查包括从压气机的进气室开始到透平排气室为止的所有零部件。包括了燃烧室检查和热通道检查的所有内容。需要吊出压气机和透平的转子；仔细检查压气机各级动叶和静叶的积垢及外物击伤情况仔细检查各轴瓦的顶隙、侧隙并进行相应的处理；仔细检查各轴承座的紧力、油封和气封的间隙；检查压气机进气系统和透平排气系统等；对转子和定子叶片进行齿顶间隙、擦痕、弧状弯曲、裂纹及热变形的检查。

二、燃气轮机检修相关试验

燃气轮机常规的修前、修中和修后试验见表 6-2。

表 6-2　检修相关试验清单

序号	实施阶段	机组试验项目 （★：必须　○：可选）	大修	中修	小修	备注
1	修前	燃气轮机组振动测试	★	★	○	
2	修前	燃气轮机组惰走时间测试	★	★	○	
3	修前	燃气轮机修前性能试验	★	★	○	
4	修中	机组检修阀门与重要 阀门活动试验	★	★	○	
5	修中	进气过滤器性能试验	★	★	○	
6	修中	可燃气体泄漏探头功能试验	★	★	○	
7	修中	CO_2 火灾保护系统试验	○	○	○	包含气瓶打压试验、瓶头阀启闭试验以及消防系统整体的运行试验

续表

序号	实施阶段	机组试验项目 （★：必须　○：可选）	大修	中修	小修	备注
8	修中	机组联锁保护传动试验	★	★	★	
9	修中	IGV 活动试验	★	★	★	
10	修后	燃气轮机燃烧调整试验	★	★	★	
11	修后	燃气轮机超速试验	★	○	○	
12	修后	燃烧脉动监测	★	★	○	
13	修后	燃气轮机组振动测试	★	★	○	
14	修后	燃气轮机修后性能试验	★	○	○	A级检修或主机重大技术改造后应实施

三、燃气轮机保养

（一）停机后保养方面

燃气轮机停运后，根据时间不同需采取相关保养措施，主要包括以下内容：

（1）燃气轮机停运后对透平间、阀组间内的设备外观进行检查，确认透平间锡纸完好无破损，并进行隔间内的天然气查漏。

（2）若燃气轮机停运时间超过 7 天，关闭天然气辅助截止阀，在关闭前对阀组间进行天然气查漏。

（3）若燃气轮机需停运 10 天以上，则燃气轮机停运隔离天然气阀门，视情况进行天然气放散。日常巡检时关注已放散的调压支路的压力。

（4）燃气轮机停运后需进气滤网状况，是否有破损或脱落现象，发现异常通知检修处理。

（5）每周燃气轮机低速盘车一次，每次运行 1h。

（6）每班巡查燃气轮机各舱室，特别是雨季检查舱室有无漏雨。检查燃气轮机各舱室投入空间加热器自动，保证各舱室温度和湿度在正常范围，确保燃气轮机设备干燥度。

（7）燃气轮机停运后每隔 14 天进行燃气轮机高盘，期间进行燃气轮机侧各油泵和风机的定期试转和切换，试转时关注风机出口挡板动作情况，发现异常及时联系检修处理。

（8）机组如需长期停运则不能进行水洗，燃气轮机水洗后必须在 24h 内点火。

（9）燃气轮机停运时间超过 6 个月属于长期停运。燃气轮机长期保养的要点是用热风干燥或封堵抽湿等方法，实现空气湿度的连续闭环控制，空气相对湿度控制在较低水平。

（二）设备维护保养方面

燃气轮机日常设备维护保养方面内容见表 6-3。

表 6-3　燃气轮机日常设备维护保养

序号	工作项目	工作内容
一、机务设备		
1	燃气轮机排气扩散段支撑裂纹检查	目视＋TV 检查
2	燃气轮机燃料喷嘴管路焊缝裂纹检查	目视＋TV 检查
3	燃气轮机透平间冷却水管路渗漏点及火焰探测器冷却螺旋管磨损检查	目视检查
4	燃气轮机压气机、透平、燃烧室孔探检查	孔探检查，主机厂家检查
5	燃气轮机 R0 叶片裂纹检查	UT 检查
6	燃气轮机进气滤芯及通道清洁度检查	目视检查
7	燃气轮机 IGV 角度校对、轴套检查、内圆侧间隙及齿轮间隙测量	角度尺、百分表、塞尺测量，目视检查
8	燃气轮机透平间燃气管路膨胀节检查	目视＋TV 检查
9	燃气轮机主润滑油泵对轮联轴器检查及加油脂	油泵对轮联轴器检查及轴承室加油脂
10	燃气轮机直流润滑油泵对轮联轴器检查及加油脂	油泵对轮联轴器检查及轴承室加油脂
11	燃气轮机交/直流密封油泵对轮联轴器检查及加油脂	油泵对轮联轴器检查及轴承室加油脂
12	燃气轮机液压油顶轴管路检查	孔探
13	燃气轮机液压油蓄能器压力检测	如果压力较低时应及时充氮补压
14	燃气轮机液压油泵入口过滤器	滤芯更换
15	燃气轮机天然气系统漏点检查	无泄漏
16	燃气轮机油系统小径管磨损检查	无磨损
二、热工设备		
1	检查燃气轮机控制系统交换机并测量尾纤衰减率	光功率仪
2	逻辑备份	使用光盘备份组态，变更后立即备份
3	控制系统板件测温	使用红外线成像仪测量
4	燃气轮机重要端子紧固、就地跳闸按钮	控制柜连接线、跳机按钮、单点保护相关端子，要在停机时紧固
5	燃气轮机区域重要电磁阀检查（包括燃气轮机性能加热器、燃气间气动阀、防喘放气阀）	气动阀的电磁阀线圈阻值，测试绝缘，更换消声器
6	检查燃气轮机防喘放气阀反馈装置是否紧固，反馈的磁感应探头是否灵敏，并对其接线进行紧固，并检查电磁阀至气缸之间所有接头是否紧固	更换电磁阀，并目视检测、用手触摸感觉

续表

序号	工作项目	工作内容
二、热工设备		
7	燃气轮机排气压力取样管集液管排水	在测点集液管处拆除，清除积水
8	燃气轮机油动机热工设备检查	检查 LVDT 及开关时间
9	燃气轮机 CO_2 系统喷放试验	喷放试验
三、电气设备		
1	燃气轮机润滑油泵电机	轴承液位检测、轴承润滑油更换
2	燃气轮机成套开关检查	用钳形电流表测量、红外成像
3	燃气轮机发电机电刷和集电环测电流检查	钳形表测量
4	燃气轮机发电机转子直阻测试	转子在不同角度直阻（含清扫工作）需要盘车停运
5	直流油泵电机电刷检查	检查磨损程度及时更换
6	燃气轮机屋顶风机电动机接线盒检查	检查接线有无松动、绝缘是否正常，密封是否严密
7	燃气轮机电启动加热器检查（含电缆接头检查）	每半年开盖检查每 6 月进行防腐蚀处理，电加热加热管电阻测量
8	燃气轮机发电机励磁系统端子检查	接线端子紧固检查（随转子直阻测量进行）
9	燃气轮机发电机 TV 检查	更换熔断器，并检查熔断器底座的松紧程度
10	燃气轮机发电机出线小室 TA 检查	二次线牢固性检查（随更换 TV 熔断器进行）

第五节　燃气轮机本体自主检修

一、自主检修意义

由于核心技术受制于人、长期服务协议的约束，国内的燃气轮机检修工作长期由主机厂服务团队来完成，国内的检修公司很少能参与到燃气轮机的检修项目中，垄断的结果造成燃气发电企业维护费用居高不下，面对巨大的运维成本，整合燃气轮机检修维护资源，实现国产化、自主化的维修服务非常重要。

二、国内自主检修现状

近年来，随着进口技术的消化，国内检修人员技术能力的积累和加强，燃气轮机设备的自主检修已经提上各运营企业的议程中，通过"学习—探索—实践—总结"，逐步实现从 OEM 全包式检修到督导式检修再到自主检修模式的转变。由于 GE 燃气轮机市场占有率高且相对开放，GE 公司的 B、E、F 级机型已基本实现自主检修，先进的 H 级燃气轮机由于刚投入市场不久，仍无法自主维修。而三菱和西门子等主机厂技术相对更加封闭，各种备件采购存在一定困难，但个别电厂也已经实现自主检修。

同时，以本土企业与外资企业合资成立的燃气轮机第三方服务商开始出现，与 GE、三菱、西门子等国外主机厂展开竞争，迫于竞争压力，三大主机厂燃气轮机维修价格有下降趋势。目前此类厂家通过开展技术合作，依托于航空发动机维修技术，建立涵盖前处理—服役损伤修复—后处理—考核验证的再制造技术体系，已能实现部分机型燃烧室部件设计、研发、制作，以及热通道部件如透平动、静叶、护环等自主生产，突破了国外技术垄断。检修方面已具有相对成熟的维修和检测设备，掌握真空炉热处理、超音速喷涂、激光熔覆、化学清洗、高温钎焊、无损检测等技术，已能进行动静叶、燃料喷嘴、过渡段、整机翻新，逐步实现了燃气轮机本体核心部件的国内自主维修。

第六节　典型故障及处置

一、燃气轮机故障分类

在燃气轮机运行过程中，除了遭受机组内部的高温、高压、高转速及高机械应力和热应力的恶劣工况条件外，还可能遭受周围污染的环境条件，其主要部件（如压气机、燃烧室和透平）会随着运行时间的增加产生各种各样的性能衰退或损伤，如污垢、泄漏、腐蚀、热畸变、外来物损伤等，并易引发各种严重的故障发生，其常见故障情况如图 6-6 所示。

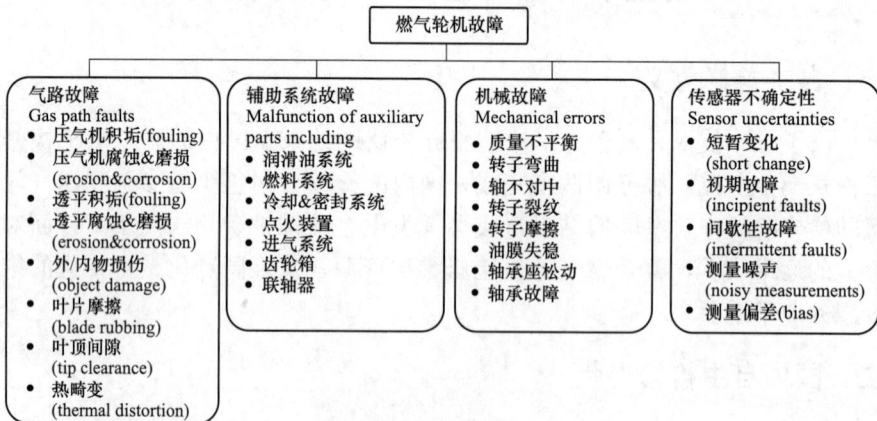

图 6-6　燃气轮机常见故障情况

二、燃气轮机故障实例

随着运行时间增长，国内燃气轮机自投产以来，也陆续发生各类故障，现就一些典型故障进行了收集和整理。

（一）燃气轮机 R0 级叶片裂纹及断裂故障

案例1： 某燃气轮机电厂正常运行中，突然机组跳闸，发"压气机排气压力变送器测量值偏差大""压气机热悬挂""压气机失压""燃气轮机跳闸至汽轮机""燃气轮机排气温度高"等报警，控制画面显示燃气轮机 1、2、3、4 号瓦轴振以及 1、2 号瓦瓦振均显示红色报警。现场压气机入口处有异音。经打开压气机进气室发现有大量的损坏 IGV 叶片，压气机 IGV、R0 级等叶片已经严重受损，见图 6-7。该厂对整根转子进行了更换，新的压气机 R0 叶片为标准型叶片。

图 6-7　损伤的 IGV 及 R0 级叶片

案例2： 某燃气轮机电厂，正常运行中突然在燃气轮机区域发出巨响，集控室有强烈震动，机组跳闸，后经检查分析为一压气机 R0 叶片根部断裂导致此次事故发生，此次事故造成转子报废。电厂对整根转子进行了更换，新转子压气机做了改造。

原因分析：设计缺陷。为了防止压气机 R0 叶片的进气边受到进口空气中夹杂的杂质和水分带来的伤害和腐蚀，特别对中国境内的 9FA 燃气轮机厂商进行了 P-CUT 设计，即在 R0 叶片的叶根部位做了一个 P 形的切口，以提高叶片在潮湿环境下的适应能力。但是实际运行后，存在 P 切口位置高应力问题，导致区域出现裂纹，个别严重的出现运行中叶片断裂。多起事件表明，R0 叶片由标准型改为 P-CUT 结构设计失败。

防范措施：更换 P-CUT 结构的 R0 叶片为标准型 R0 叶片；未更换前，按照燃气轮机厂商提供的初次检查时限，进行 R0 叶片超声波探伤检查；初次检查未发现问题的，后期仍需按照燃气轮机厂商提供的周期进行定期检查；根据国内燃气轮机运行的经验，燃气轮机运行 5000h 后 R0 叶片裂纹陆续出现，需重点监控，具备条件宜在该时间节点前完成叶片更换。

（二）压气机静叶片叶台突起、填隙片突出或缺失故障

案例1：某燃气轮机电厂在2号机组临修期间，对2号机组压气机进行了孔窥检查。发现1级静叶存在填隙片凸起现象；3级静叶存在叶台凸起现象；5级静叶存在填隙片凸起和缺失现象；14级静叶存在填隙片凸起现象；15级静叶存在填隙片凸起和缺失以及叶台凸起现象，见图6-8。另外发现16级动叶和15级静叶有异物打击痕迹。

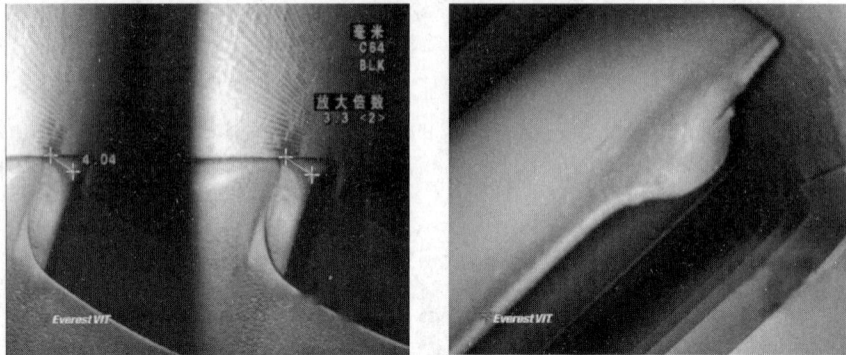

图6-8 压气机静叶突起情况

案例2：某电厂对1号机组压气机进行孔窥检查，发现压气机第5级静叶叶台（叶片底座）凸起（rocking）约1.2mm，第15级静叶片叶台凸出约4mm，第16级静叶的一片填隙片（shim）脱落缺失和另一片填隙片凸起，见图6-9。

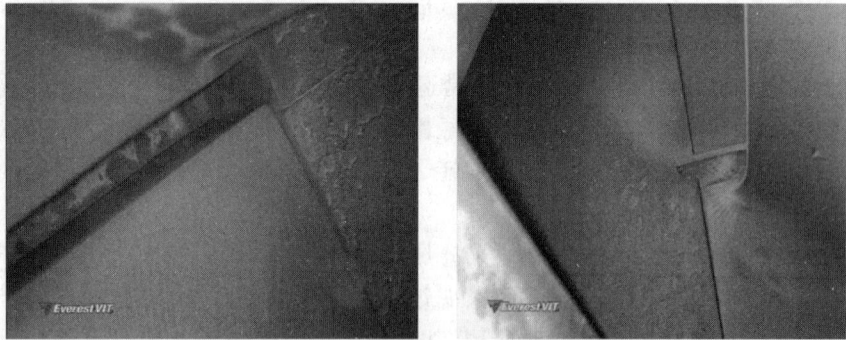

图6-9 压气机静叶片叶台凸出

原因分析：制造厂叶片组装不当，造成填隙片逃出，使得静叶在安装位置晃动，最终造成叶根与T型凹槽内壁拉毛，从而引起机组运行一段时间后叶根突出，属于燃气轮机厂商设计工艺问题。

防范措施：针对静叶叶台凸起现象，采取定期孔窥检查观察凸起趋势，测量凸起尺寸；针对填隙片缺失现象，采取定期孔窥检查，持续关注发展趋势，加强叶片表面检查；具备条件进行压气机改造升级，取消填隙片设计。

（三）燃气轮机压气机 S1、S5 断裂故障

案例 1：某电厂 1 号燃气轮机压气机内窥镜检查中发现 5 级静叶根部抬出以及 16 级静叶填隙片凸起等情况，后期发生 1 号机压气机故障跳机（运行小时数 11 753h，启动次数 272 次），开缸吊出转子后检查发现压气机第五级的动、静叶损坏严重，其中 S5 上、下缸和 S1 下缸各有一片静叶已断，其他各级动、静叶都有不同程度的受损，见图 6-10。

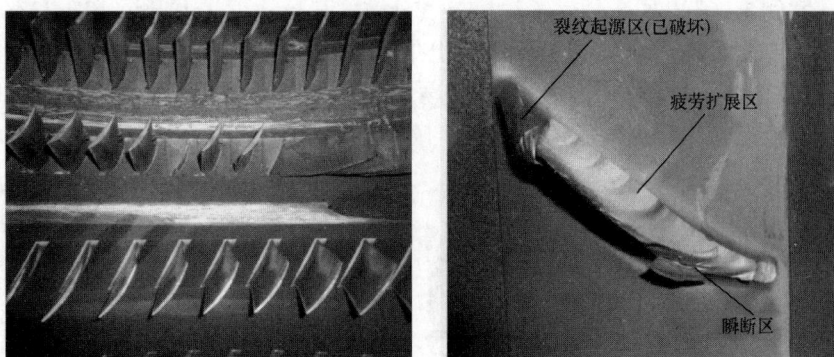

图 6-10　压气机静叶断裂

案例 2：某燃气轮机电厂燃气轮机负荷由 185MW 升至 190MW 过程中，IGV 角度由 72°开至 84°，燃气轮机因排气温度高跳机，跳机同时出现 1、2 号轴承振动高。在燃气轮机盘车状态下打开压气机进气室人孔门，可听见清晰的金属刮擦声音。后经开缸检查，压气机 18 级静叶、2 级排气导叶片全部损坏，除 R0 外 17 级动叶损坏，压气机动静叶片在现场均无法进行修复，叶片的损坏程度已超过了打磨修复的允许上限。压气机内缸壁受损，S1、S2 之间存在刮擦痕迹，透平叶片无明显损坏，1/2 级静叶冷却孔被压气机叶片金属碎片严重堵塞，转子送海外工厂修复，如图 6-11 所示。

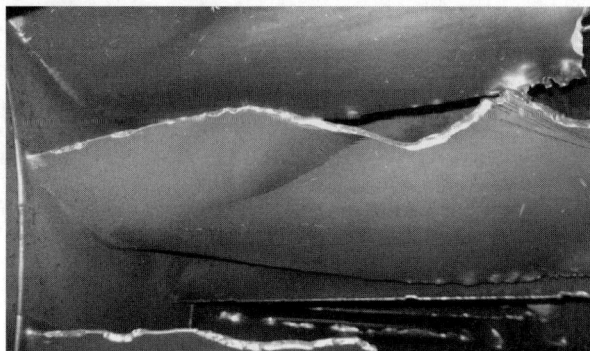

图 6-11　压气机静叶损坏情况

原因分析：填隙片脱落、静叶叶片松动，使得叶片振动进入共振区、静叶叶台抬出过大造成叶顶碰擦转子等因素使得叶片产生高周疲劳断裂；

压气机设计存在缺陷，造成叶片在运行一定时间（约 10 000h）后，出现疲劳裂纹直至断裂。

防范措施：定期孔窥检查，观察压气机叶根、填隙片等运行状态；开展综合评估，制定合适时机对压气机进行升级改造。

（四）燃气轮机热通道部件过渡段、火焰筒涂层脱落、变形、烧穿等故障

案例1：某电厂2号燃气轮机排气分散度某日从正常上升至46℃左右且极不稳定，最高达60℃以上；次日上午机组启动，并网后9s机组因燃烧故障，排气分散度高跳机；后期对13号喷嘴进行内部孔窥时，发现13号喷嘴端盖已经烧穿，火焰筒严重烧蚀，喷嘴头部烧损，见图6-12。

图 6-12　火焰筒烧蚀情况

案例2：某燃气轮机电厂1号机组启动过程发生2次因燃气轮机1X/1Y振动大导致保护动作停机。两天后开始进行了燃气轮机重新复校中心，期间做孔窥检查，发现：燃烧器火焰筒涂层大面积脱落，部分火焰筒已严重变形，见图6-13。提前进行燃气轮机C级检修（此时1号机组的点火小时为4600h，远远低于8000h的C级检修周期），检修时发现一级动叶（编号为49）进气边烧损，检修工作历时2个月。

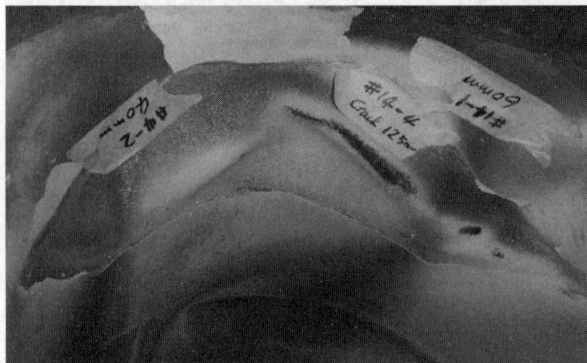

图 6-13　火焰筒严重变形情况

原因分析：燃料喷嘴内有异物或者节流孔板磨损超标导致燃料分配不均匀，造成热通道部件过渡段、火焰筒内燃烧脉动大，局部热应力大；由于部分负荷时热通道部件过渡段、火焰筒内温度场不均匀，燃烧脉动大，局部热应力大，导致鼓包、变形、涂层脱落，甚至烧穿；机组频繁启停，热通道部件受到反复热交变应力，造成涂层逐步脱落，直至部件烧穿。

防范措施：严密监控燃气轮机燃烧系统参数，尤其是燃气轮机排气分散度，在排气分散度出现异常升高趋势时，及时停运进行孔窥检查；严密监控燃气轮机燃烧脉动，在季节变化或热值变化较大时，及时开展燃烧调整；保障燃烧系统管道维护和清洁防止异物进入。

（五）燃气轮机排气压力高故障

案例：某燃气轮机电厂，2号燃气轮机正常运行中，突发事故报警"2号燃气轮机排气压力高"，燃气轮机跳闸。通过检查确认三个排气压力开关压力到了20英寸（1英寸 = 0.025m）水柱，动作正常，检查其他参数没有任何异常，经试验分析确定此次故障系压力取样管内有积水瞬间干扰导致。

原因分析：该排气压力测点为上装式采样，由于安装时考虑采样响应时效，故测点和采样管道内径较小（3～4mm），若管内有凝结水回流时，会造成测量管瞬间堵塞，造成压力波动，而且三个取样管路来自一个压力母管，容易造成事故扩大。凝结水成因主要是采样气本身为高温气体遇特殊气体发生急剧冷却冷凝，造成回路堵塞，压力波动。

防范措施：将三个压力取样管独立开来，实现真正的三冗余；测量管道加保温棉、防水胶带等保温防雨措施；测量端子箱做好密封，同时大气压力取样口保持畅通；定期对取样管道进行排水；运行中定期开展压力变化曲线分析，发现异常及时处理。

（六）燃气轮机火检冷却水管断裂故障

案例：某燃气轮机电厂某次运行中，轴振1Y由0.175mm突降至0.143mm，1X由0.121mm突降至0.101mm，膨胀水箱液位急剧下降。运行人员立即到就地检查，发现18号火检的冷却水进水管断裂，见图6-14，闭冷水从断开的管道喷到燃气轮机缸体上。机组提前进行检修，揭缸吊转子检查发现：压气机中缸和CDC缸顺时针7点到2点方向磨损严重；第6级到16级动静碰磨明显，间隙超标；静叶S11-S16磨损严重；动叶R13-R15从叶根往上3.5英寸至叶顶部位有不同程度的弯曲，R11-R17磨损严重。电厂对压气机静叶S6-S16进行了更换，打磨和探伤S0-S5/S17/EGV1/EVG2/R0-R17；对磨损压气机的压气机缸体也进行了打磨和探伤。

原因分析：冷却水管接头受频繁启停影响或材质本身等，长时间运行后断开，冷水喷到高温缸体导致局部变形，叶片摩擦受损。

防范措施：定期检查冷却水管路；严密监视火检参数，发现异常及时处理；视情况将水冷火焰检测器更换为干式火焰检测器。

图 6-14　火检冷却水管道断裂

三、其他常见故障

（一）燃气轮机轴承振动大

1. 现象

（1）启动时或运行中机组振动达报警值时，系统发报警；机组振动达跳闸值时，系统发报警，燃气轮机跳闸。

（2）现场声音异常，燃气轮机区域有明显震感。

2. 轴承振动大原因及处理：

（1）轴承振动大首先应检查判断是否振动传感器故障引起。

（2）机组启动时振动大报警，应阻止机组启动升速，如机组未点火，应点击 STOP 按钮中止启动程序，盘车检查；如机组已经点火升速，应切换至 FIRE 模式，使机组降速暖机，如振动仍大，必须停机检查。

（3）运行中轴承振动大报警，应降低机组负荷使报警消除，如无法消除，请示值长故障停机。

（4）轴承振动大应检查润滑油系统工作是否正常。

（5）发电机轴承振动大时适当降低发电机无功，并检查三相电流是否平衡。

（6）轴承振动大跳闸后，原因未查清不得再次启动机组。

（7）轴承振动大跳闸后，检查机组惰走时振动，记录比较惰走时间，盘车投运后，进行听音检查。

（二）燃气轮机熄火

1. 现象

（1）无火焰信号。

（2）燃气轮机排气分散度增大。

（3）火焰信号失去报警，机组跳闸。

2. 原因

(1) 三个以上火焰探测器故障。

(2) 火焰探测控制系统故障。

(3) 燃烧切换过程中，燃烧不稳定造成熄火。

(4) 燃气中断。

(5) 燃料华白指数变化，燃烧不稳。

(6) 燃烧室部件损坏。

3. 处理

(1) 按紧急停机处理。

(2) 检查有无其他跳机故障。

(3) 检查燃料控制阀和燃料压力。

(4) 检查燃料供应系统。

(5) 检查燃烧室、火焰筒、燃料喷嘴及联焰管是否损坏。

(6) 检查火焰探测器工作是否正常。

(三) 燃气轮机火灾保护

1. 现象

(1) 机组火警探测器检测到火灾。

(2) 二氧化碳灭火保护系统自动动作，机组自动跳闸。

(3) 着火间警铃鸣响，机组自动紧急停机，各风机停运，各挡板关闭。

2. 处理

(1) 检查机组保护动作跳闸，若机组未跳闸应立即手动紧急停机。

(2) 在巡查中发现机舱内着火而 CO_2 灭火系统没有投运，应立即就近在 CO_2 储存罐上或机组舱门上进行手动排放操作，喷射 CO_2 灭火。此时机组应自动紧急停机，否则应立即手动紧急停机。同时确认所有风机自动跳闸，所有百叶窗自动关闭。

(3) 隔断与天然气前置模块管道联系，将天然气过滤器出口手动隔离阀后天然气泄压至零，防止燃气轮机天然气外漏引起的爆炸。

(4) 立即拨打 119 报警，告知着火地点、性质、情况；及时通知值长、运行部及有关领导。

(5) 在专职消防队员未到达前应监视火势和 CO_2 灭火系统运行情况。

(6) CO_2 灭火保护系统动作后重新投入时需系统复位，包括所有挡板和 CO_2 释放机构。

(7) 保护动作后，燃气轮机重新启动前盘车应投运 4h 以上，并检查动静摩擦无异常。

(四) 压气机喘振

1. 喘振现象

空气流量出现波动，忽大忽小，压力时高时低，伴随低频的怒吼声响，同时机组产生强烈的振动。

2. 原因

压气机空气流量减少，流通部分产生旋转失速，进一步发展为喘振现象。

3. 处理

（1）检查发现压气机喘振，立即手动紧急停机。

（2）燃气轮机熄火后，检查相关参数是否正常。

4. 防范措施

（1）启动中检查 IGV 动作是否正常。

（2）启动中检查防喘放气阀动作是否正常。

（3）及时进行水洗操作。

（4）关注压气机进气滤网差压变化。

（五）天然气泄漏

1. 现象

（1）不着火时，泄漏气体将形成高速气体射流，同时产生剧烈、刺耳的噪声，遇到点火源可能着火或条件具备时发生爆炸的气云。

（2）如果气体泄漏时着火，则会形成热辐射及破坏性很强的喷射火，同时也会伴有强烈的噪声。

2. 处理

（1）立即关闭天然气调压站入口紧急关断阀，同时将情况通知上游天然气站要求将其阀门关断。

（2）通知厂内专职消防队。

（3）向厂应急指挥部总指挥报告，启动相应的应急预案。

（4）值长安排现场人员做好相关隔离，禁止人员进入危险区域。

（5）做好相关机组的安全停运。

（六）燃气轮机轮间温度超限

1. 现象

机组报"WHEELSPACE TEMP DIFFENTIAL HIGH"。

2. 原因

（1）冷却空气管线阻塞。

（2）燃气轮机密封磨损。

（3）燃气轮机定子变形过大。

（4）热电偶故障。

（5）燃烧系统故障。

（6）外部管道泄漏。

3. 处理

（1）通知检修检查轮间温度测点。

（2）如非测点问题，立即减负荷停机，并通知相关部门做进一步分析。

（七）燃烧故障

1. 燃烧故障的一般现象

（1）控制系统发一个或多个燃烧故障报警。

（2）至少有一个排气热电偶开路或反馈明显故障。

（3）排气分散度高于正常运行值。

（4）排烟颜色异常。

（5）排烟 NO_x 指标异常。

2. 燃烧故障的原因

（1）排气热电偶故障。

（2）燃烧筒或过渡段损坏。

（3）燃气喷嘴故障。

（4）燃气调节阀或速比阀控制失灵。

3. 燃烧故障事故处理

（1）检查发现燃气轮机排烟异常，立即汇报值长，由值长汇报有关领导，联系调度申请故障停机；情况严重可立即紧急停机。

（2）及时保存各相关页面：各排气热电偶反馈数值、排气分散度、压气机排气温度和排气压力、燃气压力及燃气控制页面。

（3）若确证某一排气热电偶故障，及时联系检修处理。

（4）遇到情况不明的燃烧系统故障报警，应立即向调度申请停机，汇报有关领导。

（5）配合检修根据主机厂家有关技术规定进行燃烧系统的检查。

第七章　联合循环机组概述

第一节　联合循环机组应用现状

联合循环是将燃气轮机与汽轮机相结合的一种发电方式，将燃气轮机循环与汽轮机循环组合成一个整体热力循环（燃气轮机的布雷顿循环与汽轮机的朗肯循环），两者组合称为"燃气-蒸汽联合循环"，简称"联合循环"。联合循环技术将具有较高初温的燃气轮机与具较低排汽温度的汽轮机有机结合起来，实现取长补短、能源梯级利用，从而达到提高发电效率，减少能源浪费的目的，是当今能源利用的先进技术之一，目前已经在许多国家得到了广泛应用。它不仅可以用于发电厂，还可以应用于石化、冶金、化工等工业领域。

一、国内气电发展情况

（一）起步期（2003 年以前）

我国的天然气发电起始于 20 世纪 60 年代，但总体发展速度缓慢。20 世纪 90 年代到 21 世纪初，我国东部沿海地区缺电严重，广东、浙江等地上了一批燃气电厂，在特定的时期发挥了特定的作用，主要以 9E 和 6B 等燃气轮机为主。这一阶段发展缓慢，2003 年以前全国天然气发电总装机容量不足 300 万 kW。

（二）发展期（2003—2013 年）

随着西气东输工程启动及我国加大进口液化天然气，天然气发电的战略地位凸显，国家开始从战略高度重视天然气利用及燃气轮机发展。2003 年国家启动燃气轮机打捆招标，希望以市场换技术（主要是 F 级技术）。彼时国际上重型燃气轮机巨头 GE、西门子、三菱，通过其国内合作伙伴哈汽、上汽、东汽，抢滩登陆中国巨大的燃气轮机新兴市场。然而燃气轮机打捆招标并没有达到预期的以市场换技术效果，我国天然气发电产业核心技术仍受制于人。尽管如此，这一时期我国天然气发电机组在发电设备中的比重实现了大幅提升。到 2013 年底，全国天然气发电装机容量为 4250 万 kW，占全国发电总装机容量的 3.4%。

（三）成长期（2014 年以来）

在燃气轮机制造方面，国家开始把重心放到自主研发上。首先是加强更深入的技术引进。2014 年上海电气集团收购了安萨尔多，逐渐实现了 F 级、H 级燃气轮机的国产化，加强了对重型燃气轮机的研发投入。2016 年燃气轮机重大专项在国内正式启动，国内组织了三大燃气轮机厂联合国家电投共同成立了联合重燃，攻克了 F 级燃气轮机设计制造技术。2014 年以来我国天然气发电机组从研发、制造技术到产品销量都获得了成长。随着天然气发电的优势日益凸显，以及我国"双碳"目标等政策的颁布，我国天然气发电行业逐渐进入快速发展阶段，天然气发电机组容量飞速提升，到 2022 年底，我国天然气发电装机容量达到 1.1 亿 kW，预计 2025 达到 1.5 亿 kW 左右。

二、国内气电区域分布

我国燃气发电装机容量快速提升，气电装机总容量已超过 1 亿 kW，装机容量占我国电源总装机容量的 4.6%，增速逐步趋稳。由于燃气发电成本较高，我国燃气发电机组主要分布在京津冀、长三角、珠三角等经济发达地区。

截至 2022 年底，广东省已投产燃气轮机装机容量达到 3307 万 kW，位居全国第一；江苏省投产装机容量 2018 万 kW，位居第二。国内华东区域燃气轮机装机最多，占总装机容量的 40%，华南区域次之，占比 35%，华北区域占比 17%，华中和西北、东北区域气电较少。京津冀所在的华北地区、长三角的华东区域以及珠三角所在华南地区经济条件较好，气电消纳能力强，西气东输、俄罗斯管线等主干天然气管道密集，且有沿海 LNG 港口作为支撑，气源相对充足，为燃气发电的快速发展创造了条件。我国燃气轮机装机容量排名前十的省份，见表 7-1。

表 7-1　2022 年省份燃气轮机装机容量汇总表（排名前十）

序号	省（直辖市、自治区）	台数	装机容量（MW）	区域	备注
1	广东	112	33 078	华南	
2	江苏	77	20 185	华东	
3	浙江	45	11 447	华东	
4	北京	28	10 500	华北	
5	上海	31	8450	华东	
6	天津	13	4669	华北	
7	香港	20	4358	华南	不完全统计
8	福建	12	4120	华东	
9	河南	10	3560	华中	
10	山西	8	2408	华北	

三、国内气电主机市场

目前，我国燃气轮机领域主要的研制力量分别来自航发、船舶、机械等工业部门和科研院所。在我国气电设备市场，竞争格局是典型的 3 加 1，即上海电气、东方电气、哈尔滨电气外加南京汽轮机电机。四家公司又在市场换技术的政策下与外资公司捆绑招标，其中上海电气结对意大利安萨尔多，东方电气结对日本三菱，哈电与南汽则与美国GE合作。

（一）燃气发电机组呈现出良好的发展势头

截至2021年12月30日，国内涉及燃气发电项目50MW＋的总数为469座，其中包含334座天然气发电厂，135座天然气分布式能源站。这些燃气发电项目中的424座以天然气为主燃料，44座以煤气为主燃料。

（二）重型燃气轮机发电市场占比

截至2019年，全球发电用的重型燃气轮机市场份额，美国通用电气以近50％的占比夺得首位；其次是德国西门子，市场份额27％；日本三菱占据13％，意大利安萨尔多占据6.5％。根据《中国燃气轮机市场调研报告2023—2029》显示，中国燃气轮机市场前三名依次为GE、三菱和西门子。中国燃气轮机市场占有率见图7-1。

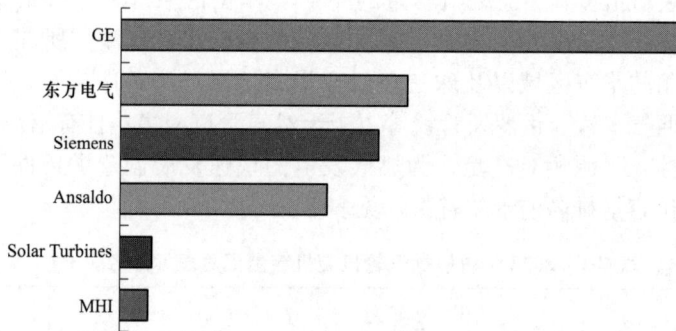

图7-1 中国燃气轮机市场占有率

数据摘自QY Research最新报告"中国燃气轮机市场研究报告2023—2029。"

（三）余热锅炉市场占比

自2017年以来，国内燃气轮机项目主要集中在长三角和珠三角地区，尤其在2018—2021年期间，国内9F及以上燃气轮机项目主要集中在珠三角地区，受大湾区基础建设电力需求增加，珠江三角地区燃气轮机市场燃气轮机项目占全国80％以上，至2022年受干旱极端天气影响，四川水电匮乏导致电力紧张，川渝地区利用本土丰富的天然气资源助推本土气电发展，仅2022年一年，川渝地区就招标了4个9H燃气轮机项目，而且新的燃气轮机项目不断核准批复，主要以四川地方能源集团为主。据不完全统计，自2017—2022年期间，国内招标9F及以上项目共计98台，其中东锅中标41台，市场占有率达到41.8％；西子洁能中标36台，市场占有率为36.7％；无锡华光中标12台，占有率为12.2％；上海锅炉厂中标9台，占有率为9.2％。

第二节 燃气-蒸汽联合循环机组类型

燃气-蒸汽联合循环机组按主设备分类主要由燃气轮机、余热锅炉、汽轮机组成。燃气轮机用可燃气体（如天然气、焦炉煤气、高炉煤气或煤层气），通过高温、高压空气做功发电；余热锅炉，其热源为燃气轮机的排气，因此称为余热锅炉，其产生的蒸汽按汽轮机来匹配；汽轮机，利用余热锅炉供给的蒸汽选配汽轮机，既可配纯发电的汽轮发电机组，也可配热电联供的汽轮发电机组。

一、按类型模式划分

燃气-蒸汽联合循环机组类型较多，通常可分为余热锅炉型、整体煤气化联合循环（Integrated Gasification Combined Cycle，IGCC）、给水加热型联合循环、增压流化床联合循环（Pressurized Fluidized Bed Combustion-Combined Cycle，PFBC-CC）、核电站 TD 循环、燃料电池循环等。

二、按轴系配置划分

联合循环机组按轴系配置可分为单轴和多轴。

（一）单轴布置

燃气轮机、发电机和汽轮机的轴系串联成一个轴系，共同驱动同一台发电机。根据发电机在轴系中所处的位置，单轴联合循环机组又分发电机末端布置和发电机中间布置两种形式。

发电机尾置：即燃气轮机＋下排汽汽轮机＋发电机的连接方式；其优点包括：①发电机出线和检修抽转子比较方便。②不设 SSS 离合器，投资小，占地面积小，维护少。发电机尾置也有局限性，包括：①汽轮机在中间，只能采用下排汽高位布置。②无法安装 SSS 离合器，发电机只有燃气轮机和汽轮机都安装完毕后才能投运，而且汽轮机和燃气轮机不能单独停下来检修，相互制约。③正常启动时，汽轮机叶片鼓风发热，需要辅助蒸汽通入低压缸进行冷却，并提供轴封汽。

发电机中置：即燃气轮机＋发电机＋SSS 离合器＋汽轮机的连接方式。其优点包括：①汽轮机位于端部，机组可低位布置，也可高位布置。②设置 SSS 离合器，可实现燃气轮机单循环调试和运行，汽轮机延时慢速启动，改善单轴机组调峰性能。③可优化启动，启动时汽轮机无鼓风发热，不需要冷却蒸汽；汽轮机转子所受的扭矩相对较小，可采用较小尺寸的轴承。发电机中置的局限性包括：①无法轴向抽取发电机转子，发电机检修抽转子时必须横向平移发电机。②增加 SSS 离合器和汽轮机盘车装置，机组占地面积增大，投资增加，SSS 离合器维护工作也相应增加。以 H 级单轴机组为例，除三菱公司的发电机采用尾置式，GE 公司和西门子的发电机均采用中置式。

（二）多轴布置

燃气轮机和汽轮机各自驱动单独的发电机，还有两台或多台燃气轮机和一台汽轮机各配置发电机的三轴及以上的多轴联合循环机组。其优点包括：燃气轮机与汽轮机轴系互不影响，系统调峰灵活性增大，供热可靠性增加。多轴布置的缺点包括：燃气轮机、汽轮机分轴布置，发电机和励磁机系统比单轴系统多一套，占地和投资有所增加，系统也更复杂，世界几大燃气轮机品牌均可按照用户需求进行多轴布置设计。

三、按机组主厂房高、低布置划分

联合循环机组常见的高、低位布置一般可分为：多轴燃气轮机低位＋汽轮机高位布置、多轴燃气轮机高位＋汽轮机均高位布置、单轴高位布置三个方案。

在燃气轮机厂房高位/低位布置方面，高位布置具有占地面积小、在厂检修方便、厂房布置较为美观等优点，但土建成本较高。当燃气轮机高位布置时，进气口一般采用下进气的形式，相比上进气或侧进气，吸风口在下进气时阻力一般可能大于上进气方案，因此投资及运行成本较高。低位布置的优点就是土建成本低，但由于设备均需布置在地面上，且需留有必要的检修空间，因此占地面积较大，在厂检修时空间较紧张、设备布置相对较为紧凑。常见主厂房布置方案主要特点对比见表7-2。

表7-2 主厂房布置方案主要特点对比

序号	条目	方案一 单轴高位 （发电机 中置）	方案二 单轴高位 （发电机 尾置）	方案三 单轴低 （中）位	方案四 多轴，燃机 低，汽机高	方案五 多轴高位	方案六 多轴低位
1	单/双	单轴			多轴		
2	燃机布置	高位	高位	低（中）位	低（中）位	高位	低（中）位
3	吸风口形式	下进气	下进气	侧进气/ 上进气	上进气/ 侧进气	下进气	上进气/ 侧进气
4	发电机出线	—	—	—	上出线	下出线	上出线
5	汽机布置	—	—	—	高位	高位	低位
6	汽机排汽	下排汽	下排汽	侧排汽	下排次	下排汽	轴排汽/ 侧排汽
7	发电机出线	下出线	下出线	上出线	燃机发电机上出线；汽机发电机下出线	燃机发电机、汽机发电机均为下出线	燃机发电机、汽机发电机均为上出线

续表

序号	条目	方案一	方案二	方案三	方案四	方案五	方案六
8	发电机布置	中置	尾置	中置	—	—	—
9	运转层标高	13.7m	15m	6m	燃机房—0m,汽机房—12m	—15m	0m
10	厂家	GE	三菱	西门子	三菱/GE/西门子	三菱/GE	三菱/西门子
11	主要优势	占地小,配套系统简单,厂内检修方便,带3S离合器	占地小,配套系统简单,厂内检修方便	占地小,配套系统简单	供热灵活,厂内检修方便,启动时燃机汽机互不受限	供热灵活,厂内检修方便,启动时燃机汽机互不受限	占地小,供热灵活,厂内检修紧张,启动时燃机汽机互不受限
12	主要缺点	总投资居中,热负荷可能受限,业绩较少	总投资居中,热负荷可能受限,业绩较少	总投资最低,热负荷可能受限,业绩较少,厂内检修空间局促	总投资较高,占地较大,配套系统复杂	总投资最高,占地较大,配套系统复杂	总投资较低,占地较大,配套系统复杂

第三节　联合循环机组工艺流程

联合循环机组包括:燃气-蒸汽联合循环、整体煤气化联合循环、给水加热型联合循环、增压流化床联合循环等不同类型。目前技术最成熟、应用最广泛的仍是燃气-蒸汽联合循环。本书主要针对燃气-蒸汽联合循环机组工艺进行介绍,其具体工艺流程是先将天然气或其他可燃气体经压缩机加压,加压后送至燃烧室的空气混合燃烧,生成高温、高压的气体,经燃气透平机膨胀做功,推动燃气透平带动压缩机和外部负荷高速旋转,并将燃气透平中排出的烟气引至余热锅炉,余热锅炉吸收燃气轮机排出的烟气热量使锅炉内的水变成蒸汽,产生高温、高压蒸汽驱动汽轮机,与燃气透平一起带动发电机发电。

联合循环机组的汽轮机与煤机汽轮机原理基本一致,但是有一个显著区别就是没有回热抽汽,且由于中、低压蒸汽的补入,汽轮机通流部分做功蒸汽的流量逐渐增大。

全世界从事燃气轮机研究、设计、制造、企业有数十家,目前国际上完全掌握重型燃气轮机技术的主要有美国通用电气、德国西门子、日本三菱重工(早期引进美国西屋技术)、意大利安萨尔多等四家企业。目前全球最先进的 9H 级燃气轮机单循环效率已达到 42％左右，其燃气-蒸汽联合循环电站的热效率已经超过 60％，H 级燃气轮机 ISO 工况性能基本参数见表 7-3。

表 7-3　H 级燃气轮机 ISO 工况性能对比表

项目	GE		SIEMENS		三菱	安萨尔多
	9HA.01	9HA.02	SGT5-8000H	SGT5-9000HL	M701JAC	GT36
频率（Hz）	50	50	50	50	50	50
转速（r/min）	3000	3000	3000	3000	3000	3000
简单循环燃机出力（ISO）（MW）	442	550	450	593	500	538
简单循环效率（％）	42.5％	43.3％	＞41.0％	42.8％	43％	42.8％
压气机压比	23	25	21.0	24.0	23	—
燃机发电机冷却方式	水冷/氢冷	水冷/氢冷	氢冷（多轴）/水氢冷（单轴）	水氢冷	水氢冷	水氢冷
燃烧器数量	16	16	16	—	22	
压气机级数	14	14	13	12	15	
透平级数	4	4	4	4	4	
排烟温度（℃）	633	644	630	680	650	626
排烟流量（kg/s）	866	1050	935	1000	899	1028
NO_x，ppm（Baseload，@15％O_2）	25	15	25	25	25	25
CO，ppm（Baseload，@15％O_2）	15	15	15	15	15	15
保证排放的最小燃机负荷（％）	30	30	约50	50	50	20
华白指数范围（％）	+/−15％	+/−15％	+/−5％范围内不影响性能，+/−10％范围内稳定运行	+/−15％	+/−15％	+/−15％
启动时间（热态）（min）	12	12	13	—	30	30
负荷变化速率（MW/min）	8.33％	8.33％	最高55	85	30	25

第八章　联合循环机组基本原理

第一节　燃气-蒸汽联合循环机组概念

燃气-蒸汽联合循环类型较多，通常可分为余热锅炉型、整体煤气化联合循环（Integrated Gasification Combined Cycle，IGCC）、给水加热型、增压流化床联合循环（Pressurized Fluidized Bed Combustion-Combined Cycle，PFBC-CC）、核电站TD循环、燃料电池循环等。

余热锅炉型联合循环是最常见、应用最广泛的循环类型之一，在余热锅炉型联合循环中，燃气轮机布雷顿循环（Brayton cycle）作为顶循环（top cycle），汽轮机朗肯循环（Rankine cycle）作为底循环（bottom cycle），以余热锅炉作为热交换设备，实现燃气循环与蒸汽循环的联合，燃气轮机的布雷顿循环与汽轮机的朗肯循环两者组合，以实现能源梯级利用，达到能源利用效率最大化的目的。

燃气-蒸汽联合循环机组发电是由燃气轮机直接或者和汽轮机共同驱动一台发电机，并将燃气轮机排出的高温烟气送入余热锅炉，利用烟气的热量在余热锅炉中生产出高温高压的蒸汽，再去驱动汽轮发电机组，形成燃气-蒸汽联合循环。联合循环是把两个使用不同工质的独立的动力循环，通过能量交换的形式联合在一起的循环，典型的燃气-蒸汽联合循环如图8-1所示。燃气-蒸汽联合循环技术将具有较高初温的燃气轮机与具较低排汽温度的汽轮机有机结合起来，取长补短，按能量品位高低梯级利用，实现扩容增效，是当今能源利用的先进技术之一。

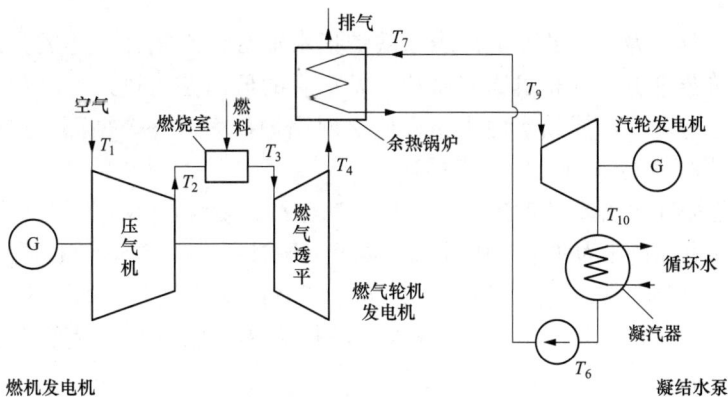

图 8-1　典型燃气-蒸汽联合循环机组示意图

第二节　理论上的动力循环

一、布雷顿循环

燃气轮机循环是一个恒定流动循环，在整个过程中持续不断地增加热能。布雷顿动力循环是以乔治·布雷顿的名字而命名的，是一种能对燃气轮机进行近似估计的理想热动力循环。压气机从大气吸入空气，并把它压缩到一定压力，然后进入燃烧室与喷入的燃料混合、燃烧，形成高温燃气。具有做功能力的高温燃气进入透平膨胀做功，推动透平转子带着压气机一起旋转，从而把燃料中的化学能部分地转变为机械功、燃气在透平中膨胀做功，而其压力和温度都逐渐下降，最后排向大气。图 8-2 对该循环加以了说明，分别以温熵图和压容图进行表述。在这个应用过程中，过程 1→2 是空气在压气机中被等熵压缩，过程 2→3 是空气在燃烧室中与燃料等压混合、燃烧的过程，过程 3→4 是燃气在透平中被等熵膨胀做功，过程 4→1 是透平排气在大气中等压放热的过程。

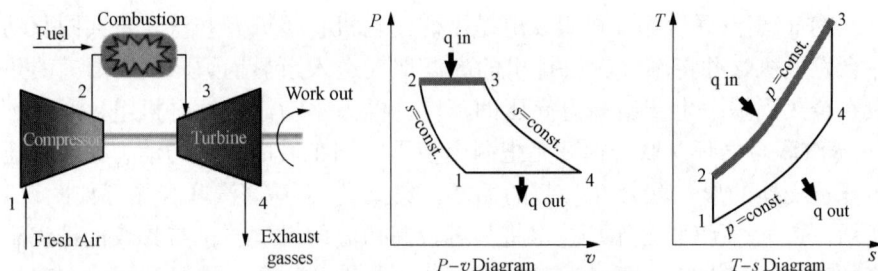

图 8-2　理想的开式布雷顿循环（压容图和温熵图）

二、朗肯循环

以水蒸气为工质的发电厂中，锅炉把水加热、汽化并加热成为过热蒸汽，过热蒸汽进入汽轮机膨胀做功，做功后的低压蒸汽进入冷凝器中冷却凝结成为饱和水，凝结水由水泵升压送回锅炉，完成一个循环。这样组成的汽-水基本循环，称之为朗肯循环。

朗肯循环的主要设备是蒸汽锅炉、汽轮机、凝汽器和给水泵四个部分。朗肯循环可理想化为两个定压过程和两个定熵过程，即定压吸热过程、定熵膨胀过程、定压放热过程、定熵压缩过程，朗肯循环热力流程如图 8-3 所示。

（1）汽轮机（1→2）：蒸汽进入汽轮机绝热膨胀做功将热能转变为机械能。

（2）凝汽器（2→3）：作用是将汽轮机排汽定压下冷却，凝结成饱和水，即凝结。给水泵：作用是将凝结水在水泵中绝热压缩，提升压力后送回锅炉。

（3）锅炉（3→4）：包括省煤器、蒸发器、再热器、过热器等，其作用是将给水定压加热，产生过热蒸汽，通过蒸汽管道，送入汽轮机。

（4）给水泵（4→1）：作用是将凝结水在水泵中绝热压缩，提升压力后送回锅炉。

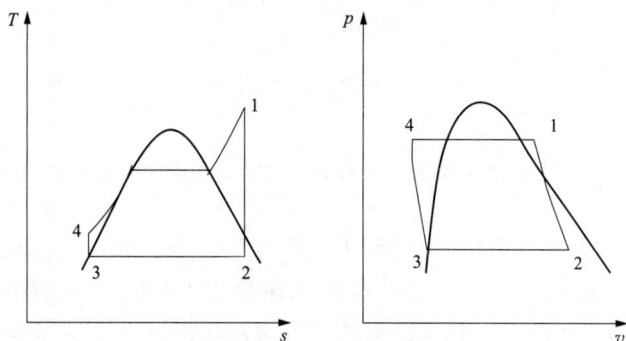

图 8-3 朗肯循环热力过程原理图（温熵图和压容图）

第三节 燃气-蒸汽联合循环机组发电基本原理

大气中的空气经过进气过滤器，进入轴流式压气机增压；压缩后的空气与燃料在燃烧室中混合燃烧，产生高温高压烟气，推动燃气透平做功，透平排气进入余热锅炉，将水加热，产生高温高压蒸汽，推动蒸汽透平做功；燃气透平和蒸汽透平（共同或分别）推动发电机，对外发出电能。

图 8-4 和图 8-5 所示为理想典型余热锅炉型燃气-蒸汽联合循环机组发电热力系统及原理示意图，其中燃气轮机排气通过 HRSG（余热锅炉）传给水的热量为 b-5-4-c-b 构成的图形面积。

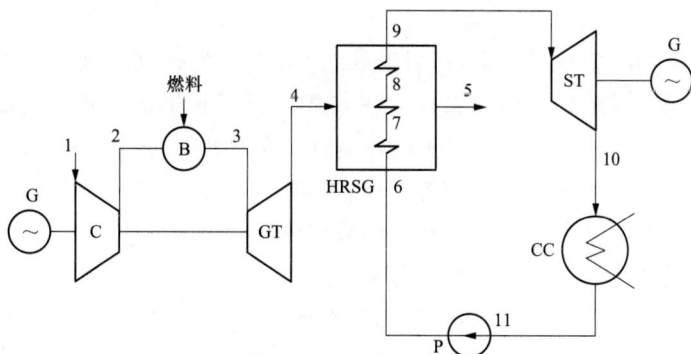

图 8-4 典型余热锅炉型燃气-蒸汽联合循环机组的热力系统图

C—压气机；B—燃烧室；GT—燃气透平；HRSG—余热锅炉；ST—汽轮机；
CC—凝汽器；P—给水泵；G—发电机

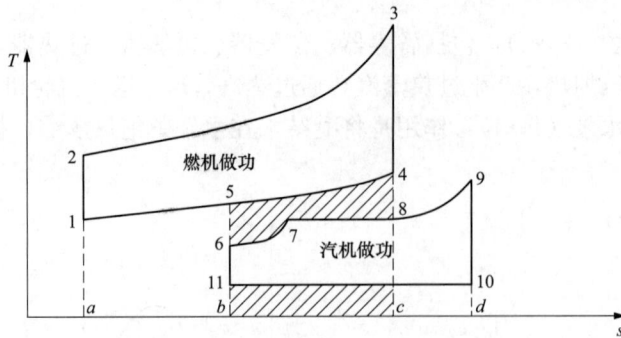

图 8-5　理想典型余热锅炉型燃气-蒸汽联合循环机组的 T-s 图

　　燃气轮机排气通过烟囱释放到外界的热量为 a-1-5-b-a 构成的图形面积，水通过 HRSG（余热锅炉）吸收的热量为 b-5-4-c-b 构成的图形面积，汽轮机做功为 6-7-8-9-10-11-6，水通过凝汽器传给外界的热量为 b-11-10-d-b 构成的图形面积。

　　燃气轮机电站采用联合循环模式，即布雷顿循环和朗肯循环的组合，目前最先进的 H 级联合循环机组最大出力已达 840MW，热效率已达到 64％以上，如果采用背压方式热电联产，热效率能接近 90％。

第四节　燃气-蒸汽联合循环机组供热系统

　　燃气-蒸汽联合循环机组的热力系统主要由燃气循环系统、余热锅炉、汽轮机汽水系统组成。燃气轮机排气排入余热锅炉，余热锅炉产生的蒸汽驱动汽轮机，从汽轮机中压缸末级排出的蒸汽（或抽汽）和低压主蒸汽一起至热网加热器对外供热，或进入低压缸做功发电。供热工况汽轮机可背压运行，也可抽凝运行。汽轮机抽凝或纯凝运行时低压缸排汽进入凝汽器。

　　汽轮机抽凝运行时，来自热网疏水泵升压后的热网疏水在轴封加热器前进入凝结水系统，然后一起送入锅炉尾部低压省煤器，并进入低压汽包兼除氧器。余热锅炉产生的高压过热蒸汽、再热蒸汽分别送入汽轮机的高、中低压缸做功，乏汽排入凝汽器。余热锅炉产生的低压主蒸汽与汽轮机中压缸排汽合并形成采暖供热抽汽至热网加热器，实现对外供热。

　　汽轮机背压运行时，低压缸和凝汽器与系统解列，凝结水前置泵输送系统补水和此时少量进入凝汽器的疏水进入凝结水系统。热网加热器疏水经过热网疏水泵升压后在轴封加热器前进入凝结水系统，经凝结水泵送入锅炉尾部低压省煤器，并进入低压汽包兼除氧器。余热锅炉产生的低压过热蒸汽与全部汽轮机中压缸排汽一起进入热网加热器。

　　汽轮机全切运行时，汽轮机全部主汽门关闭。余热锅炉产生的高压过热蒸汽，经汽轮机高压旁路减温减压后送入再热器，加热生成高温再热蒸汽与中压过热汽混合后经汽轮机中压旁路减温减压后和低压蒸汽一起进入热网加热器。热网加热器疏水经过热网疏水泵升压后进入凝结水系统，送入锅炉尾部低压省煤器，并进入低压汽包兼除氧器。

当汽轮机事故或极端天气等情况下，为保证仍能向城市热网提供热负荷，考虑采用余热锅炉来的蒸汽直接经汽轮机高、中压旁路减温减压后进入热网加热器供汽系统，对热网循环水进行加热。

第五节　联合循环机组能效水平对标

燃气-蒸汽联合循环机组能效指标水平代表着燃气发电企业的能源利用效率，依据中国电力企业联合会科技服务开发中心发布的《电力行业燃气发电机组能效水平对标管理办法》（2022版），通过对燃气发电机组的能效水平进行评估和比较，以确定其在同类产品中的性能表现和优劣程度的一种方法。该方法主要基于燃气发电机组的能源利用效率、排放物排放量、寿命等方面进行评价，适用于H级、E级、F级以及100MW以下燃气发电机组（包含航改机、分布式机组）的能效水平对标。

燃气发电机组能效对标围绕机组的能效、环保、可靠性和技术监督等四部分、九项指标开展。

一、可靠性指标评分

可靠性指标分为等效可用系数、非计划停运两部分评分。评分计算方法如下：

（一）等效可用系数定额完成率得分F_1

$$F_1 = \{15 + (\text{等效可用系数定额完成率} \times 100 - 100) \times \text{运行暴露率}\} \times 0.2$$
$$(8\text{-}1)$$

$$\text{等效可用系数定额完成率} = \frac{\text{等效可用系数实际值}}{\text{等效可用系数定额值}} 100\%\qquad(8\text{-}2)$$

$$\text{等效可用系数定额值} - \begin{cases} \text{EAF}_1 & \text{统计年度无D级及以上计划检} \\ \text{EAF}_2 & \text{统计年度无D级及以上计划检} \end{cases}\qquad(8\text{-}3)$$

EAF统计年度有D级及以上计划检修。

式中　EAF$_1$——无检修的等效可用系数定额基准值，取值见表8-1；

EAF$_2$——有检修的等效可用系数定额基准值，EAF$_2$ = (EAF$_1$ × 100 − 0.2n)/100；

n——统计年度D级及以上计划检修实际天数。

（二）非计划停运定额完成率得分F_2

$$F_2 = \begin{cases} 5 + 0.1 \times (100 - \text{非计划停运次数定额完成率} \times 100) \\ -0.04 \times (\text{非计划停运小时} - \text{非计划停运小时定额值}) \end{cases} \times 0.6$$
$$(8\text{-}4)$$

式中：

$$非计划停运次数定额完成率 = \frac{非计划停运次数实际值}{非计划停运次数定额值} \times 100\%$$

$$非计划停运次数定额值 = 非计划停运次数定额基准值$$

非计划停运小时定额基准值见表 8-1。

表 8-1　机组可靠性评分定额

无检修的等效可用系数定额基准值 EAF_1（%）	非计划停运定额基准值		等效强迫停运率定额基准值（%）	启停可靠度定额基准值（%）
	次数（次/a）	时间（h/a）		
90	2.5	120	1.3	同类机组平值

二、能效指标评分

能效指标分为供电煤耗、厂用电率、发电综合耗水率三部分评分。评分计算方法如下：

（一）机组供电煤耗得分 F_5

（1）供电煤耗定额值 = 同类型机组供电煤耗平均值 × $(1 + S_2 + S_3)$

$$F_5 = 40 + (供电煤耗定额值 - 供电煤耗计算值) \times 2 \qquad (8\text{-}5)$$

式中：

S_2 为机组出力系数修正系数：

$$S_2 = \begin{cases} 0 & 运行负荷率\ L_f > 0.8 \\ 0.06（暂定）\times(0.8 - L_f) & 运行负荷率\ L_f < 0.8 \end{cases}$$

S_3 为机组年内启动次数修正系数，$S_3 = 启动次数 \times 0.000\ 08$。

（2）供电煤耗计算值 = 供电煤耗值 $- 3.6 \times$（$20 \times$ 工业热热电比 $+ 23 \times$ 采暖热热电比）

$$供电煤耗值 = \frac{全年用标煤量}{供电量} = \frac{全年发电用标煤量 + 全年供热用标煤量}{供电量}$$

式中：全年用标煤量指按实际气耗量和其低位发热量正平衡计算折算到 29 308kJ/kg 标准煤得到的燃气轮机用标煤量，包括发电和供热用标煤量。

热电比指统计期内电厂向外供出的热量与供电量的比值。

$$工业热热电比 = \frac{全年工业供热量}{全年机组供电量}$$

$$采暖热热电比 = \frac{全年采暖供热量}{全年机组供电量}$$

注：

（1）单位为 GJ/MWh。

（2）工业供热终端用户为工业企业、采暖供热终端用户为居民。

（3）纯凝机组：有两台同类型机组以上的电厂（所有机组必须同时报送），在机组出力系数、燃气品质相同或相近条件下，机组供电煤耗相差 5g/kWh 以上或机组同比下降 5g/kWh 以上且上年度或本年度无重大节能改造时，取全厂同类型机组的供电煤耗平均值作为对标数据。供热机组：热电比增加 10%，在纯凝机组基础上，机组供电煤耗差距可以增加 2g/kWh。

（二）厂用电率得分 F_6

$$F_6 = 5 + (\text{直接厂用电率定额值} - \text{直接厂用电率}) \times S_4 \qquad (8\text{-}6)$$

式中：厂用电率定额值＝同类型机组厂用电率平均值。

S_4 为厂用电率比例系数，原则上使最好或最差机组与平均值相差 2 分左右，暂定为 $S_4 = 4$。

（三）发电综合耗水率得分 F_7

$$F_7 = 5 + (\text{发电综合耗水率定额值} - \text{发电综合耗水率}) \times S_5 \qquad (8\text{-}7)$$

注：

（1）发电综合耗水率定额值取同类型机组（闭式循环和开式循环不同方式下）发电综合耗水率平均值。

（2）S_5 为发电综合水耗率比例系数，原则上使最好或最差机组与平均值相差 2 分左右，暂定闭式循环为 $S_5 = 2$，开式循环为 $S_5 = 20$。

（3）此项最低得分为 0 分。

（4）循环水介质既有淡水又有中水的计算方法：发电综合耗水率完成值＝（中水量×0.7＋淡水量）/发电量。

三、环保指标评分

环保指标评分取氮氧化物排放绩效指标进行计算，评分计算方法如下：

$$
\begin{aligned}
\text{氮氧化物排放绩效得分} \ F_8 = {} & 10 + (\text{氮氧化物排放绩效基准值} - \\
& \text{氮氧化物排放绩效实际值}) \times S_6
\end{aligned}
$$

$$(8\text{-}8)$$

注：

（1）氮氧化物排放绩效指单位发电量氮氧化物排放量（g/kWh）。

（2）单位发电量氮氧化物排放绩效基准值＝前两年同类型机组氮氧化物排放绩效平均值。

（3）S_6 为氮氧化物排放绩效比例系数，原则上使最好或最差机组与平均值相差 2 分左右，暂定 $S_6 = 20$。

（4）环保指标以当地环保局监测指标为准。

（5）生态环境部、各地环保督察中心对发电企业本年度的氮氧化物排放情况进行通报的企业，环保部分不得分。

四、技术监督指标评分

技术监督分为化学监督、热控监督及继电保护监督三部分评分。评分计算方法如下：

（1）化学监督指标（汽水品质总合格率得分 F_9）：

$$F_9 = (汽水品质总合格率 \times 100 - 98) \times 1.5 \tag{8-9}$$

式（8-9）说明：汽水品质合格率 $= \dfrac{汽水品格合格次数}{全部取样测定次数} \times 100\%$

汽水品质合格率低于 98％不得分。

（2）热控监督指标（热工保护装置投入率得分 F_{10}）

$$F_{10} = (热工保护装置投入率 \times 100 - 98) \times 1.5 \tag{8-10}$$

热工保护投入率低于 98％不得分。

（3）继电保护监督指标（继电保护运作正确率得分 F_{11}）

$$F_{11} = (继电保护动作正确率 \times 100 - 98) \times 1.5 \tag{8-11}$$

继电保护动作正确率低于 98％不得分。

五、标杆和达标机组确定

（1）标杆机组：达到该对标类别机组能效指标前 20％平均值以上的机组为能效对标标杆机组。

（2）达标机组：达到该对标类别全部机组能效指标平均值的机组为能效对标达标机组。

原则上，各类型燃气发电机组对标优胜机组数量为参与对标机组总数的 20％，对优胜机组各项指标累计竞赛得分后排序，按 1：2：3 的比例，确定 AAAAA、AAAA、AAA 级机组。

第六节　联合循环机组主要性能指标

一、燃气-蒸汽联合循环机组功率

燃气-蒸汽联合循环机组功率是指联合循环中燃气轮机、汽轮机两部分输出功率之和，即

$$P_{cc} = P_{GT} + P_{ST} \tag{8-12}$$

式中　P_{cc}——燃气-蒸汽联合循环功率，kW；

　　　P_{GT}——联合循环中燃气轮机出线端电功率，kW；

　　　P_{ST}——联合循环中汽轮发电机出线端电功率，kW。

二、联合循环机组蒸燃功比

联合循环机组蒸燃功比是指联合循环中汽轮机所输出的功率占燃气轮

机所输出功率的百分率，即

$$\zeta_{zr} = \frac{P_{ST}}{P_{GT}} \times 100 \tag{8-13}$$

式中　ζ_{zr}——联合循环蒸燃功比，%。

三、联合循环机组蒸功百分率

联合循环机组蒸功百分率是指联合循环中汽轮机的输出占联合循环总功率的百分率，即

$$\lambda_{zg} = \frac{P_{ST}}{P_{cc}} \times 100 \tag{8-14}$$

式中　λ_{zg}——联合循环蒸功百分率，%。

四、联合循环机组投入率

联合循环机组投入率是指多轴联合循环中当燃气轮机运行时，余热锅炉累计运行时间与燃气轮机累计运行时间的百分比（%），即

联合循环投入率＝余热锅炉累计运行小时数/燃气轮机累计运行小时数×100

五、联合循环机组热耗率

联合循环机组热耗率是指联合循环机组发电热耗量与其输出功率的比值，即

$$q_{cc} = \frac{3600 G_f Q_{ar,net}}{P_{cc}} \tag{8-15}$$

式中　q_{cc}——联合循环机组的热耗率，kJ/（kW·h）；

　　G_f——燃料消耗量，（kg/h）；

　$Q_{ar,net}$——燃料低位发热量，（kJ/kg）。

六、燃气-蒸汽联合循环机组热效率

燃气 蒸汽联合循环机组热效率是指联合循环发电机组发电量的相当热量与供给燃料热耗量的百分比，即

$$\eta_{cc} = \frac{P_{cc}}{G_f Q_{ar,net}} \tag{8-16}$$

由于联合循环将燃气轮机循环和汽轮机循环组合在一起，其效率还可以表示为

$$\eta_{cc} = \eta_{GT} + (1 - \eta_{GT}) \eta_{HRSG} \eta_{ST}$$

式中　η_{cc}——燃气-蒸汽联合循环机组的热效率，%；

　　η_{GT}——燃气轮发电机组的热效率，%；

　　η_{ST}——汽轮发电机组的热效率，%；

η_{HRSG}——余热锅炉的当量热效率，%。

七、热电比

热电比是指统计期内电厂向外供出的热量与供电量当量热量的百分比。

$$热电比 = \frac{供热量}{供电量 \times 3600(kJ)/(kWh)} \times 100\% \qquad (8\text{-}17)$$

供热量单位：kJ，供电量单位：kWh。

八、供电煤耗

供电煤耗指火力发电机组每供出 1kWh 电能平均耗用的标准煤量。它是综合计算了发电煤耗及厂用电率水平的消耗指标。因此，供电标准煤耗综合反映火电厂生产单位产品的能源消耗水平。计算公式为：

$$供电标准煤耗 = \frac{发电标准煤量(gce)}{发电量(kWh) - 发电厂用电量(kWh)} \qquad (8\text{-}18)$$

注：

（1）标准煤量定义为统计期内用于生产所耗用燃料量折算至标准煤的燃料量。

（2）供电煤耗与供电气耗的折算公式为：

$$供电煤耗 = \frac{供电气耗 \times 密度 \times 1000 \times 燃料热值}{标煤热值} \qquad (8\text{-}19)$$

九、厂用电率

（一）纯凝汽电厂厂用电率

$$L_{cy} = \frac{W_{cy}}{W_f} \times 100\% = \frac{W_h - W_{kc}}{W_f} \times 100\% \qquad (8\text{-}20)$$

式中　L_{cy}——厂用电率，%；

　　　W_f——统计期内的发电量，kWh；

　　　W_{cy}——统计期内的厂用电量，kWh；

　　　W_h——统计期内的总耗用电量，kWh；

　　　W_{kc}——统计期内按规定应扣除的电量，kWh。

下列用电量不能计入厂用电的计算：

（1）新设备或大修后设备的烘炉、煮炉、暖机、空载运行的电力消耗量。

（2）设备在未移交生产前的带负荷试运行期间耗用的电量。

（3）计划大修以及基建、更改工程施工用的电量。

（4）发电机作调相运行时耗用的电量。

（5）厂外运输用自备机车、船舶等耗用的电量。

（6）输配电用的升、降压变压器（不包括厂用电变压器）、变波机、调相机等消耗的电量。

（7）修配车间、车库、副业、综合利用及非生产用（食堂、宿舍、幼儿园、学校、医院、服务公司和办公室等）的电量。

（二）供热电厂生产厂用电率

$$L_{rcy} = \frac{W_r}{W_{fd}} \times 100\% \qquad (8-21)$$

$$W_r = \frac{a}{100}(W_{cy} - W_{cf} - W_{cr}) + W_{cr} \qquad (8-22)$$

式中　L_{rcy}——供热厂用电率，%；

$\quad\quad W_r$——供热耗用的厂用电量，kWh；

$\quad\quad W_{fd}$——机组总发电量，kWh；

$\quad\quad W_{cf}$——纯发电用的厂用电量，如循环水泵、凝结水泵等只与发电有关的设备用电量，kWh；

$\quad\quad W_{cr}$——纯热网用的厂用电量，如热网泵等只与供热有关的设备用电量，kWh。

（三）发电厂用电率

$$L_{fcy} = \frac{W_d}{W_f} \times 100\% \qquad (8-23)$$

$$W_d = W_{cy} - W_{kc} - W_r \qquad (8-24)$$

式中　L_{fcy}——发电厂用电率，%；

$\quad\quad W_d$——发电用的厂用电量，kWh。

（四）综合厂用电率

综合厂用电率是指全厂发电量与上网电量的差值与全厂发电量的比值，即

$$L_{zh} = \frac{W_f - W_{gk} + W_{wg}}{W_f} \times 100\% \qquad (8-25)$$

式中　W_{wg}——全厂的外购电量，kWh；

$\quad\quad W_{gk}$——全厂的关口电量，kWh。

注：能效对标及机组技术评比的厂用电率以单元机组发电厂用电率进行统计（包括脱硫外委的厂用电率）。

第九章 联合循环机组余热锅炉设备及系统

第一节 概 述

利用各种工业过程中的废气、废料或废液中的显热或（和）其可燃物质燃烧后产生的热量的锅炉，或在燃油（或燃气）的联合循环机组中，利用从燃气轮机排出的高温烟气热量的锅炉，统称为余热锅炉。

一、联合循环机组余热锅炉的基本原理

由于燃气轮机的排气温度高达 600℃，排气流量也较大，因而有大量的热能随着高温燃气排入大气。而对于蒸汽动力循环（朗肯循环）来说，由于材料耐温、耐压程度的限制，余热锅炉进汽温度一般为 540~560℃，但是蒸汽动力循环放热平均温度很低，一般为 30~38℃。由于燃气轮机的排气温度正好与朗肯循环的最高温度相接近，如果将两者结合起来，互相取长补短，就可以形成一种工质初始工作温度高而最终放热温度低的燃气-蒸汽联合循环。这种循环也可概括地称为总能系统，在系统中能源从高品位到中低品位被逐级利用，形成能源的阶级利用，从而提高机组的热效率。余热锅炉正是为了有效利用这些能量而产生的。

余热锅炉通常由省煤器、蒸发器、过热器等换热面和汽包等设备组成，单压无再热的余热锅炉如图 9-1 所示。省煤器的作用是将给水加热到接近饱和，蒸发器的作用是使给水发生相变并变成为饱和蒸汽，而过热器的作用是将饱和蒸汽加热成为过热蒸汽。在有再热的蒸汽循环中，余热锅炉还设有再热器，将冷再热蒸汽加热到给定的再热温度。

图 9-1 所示的余热锅炉中的传热量 Q 与烟气和汽水温度 T 之间的关系如图 9-2 所示。在烟气侧，由于比热容近似等于常数，所以温度与放热量之

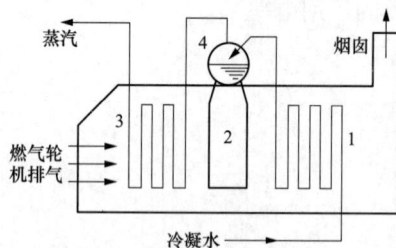

图 9-1 单压无再热余热锅炉的汽水系统
1—省煤器；2—蒸发器；3—过热器；4—汽包

184

间可看作是线性关系。在汽水侧，给水在省煤器中被加热和蒸汽在过热器中被加热时，温度与吸热量之间也可看作是线性关系，但在蒸发器中由于是相变过程，温度保持不变。

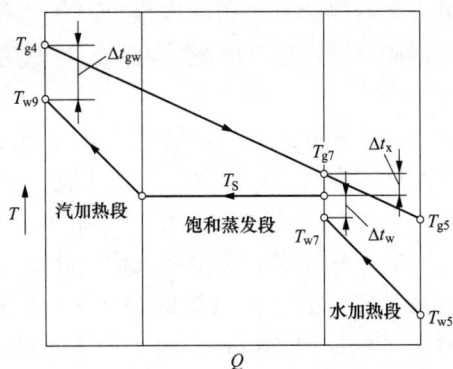

图 9-2 余热锅炉汽水温度关系图

二、余热锅炉的分类

（一）按结构形式分类

1. 卧式布置余热锅炉（如图 9-3 所示）

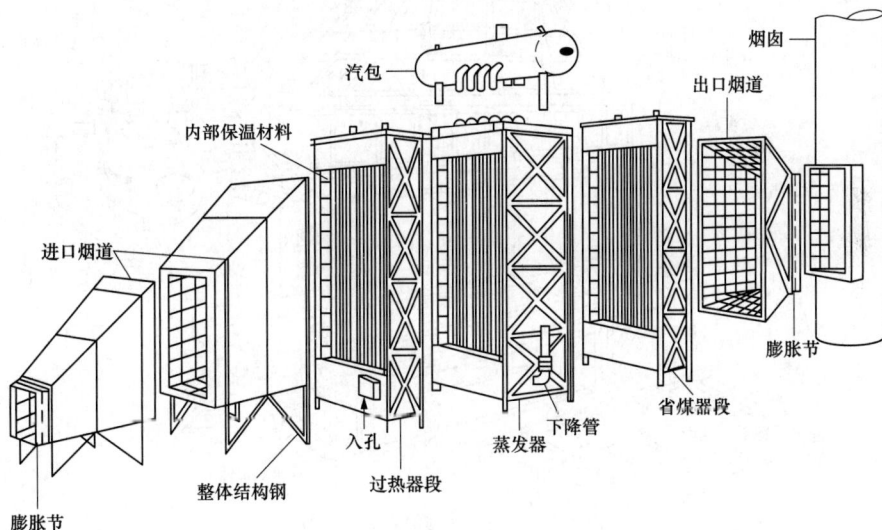

图 9-3 卧式布置余热锅炉示意图

图 9-3 所示的余热锅炉是卧式布置，各级受热面部件的管子是垂直的，烟气横向流过各级受热面。卧式布置的优点是①锅炉重心低，稳定性好，抗风抗震性强；②垂直管束结垢情况比水平管束均匀，不易造成塑性形变和故障，同时也减缓了结垢量而使锅炉性能下降的问题等；③锅炉水容量

大，有较大的蓄热能力，适应负荷变化能力强，热流量不易超过临界值，对燃气轮机排气热力波动的适应性和自平衡能力都强；④自动控制要求相对不高。缺点是①蒸发受热面为立式水管，布置于卧式烟道，因此占地面积大；②锅炉水容量大，启停及变负荷速度慢；③有时不能采用直通烟道，而需要加一些挡板，因此会增加燃气的流动阻力，对燃气轮机的工作不利。

2. 立式布置余热锅炉

图 9-4 所示的余热锅炉是立式布置，各级受热面部件的管子是水平的，各级受热面部件是沿高度方向布置，烟气自下而上流过各级受热面。优点：①烟囱与锅炉合二为一省空间，占地面积小。②结构上便于采用标准化元件和大型模块组件，制造成本和安装费用都较低。缺点：①锅炉重心较高，稳定性较差，不利抗风抗震。②立式余热锅炉必须支撑较重的设备，它的基础很重，需要耗费更多的结构支撑钢。为了便于维护和修理，它需要多层平台（自然循环卧式余热锅炉一般只需要一层平台），阀门和辅件必需布置在不同的标高上，致使操作和维护都很困难。③采用小弯头，制造工艺复杂。

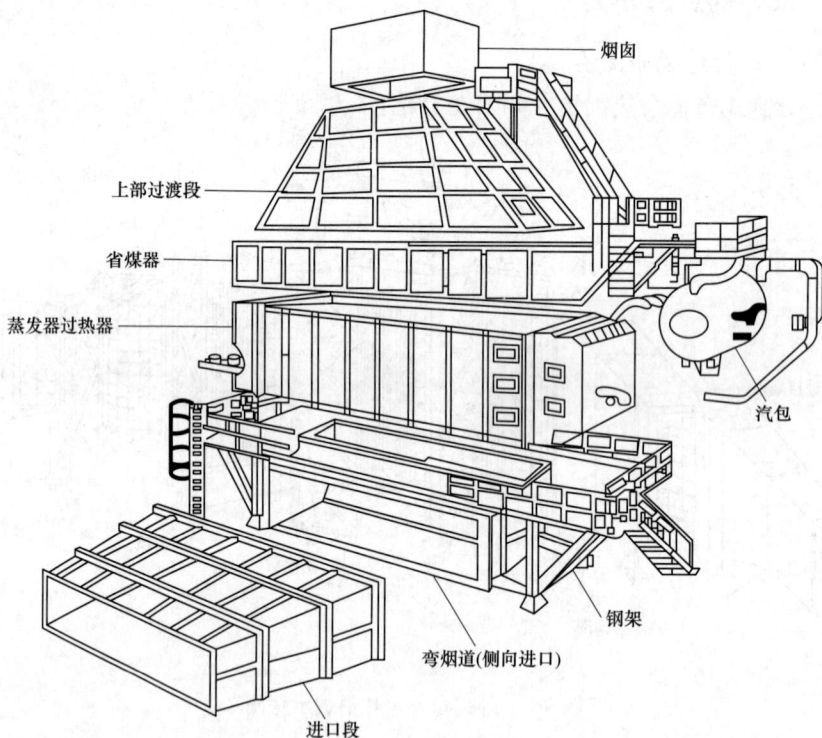

图 9-4 立式布置余热锅炉示意图

某立式余热锅炉如图 9-5 所示。
某卧式余热锅炉如图 9-6 所示。

图 9-5 某立式余热锅炉　　　图 9-6 某卧式余热锅炉

（二）按工质在蒸发受热面中的流动特点（工作原理）分类

（1）自然循环余热锅炉：利用下降管和上升管中工质的密度差实现工质循环的余热锅炉。卧式自然循环余热锅炉示意如图 9-7 所示。

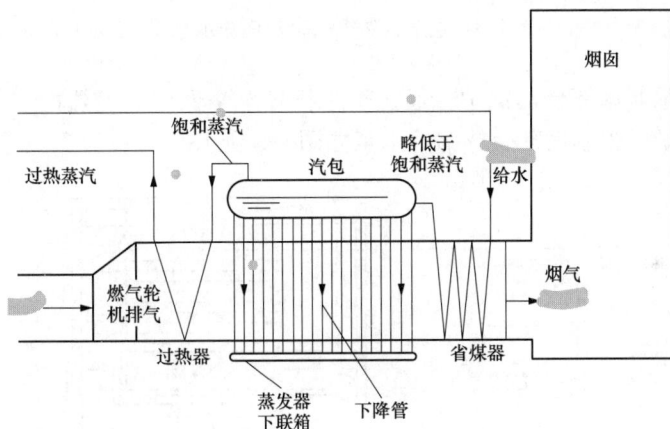

图 9-7 卧式自然循环余热锅炉示意图

在卧式布置的"自然循环"余热锅炉中，全部受热组件面的管束是垂直布置的，锅筒下部装有下降管，下降管与蒸发器的下联箱相连。有些余热锅炉的下降管设在烟道的外面，不吸收烟气的热量。烟道内的直立管束吸收烟气的热量，使管束内的水部分变成蒸汽。由于直立管束内汽水混合物的平均密度要比下降管中水的密度小，故可以利用密度差而形成水循环，即下降管内的水因比较重而向下流动，直立管束内的汽水混合物因比较轻而向上流动，这样就能形成连续的产汽过程。在这种情况下，进入蒸发器的水不需要依靠循环水泵的动力，而是依靠流体工质的重度差而流动，这就是"自然循环"余热锅炉的特点。因此，可以省去循环水泵，使运行维护简化，可靠性高，还可以节约厂用电。

图 9-8 所示为立式布置的自然循环余热锅炉中汽水循环的形成过程。它与强制循环的区别在于用一个带高压喷射器的启动泵来取代强制循环中的循环水泵。在连续运行时,它依靠省煤器中的高压水,通过高压喷射器形成射流,把与高位锅筒相连的下降管中的水抽吸进入喷射器,然后通过水平布置的上升管返回到高位锅筒中去,形成稳定的循环流动。

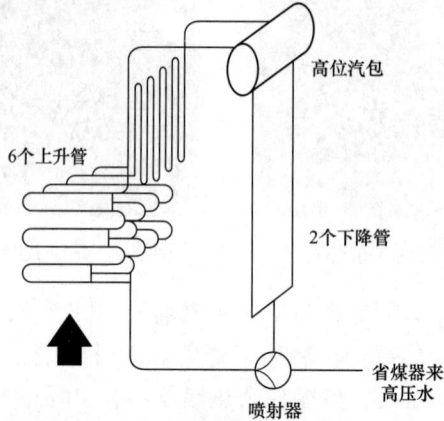

图 9-8 立式自然循环余热锅炉示意图

（2）强制循环余热锅炉：通过炉水循环泵来保证蒸发器内水循环流量的余热锅炉。强制循环余热锅炉示意如图 9-9 所示。

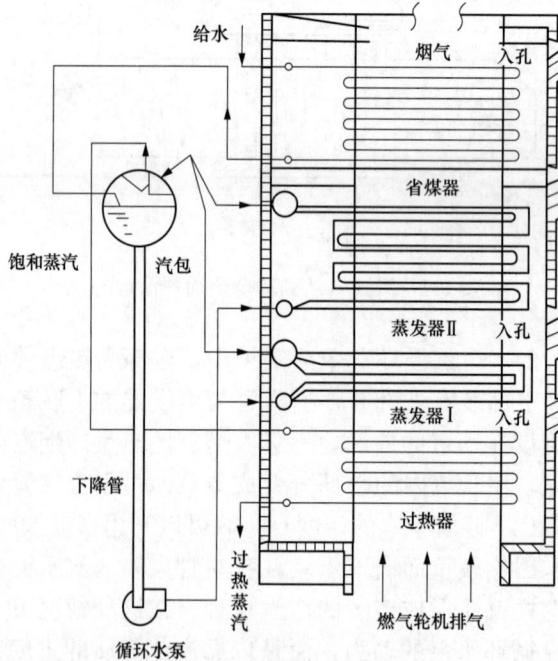

图 9-9 强制循环余热锅炉示意图

在这种余热锅炉中，从汽包下部引出的水经循环水泵加压后，分两路进入蒸发器。水在蒸发器内吸收燃气轮机排气的热量，其中一部分水变成蒸汽，蒸发器内的汽水混合物经导管流回汽包。这种依靠循环水泵产生动力使水作循环流动的锅炉称为强制循环余热锅炉。这种锅炉中各受热面采用小管径管子，质量轻，尺寸小，结构紧凑。在启动或低负荷时可用强制循环的工质来使各承压部件得到均匀加热，锅炉水容量小，升温、升压速率高，启动快，机动性好，负荷调节范围大，适应调峰运行。缺点是必须装设高温锅水循环泵，增加电耗，提高运行费用，且可靠性差（97.5%，而自然循环为 99.95%）。

（三）按余热锅炉烟气侧热源分类

1. 无补燃的余热锅炉

这种余热锅炉单纯回收燃气轮机排气的热量，产生一定压力和温度的蒸汽。

2. 有补燃的余热锅炉

由于燃气轮机排气中含有 14%～18% 的氧，可在余热锅炉的恰当位置安装补燃燃烧器，充天然气和燃油等燃料进行燃烧，提高烟气温度，还可保持蒸汽参数和负荷稳定，以相应提高蒸汽参数和产量，改善联合循环机组的变工况特性。

一般来说，采用无补燃的余热锅炉的联合循环机组效率相对较高。目前，大型联合循环大多采用无补燃的余热锅炉。

（四）从余热锅炉所处的自然环境条件分类

（1）露天布置：余热锅炉布置在室外，设计时要考虑风、雨、冰冻等自然条件对余热锅炉的影响，我国现有的联合循环电厂大多采用露天布置方式，建厂投资比较经济。

（2）室内布置：余热锅炉布置在室内，对于自然环境恶劣的地区而言，余热锅炉宜布置在室内，这样能改善运行的安全性和可靠性，并便于维护，但建厂投资较大。

（五）按余热锅炉产生的蒸汽的压力等级分类

目前余热锅炉采用有单压、双压、双压再热、三压、三压再热等五大类的汽水系统。

（1）单压级余热锅炉。余热锅炉只生产一种压力的蒸汽供给汽轮机。

（2）双压或多压级余热锅炉。余热锅炉能生产两种不同压力或多种不同压力的蒸汽供给汽轮机。

三、联合循环机组余热锅炉特点

（一）热力特性变化大，燃气侧与蒸汽侧变化不协调

常规锅炉的热源是由燃料直接燃烧产生的，而余热锅炉的热源与燃烧不直接相关，它可能是高温烟气余热，也可能是化学反应余热、可燃废气

余热，甚至可以是高温产品余热等。联合循环机组中使用的是气体或液体燃料，基本上没有粉尘，一般不考虑磨损问题。由于燃气轮机负荷总在不断变动，其排气温度和流量经常发生较大的变化，又是在温度变化范围比较宽（−10～40℃）的大气环境中运行，所以余热锅炉在运行中热力参数和性能也经常发生较大变化。

余热锅炉变工况运行时，蒸汽侧的热力参数通常要求比较稳定，即使是滑压运行，变动量也不是很大的，且还需要满足工程上和热力学上的约束条件，如省煤器不能出现汽化现象、排烟温度不能低于露点等。但燃气侧随燃气轮机变工况变化快，这使得变工况过程中余热锅炉燃气和蒸汽两侧热力变化不协调。

（二）烟气为中温大流量，速度和温度分布不均匀

在联合循环中，余热锅炉的烟气进口温度一般为 500～610℃（无补燃时），或为 700～780℃（补燃时），远低于燃煤锅炉。因此余热锅炉中的换热方式主要是对流传热，辐射传热可以忽略不计，而在常规锅炉中辐射换热量占全部吸热量的 40%～50%，甚至更多。因此，余热锅炉往往要布置比常规锅炉更多的受热面。此外余热锅炉的流量也相对较大，烟气流量与蒸汽流量之比约为 4～10，而常规锅炉一般为 1～1.2。

燃气轮排气是完全发展的紊流，流速和温度都很不均匀，有余热锅炉进口截面上，烟气流速变化有时为（±）400%，温度不均匀度达（±）55℃。因此，余热锅炉中燃气的流速比较高，气流的湍流度大。流速的提高促使对流换热系数提高，有助于对流传热，但同时烟气侧阻力将增加，使燃气轮机背压升高，降低系统的效率。与此同时，也会造成受热面受热不均匀、膨胀不均匀、易振动等，因此，在余热锅炉的设计和运行中需要采取一些有效措施来缓解和消除反复交变的热应力影响。

（三）结构需要适应燃气轮机快速启动的要求

燃气轮机冷态启动仅需 20min 左右，因此余热锅炉也需要具备快速启停的特性。大型联合循环机组更多采用一拖一（即一台燃气轮机、一台余热锅炉、一台汽轮机）、单轴及无旁路烟道的布置方式，燃气-蒸汽联合循环机组在电网中往往承担调峰任务，更要求余热锅炉具有充分的快速启动特性。

余热锅炉适应快速启动，反映在余热锅炉的汽包、受热面、烟道、护板等一系列结构设计上：汽包具有更大的容量尺寸，以适应快速升压升负荷时汽水系统容积突变的问题；汽包水位计应具有较大的量程，充分考虑报警水位和保护水位的需要；受热面采用小管径螺旋鳍片管束，管壁薄、热惯性小；烟道多采用软性的非金属膨胀节等。

（四）多种类型汽水系统

为了降低余热锅炉排烟温度，回收更多的余热，现代大功率燃气-蒸汽联合循环机组一般都采用双压或三压蒸汽系统，即在余热锅炉中除了产生

高压过热蒸汽外，还产生中压或低压过热蒸汽，补入汽轮机的中、低压缸中做功。余热锅炉的蒸汽系统根据技术经济比较，有五种类型（单压、双压、双压再热、三压、三压再热）可供选择。排气温度很高（＞580℃）的燃气轮机，余热锅炉多采用三压再热汽水系统，如图 9-10 所示。这样不仅能选择高的蒸汽参数，而且能使排烟温度比较低，平均传热温差小，但多压系统要处理好不同压力参数匹配优化的问题，如图 9-11 所示。

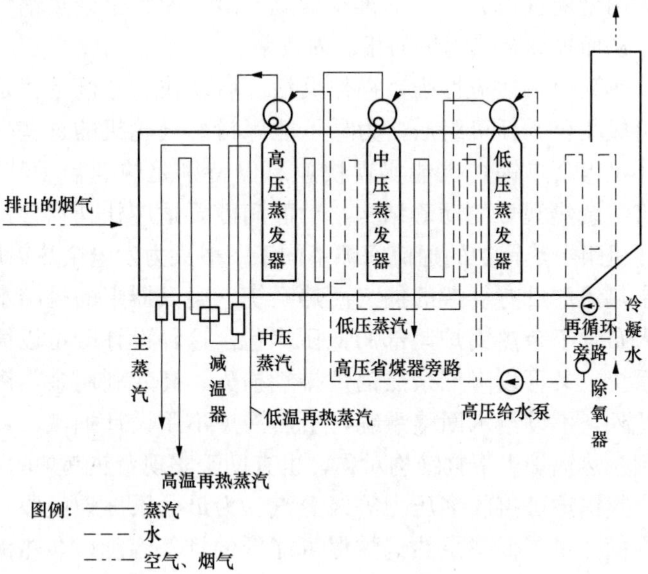

图 9-10 三压再热余热锅炉的汽水系统

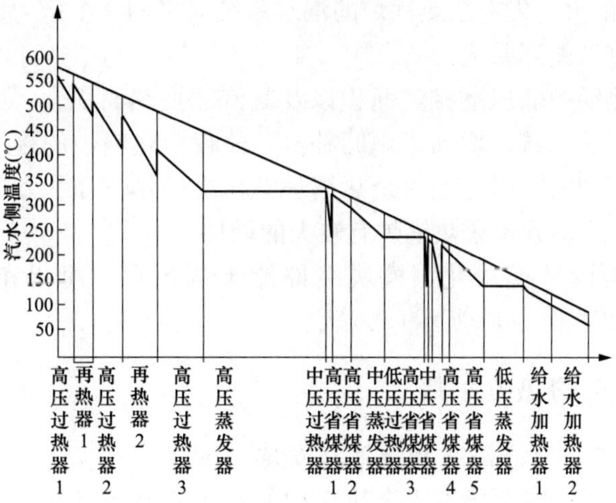

图 9-11 三压再热余热锅炉中传热量与温度之间的关系

联合循环机组余热锅炉与一般燃煤发电厂中使用的余热锅炉的区别，总结起来，有如下一些相同点和不同点，其相同点是：

191

（1）有基本相同的进汽参数和排汽参数，其进汽参数受限于燃气轮机的排气温度。目前联合循环机组余热锅炉进汽参数限于超高压、高压、次高压以及中压。排汽参数则视采用的冷却水温度和流量而定。

（2）余热锅炉没有调节级，采用全周进汽方式。余热锅炉进汽方式因为余热锅炉采取滑压运行方式，进汽压力、进汽流量不需要控制，因此余热锅炉不再采用通常的喷嘴调节方式，而改为节流调节方式。余热锅炉进汽轮机构采用全周进汽方式，不再设置调节级，使整个余热锅炉的通流部分更匀顺，从而提高余热锅炉的相对内效率。

（3）余热锅炉热适应性强，操作灵活。启动快、停机迅速是燃气轮机的优势，组成联合循环机组后，为尽可能保持燃气轮机的这些优势，就要求联合循环机组余热锅炉也能实现快速启停特别是快速启动特性，因此，联合循环机组余热锅炉的动静结构、动静间隙要适应快速启停的要求，所以联合循环机组余热锅炉的通流间隙不同于一般火力发电余热锅炉。

（4）余热锅炉没有复杂的抽汽回热系统。凝汽器中的凝结水经凝结水泵直接进入布置于余热锅炉尾部的低压汽包。这种设计既可以简化余热锅炉的汽水系统，又可以降低余热锅炉排气损失、高效利用余热锅炉排气中的热量；此外，不设给水回热系统，余热锅炉不用设计抽汽口，可以最大限度地做到余热锅炉上下缸结构对称，也有助于实现余热锅炉的快速启停。

（5）余热锅炉可接收多压力等级蒸汽。为最大限度地吸收、利用燃气轮机排气中的热量，保持余热锅炉尽可能低的排气温度，余热锅炉中的汽水系统一般设计成为多压力级（较普遍的采用三压力级）或多压力级再热式的循环方式，这就要求余热锅炉能够接受多种压力级的蒸汽（也称为补汽），不像一般火力发电余热锅炉的汽水系统只采用一个压力级或一个压力级再热式的蒸汽循环系统。

（6）余热锅炉低压缸排汽面积以及凝汽器换热面积大。由于余热锅炉取消了给水回热系统、增加了中间补汽，使得余热锅炉的排汽量比一般火力发电余热锅炉大，因此要求余热锅炉低压缸的排汽面积和凝汽器的换热面积均比一般火力发电余热锅炉有较大的增加。

（7）结构设计模块化，模块组件能集成出厂，简化和便于现场安装（如图 9-12 和图 9-13 所示）。

四、余热锅炉的热力参数

（一）端差、节点温差和接近点温差

余热锅炉的端差是指进入余热锅炉的烟气的温度与流出余热锅炉的过热蒸汽温度之差，记为 Δt_{gw}（如图 9-2 所示）：

$$\Delta t_{gw} = T_{g4} - T_{w9} \tag{9-1}$$

余热锅炉的节点温差（又称之为窄点温差）是指蒸发器出口燃气与被加饱和汽水之间的最小温差，记为 Δt_x（如图 9-2 所示）：

图 9-12 余热锅炉内鳍片管

图 9-13 余热锅炉模块

$$\Delta t_{x} = T_{g7} - T_{s} \tag{9-2}$$

余热锅炉的接近点温差（又称之为欠温）是指锅炉省煤器出口压力下的饱和温度与省煤器出口水温度之差，记为 Δt_{w}（如图 9-2 所示）：

$$\Delta t_{w} = T_{s} - T_{w7} \tag{9-3}$$

（二）效率

对于无补燃的余热锅炉，输出的热量是水和水蒸气在余热锅炉中吸收的热量，输入的热量是燃气轮机排气中可供给余热锅炉使用的热量。余热锅炉效率是指输出的热量与输入的热量之比。设燃气轮机排气的比焓为

h_{g4}，环境温度下烟气的比焓为 h_{g1}，则无补燃余热锅炉效率为：

$$\eta_h = \frac{Q_{st}}{h_{g4} - h_{g1}} \tag{9-4}$$

式中　Q_{st}——单位质量燃气轮机排气所产生的水蒸气在余热锅炉中吸收的热量。

在散热量可忽略不计的情况下，水和水蒸气在余热锅炉中吸收的热量 Q_{st} 就等于烟气在余热锅炉中实际放出的热量（$h_{g4} - h_{g5}$），则无补燃余热锅炉的效率可近似表示为：

$$\eta_h = \frac{h_{g4} - h_{g5}}{h_{g4} - h_{g1}} \tag{9-5}$$

如果再忽略烟气比定压热容随温度的变化，则无补燃余热锅炉的效率可进一步简化为：

$$\eta_h = \frac{c_{pg}(T_{g4} - T_{g5})}{c_{pg}(T_{g4} - T_1)} = \frac{T_{g4} - T_{g5}}{T_{g4} - T_1} \tag{9-6}$$

式中　T_1——环境温度；

　　c_{pg}——烟气的比定压热容；

　　T_{g4}——经加热开始时蒸汽温度；

　　T_{g5}——经加热段结束时蒸汽温度。

此外，根据输入的热量中是否包含燃气轮机排气中所含水蒸气的潜热，余热锅炉的效率还可分为高热值效率和低热值效率。高热值效率中输入的热量中包含燃气轮机排气中所含水蒸气的潜热，低热值效率中输入的热量中不包含燃气轮机排气中所含水蒸气的潜热。在联合循环电厂中，多采用低热值计算余热锅炉效率，目前一般在 0.70~0.90 之间。

对于补燃式余热锅炉，输入的热量中还应包括补充燃料的热量。但在补燃余热锅炉型联合循环系统的分析中，采用式（9-6）计算余热锅炉效率有很多方便之处，所以将它定义为补燃式余热锅炉的当量效率。

（三）影响锅炉效率的主要因素及其选取

1. 余热锅炉排烟温度

在燃气轮机排烟温度和环境温度一定的条件下，由式（9-6）可知排烟温度越低，余热锅炉的效率越高。但在设计制造时，降低排烟温度，需要通过增加余热锅炉的换热面积。这会使余热锅炉制造成本上升，同时增大了烟气侧的流动阻力，引起燃气轮机出力和效率的下降。此外，余热锅炉排烟温度的选取还受到烟气酸露点温度的限制：当烟气中含有 SO_2 时，排烟温度过低，锅炉尾部受热面会受到硫酸腐蚀；当烟气中不含 SO_x 时，则存在着碳酸腐蚀的问题。在燃烧天然气的联合循环机组中，余热锅炉的排烟温度可以选择较低，降至 100℃以下。

2. 余热锅炉端差

当燃气轮机排烟温度给定时，余热锅炉端差决定了主蒸汽温度的高低。

主蒸汽温度选择高，会增加汽轮机的出力，提高联合循环机组的出力和效率；但同时也会使余热锅炉的平均传热温差减小，从而增加余热锅炉的换热面积，增加设备制造成本。因此在经济上存在一个最佳主蒸汽温度，即存在一个经济上最佳的余热锅炉端差。但考虑到变工况下汽轮机的安全性，要求余热锅炉端差不小于30℃。所以，一般要在大于30℃的范围内，通过优化进行选取余热锅炉端差。

3. 余热锅炉节点温差

在其他条件不变时，增大余热锅炉节点温差，余热锅炉的排烟温度就会升高，效率就会降低。但是当余热锅炉节点温差减小时，余热锅炉各换热面的传热温差都会减小，换热面积就要增大，从而使锅炉制造成本升高；同时烟气侧阻力增加，燃气轮机效率下降。因此存在一个经济性最佳的余热锅炉节点温差。研究表明，余热锅炉节点温差的最佳值一般在7~20℃之间。

4. 余热锅炉接近点温差

余热锅炉接近点温差增加时，余热锅炉的循环倍率就会提高，蒸发器的换热面积会而增大，从而增加余热锅炉的制造成本。但是余热锅炉接近点温差选择过小，低负荷工况下或机组启停期间给水可能在省煤器中汽化，会引起省煤器管壁过热、振动等安全问题。因此从机组安全运行和制造成本两个因素综合考虑，余热锅炉接近点温差也存在一个最佳值。研究表明，余热锅炉接近点温差一般在5~20℃之间。

5. 余热锅炉主蒸汽压力

其他条件不变，余热锅炉主蒸汽压力提高，余热锅炉的排烟温度就会升高，余热锅炉效率下降，但蒸汽循环的效率会因压力升高而有所提高。研究表明，存在使联合循环机组效率最大的最佳主蒸汽压力值。从技术上看，主蒸汽压力的高低还要影响汽轮机的排汽湿度，因而影响汽轮机工作的安全性。所以主蒸汽压力的高低还要与主蒸汽温度、汽轮机容量等相匹配。对于多压锅炉，各蒸汽压力的选取需要综合考虑，选取最佳值。

6. 余热锅炉烟气侧流速

余热锅炉中的换热方式主要是对流传热，烟气侧流速的变化会对传热和流动都产生影响。烟气流速增大时，余热锅炉的换热系数会增大，但同时烟气侧的流动阻力也会增加。前者可使换热面积会减小或增加传热量，有利于传热；后者则使燃气轮机的排气压力升高，从而导致燃气轮机出力和效率下降。计算表明，1kPa的压降会使燃气轮机的功率和效率下降0.8%左右。因此，对余热锅炉烟气流速的也要按照整体经济性最优的要求来取值。

第二节　联合循环机组余热锅炉设备

余热锅炉通常由锅炉本体及配套的汽水系统、辅助系统构成。锅炉本体主要由进口烟道、锅炉本体部件、出口烟道及烟囱等组成,其中锅炉本体部件是本章介绍的主要内容。

锅炉本体部件包含各级受热面以及用来支撑、封闭受热面的护板和钢架。多组鳍片管和一定数量的集箱组合起来构成锅炉的受热面单元。受热面的布置数量和方式对锅炉本身的热效率有很大影响。受热面布置多而密,则锅炉吸热量增加,锅炉效率提高,但燃气轮机排气阻力增加,燃气轮机效率下降;反之如果受热面布置少而稀,则锅炉吸热量减少,锅炉效率降低,但燃气轮机排气阻力减少,燃气轮机效率提高。因而锅炉设计需要按照整个联合循环机组热平衡的要求进行反复计算,兼顾锅炉热效率与燃气轮机排气阻力两个互相制约因素,确定最佳的设计方案。

一、余热锅炉的主要设备

汽包是锅炉蒸发设备中的主要部件,是一个汇集锅水和饱和蒸汽的圆筒形容器。汽包作为余热锅炉最重要的辅助设备,接受省煤器来的给水,并向过热器输送饱和蒸汽,成为加热、蒸发、过热三个过程的连接点。

汽包本体是一个圆筒形的钢质受压容器,由筒身和两端的封头组成。筒身由钢板卷制焊接而成,凸形封头用钢板冲压而成,然后两者焊接成一体。封头上开有人孔,以便安装和检修,同时起通风作用。人孔盖一般由汽包里面向外关紧,封头为了保证其强度,常制成椭球形的结构,或制成半球形的结构。汽包通常搁置在锅炉顶部框架上,采用一侧固定,另外一侧可以滑动的支撑形式,便于汽包受热后自由膨胀。

汽包壳体上设置管座,用于连接各种管道,如给水管、下降管、汽水混合物引入管、蒸汽引出管、连续排污管、事故放水管、加药管、连接仪表和自动装置的管道,如图 9-14 所示。

汽包内部布置了汽水分离装置、蒸汽清洗装置及取样取水装置等。从省煤器出来的欠饱和水进入汽包和汽包内部的饱和水混合后通过下降管进入蒸发器加热成汽水混合物,汽水混合物进入汽包后首先进行一次粗分离,在此过程中,大部分的饱和水将被分离出来,饱和蒸汽和未被分离的饱和水一起向上流动进入二次细分离设备中,饱和蒸汽与饱和水将被彻底分离,饱和蒸汽继续向上流动,经过一道蒸汽清洗过程后,从饱和蒸汽引出管流出。

余热锅炉采用的汽水分离装置主要有旋风式分离器、波形板分离器、涡轮式分离器等。汽水分离的原理有以下几种:利用汽和水在旋转时受到的离心力不同实现分离;利用汽和水在向上流动时受到的重力不同实现分离;利用汽和水在改变流动方向时受到的惯性力不同实现分离;利用汽和水在沿金属壁流动时产生的附着力不同而实现分离。常用的旋风式分离器利用离心力分离法,波形板分离器利用附着力分离法,如图 9-15 所示。

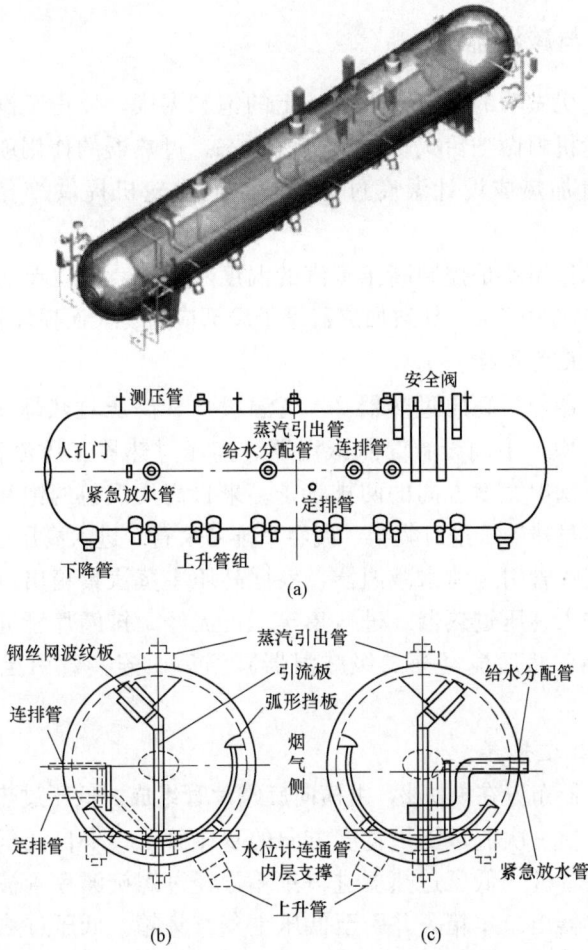

图 9-14　典型汽包示意图

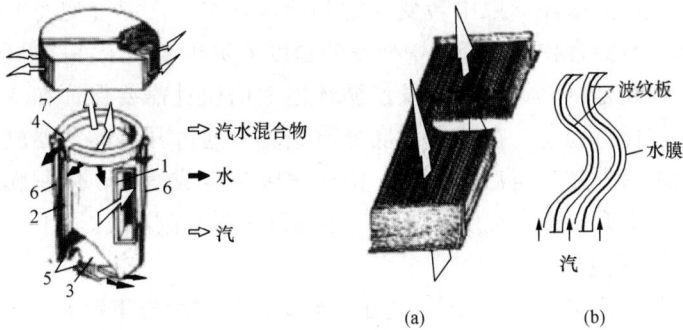

图 9-15　旋风分离器与波形板分离器示意图

（a）组装图；（b）分离原理图

1—进口法兰；2—筒体；3—底板；4—导向叶片；5—溢流环；6—拉杆；7—波形板顶盖

二、过热器与减温器

进入汽轮机做功的蒸汽需具有一定的饱和温度，使得蒸汽具有足够的焓降，在汽轮机内做功后仍保持为蒸汽形态。过热器的作用就是将汽包出来的饱和蒸汽加热成设计温度过热蒸汽，向汽轮机提供符合要求的做功介质。

减温器的作用就是控制高压蒸汽的温度不超限，但也要防止蒸汽过热度不够而造成汽中带水，导致加热器管子局部应力变大而损坏管子。

（一）高压过热器

高压过热器分为高压过热器 2（高温段）和高压过热器 1（低温段），布置在模块 1 中，中间设置喷水减温器。高压过热器工质流程为双回路，工质一次流过锅炉宽度方向的两排管子。来自高压汽包的饱和蒸汽通过连接管进入高压过热器 1 进口集箱，流经 2 排鳍片管，进入高压过热器 1 出口集箱，再由连接管引至喷水减温器，根据高压主蒸汽集箱出口汽温进行喷水减温后，进入高压过热器 2 进口集箱，再流经 2 排鳍片管进入高压过热器 2 出口集箱，然后流经第二级减温器减温后由连接管引至高压主蒸汽集箱。

（二）低压过热器

低压过热器布置在模块 2，由横向旋鳍片管组成。低压过热器工质流程为双回路，工质一次流过锅炉宽度方向的双排管子。来自低压汽包的饱和蒸汽通过连接管进入低压过热器进口集箱，经过螺旋鳍片管被烟气加热后进入低压过热器出口集箱，并引至低压主蒸汽集箱。低压过热器不设减温装置。

（三）蒸发器及下降管、上升管

蒸发器的作用是产生蒸汽。下降管向蒸发器管束供水，吸收烟气热量后，其中一部分水在管束中转变为饱和蒸汽，水、汽混合物经上升管进入汽包。水、汽混合物和下降管中冷水的密度差提供了整个回路循环的动力，因此整个回路是自然循环。蒸发器循环倍率的设计需要保证在变负荷工况下汽包水位保持稳定。在蒸发器底部有集箱，通过开启蒸发器放水门可将杂质排出；另外在机组启动阶段，由于水吸热变成汽水，体积膨胀，会引起汽包水位上升，开启蒸发器放水门还可以控制汽包水位。

1. 高压蒸发器

高压蒸发器布置在模块 2，高压汽包炉水通过两根集中下降管进入分配集箱，由连接短管引至蒸发器各管屏下集箱。工质在管屏内被烟气加热，产生的汽水混合物经管屏上集箱由连接管引入高压汽包。高压蒸发器整个回路采用自然循环形式，在变负荷工况时，最小循环倍率大于 7，能保持水位稳定。

2. 低压蒸发器

低压蒸发器布置在模块 3，低压汽包炉水通过一根集中下降管进入分配集箱，由连接短管引至蒸发器各管屏下集箱。工质在管屏内被烟气加热，产生的汽水混合物经管屏上集箱由连接管引入低压汽包。低压蒸发器整个回路采用的也是自然循环形式，在变负荷工况时，最小循环倍率大于 15，能保持水位稳定。

（四）省煤器

省煤器的作用是加热进入高压汽包的给水温度，减少了给水与汽包壁之间的温差，降低了汽包的热应力。给水在省煤器中吸热提高温度后，减少了造价较高的蒸发器受热面。通过省煤器中给水吸热，降低了排烟温度。省煤器在运行中需防止超压和汽化问题。

1. 高压省煤器

高压省煤器 3、高压省煤器 2 布置在模块 3，高压省煤器 1 布置在模块 4。高压省煤器（除最前面两排管子外）工质流程为全回路，工质一次流过锅炉宽度方向的所有管子，使低负荷等其他非设计工况运行时所产生的蒸汽能随给水进入汽包而不产生蒸汽堵塞。

高压给水操作台过来的给水流经高压省煤器 1 的各个管排，经加热后进入汇总集箱，而后再依次进入高压省煤器 2、高压省煤器 3，最后以接近饱和的温度进入高压汽包。高压给水操作台布置在高压省煤器前，减温水从高压给水操作台前引出至高压过热器减温器。

2. 低压省煤器

低压省煤器由螺旋鳍片管组成。低压省煤器工质流程为全回路，工质一次流过锅炉宽度方向的所有管子。从凝结水操作台过来的凝结水由后至前依次流经低压省煤器的各个管排，经加热后以接近饱和的温度引出，再经低压给水操作台进入除氧器。低压省煤器出口设置再循环回路，将低压省煤器出口部分工质通过再循环泵送回低压省煤器入口，与操作台来的凝结水混合，确保进入低压省煤器的凝结水温度高于露点温度。再循环泵设置两台，并配置了相应的阀门、仪表、流量测量装置、过滤器等。

（五）除氧器

除氧蒸发器与凝结水加热器：除氧蒸发器由开齿螺旋鳍片管组成。凝结水加热器也布置在模块中，受热面由开齿螺旋鳍片管组成，凝结水加热后经除氧器给水操作台进入除氧器。除氧水箱水通过下降管进入分配集箱，由连接短管引至蒸发器各管屏下集箱。工质在管屏内被烟气加热，产生的汽水混合物经管屏上集箱由连接管引入除氧水箱。除氧蒸发器整个回路采用自然循环形式，在变负荷工况时，最小循环倍率大于 15，可确保水位稳定。余热锅炉本体模块基本布置如图 9-16 所示。

（六）进出口烟道及烟囱

余热锅炉来自燃气轮机的排气通过进口烟道，流经锅炉各受热面后，

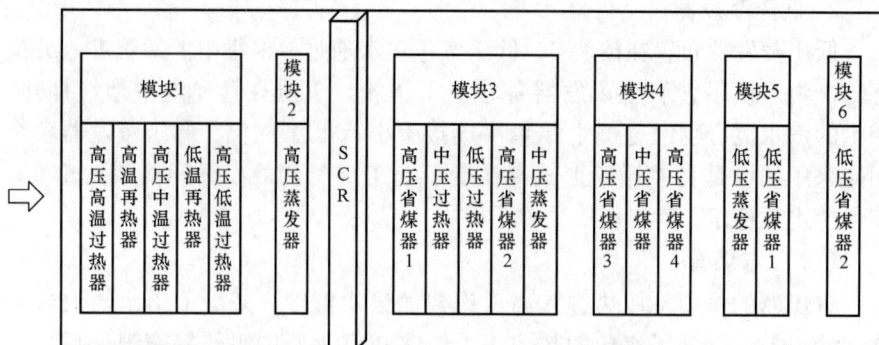

图 9-16　余热锅炉本体模块基本布置图

经出口烟道、烟囱排向大气，中间不设旁路烟囱。

1. 进口烟道

余热锅炉进口烟道的作用是将燃气轮机出口烟道与余热锅炉连接起来，并将烟气均匀地分配到余热锅炉的各个受热面。为了保证均匀流入，进口烟道内常常装有导流板。

2. 出口烟道

余热锅炉出口烟道的作用是将余热锅炉与烟囱相连接，使余热锅炉排烟通过烟囱排向大气。一般卧式余热锅炉在出口烟道后部也设有非金属膨胀节，以吸收余热锅炉和烟囱之间的膨胀位移量，而立式余热锅炉出口烟道可以不设置膨胀节。出口烟道因为烟气温度低，可采用设外保温结构，即钢制壳体在内部，保温层敷设在外部。这种结构，使得炉墙直接与烟气接触，保持高温，有效避免露点腐蚀问题。

3. 烟囱

余热锅炉的烟囱的作用是将余热锅炉的排烟排放到大气中，烟囱中布置有出口挡板门、CEMS 测点等。烟囱采用钢制壳体，考虑到烟气成分及酸露点情况，对烟囱内壁涂有耐高温防腐油漆进行防腐。

（七）其他装置

1. 膨胀节

在联合循环机组系统中通常布置有非金属膨胀节，以适应余热锅炉膨胀量大及三维膨胀变形的特点。膨胀节采用软性膨胀节，具有三向补偿和吸收热膨胀推力的性能，具有吸收膨胀量大，并能降低噪声、隔震、结构简单、体轻等特点。

2. 检查门及测量孔

为了便于安装、检修，在进口烟道、本体烟道及出口烟道上布置有检查门，在进口烟道入口和锅炉出口布置有测量孔，以便在运行时检测烟温、烟压。

3. 配套辅机

锅炉有高压给水泵，中压给水泵、凝结水再循环泵，连续排污扩容器，定期排污扩容器，蒸汽消声器等辅机。

第三节　联合循环机组余热锅炉系统

由于没有燃烧系统，余热锅炉的系统就是汽水系统。常见余热锅炉为三压再热的余热锅炉，分别对应三个压力等级的汽水系统，其主要设备是高中低压省煤器、高中低压汽包、高中低压蒸发器、高中低压过热器、再热器，也分别对应三个压力等级的过热系统、蒸发系统、给水加热系统、再热系统。

一、典型余热锅炉的汽水系统

随着燃气轮机排烟温度的提高，余热锅炉的汽水系统由双压变为三压，由不再热向再热过渡。考虑蒸汽循环参数和余热锅炉换热面积及造价之间的关系，当燃气轮机排气温度低于538℃时，采用单压蒸汽循环，当燃气轮机排气温度接近593℃时采用三压再热蒸汽循环。因为近期我国建设的大型联合循环机组大多排烟温度较高，所以都以高压、高温三压再热蒸汽循环为主。

图9-17为三压再热、卧式布置、无补燃、自然循环余热锅炉高压、中压和低压系统分别由省煤器、蒸发器和过热器组成。锅炉水循环采用自然

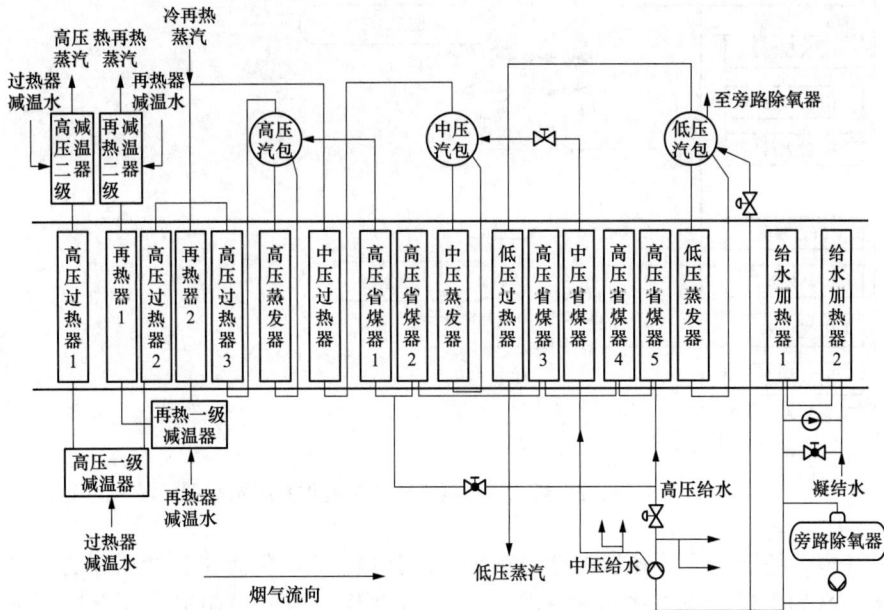

图 9-17　三压再热余热锅炉汽水系统

循环方式，高、中、低压水循环系统各由汽包、下降管、蒸发管和上升管组成。高压过热蒸汽进入汽轮机高压缸做功；中压过热蒸汽与汽轮机高压缸排汽汇合后进入再热器，再热器出口蒸汽进入汽轮机中压缸；低压过热蒸汽与汽轮机中压缸排汽一起进入汽轮机低压缸。锅炉的低压给水由汽轮机凝结水泵供给，高、中压给水由低压给水经二级低压给水加热器加热后供给。高压给水取自给水泵出口，中压给水取自给水泵中间抽头。

图 9-18 所示为三压再热、立式、无补燃、强制循环余热锅炉，烟气经入口烟道、三通烟道和过渡烟道进入受热面管箱后自下而上，先后依次冲刷高低温过热器、高压蒸发器、高压省煤器和低压蒸发器，最后经主烟囱直接排空。高低压蒸发器内水循环动力由强制循环泵提供，低压汽包兼作除氧水箱（整体式除氧器）。

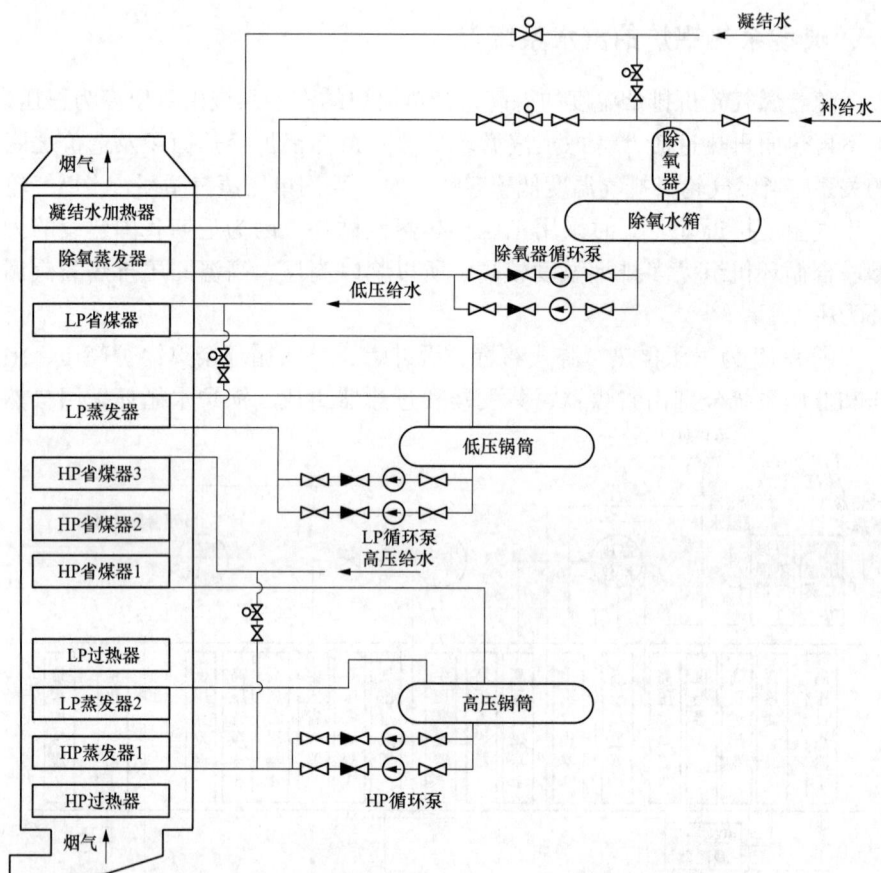

图 9-18　三压再热立式强制循环余热锅炉系统示意图

多数情况下立式布置的余热锅炉采用强制循环，但近来自然循环的余热锅炉有的也设计成立式布置。图 9-19 所示余热锅炉就采用了立式自然循环的配置方式，而且采用了独立的真空除氧器来除氧。

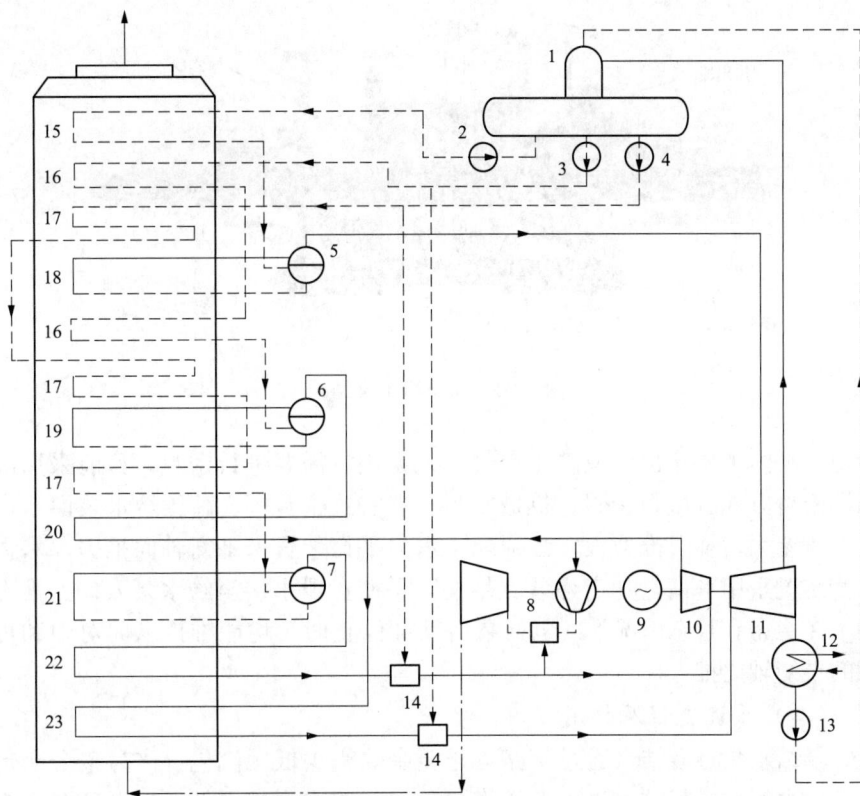

图 9-19　三压再热立式自然循环余热锅炉热力系统示意图

1—真空除氧器；2—低压给水泵；3—中压给水泵；4—高压给水泵；5—低压汽包；
6—中压汽包；7—高压汽包；8—燃气轮机；9—发电机；10—汽轮机高压缸；11—汽轮机中压缸；
12—凝汽器；13—凝结水泵；14—减温器；15—低压省煤器；16—中压省煤器；18—低压蒸发器；
19—中压省煤器；20—中压过热器；21—高压蒸发器；22—高压过热器；23—再热器

二、给水系统

（一）概述

余热锅炉给水系统主要由给水泵、给水管道和阀门以及其加药系统组成。其任务是保证连续可靠地向锅炉提供合格的水，以确保锅炉能源源不断地产生蒸汽。

余热锅炉一般配有高压给水泵 2 台，容量均为 100%，一用一备，给水泵组能在最大工况点长期连续运行，同时又能满足锅炉各种运行工况下锅炉给水的需要量。当给水泵中的一台故障时，迅速启动备用给水泵。每台给水泵入口管上分别装有 Y 形精过滤网。高压给水泵结构如图 9-20 所示。

节段式高压给水泵分为吸入段、中段泵壳加压段、排出段三部分。工质依次流过每级叶轮，级数越高，扬程越高，泵的出口压力越大。叶轮的主要作用是将电动机输入的机械能传递给工质，提高工质压力。

节段式泵的节段之间用长螺栓连接。在泵的转轴与泵壳之间有间隙，

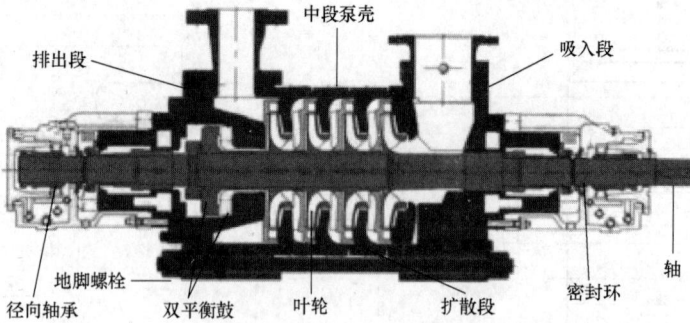

图 9-20　高压给水泵结构

为防止泵内工质流出，或防止空气漏入泵内，需要进行密封，目前采用的轴端密封方式有填料密封、机械密封、迷宫式密封等。高压给水泵由于进出口压差大，轴向推力大，必须配备水力平衡装置来平衡轴向推力。水力平衡装置采用平衡盘加启停装置结构，平衡盘泄水接至给水泵入口。推力轴承在稳态和暂态情况下（包括泵启动和停止时）均能维持纵向对中和可靠的平衡轴向推力。

（二）系统流程及作用

凝结水泵将凝结水通过管路运送至余热锅炉低压汽包，作为整个余热锅炉的水源。在凝结水进入低压汽包前引一路水源接入低压再循环泵，锅炉排烟温度较低时启动低压再循环泵，防止锅炉尾部发生低温腐蚀。

给水系统分为高中压系统，其中中压给水系统通常配备中压给水泵。中压给水泵组入口接自低压汽包，将低压汽包内的水输送至中压汽包，在每台中压给水泵出口止回阀处设置一处再循环止回阀组接至低压汽包上部，保证中压给水泵的最小流量。中压给水泵组同时为锅炉再热器提供减温水，以保证再热器出口温度不超温。

高压给水系统配备高压给水泵。高压给水泵组入口接自低压汽包，将低压汽包内的水输送至高压汽包，在每台高压给水泵出口止回阀处设置一处再循环止回阀组接至低压汽包上部，保证高压给水泵的最小流量。高压给水泵组同时为锅炉高压过热蒸汽提供减温水，以保证高压过热器蒸汽温度不超温；同时还供给高压旁路减温，保证高压旁路后温度不超温。

三、烟气系统

（一）概述

从燃气轮机出来的高温烟气（通常在 600℃左右）进入余热锅炉，经过高压过热器、再热器高压蒸发器、高压省煤器、中压过热器、中压蒸发器、中压省煤器、低压过热器、低压过热器、低压蒸发器、低压省煤器吸热后，最后从主烟囱排入大气，有的机组还设有"旁路挡板"，主烟囱处的挡板称

"烟囱挡板"，各挡板可以配合使用。主烟道和旁路烟道都装有膨胀节，这是由于烟道受热后要伸长，会对烟道地支架产生热应力。采取膨胀节能吸收烟道地伸长量，可以减小热应力。

（二）系统流程及作用

锅炉受热面为模块型式，受热面模块包括再热器和三个压力等级的省煤器、蒸发器、过热器，受热面模块组件结构形式基本相同，只是管子直径及有关尺寸略有不同，都是由垂直的螺旋鳍片管束、联箱及支吊架组成。所有模块通过上部悬吊梁悬吊于炉膛内。受热面模块的悬吊梁与钢结构上横梁采用高强螺栓和焊接两种形式连接。由炉前至炉后受热面模块分别布置在锅炉钢架 D～K 列六跨内，每个跨间有左、中、右三件模块，全炉共18 件模块。DE 跨内为四组高压过热器及三组再热器管屏；EF 跨内为五组高压蒸发器、一组中压过热器和一组高压省煤器；FG 跨内为四组高压省煤器、一组低压过热器和一组中压蒸发器；GH 跨内为两组中压蒸发器、三组高压省煤器和一组中压省煤器；HJ 跨内为四组低压蒸发器和两组低压省煤器；JK 跨内为七组低压省煤器。

四、取样系统

（一）概述

余热锅炉的水、汽在线集中取样检测是通过水汽取样分析装置来完成的，它通过对高温、高压水汽样品进行降温减压、恒温处理，取得具有代表性样水，并将样水控制在额定的温度、压力范围内，供人工取样和化学分析仪表检测水汽品质，采用记录仪或计算机实现记录、监控和报警功能，从而保证了机组的安全经济运行。

（二）系统流程及作用

余热锅炉的水、汽在线集中取样检测是通过水汽取样分析装置来完成的，它通过对高温、高压水汽样品进行降温减压、恒温处理，取得具有代表性样水，并将样水控制在额定的温度、压力范围内，供人工取样和化学分析仪表检测水汽品质，采用记录仪或计算机实现记录、监控和报警功能，从而保证了机组的安全经济运行。

五、加药系统

（一）概述

机组正常运行时，采用加入氨和碳酰肼的全挥发水处理工况。加入氨水目的在于提高 pH 至 9～10 之间，防止 CO_2 溶入或其他原因造成 pH 过低。

（二）系统流程及作用

给水中加碳酰肼，去除给水中的氧，从而减少给水携带腐蚀产物到锅炉内，以达到减缓杂质锅炉受热面和汽轮机通流部位沉积的目的。加入磷酸盐的目的是防止随给水进入炉内的钙、镁离子形成水垢。其中，应注意氨气为易燃易爆化学品，且极易挥发，对人体呼吸道有强烈刺激反应。因此使用时应注意防止暴晒，同时注意通风并做好防止泄漏措施。对于磷酸盐及除氧剂系统与此类似。

六、排污疏水系统

（一）概述

余热锅炉刚启动，未投入正常运行前，运行中炉水浑浊或汽水指标不达标，其蒸汽质量会恶化，给水水质也会超标，因此就须通过连续小流量排污和定期大流量排污进行水质更换，从而达到减轻或防止余热锅炉结垢和腐蚀的目的。

（二）系统流程及作用

连续排污是驱除循环回路中杂质的主要方法，正确选择合适的排污率能有利于保持合格的炉水品质。所有非挥发物（固体）进入锅炉将会出现以下三种情况：在锅炉中聚积、被蒸汽带出、通过排污排出。其中，前两种情况是不希望出现的，因此力争最大排污去除效率是避免因水而产生的问题的一个重要因素。当软化补给水占给水量比例很大时，排污显得更为重要。连续排污系统满足所需容量以除去固体物。沿汽包长度方向进入汽包的连排管路及炉水的排出应不影响锅炉的水循环。管路上布置适合的调节阀或孔板。采用电导率测量来自动控制流量，确保炉水溶解度在合理范围内。

七、烟气在线监测系统

（一）概述

CEMS 烟气连续监测系统（CEMS）主要用来连续监测烟气中烟尘和二氧化硫及氮氧化物的排放浓度及排放总量。系统主要包括：烟气颗粒物监测子系统（烟尘 CEMS）、气态污染物监测子系统（烟气 CEMS）和排气参数监测子系统等三部分粉尘测量。

CEMS 系统采取了模块化的结构，可分解组合，以适应不同的环境和不同的用户需要。除了在污染源浓度和总量连续监测方面应用以外，还可以作为脱硫效率监测和控制的在线仪器。

（二）系统流程及作用

系统的主要功能单元大致可分为两部分即室内和室外部分。室内部分主要有主机柜（包括样气处理、分析仪和数据采集处理等）、供电电源和净化压缩空气源，主要完成系统供电，样气处理、分析，系统标定，数据采集处理以及采样气路的净化等功能。室外部分主要由采样监测点电器箱、红外测尘仪、流速监测仪、烟气采样探头、空气过滤器以及拌热采样管线和信号控制电缆等组成，主要完成采样监测点的温度、压力、流速等物理量信号的采集，烟气颗粒物含量测量，烟气采样和预处理，以及样气和各种信号的传输等。

（三）当前国家环保排放标准（参考 DB12/810—2018）

当前国家环保排放标准（参考 DB12/810—2018）见表 9-1 和表 9-2。

表 9-1　火力发电新建锅炉及燃气轮机组大气污染物排放浓度限值

mg/m³（烟气黑度除外）

序号	燃料和热能转化设施类型	污染物项目	适用条件	限值	污染物排放监控位置
1	燃煤、燃油及燃气锅炉	颗粒物	新建锅炉	5	烟囱或烟道
		二氧化硫	新建锅炉	10	
		氮氧化物	新建锅炉	30	
		贡及其化合物	新建锅炉	0.03	
2	燃气轮机组	氮氧化物	新建锅炉	30	
3	燃煤锅炉、燃油锅炉及燃气轮机组	烟气黑度（林格曼黑度）/级	新建锅炉	1	烟囱排放口

表 9-2　火力发电现有锅炉及燃气轮机组大气污染物排放浓度限值全部

序号	燃料和热能转化设施类型	污染物项目	适用条件	限值	污染物排放监控位置
1	燃煤、燃油及燃气锅炉	颗粒物	全部	10	烟囱或烟道
		二氧化硫	全部	35	
		氮氧化物	全部	50	
		贡及其化合物	全部	0.03	
2	燃油锅炉及燃气锅炉	颗粒物	全部	5	
		二氧化硫	燃油锅炉、天然气锅炉	10	
			其他锅炉	20	
		氮氧化物	全部	50	
3	燃气轮机组	氮氧化物	全部	30	
4	燃煤锅炉、燃油锅炉及燃气轮机组	烟气黑度（林格曼黑度）/级	全部	1	烟囱排放口

八、烟气脱硝系统

（一）概述

随着国家对氮氧化物（NO$_x$）排放量控制日益严格，相对燃煤机组环保的燃气轮机机组 NO$_x$ 排放也开始受到普遍关注。与燃煤机组类似，目前燃气轮机机组也主流采用选择性催化还原（selective catalytic reduction，SCR）脱硝技术以降低 NO$_x$ 排放。该技术主要通过向烟气中通入氨

（NH_3），使其在催化剂作用下与烟气中的 NO_x 以及氧（O_2）反应生成无污染的氮（N_2）和水（H_2O），从而实现降低 NO_x 排放的目的。

（二）系统流程及作用

SCR 法即选择性催化还原法脱硝技术，余热锅炉 SCR 脱硝原理与燃煤机组相似，均采用 NH_3 为还原剂，将 NH_3 喷入到烟道中，与烟气进行均匀的混合，发生如下反应：

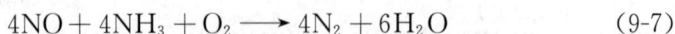

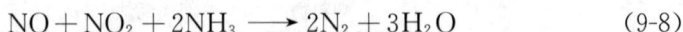

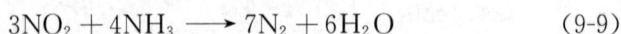

$$4NO + 4NH_3 + O_2 \longrightarrow 4N_2 + 6H_2O \tag{9-7}$$

$$NO + NO_2 + 2NH_3 \longrightarrow 2N_2 + 3H_2O \tag{9-8}$$

$$3NO_2 + 4NH_3 \longrightarrow 7N_2 + 6H_2O \tag{9-9}$$

在燃煤机组中，烟气中 NO_x 的成分主要是 NO，约占总 NO_x 含量的 95％，而 NO_2 仅占 5％左右，因此 SCR 反应是基于反应式（9-7）、式（9-8）进行的。与燃煤机组不同，燃气轮机排气中的 NO_2 含量较高，根据燃气轮机工况及燃烧方式的不同，NO_2 可能会占到烟气总 NO_x 含量的 50％以上，此时会有一部分 NO_2 按照反应式（9-9）进行反应，因此在余热锅炉脱硝中可能会同时发生上述三个反应。需要注意的是，反应式（9-9）的反应速度远小于反应式（9-7）和式（9-8），因此当 NO_2 占总 NO_x 含量 50％以上时，NO_2 的含量越高，整体的反应速度越慢，此时需要更多的催化剂来保证脱硝效率。

对于以天然气为燃料的联合循环机组，烟气中不存在导致催化剂堵灰及中毒的物质，同时，余热锅炉烟道内流场分布比较均匀，因此余热锅炉脱硝装置的脱硝效率要高于燃煤机组，最高可达 95％以上。在美国、日本等国家燃气机组中，已有多个脱硝效率 90％以上的 SCR 装置投入运行，对于国内燃气项目，根据我国的环保标准要求，脱硝效率通常不高于 80％。

余热锅炉 SCR 脱硝装置分为两个部分，余热锅炉烟气系统和还原剂系统。

余热锅炉脱硝装置主要的工艺流程见图 9-21，与燃煤机组基本相同。还原剂制备系统提供的稀释后的氨气，通过喷氨栅格均匀地喷入到烟气中，再经过催化剂模块，在催化剂的作用下 NH_3 与 NO_x 发生还原反应，达到脱除烟气中 NO_x 的目的，反应后的清洁烟气再通过下游的各级受热面模块，最后通过烟囱排入大气。

余热锅炉 SCR 脱硝系统示例如图 9-22 所示。

催化剂采用模块化，主要活性物质为 V_2O_5 的陶瓷蜂窝状催化剂。催化剂层包括 4×10 个模块。催化剂容积 $32m^3$。催化剂放在锅炉脱硝烟道内的支撑钢架中。初始催化剂层装好后，留好备用催化剂的安装空间。

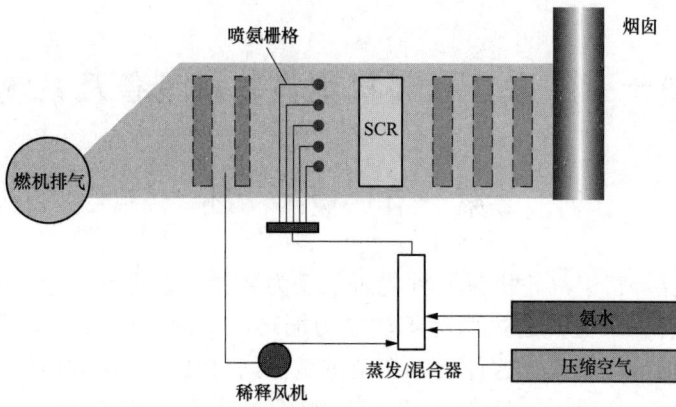

图 9-21 余热锅炉 SCR 脱硝装置流程

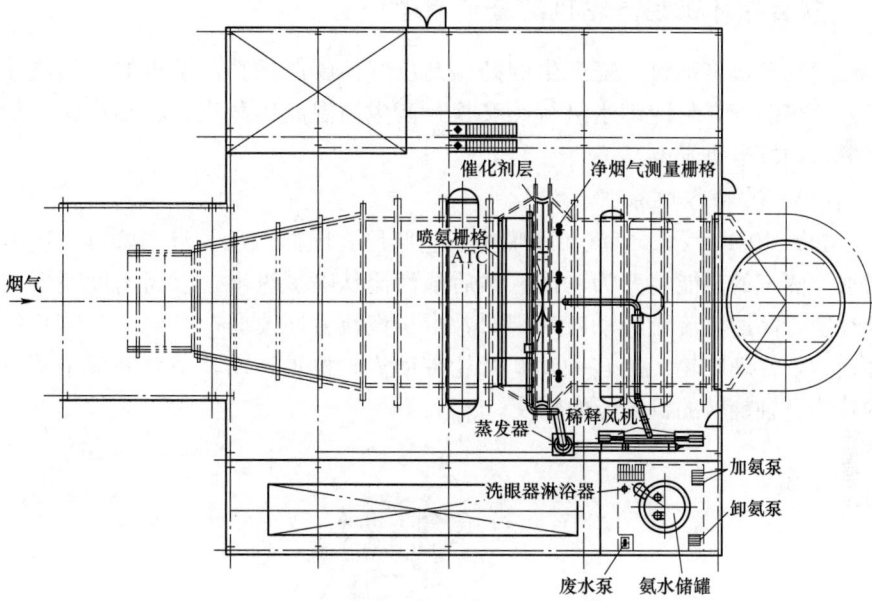

图 9-22 余热锅炉 SCR 脱硝系统示例

第十章 联合循环机组汽轮机设备及系统

第一节 概 述

联合循环机组汽轮机是一种先进的动力装置，它将燃气轮机和汽轮机有机地结合在一起，通过两种不同热力循环的协同作用，实现了高效率、低污染、低能耗发电。这种技术在全球范围内得到了广泛的应用，尤其是在发达国家，如美国、日本、德国等，联合循环机组燃气轮机已经成为火力发电的主流技术。

一、联合循环机组汽轮机的基本原理

燃气轮机将燃料燃烧产生的高温高压气体膨胀做功，排出的高温废气进入余热锅炉，与冷却水进行热交换，产生高温高压蒸汽，驱动汽轮机旋转，带动发电机发电。

（一）冲动作用原理

如图 10-1 所示，蒸汽在喷嘴中发生膨胀，因而汽压、汽温降低，速度增加，蒸汽的热能转变为动能。然后蒸汽流从喷嘴流出，以高速度喷射到叶片上，高速汽流流经动叶片组时，由于汽流方向改变，产生了对叶片的冲动力，推动叶轮 2 旋转做功，叶轮带动汽轮机轴转动，从而完成了蒸汽的热能到轴旋转的机械能的转变。

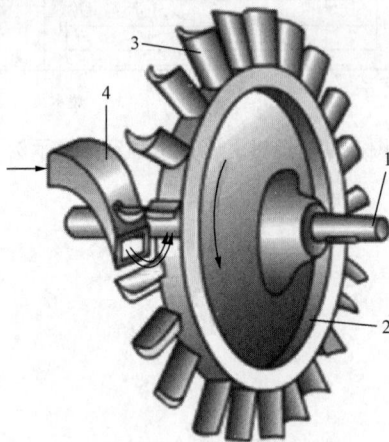

图 10-1 冲动式汽轮机
1—轴；2—叶轮；3—动叶片；4—喷嘴

（二）反动作用原理

蒸汽的热能转变为动能的过程，不仅在喷嘴中发生，而且在动叶片中也同样发生的汽轮机，叫作反动式汽轮机。

如图 10-2 所示，在反动式汽轮机中，蒸汽不但在喷嘴（静叶栅）中产生膨胀，压力由 p_0 降至 p_1，速度由 c_0 增至 c_1，高速汽流对动叶产生一个冲动力；而且在动叶栅中也膨胀，压力由 p_1 降至 p_2，速度由动叶进口相对速度 w_1 增至动叶出口相对速度 w_2，汽流必然对动叶产生一个由于加速而引起的反动力，使转子在蒸汽冲动力和反动力的共同作用下旋转做功。

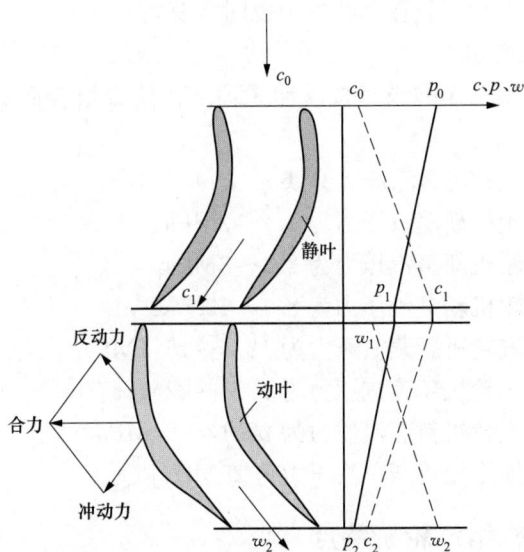

图 10-2 反动作用原理图合力

二、汽轮机的分类

（一）按热力过程特性分类

（1）凝汽式汽轮机。进入汽轮机的蒸汽，除很少一部分泄漏外，全部排入凝汽器。

（2）背压式汽轮机。排汽压力高于大气压力的汽轮机称为背压式汽轮机。

（3）调节抽汽式汽轮机。部分蒸汽在一种或两种给定压力下抽出对外供热，其余蒸汽做功后仍排入凝汽器。

（4）中间再热式汽轮机。新蒸汽经汽轮机前几级做功后，全部引至加热装置再次加热到某一温度，然后再回到汽轮机继续做功。

（二）按工作原理分类

1. 冲动式汽轮机蒸汽

在喷嘴中发生膨胀，压力降低，速度增加，热能转变为动能。汽流在动叶汽道内不膨胀加速，而只随汽道形状改变其流动方向，汽流改变流动方向对汽道所产生的离心力，叫作冲动力，这种级叫冲动级。

2. 反动式汽轮机

蒸汽在动叶汽道内流动时，改变流动方向的同时继续膨胀、加速，汽流不仅改变流动方向，而且因膨胀使其速度也有较大的增加；加速的汽流在流出汽道时，对动叶栅施加一个与汽流流出方向相反的反作用力，叫作反动力，这种由反动力推动的级叫反动级（蒸汽的热能转变为动能的过程，不仅在喷嘴中发生，而且在动叶片中也同样发生）。

3. 混合式汽轮机

由按冲动原理工作的级和按反动原理工作的级组合而成的汽轮机称为混合式汽轮机。

（三）按新（主）蒸汽压力分类

（1）低压汽轮机新蒸汽压力为 $1.2\sim2$MPa。

（2）中压汽轮机新蒸汽压力为 $2.1\sim8$MPa。

（3）高压汽轮机新蒸汽压力为 $8.1\sim12.5$MPa。

（4）超高压汽轮机新蒸汽压力为 $12.6\sim15.1$MPa。

（5）亚临界汽轮机新蒸汽压力为 $15.1\sim22$MPa。

（6）超临界汽轮机新蒸汽压力为 $22.12\sim25$MPa。

（7）超超临界汽轮机新蒸汽压力为 25MPa 以上。

三、联合循环机组汽轮机特点

联合循环机组汽轮机与一般燃煤发电厂中使用的汽轮机的区别，总结起来，有如下一些相同点和不同点，其相同点是：

（1）有基本相同的进汽参数和排汽参数，其进汽参数受限于燃气轮机的排气温度。目前联合循环机组汽轮机进汽参数限于超高压、高压、次高压以及中压。排汽参数则视采用的冷却水温度和流量而定。

（2）汽轮机没有调节级，采用全周进汽方式。汽轮机进汽方式因为汽轮机采取滑压运行方式，进汽压力、进汽流量不需要控制，因此汽轮机不再采用通常的喷嘴调节方式，而改为节流调节方式。汽轮机进汽轮机构采用全周进汽方式，不再设置调节级，使整个汽轮机的通流部分更匀顺，从而提高汽轮机的相对内效率。

（3）汽轮机热适应性强，操作灵活。启动快、停机迅速是燃气轮机的优势，组成联合循环机组后，为尽可能保持燃气轮机的这些优势，就要求联合循环机组汽轮机也能实现快速启停特别是快速启动特性，因此，联合循环机组汽轮机的动静结构、动静间隙要适应快速启停的要求，所以联合循环汽轮机的通流间隙不同于一般火力发电汽轮机。

（4）汽轮机没有复杂的抽汽回热系统。凝汽器中的凝结水经凝结水泵直接进入布置于余热锅炉尾部的低压汽包。这种设计既可以简化汽轮机的汽水系统，又可以降低余热锅炉排气损失、高效利用余热锅炉排气中的热量；此外，不设给水回热系统，汽轮机不用设计抽汽口，可以最大限度地做到汽轮机上下缸结构对称，也有助于实现汽轮机的快速启停。

（5）汽轮机可接收多压力等级蒸汽。为最大限度地吸收、利用燃气轮机排气中的热量，保持余热锅炉尽可能低的排气温度，余热锅炉中的汽水系统一般设计成为多压力级（较普遍的采用三压力级）或多压力级再热式的循环方式，这就要求汽轮机能够接受多种压力级的蒸汽（也称为补汽），不像一般火力发电汽轮机的汽水系统只采用一个压力级或一个压力级再热式的蒸汽循环系统。

（6）汽轮机低压缸排汽面积以及凝汽器换热面积大。由于汽轮机取消了给水回热系统、增加了中间补汽，使得汽轮机的排汽量比一般火力发电汽轮机大，因此要求汽轮机低压缸的排汽面积和凝汽器的换热面积均比一般火力发电汽轮机有较大的增加。

第二节　联合循环机组汽轮机设备

联合循环机组汽轮机不再有回热抽汽，在双压系统及三压系统中，还有蒸汽从中间汇入。这样的汽轮机排汽量与主蒸汽量相比，要多出 30％左右，而不是像在常规汽轮机中那样，排汽量与主蒸汽量相比减少 30％～40％。联合循环机组中的汽轮机一般采用滑压运行方式。这是因为在联合循环机组中，汽轮机的功率须跟随着余热锅炉的产汽量和产汽参数的变化而变化，不参与功率调节，而滑压运行方式与此是最相适合的，联合循环机组汽轮机本体设备主要包括汽缸、转子、汽缸支撑、隔板、联合汽门等。

一、汽缸

汽缸的质量大，结构复杂，汽缸在运行中要承受内、外壁压差引起的机械应力，启动过程中还要承受内、外壁温差引起的较大热应力、热膨胀和热变形。因此，要求汽缸材料具有足够的耐压、耐温、强度、刚度、抗疲劳、抗氧化等性能，并具有良好的组织稳定性；要求汽缸形体尽量简单、均匀、对称、厚度合适、蒸汽流动特性好、密封性好，能够承受汽缸内部隔板、隔板套传递过来的汽流反作用力矩，能够防止汽缸内积水。

（一）高中压缸

高中压缸合缸布置时，新蒸汽和再热蒸汽均由中间进入汽缸，高中压通流部分采用反向布置，即高温区在中间，改善了汽缸温度场分布情况。使汽缸温度分布较均匀，汽缸热应力较小，以及因温差过大而造成汽缸变形的可能性减小，同时也改善了轴承的工作条件；高中压缸的两端分别是高压缸排汽和中压缸排汽，压力和温度都较低，因此两端的外汽封漏汽量少，轴承受汽封温度的影响也较小，对轴承、转子的稳定工作有利；高中压缸通流部分反向布置，轴向推力可互相抵消一部分，再辅之增加平衡活塞，轴向推力也较易平衡，推力轴承的负荷较小，推力轴承的尺寸减小，有利于轴承箱的布置；采用高中压合缸，减少了径向轴承的数目（减少1～2个），减少了汽缸中部汽封的长度，可缩短机组主轴的总长度。

（二）低压缸

低压缸为双分流布置，可相应减小质量并便于制造，其内缸放在排汽缸中。将通流部分设计在内缸中，使体积较小的内缸承受温度变化，而外缸和庞大的排汽缸则均处于排汽低温状态，使其膨胀变形较小。这种结构有利于设计成径向扩压排汽，使末级的排汽余速损失减小，并可缩短轴向尺寸。

由于联合循环机组汽轮机的蒸汽容积流量较大，所以就要求低压缸尺寸相应较大，并要保证其有足够的强度以及排气通道有合理的形状，以利用排气余速。为了使得低压缸巨大外壳温度分布均匀，不产生翘曲变形，所以此汽轮机低压缸采用双层缸结构，外层缸采用钢板焊接结构，内缸采用铸造结构，这样可以减轻低压缸的质量，节约材料，增加刚度，同时采用双流式结构可以有效地平衡轴向推力。

二、转子

（一）转子的作用

汽轮机本体的转动部分通称为转子，由主轴、叶轮、动叶栅、联轴器以及安装在主轴上的其他零部件组成。在转子前端还连接有机械超速危急遮断器主油泵泵轮等。

转子的主要作用：汇集各级动叶栅所获得的旋转机械能并通过主轴驱动发电机转子工作。转子的工作条件比较恶劣，工作状况比较复杂。转子工作时，高速旋转，承受巨大的扭矩、弯矩、离心力、振动力以及转子本身温度不均匀引起的热应力。

（二）转子的基本结构

汽轮机转子按其外形可分为轮式转子、鼓式转子。按照制作工艺，轮式转子可分为套装式转子、整锻式转子、焊接式转子和组合式转子。

套装式转子是将叶轮热套、加键安装在加工好外形尺寸的主轴上构成的。叶轮与主轴之间有一定的紧力，使其在高温及离心力的作用下不至于松脱。为了传递叶轮的转动力矩，在叶轮与主轴间加键连接。套装式转子的优点是加工方便，可根据不同的工作温度选择不同材质，因此材料得以合理利用。其缺点是套装式转子只适用于低温段，叶轮不适应在高温条件下工作，其快速启动性能差。

组合式转子是在套装转子和整体锻造转子的基础上发展而来的。它的高温工作部分是整锻式的，而它的低温工作部分是套装式的。因此它综合了套装式转子和整锻式转子的优点。

转子上的叶轮用来安装固定动叶片并传递汽流作用在动叶片栅上的力矩。叶轮工作时，除承受自身和叶片等零件质量引起的巨大离心力外，还承受因温度沿叶轮径向分布不均匀所引起的热应力、叶轮两侧的蒸汽压差作用力以及动叶片与叶轮振动所引起的振动应力。对于套装式叶轮，其内孔上还受到因装配过盈所产生的接触应力。

叶轮的结构与转子的结构型式密切相关。图 10-3 为套装式叶轮基本结构示意图。

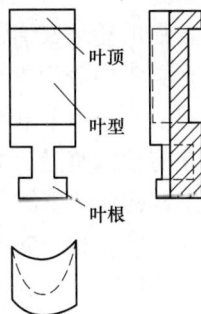

轮缘上开有叶根槽用于安装固定动叶片，其形状取决于动叶片的叶根型式，轮毂是为了减小内孔应力的加厚部分，其内表面上通常开有键槽。轮面将轮缘与轮毂连成一体。高、中压级叶轮的轮面上通常开有 5 个或 7 个平衡孔，以平衡叶轮两侧的压差，减少轴向推力。如图 10-4 所示，动叶片由叶型、叶根、叶顶三部分组成。叶型是动叶片的基本部分，由它构成汽流通道，为了提高能量转换效率，叶片断面型线及其沿叶高的变化规律应符合气体动力学要求。按其变化规律可以把叶片分为等截面叶片和变截面叶片。

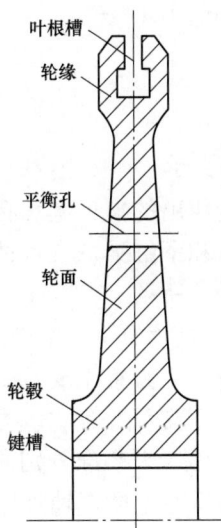

图 10-3　套装式叶轮结构示意图　　图 10-4　动叶片结构示意

等截面叶片的截面积沿叶高是相同的，各截面型线也一样；变截面叶片的截面积沿叶高按一定规律变化，叶型也沿叶片高度逐渐变化，引起叶片绕各截面型心的连线发生扭转，所以也叫扭叶片。虽扭叶片加工复杂、制造成本较高，但采用扭叶片使汽轮机级的能量转换效率明显提高，故被广泛应用于汽轮机长叶片设计中。

叶根是动叶片与叶轮轮缘相连接的部分，它的结构应保证在任何运行条件下动叶片都能牢靠地固定在叶轮上，同时力求结构简单、装配方便。

短叶片和中长叶片的叶顶通常都有围带，用以改变叶片的刚性以提高其振动安全性，增加其强度；围带还有利于防止蒸汽从叶顶径向逸出，有的围带还做出径向和轴向汽封，以减少级内漏汽损失。围带连接有两种形式，一种是在叶片顶部铣出铆钉头，然后用带有孔眼的特制围带与其铆接在一起。近代许多中小机组的短叶片，多将叶片顶部围带和叶片整体铣出，到叶轮上组装后，再采用氩弧焊工艺将叶片顶部围带焊在一起。对于有些长叶片，采用拉筋连接。所谓拉筋，是穿过叶片型线部分，将若干叶片连成一组的不锈钢金属条。长叶片也有采用既无围带又无拉筋的自由叶片。典型波形半挠性联轴器示意如图 10-5 所示。

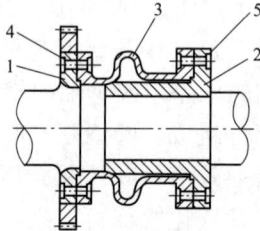

图 10-5 典型波形半挠性联轴器示意图
1、2—联轴器；3—波形套筒；4、5—螺栓

三、汽缸的支承

（一）汽缸前端采用下缸猫爪中分面支承

汽轮机高温汽缸一般通过其水平法兰伸出的猫爪支承在轴承座上，形成猫爪支承。猫爪支承又有上缸猫爪支承和下缸猫爪支承两种方式。汽缸前端下缸 Z 形猫爪中分面支承示意如图 10-6 所示。

本机汽缸前端采用下缸猫爪支承方式：前汽缸下半前端两侧各有一只 Z 形猫爪支承在前轴承座上。如图 10-6 所示，下缸猫爪支承受力面位于汽缸水平中分面上，构成"下缸 Z 形猫爪中分面支承"方式。当猫爪、汽缸温度升高时以同一水平面（即汽缸水平中分面）为基准分别向上、向下热膨胀；下缸猫爪与转子前部是支撑在同一轴承座上的，轴承座向上热膨胀抬高转子中心线位置的同时也抬高了汽缸水平中分面位置。因此热膨胀时仍能保持汽缸前端与转子同心运转，从而保持汽缸与转子中心一致。汽缸前端下缸 Z 形猫爪中分面支承示意如图 10-7 所示。

（二）汽缸后端采用排汽缸座架支承

排汽缸（后汽缸）利用下缸伸出的搭脚直接支承在排汽缸座架上，构成"排汽缸座架支承方式。其支承受力面比汽缸水平中分面低，下缸温度升高热膨胀时排汽缸水平中分面位置有所抬高，但因正常运行时工作温度

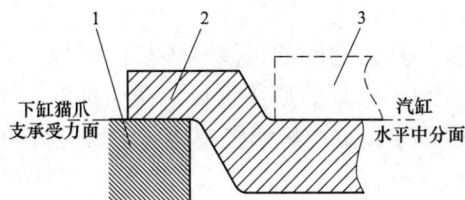

图 10-6 汽缸前端下缸 Z 形猫爪中分面支承示意
1—前轴承座；2—汽缸前端下缸 Z 形猫爪；3—前汽缸上缸

明显低，热膨胀量很小，所以影响不大。由于后轴承座下部是与排汽缸下部组焊成一体的，下缸向上热膨胀抬高汽缸水平中分面位置的同时也抬高了轴承及转子中心线位置，因此热膨胀时仍能保持排汽端转子与汽缸同心运转。

四、隔板

（一）隔板的作用

汽缸中的隔板是用来安装固定其上的静叶栅、并将汽缸内分隔成若干个工作汽室。隔板内圆孔处开有汽封安装槽，用来安装隔板汽封。

（二）隔板的基本结构

隔板的基本结构如图 10-7 所示。

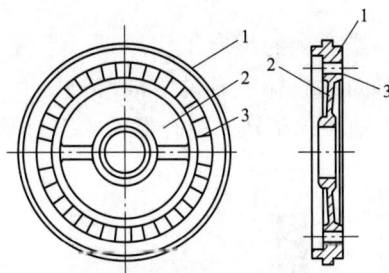

图 10-7 隔板基本结构示意
1—隔板外缘；2—隔板体；3—静叶栅

汽缸中的隔板是由隔板外缘 1、静叶栅 3、隔板体 2 构成的圆形板状组合件。为了安装、拆卸方便，隔板制作成水平对分上、下两半形式，在中分面上装有定位键，以保障上、下两半隔板对中性。

有些级的隔板两侧工作压差很大、温度很高。隔板的结构应能满足以下要求：足够的强度和刚度；良好的气密性；合理的支撑和定位；与转子同心；隔板上的静叶栅具有良好的流动性能、足够的表面粗糙度和合适的出汽角。

（三）隔板套

隔板套用于隔板与汽缸之间的过渡性连接。可以简化汽缸结构，减少汽轮机轴向尺寸，有利于汽缸的通用设计，便于抽汽口的布置，还使机组启、停及负荷变化过程中汽缸的热膨胀较均匀、热应力和热变形小。但是，隔板套的采用会增加汽缸径向尺寸，使水平法兰厚度增加，延长启动时间。

五、SSS 离合器

单轴联合循环机组都使用 SSS 离合器，带 SSS 离合器的单轴配置不仅占地面积小，还具备多轴机组运行的灵活性。

（一）SSS 离合器的基本结构和工作原理

SSS 是自同步位移的缩写，其基本工作原理类似于螺栓和螺母。只有当螺栓和螺母存在着相对旋转时，螺母才会在螺栓上前后移动。螺母的前进对应离合器的啮合过程，后退则对应离合器的分离过程。

SSS 离合器的基本结构主要有由主动齿、滑动部件、螺纹、输入轴、输出轴（带有被动齿）、棘轮齿、等组成。

滑动部件带有主动离合齿和棘轮齿。一旦输入轴的旋转速度超过输出轴的旋转速度时，装在输出轴上的制转杆就会限制滑动部件的旋转速度，如图 10-8 所示，并将主动齿和被动齿对上，导致滑动部件（类似于前面提到的螺母）和输入轴（螺栓）存在着相对旋转，滑动部件开始向汽轮机方向移动。当主动齿开始接触被动齿时，制转杆和棘轮齿将脱开。滑动部件将继续前移，直到碰到输入轴为止。这时，主动齿和被动齿完全啮合，开始传递输入轴的扭矩。

离合器分离是离合器啮合的反向工作原理。当输入轴的旋转速度低于输出轴时，滑动部件将向远离输入轴的方向移动。直至主动齿和被动齿脱开，滑动部件将随输入轴一起旋转。离合器的啮合过程如图 10-8 所示。

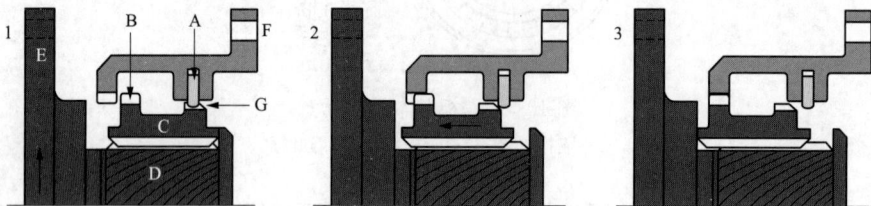

图 10-8　离合器的啮合过程

（二）SSS 离合器在几种不同汽轮机运行情况下的状态

单轴布置的燃气轮机/发电机和汽轮机在启停时共用一个安装在汽轮机侧的盘车。

（1）汽轮机启动。联合循环机组的启动过程，燃气轮机先启动，达到额定转速，带上一定负荷。汽轮机一开始在盘车拖动下缓慢旋转，随后受离合器柔性拖动升速脱开盘车，转速增加到 200～300r/min 之间。一旦汽轮机启动条件满足，汽轮机阀门开启，投入来自余热锅炉的蒸汽，汽轮机转速进一步提高。当汽轮机的转速提高到略高于额定转速 3000r/min 时，制转杆开始起作用，离合器的滑动部件开始向汽轮机方向移动，离合器进入啮合过程，并传递汽轮机的扭矩。SSS 离合器在汽轮机启动时，还起到吸收汽轮机转子热膨胀的作用。

（2）汽轮机的正常运行。汽轮机在正常运行时，离合器将始终处于啮合状态。

（3）汽轮机停机。当燃气轮机负荷降至预定点时，汽轮机阀门关闭，汽轮机做功不能克服自身损耗，转速将低于额定转速 3000r/min。这时，离合器的滑动部件开始在输入轴的螺纹上向远离输入轴的方向移动，离合器进入分离过程。在汽轮机减速的同时，燃气轮机/发电机也将继续降负荷，直至发电机断路器断开，开始可控的减速。一旦燃气轮机/发电机的转速降至汽轮机转速，离合器会重新啮合。此后，燃气轮机/发电机和汽轮机将同步减速，最后进入盘车状态。

（4）机组跳闸。联合循环机组在跳闸的情况下，燃气轮机/发电机和汽轮机同时进入停机过程。SSS 离合器将始终处于啮合状态，最后一同进入盘车状态。

（5）机组甩负荷。当发电机出口断路器断开，机组进入甩负荷状态，燃气轮机/发电机将在全速空载下运行。汽轮机阀门将立刻关闭，汽轮机减速，SSS 离合器将脱开。当问题排除后，燃气轮机/发电机重新和电网同步、带负荷。汽轮机在条件满足后，开始启动，达到额定转速，SSS 离合器重新进入啮合过程。

六、高中压联合汽门

主汽阀位于调节汽阀前面的主蒸汽管道上，从锅炉来的主蒸汽，首先必须经过主汽阀，才能进入汽轮机。对于汽轮机来说，主汽阀是主蒸汽的总闸门。主汽阀打开，汽轮机就有了汽源，有了驱动力；主汽阀关闭，汽轮机就切断了汽源，失去了驱动力，如图 10-9 所示。

汽轮机正常运行时，主汽阀全开；汽轮机停机时，主汽阀关闭。主汽阀的主要功能：当汽轮机需要紧急停机时，主汽阀应当能够快速关闭，切断汽源。主汽调节阀的主要功能：在启动过程中控制进入汽缸的蒸汽流量。

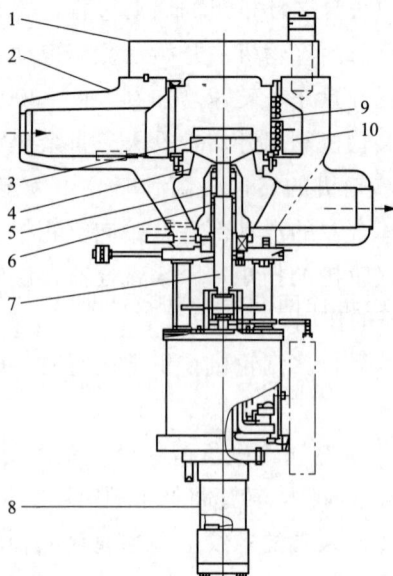

图 10-9　高中压联合汽门结构示意
1—阀盖；2—阀壳；3—阀蝶；4—阀座；5—套筒；6—密封；7—阀杆；
8—执行机构；9—滤网；10—阀腔

第三节　联合循环机组汽轮机系统

联合循环机组汽轮机的系统类型众多，目前，余热锅炉所采用的汽水系统大致有单压、双压和三压三种类型，双压和三压汽水系统又有再热和非再热之分。另外，各种系统又有带整体式除氧器和不带除氧器以及自然循环和强制循环之分，彼此之间的参数有很大差别。

一、联合循环机组汽轮机系统特点

为满足联合循环机组汽轮机中特殊环境、热参数和热力系统的特点，保证其在整个循环中能安全而经济地运行。联合循环机组汽轮机内部的零部件与常规汽轮机没有太多区别。在结构设计上主要有以下特点：

（一）汽轮机本体内蒸汽主要流程

来自余热锅炉的高压主蒸汽流经高压主汽阀、高压调节阀后两分流引入全周进汽汽轮机第 1 级前的高压蒸汽室。在汽轮机中从前到后依次流过后面各级膨胀做功，压力、温度逐渐降低，比容增大，体积流量（m³/s）逐渐增加，汽流通道逐渐扩张，相应的静叶栅、动叶栅长度逐渐增大，低压段尤为突出。汽轮机排汽至凝汽器。第 8 级与第 9 级之间的间隙、空间较大，有一股蒸汽抽出，用作"可调节抽汽供热"送至供热集汽集箱。第 9 级与第 10 级之间的间隙中，有一股来自余热锅炉的低压蒸汽作为"补汽"

汇入汽轮机通道做功。

（二）高压部分

由于取消了调节级并采用全周进汽，转子的平均直径大幅度缩小，但与一般火力发电汽轮机高压部分采用等直径等叶高甚至等叶型的结构（依靠不同的部分进汽度来适应蒸汽密度的下降）不同，联合循环机组汽轮机高压部分叶片的高度是逐级增大的，转子成锥形。

联合循环机组汽轮机转子和定子间的动静部件之间的设计和实际间隙（无论是轴向间隙还是径向间隙）均较一般火力发电汽轮机动静间隙值大。

联合循环机组汽轮机汽缸的中分面法兰采用尽可能地高窄法兰结构，中分面螺栓尽可能靠近转子轴心，使法兰和螺栓比较容易加热和膨胀，以减少由于其内外温差造成的热应力。

联合循环机组汽轮机转子采用径向式汽封，减小径向动静间隙，加大轴向动静间隙。保证运行时减小漏汽、提高效率，防止在快速启动时由于膨胀不同步而引起动静之间的碰撞或摩擦。

（三）中压部分

联合循环机组汽轮机的中压部分没有太多不同，与常规汽轮机相比较，不同点是没有抽汽，一般情况下具有供热功能的联合循环机组，热网抽汽取自中压缸排汽。

（四）低压部分

低压通流部分流量大、做功量大。为了提高效率，叶片采用先进高效的全三维叶型，动叶自带围带，以保证子午面通道的光顺。低压各级长叶片采用弯扭联合成型，以保证高的级效率。末两级叶片采取良好的强化措施防止水蚀。末级叶片根部的反动度适当增大，以提高机组的变工况性能。

联合循环机组汽轮机低压缸内蒸汽流量比同压力、同功率等级的常规汽轮机大了许多。要求更大的排汽面积，相应地提高了汽轮机造价。因此合理设定联合循环机组汽轮机的排汽面积、协调好联合循环机组整套热效率与经济性的关系就显得极为重要。

二、热电联产汽轮机

在驱动发电机发电的同时又向热网供热的汽轮机被称作"热电联产汽轮机"。与普通的汽轮机热电联产相比，联合循环机组热电联产方式中，用燃气轮机和余热锅炉替代了普通的燃煤（或燃油或燃气）锅炉，其优点是：①机组的联合循环效率高；②环境污染小；③调峰能力强、启停快捷；④同等条件下投资低；⑤建设周期短；⑥可用率高。

（一）背压式汽轮机

排汽压力高于大气压力的汽轮机被称为背压式汽轮机。背压式汽轮机可利用其排汽供热。供热压力可根据热网用户的要求来设计，一般都在

1.2～1.5MPa 之间。对热电站来说，满载运行时热能利用系数高，热经济性好；不需要凝汽器和循环冷却水系统，因此系统简单，便于安装，节省投资。背压式汽轮机的热、电功率不能独立调节。背压式汽轮机通常以供热为主，以热定电。

（二）抽凝式汽轮机

利用一级可调节抽汽供热的凝汽式汽轮机被称为抽凝式汽轮机。抽凝式汽轮机相当于一台背压式汽轮机与一台凝汽式汽轮机的串联组合。抽凝式汽轮机热、电功率可以独立调节，可在较大范围内同时满足热负荷和电负荷的调节要求。

（三）抽背式汽轮机

同时利用可调节抽汽供热、背压供热的背压式汽轮机被称为抽背式汽轮机。抽背式汽轮机可以向热网用户提供两种不同规格参数的蒸汽。这种汽轮机相当于两台背压式汽轮机的串联组合。同背压式汽轮机一样，通常以供热为主以热定电，但可以同时满足两种热负荷的要求。抽汽供热和背压供热可以单独调节也可以同时调节；可以在抽汽供热工况下运行也可以在纯背压供热工况下运行。因此比背压式汽轮机具有更广泛的适应性和更好的经济性。

（四）抽凝、纯凝、背压复合式汽轮机

汽轮机同时包含抽凝、纯凝、背压三种模式，根据区域热负荷及电负荷需求进行自由模式切换。抽凝运行模式：当热网需要供应较少的热负荷时，可通过中压缸和低压缸之间的主抽汽控制阀使机组在抽凝模式下运行，使电力负荷与热网热负荷达到目标比例。纯冷凝模式：当热网热负荷需求极低时，机组只向电网供电，因此凝汽器和冷却水系统在此运行模式下启动。汽轮机低压转子通过 SSS 离合器连接到高中压转子，蒸汽排入凝汽器。背压模式：此运行模式用于区域热负荷需求量大，在此运行模式下，汽轮机低压缸通过 SSS 离合器断开，中压缸排汽直接进入热网换热器，向热网最大能力供热，满足区域热负荷需求。

三、联合循环机组汽轮机对外蒸汽供热方式

热电站对外蒸汽供热方式有两种：直接供汽方式、间接供汽方式。

（一）直接供汽方式

直接供汽方式是指：用汽轮机的抽汽（或排汽）直接供应外界热网用户，全部或大部分热网用户的凝结水不回收，凝结水的工质损失由化学处理过的软化水来补充。

（二）间接供汽方式

间接供汽方式是指：用汽轮机抽汽（或排汽）在蒸汽发生器中加热产生的二次蒸汽供应外界热网用户，抽汽（或排汽）放热后产生的凝结水全部保留在热电站内。

为了达到一定压力下的二次蒸发温度以满足热用户要求，作为一次蒸汽的供汽压力要比直接供汽的压力高，这将减少抽汽在汽轮机内能量的有效利用。同时，间接供汽必须装设蒸汽发生器和复杂的管道系统。因而一般不采用间接供汽方式。

（三）抽汽供热系统主要流程

抽汽供热系统主要作用：从抽凝式汽轮机中抽出一部分做过功的蒸汽作为可调节抽汽供给 1 号供热集汽集箱，再从 1 号供热集汽集箱供热至热网用户。抽汽供热系统如图 10-10 所示。

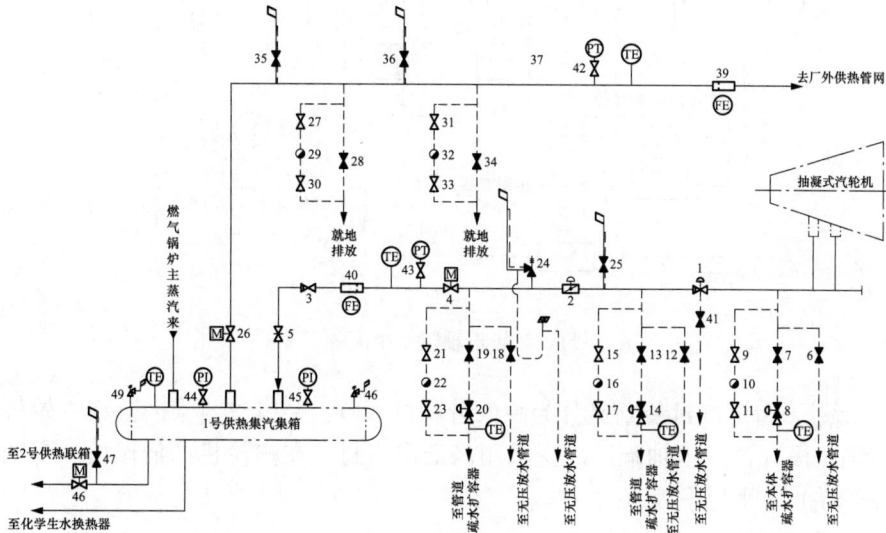

图 10-10　抽汽供热系统示意图

四、联合循环机组汽轮机附属系统

（一）汽封装置与轴端汽封系统

为了使联合循环机组能快速启停，要求汽轮机汽缸和转子加热快，胀差小。又可防止在快速启动时由于膨胀不同步而引起动静之间的碰撞和摩擦，在隔板静叶根部内圈处与轮缘动叶根部外圈处增设汽封。

1. 汽封装置主要作用

汽轮机运转时，转子高速旋转，而汽缸、隔板等静止部件固定不动，为避免转子与静止部件之间碰磨，动、静部件之间必须留有适当的间隙。当间隙两侧有压差时就会产生漏汽。汽封装置主要作用是用来增大蒸汽泄漏通道的流动阻力，减少漏汽量。汽轮机轴封系统流程示意如图 10-11 所示。

2. 汽封装置的基本结构

现代汽轮机汽封装置种类较多。广泛采用的是齿形汽封装置，如图 10-

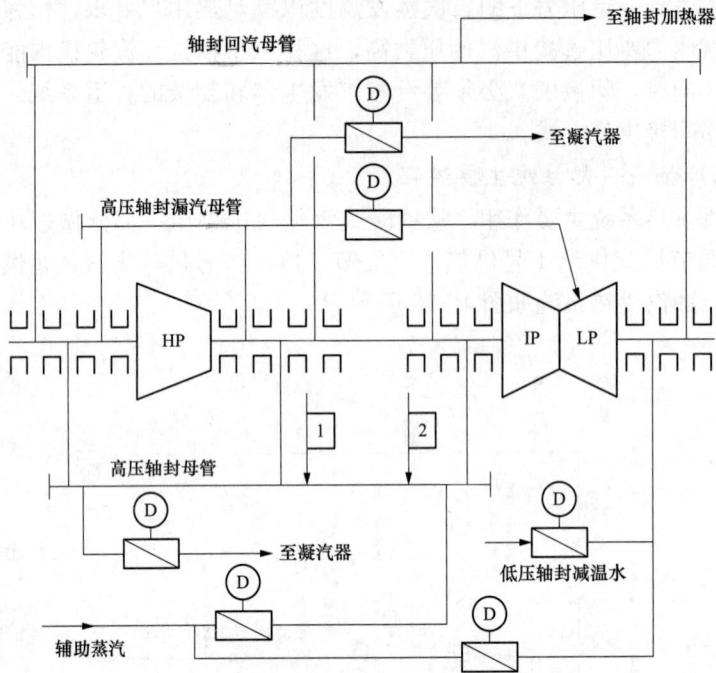

图 10-11 汽轮机轴封系统流程示意图

12 所示，齿形汽封装置又分为高低齿汽封（a）、平齿汽封（b）。在汽轮机的高压段（含高压轴端）广泛采用高低齿汽封，在汽轮机的低压段（含低压轴端）常采用平齿汽封。

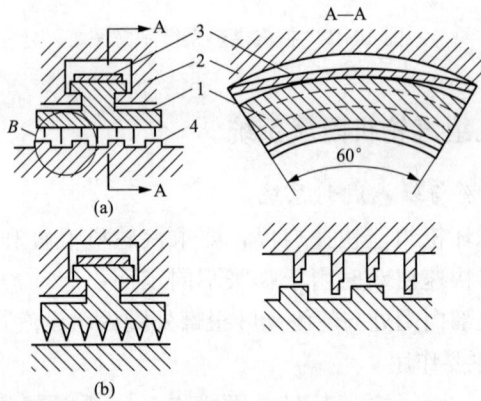

图 10-12 齿形汽封装置基本结构示意图

（a）高低齿汽封；（b）平齿汽封

1—汽封环；2—汽封；3—弹簧片；4—轴套（或带凸肩的轴颈）

3. 轴端汽封系统密封蒸汽的主要流程

（1）机组启动或低负荷时外部密封蒸汽主要流程。机组启动或低负荷时高、低压轴端采用外部蒸汽密封，如图 10-13 所示。

机组启动或低负荷时，来源于辅助蒸汽或减压减温后的高压主蒸汽进入轴封系统的"轴封均压箱"，由轴封压力调节阀控制压力为微正压。

两个轴端的轴封回汽腔室都连接至轴封冷却器、并在轴封冷却器风机抽吸作用下形成微负压，使得两个轴端外部大气与这两个轴端的轴封回汽腔室之间分别存在"空气-回汽"微压差，引起少量空气漏入"回汽"中。汽气混合物经轴封回汽管被抽吸进入微负压运行的轴封冷却器中，蒸汽被凝结水泵出口母管的凝结水冷凝后产生疏水，并经过轴封冷却器的水封管排至凝汽器。同时，空气等不凝结的气体经轴封冷却器风机抽吸、排放至大气，风机进口手动阀用来调整轴封冷却器的微负压，用以防止轴封蒸汽漏至大气。

（2）机组高负荷时内部自密封蒸汽主要流程。机组负荷大于 30％额定值时采用内部蒸汽自密封，即高压轴端漏汽供低压轴端密封。

机组负荷较高时，高压轴端蒸汽压力较高，高压轴封漏汽将倒供至轴封均压箱，再经低压轴封减温器减温后供至低压轴封，即实现了"自密封"。若轴封均压箱压力过高，外来供汽阀门将会关闭。轴封蒸汽温度正常维持在 121～176℃之间，当低压轴封蒸汽温度超过 150℃时，低压轴封供汽减温水自动投入，应保持轴封冷却器为微负压运行，真空在正常范围内。

（二）汽轮机润滑油系统

汽轮机滑油系统的作用是向汽轮机和发电机的轴承、燃气轮机排气侧支承、发电机密封油系统和顶轴油系统提供一定温度和压力的过滤后的洁净润滑油，以确保机组安全可靠地运行，防止发生轴承烧毁、转子轴颈过热弯曲等事故。润滑油系统对于轴承的主要作用：润滑轴承、冷却轴承、吸收轴承振动、清洗并带走轴承磨损物颗粒。对于单轴联合循环机组，燃气轮机与汽轮机共用一套润滑油系统；对于多轴联合循环机组，燃气轮发电机组与汽轮发电机组可以共用一套润滑油系统，也可以各自单设一套润滑油系统。机组正常运行时的工作油泵，可以由主机通过辅助齿轮驱动，也可以由交流电动机驱动，大型机组为了简化结构多采用电动泵。

1. 润滑油系统流程

主润滑油箱中的润滑油经由交流润滑油泵升压后，经过泵出口的止回阀，经过冷油器以及温控阀，将油温调整在限定值以内，然后润滑油进入过滤器去除杂质，经自动压力控制阀调整润滑油供应压力，然后润滑油供给轴承、盘车、密封油、顶轴油等各润滑油用户，经回油粗过滤器后重新回到主润滑油箱中，分离器分离后，由润滑油排油烟风机排到大气中，如图 10-13 所示。

润滑油各用户产生的油烟依靠润滑油箱的负压伴随着回油进入润滑油箱中，然后经抽雾分离器后，由润滑油排油烟风机排到大气中。润滑油净化装置直接从主润滑油箱底部抽取油进行循环过滤或者脱水，然后再回到润油箱的上部。

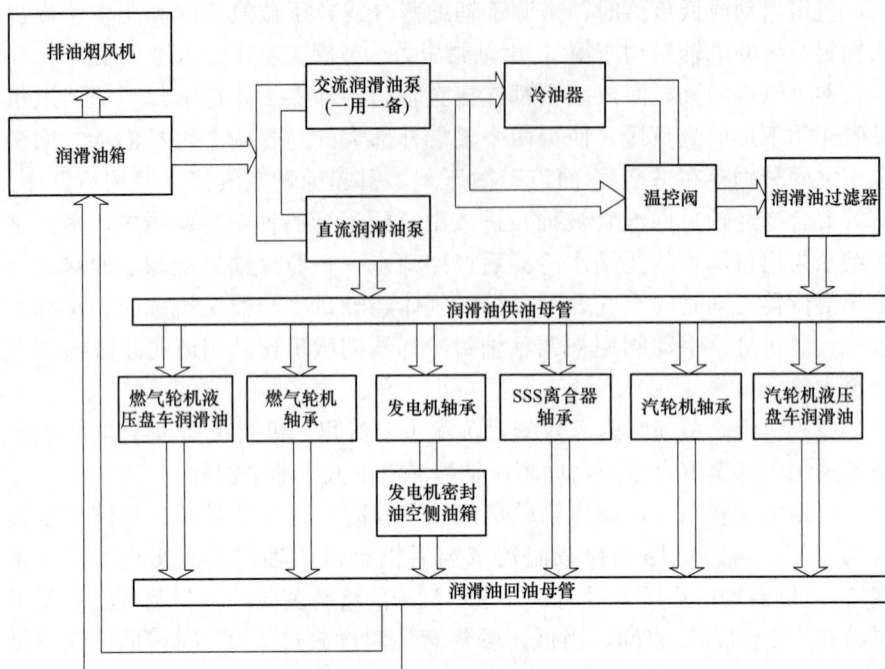

图 10-13 润滑油系统流程示意图

2. 润滑油系统作用

润滑油系统是燃气轮机一个重要的辅助系统，一般由润滑油箱、润滑油泵、润滑油冷却器、润滑油过滤器、阀门以及各种控制和保护装置所组成。润滑油系统的任务是：在机组启动、正常运行、停机以及停机后的盘车过程中，向轮机和发电机的轴承、传动装置提供数量充足、温度与压力适当的、清洁的润滑油，从而防止轴承烧毁、轴颈过热弯曲而造成机组振动等事故发生，以保证机组安全可靠地运行。

（1）转动机械在运转时，如果一些摩擦部位得不到适当的润滑，就会产生干摩擦。实践证明，干摩擦在短时间内产生的热量足以使金属熔化，造成机件的损坏甚至卡死，因此必须对转机中的摩擦部位给予良好的润滑。当润滑油流到摩擦部位后，就会黏附在摩擦表面上形成一层油膜，减少摩擦机件之间的阻力，而油膜的强度和韧性是发挥其润滑作用的关键。

（2）冷却作用。燃料在燃气轮机内燃烧后产生的热量，只有一小部分用于动力输出以及摩擦阻力消耗和辅助机构的驱动上；其余大部分热量除随废气排到大气中外，还会被发动机中的冷却介质带走一部分。

（3）清洁作用。汽轮机工作中，会产生许多污物，润滑油氧化后生成的胶状物，机件间摩擦产生金属屑等。这些污物会附着在机件的摩擦表面上，如不清洗下来，就会加大机件的磨损。另外，大量的胶质会使活塞环黏结卡滞，导致发动机不能正常运转。因此，必须及时将这些污物清理，这个清洗过程是靠润滑油在机体内循环流动来完成的。

（4）防腐作用。汽轮机在运转或存放时，大气、润滑油的酸性气体，会对机件造成腐蚀和锈蚀，从而加大摩擦面的损坏。润滑油在机件表面形成的油膜，可以避免机件与水及酸性气体直接接触，防止产生腐蚀、锈蚀。

第十一章　联合循环机组电气设备及系统

近年来，随着国家能源政策的调整和环境保护意识的增强，我国于 21 世纪初开始大幅度开发和利用天然气资源并用于电力领域。燃气-蒸汽联合循环机组相对于传统的火电机组，从布置形式到机组参数、配套设备、电气系统配置等均有较大的差异，并且具有快速启停等优势，目前已得到广泛应用。

燃气轮机组启动是指燃气轮机组从静止（盘车）状态至机组到达一定转速的过程，即将燃气轮机和发电机的转子加速到自持的速度，自持的速度也就是燃气轮机能够产生足够的动能带动它继续加速运行，到达机组要求的额定转速。

由于燃气轮机组的特点，启动方式可分为机械式启动和电气式启动。机械式启动主要采用同轴外加一启动电机来拖动整个机组的启动；电气式启动主要是采用变频方式将燃气轮发电机作为启动电机来实现整个机组的启动。外加启动电机方式适用于 E 级燃气轮机，通常是 6kV 电动机，电源取自厂用 6kV 段；变频启动方式适用于 F 级燃气轮机，由于 F 级燃气轮机机组本身的轴功率太大，外配启动电机已不可能，采用大功率变频装置是唯一的办法。

为了满足电网调峰需要，燃气轮机组通常起停频繁。为了避免燃气联合循环机组启、停时，反复切换厂用电源，燃气轮发电机出口一般装设了断路器（GCB）。即：在燃气轮机启动时，燃气轮发电机由变频启动设备（SFC）供电，作为电动机使用，来驱动燃气轮机实现吹扫、清洗、加速、自持等功能。

下面，将对燃气-蒸汽联合循环机组主流机型的电气设备系统构成、接线方式及配套的 GIS、GCB、SFC、NCS、变压器、发电机等做重点介绍。

第一节　电气设备概述

一、电气设备分类

（一）输电设备

输电设备是指将发电厂产生的电能通过电网输送到用户终端的设备。按照电压等级的不同，输电设备可以分为高压输电设备和低压输电设备两大类别。

（1）高压输电设备：高压输电设备主要包括变电站、变压器和高压输电线路等。变电站用于将发电厂产生的电能升压，然后通过高压输电线路将电能输送到各个地区的配电站。

（2）低压输电设备：低压输电设备主要包括配电站、配电变压器和低压输电线路等。配电站用于将高压输电线路输送过来的电能降压，然后通过低压输电线路将电能供应给用户终端。

（二）配电设备

配电设备是指将输电设备输送过来的电能进行分配和控制的设备。按照功能的不同，配电设备可以分为配电变压器、开关柜和电能质量控制设备等。

（1）配电变压器：配电变压器用于将输电设备输送过来的高压电能变压为低压电能，以供给用户终端使用。

（2）开关柜：开关柜用于控制电能的分配和开关操作。根据不同的用途和电压等级，开关柜可以分为高压开关柜、中压开关柜、低压开关柜和智能开关柜等。

（3）电能质量控制设备：电能质量控制设备用于控制电能的稳定性和质量，包括电力稳定器、无功补偿装置和电能质量监测设备等。

二、配电系统构成

（一）6kV 厂用电系统

发电厂厂用系统电源一般经高压工作厂用变压器接入至 6kV 厂用电，并分段布置。高压厂用变压器采用有载调压的双绕组变压器，从燃气轮机单元主变压器低压侧支接。厂用支接部分与主母线均采用全链式离相封闭母线，分支线上不设断路器或隔离开关，必要时可利用连接片进行拆接。正常运行状态下，由本机的高压厂用变压器供本机的单元厂用负荷；以带 GCB 为例，当某一台机故障停机连主变压器一起切除时，或当一台厂用变压器故障检修时，便由另一台机的厂用变压器来为非正常运行机组的厂用负荷提供电源。正常情况下的机组启停由主变压器倒送厂用电，当一台厂用变压器故障或检修时，采用另一台工作厂用变压器起停和运行。高压厂用变压器的 6kV 侧，采用共箱封闭母线引至主厂房 6kV 配电装置。

（二）380V 厂用电系统

低压厂用电系统采用动力中心（PC）和电动机控制中心（MCC）的供电方式，75kW 及以上及Ⅰ类电动机由动力中心（PC）供电，75kW 以下电动机由电动机控制中心（MCC）供电。

主厂房低压厂用负荷的供电方式按机组单元制接线的原则，即本机组低压厂用负荷由接自本机组 6kV 工作段的低压厂用变压器供电。低压厂用变压器成对配置、互为备用（暗备用）。两个低压母线段分别对应于 6kV 工作段的母线Ⅰ段、Ⅱ段。正常运行时联络断路器断开，当其中一台厂用变压器退出运行时，可手动或自动进行切换。

（三）380V 交流事故保安电源

每套机组设置一个保安母线段，两个保安母线段又各设一个分段开关，正常运行时分段开关合上，作为两个完整的保安母线段。保安 A、B 段由两路工作电源和一路事故电源供电，当事故停机工作电源全部失电时，跳保安段工作进线开关及分段开关。柴油机应急启动后，根据柴油机的初载能力及保安负荷特性，分期分批投入保安负荷，先投保安进线开关，延时投入分段开关，以保证主机及辅助设备的安全停机。

（四）交流不停电电源（UPS）

交流不停电电源主要向热工检测、计算机、自控装置、网络监控系统等提供不间断供电，为确保机组正常运转和全厂停电后，使监控仪表、调节装置、计算机仍能正常工作，一般每台机组设置两套 UPS 装置，两套 UPS 装置正常时并联运行，应有并联运行均流控制功能使每台装置各带 50% 负荷，当其中一台故障时，另一台承担 100% 负荷。

UPS 装置由整流器、逆变器、静态旁路开关、手动检修旁路开关、逆止二极管、旁路隔离变压器、旁路调压器和馈线屏等组成。UPS 主电源引自保安段，旁路电源引自 380/220V PC 段。当整流电源消失时，由 220V 直流蓄电池供给，切换时间小于 5ms。

（五）直流系统

直流系统分为 110V 直流系统、220V 直流系统。

（1）110V 直流系统用于控制设备、保护、仪表和信号装置等负荷。根据机组情况可设置主厂房 110V 直流系统、网络继电器室 110V 直流系统、外围 110V 直流系统等。充电装置采用高频开关电源，两组蓄电池配三套充电装置。

（2）220V 直流系统用于主厂房内的动力、集控室事故照明和 UPS 装置等负荷。

个别机型的燃气机组还配置了 125V 直流系统，为燃气轮机岛提供动力及控制直流。

第二节 燃气轮机电厂电气主接线

一、系统接线方式

电气主接线的基本接线形式可分为有母线接线和无母线接线两大类。

有母线的主接线形式包括：单母线接线（分段）、双母线接线，一台半断路器接线和变压器母线组接线等多种形式。无母线的主接线形式主要有单元接线、桥形接线和角形接线等。下面主要介绍燃气发电厂中涉及的基本接线形式及其特点。

1. 单母线分段接线

出线回路数增多时，可用断路器将母线分段，成为单母线分段接线，如图 11-1 所示。根据电源的数目和功率，母线可分为 2～3 段。母线分段后，可提高供电的可靠性和灵活性。

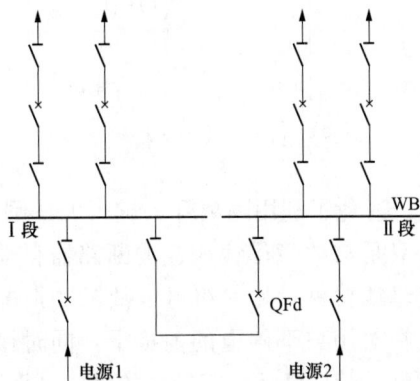

图 11-1　单母线分段接线

单母线分段接线，虽较单母线接线提高了供电可靠性和灵活性，但当电源容量较大和出线数目较多，尤其是单回路供电的用户较多时，其缺点更加突出。因此，一般认为单母线分段接线应用在 6～10kV，出线在 6 回及以上时，每段所接容量不宜超过 25MW；用于 35～66kV 时，出线回路不宜超过 8 回；用于 110～220kV 时，出线回路数不宜超过 4 回。

2. 双母线接线

图 11-2 所示为双母线接线，它有两组母线，一组为工作母线，另一组为备用母线。每一电源和每一出线都经一台断路器和两组隔离开关分别与两组母线相连，任一组母线都可以是工作的或备用的，这是与单母线接线的根本区别。两组母线之间通过母线联络断路器（简称母联断路器）QFc 连接。有两组母线后，使运行的可靠性和灵活性大为提高。

3. 一台半断路器接线

图 11-3 所示为一台半断路器接线。在一台半断路器接线中，每一回路经一台断路器 1QF 或 3QF 接至一组母线，两回路之间设一联络断路器 2QF，形成一个"串"，两个回路共用三台断路器，故又称二分之三接线。正常运行时，所有断路器都是接通的，Ⅰ、Ⅱ 两组母线同时工作。当任何一组母线检修，或任何一台断路器检修时，各回路仍按原接线方式运行，

231

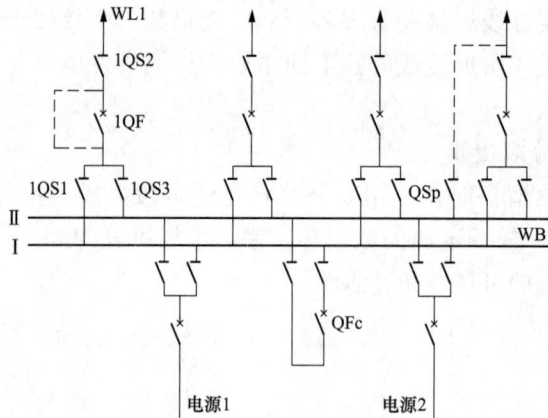

图 11-2　双母线接线

不需要切换任何回路，避免了利用隔离开关进行大量倒闸操作，十分方便。任一组母线故障时，只是与故障母线相连的断路器自动分闸，任何回路不会停电，甚至在一组母线检修，另一组母线故障的情况下，功率仍能继续输送；并且可以保证在对用户不停电的前提下，同时检修多台断路器。所以，这种接线操作简单、运行灵活、有较高的供电可靠性。

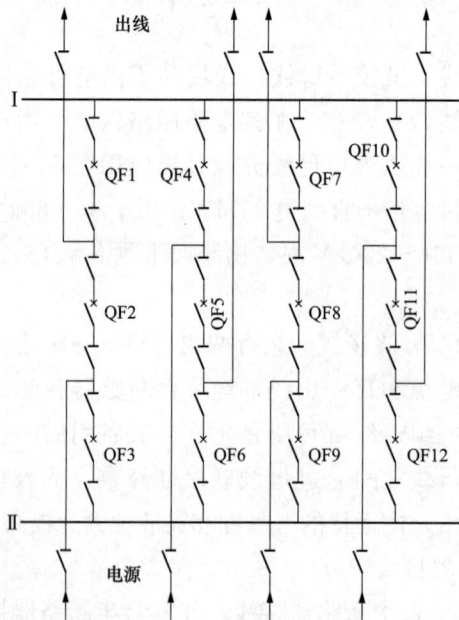

图 11-3　一台半断路器接线

在一台半断路器的接线中，一般采用交叉配置的原则，电源线宜与出线配合成串。为了进一步提高供电可靠性，同名回路应配置在不同串内，避免当联络断路器故障时，同时切除两个电源线。此外，同名回路还宜接在不同侧的母线上。

一台半断路器接线，目前在国内已比较广泛地用于 9H 级及以上燃气轮机发电厂的超高压配电装置中。一般进出线数在 6 回及以上时宜于采用这种接线，但这种接线投资较大，继电保护复杂。

二、发电机-变压器组单元接线

单元接线包括发电机-变压器单元接线、扩大单元接线和发电机-变压器-输电线单元接线三种。

（1）发电机-变压器单元接线。图 11-4（a）所示为发电机-双绕组变压器单元接线。对于 200MW 及以上的发电机，由于正常运行时负荷电流达数千甚至数万安，当发电机和变压器之间发生短路时的短路电流更是达到十多万甚至数十万安，因此很难选到合适的断路器。即使能够选到其造价也非常昂贵，因此一般都采用发电机-变压器单元接线，且采用分相封闭母线连接。发电机-双绕组变压器单元接线，发电机和变压器的容量相同，必须同时工作，所以在发电机与变压器之间不需装设断路器，但为发电机调试方便可装设隔离开关。对于 200MW 以上机组采用分相封闭母线连接时，不宜装隔离开关，但应有可拆连接点。

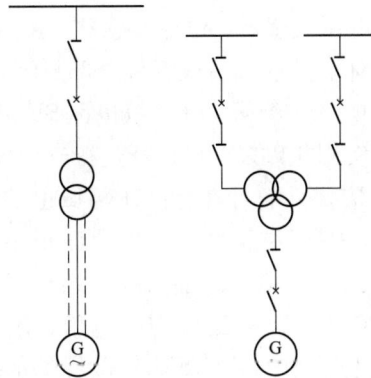

图 11-4　发电机-变压器单元接线

图 11-4（b）所示为发电机-三绕组变压器单元接线。为了在发电机停止工作时，变压器高压和中压侧仍能保持联系，在发电机与变压器之间应装设断路器。但对大容量机组，断路器的选择困难，而且采用分相封闭母线后安装也较复杂，故目前国内极少采用这种接线。

（2）扩大单元接线。如图 11-5 所示，2 台或 4 台发电机与 1 台变压器连接构成的单元接线，称为扩大单元接线。图 11-5（a）为发电机-变压器扩大单元接线；图 11-5（b）为发电机-分裂绕组变压器扩大单元接线。

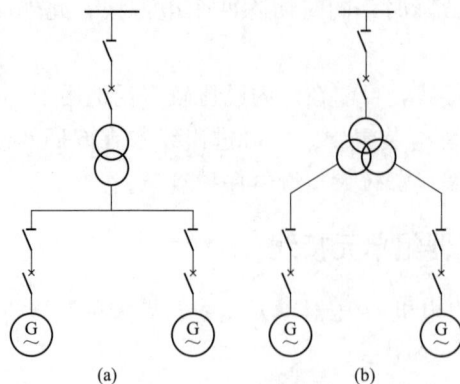

图 11-5　扩大单元接线

单元接线具有接线简单、设备少、操作简便，没有发电机电压母线，可限制短路电流等优点。目前在大容量机组的水力发电厂和火力发电厂中得到广泛应用，但要求电力系统中应有一定的备用容量。

第三节　气体绝缘全封闭组合电器

GIS（GAS INSULATED SWITCHGEAR）是气体绝缘全封闭组合电器的英文简称。GIS 由断路器、三工位隔离开关、快速接地开关、母线、SF_6 套管、电缆终端、电压互感器、电流互感器、避雷器等元件经优化设计有机地组合成的一个整体。这些设备或部件全部封闭在金属接地的外壳中，在其内部充有一定压力的 SF_6 绝缘气体，故也称 SF_6 全封闭组合电器。GIS 设备自 20 世纪 60 年代实用化以来，已广泛运行于世界各地。GIS 不仅在高压、超高压领域被广泛应用，而且在特高压领域也被使用。与常规敞开式变电站相比，GIS 的优点在于结构紧凑、占地面积小、可靠性高、配置灵活、安装方便、安全性强、环境适应能力强，维护工作量很小，其主要部件的维修间隔不小于 20 年，已广泛应用于电力、冶金、化工、核电等行业。下面以某燃气轮机电厂 110kV GIS 为例做具体介绍。

GIS 设备是应用 SF_6 气体作为绝缘和灭弧介质的金属封闭式开关设备，主要用作输电线路的控制、保护和测量。结构紧凑，占用空间小，整间隔运输，现场安装、调试周期短。GIS 所配断路器采用自能式灭弧室，开断能力强，燃弧时间短，电寿命长。断路器均配用了弹簧操动机构，可靠性高，维护工作量少，机械寿命长，符合"无油化"要求。选用了三工位隔离接地开关。隔离开关和接地开关集成一全，隔离和接地共用一个动触头，有三种位置，实现隔离和接地的机械互锁。采用铸铝合金的壳体和盖板，提高 GIS 的整体防腐性能。GIS 的外形简洁美观。GIS 主要由 SF_6 断路器、隔离开关、接地隔离开关、快速接地隔离开关、电流互感器、电压互感器、

SF_6 充气套管及电缆终端等部件及就地控制柜（LCC 柜）和六氟化硫（SF_6）气体等单元组成，如图 11-6 所示。

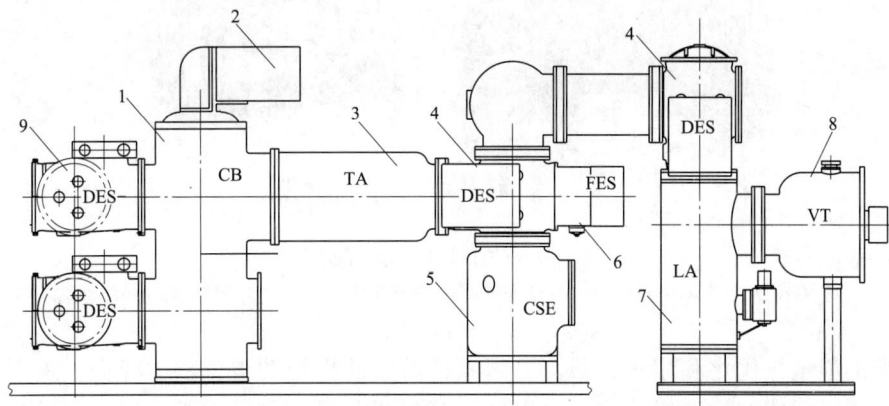

图 11-6　GIS 的外形

1—断路器；2—断路器机构；3—电流互感器；4—线路用三工位隔离开关；5—电缆终端；
6—快速接地开关；7—避雷器；8—电压互感器；9—母线用三工位隔离开关

第四节　发电机出口断路器

发电机断路器（Generator Circuit-Breaker，GCB）是一种设备名称，适用于核电、火电和水电等各种类大型电厂。使用 SF_6 介质灭弧，其技术成熟，性能可靠，产品短路开断电流最高可达 210kA，特别适合燃气轮机电厂等频繁启停的应用。

一、出口断路器的构成

燃气轮机发电机出口断路器：

以阿尔斯通（中国）投资有限公司的 KFG2 型为例，含断路器、隔离开关、接地开关、电流互感器和电压互感器和避雷器组合在一个封闭的外壳内。铝制外壳为二相封闭相互独立固定在一个支架上，通过焊接的方式与离相封闭母线的外壳连接，断路器或隔离开关通过软连接与封闭母线导体连接。其外形和内部组成如图 11-7 所示。

KFG2 型 GCB 的特点是：SF_6 作为灭弧和绝缘介质，年泄漏率小于 0.5%；采用 100% 全弹簧操动机构，更稳定、更可靠；可安装在户内也可安装在户外，相间距可调；可整体或分相运输，安装简单，调试轻松，正常使用 30 年。

KFG2 型断路器采用了最先进的热效应灭弧措施，其短路电流开断能力得到极大提高，配备 50nF 电容的 KFG2 型发电机断路器可以开断高达 75kA 的短路电流。自能式灭弧技术也被应用于该断路器灭弧室的设计，电

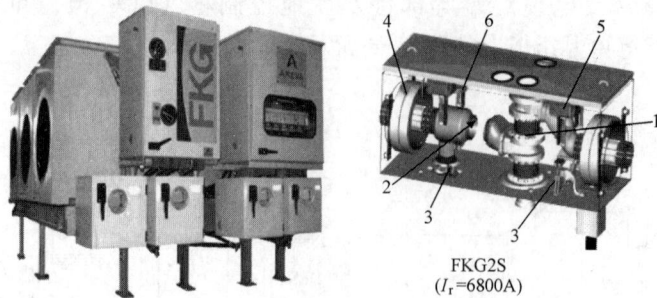

图 11-7　GCB 外形和内部组成

1—断路器；2—隔离开关；3—接地开关；4—电流互感器；5—电压互感器；6—避雷器

弧的能量被优化利用来灭弧，分闸操作所需的操作功得以极大降低，采用全弹簧形式的操动机构。一台 KFG2 型发电机断路器（3 相）的充气量为 6kg，三相灭弧室通过导管连接，提供了一个连通的气室。一个带温度补偿的气体压力开关被装置在本体支架下面，同时在汇控柜内还设有一个压力计准确显示气体的压力；20°时，SF_6 气体的额定气压为 0.85MPa（绝对压力），最低压力为 0.71MPa（绝对电压）。

FKG2 型发电机断路器采用 FK3-4 型全弹簧操动机构，三相联动，有操作计数器和机械位置指示器。具有可靠性高、稳定性高，免维护、免调试，噪声低、寿命长，三相联动的特点。

二、发电机出口断路器的主要优点

（1）机组启动时，不需要由启动变压器引进市电，仅需断开 GCB，使厂用电受电。机组正常启、停不需切换厂用电，提高厂用电可靠性。

（2）机组在发电出口断路器以内发生故障时（如发电机、汽轮机、锅炉故障），只需跳开发电机出口断路器，减少机组事故时的操作量。

（3）对保护主变压器、高压厂用工作变压器有利。对于主变压器、高压厂用工作变压器发生内部故障时，由于发电机励磁电流衰减需要一定时间，在发电机-变压器组保护动作切除主变压器高压侧开关后，发电机在励磁电流衰减阶段仍向故障点供电，而装设发电机出口断路器后由于能快速切开发电机开关，而使主变压器受到更好的保护，这一点对于大型机组非常有利。另一个更有利的作用是：避免或减少了由于高压开关的非全相操作而造成的对发电机的危害。对于发电机变压器组接线，其高压开关由于额定电压较高（500kV），敞开式开关相间距离较大，不能做成三相机械连动，高压开关的非全相工况即使在正常操作时也时有发生，高压开关的非全相运行会在发电机定子上产生负序电流，而发电机转子承受负序磁场的能力是非常有限的，严重时会导致转子损坏。而发电机出口断路器在设计和制造中都考虑了三相机械连动，有效防止了非全相操作的发生。

（4）发电机出口断路器以内故障只需跳开发电机出口断路器，不需跳主变压器高压侧开关，对系统的电网结构影响较小，对电网有利。

（5）虽然初期投资大，但便于检修、调试，缩短故障恢复时间，提高了机组可用率，同时每年可节约大量的运行费用。

第五节　燃气轮机静态变频启动装置

一、静态变频启动装置的工作原理

燃气轮机组静态变频启动装置（Static Frequency Converter，SFC），是一套将恒定电压和恒定频率的三相交流电源变成可变电压和可变频率的交流电源。其采用了矢量变频控制技术，根据控制系统的转速控制基准实现对燃气轮机转速的控制，当燃气轮机转速到达自持转速，即燃气轮机燃烧产生的能量足以克服燃气轮机机械装置自身惯性和阻力时，静态变频装置退出运行，燃气轮机发电机定子变频电量和转子励磁电量停止供应，发电机退出同步电动机运行方式，燃气轮机启动过程完成。

SFC系统包括隔离变压器、直流电抗器、转换器和逆变器几个主要部分。转换器是一个3相6（或12）脉冲桥式连接电路的整流器，它将恒定电压的三相工频交流电转换成可变电压的直流电。逆变器也是一个3相6脉冲桥式连接电路，但它将转换器产生的直流电逆变成幅值和频率可变的三相交流电。由于同步电机可以可逆运行，既可做发电机运行，又可以做电动机和调相机运行。采用SFC启动时，同步发电机变为同步电动机使用，拖动燃气轮机旋转。SFC装置变频启动时，SFC装置输出的幅值和频率可变的对称三相交流电接到同步发电机的电枢（定子）绕组上，产生定子旋转磁场，启动时SFC频率很低，电动机转速也很低，通过SFC控制输出频率增加来控制燃气轮机发电机这个"变频电机"的转速。直至燃气轮机可以自己维持旋转，SFC的启动过程完全是由程序控制的，它与发电机的启动是同时的。

二、静态变频启动装置组成

常规SFC装置系统包含输入电源、输入断路器、隔离变压器、进线柜、网桥柜、电抗器柜、机桥柜、出线柜、切换刀闸柜、高压隔离开关柜、发电机组成，单独安装在箱室中，所有内部设备、设施的安装和布线均在工厂内部完成，现场打好地基，运输到现场的箱室只要安放在地基上即可。SFC冷却系统分为风冷和水冷两种，水冷系统集成在泵柜内，网桥柜和机桥柜分开布置，控制系统安装在控制柜内，每个配电柜门上都安装有冷却风机，SFC箱室内安装有工业空调，通过空调对箱室的室温进行控制。小型 SFC 隔离变压器安装在箱室内的独立封闭小室内，电源取自 6kV 配电室，大型 SFC 隔离变压器一般布置在高厂用变压器区域，电源直接取自主变压器低压侧，其系统拓扑图如图 11-8 所示。

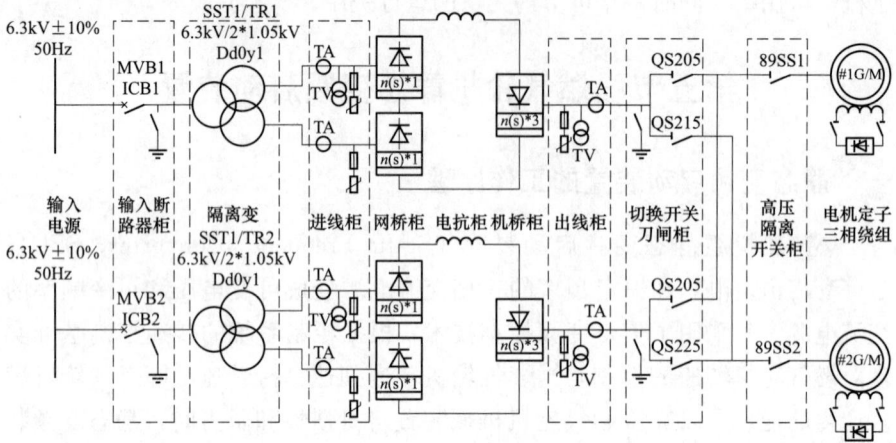

图 11-8　常规 SFC 系统拓扑图

燃气轮机 SFC 装置各参数配置根据机型见表 11-1。

表 11-1　各机型容量参数配置

燃气轮机类型	6F	9F	9H
输入变压器容量（MVA）	3	11	15
脉波配置	6-6/12-6	6-6/12-6	12-6
输入电压（kV）	1.5	4	6
输出功率（MW）	2.4	9	12.5

三、静态变频启动装置系统工作过程

SFC 系统在工作过程中，由厂用电供电，机组在盘车状态，SFC 启动激活后，SFC 控制装置根据预设顺控程序指令执行，在通过隔离变压器将电压变为运行额定电压后通过网桥柜整流器与电抗器整流滤波后输出为平滑直流电，然后 SFC 装置中央控制器输出脉冲指令触发逆变桥晶闸管导通，其导通顺序为 VT1-VT2-VT3-VT4-VT5-VT6 往复循环，SFC 装置网桥、机桥交直流转换回路如图 11-9 所示，施加在发电机定子上，从而产生磁场使其旋转，当达到燃气轮机可自持转速后，此时 SFC 退出运行。

四、静态变频启动装置日常检查及运行注意事项

1. SFC 日常检查

（1）检查 SFC 装置各部件运行声音正常，无异常振动，无异常的鸣叫。

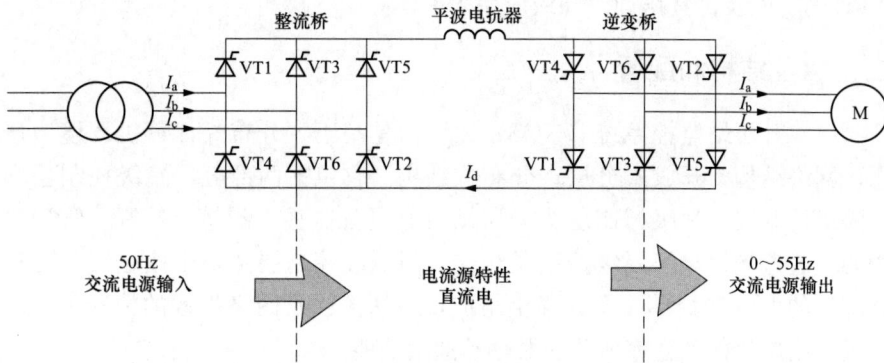

图 11-9 燃气轮机 SFC 系统交-直-交变换回路图

（2）检查 SFC 装置各柜柜体是否发热，排风口应无烧焦等异味。

（3）检查 SFC 装置室内通风、照明良好，通风设备能够正常运转，室内环境温度不小于 40℃，环境湿度在 20％～90％之间。

（4）检查控制面板及设备状态指示灯指示正常，无报警信号。

（5）检查过滤网应没有堵塞，如发现过滤网积有灰尘，通知检修，将之取下，换上干净的滤网，并要求定期清洗空气过滤器。

（6）检查装置各部分电流、电压正常，并按规定方式运行。

2. 运行注意事项

（1）装置一次电源送电前，必须将装置相关设备所有的柜门关闭。禁止在通电和运行时打开相关设备电源隔离变压器、装置变频器功率模块柜、装置电抗器柜及装置隔离开关切换柜柜门。

（2）正常启动运行要求远方启动完成。

（3）投入运行前，应确认燃气轮机发电机及励磁系统已具备启动条件。

（4）当励磁系统出现自动调节失灵时，应禁止投入运行。

（5）测绝缘时，要确认电源隔离变压器开关确在断开位置，才能对电源隔离变压器高压侧进行绝缘测量。隔离变压器低压侧连接晶闸管电子元件，运行人员不要进行测量，以防损坏元器件。

第六节 升压站监控系统

一、概述

升压站网络监控系统（NCS）作为全厂控制系统的一个子系统，与 DCS 等其他系统一起构成完整的电厂自动化系统，形成对全厂的生产管理与发电控制。电厂升压站网络监控系统集 SCADA、图模库一体化、拓扑分析、一体化五防、操作票管理、程序化控制、保护信息管理、实现 AGC 和

AVC 的功能及仿真培训等高级应用于一体。

二、NCS 结构和配置

（1）升压站监控系统（NCS）的结构是基于"分布式计算机环境"概念，网络结构为开放式分层、分布式结构。它包括两部分：站级控制层和间隔级控制层，站级控制层为升压站所有设备监视、测量、控制、管理的中心，通过光缆与间隔级控制层相连。间隔级控制层主要由按电气单元独立配置的 I/O 测控单元及其屏柜组成，在站控层及网络失效的情况下，间隔级控制层仍能独立完成监控及远动通信功能。

（2）站控层操作员站计算机正常时一台为主机，另一台为从机，主机负责操作功能，从机为监护功能，两台主机互相冗余，主机与从机在电源或通信系统异常时具有自动切换功能，必要时也可以进行人工切换。发生过通信网络异常情况或进行过 NCS 的维护工作后应进行主、从机切换试验。站控层的各设备之间通过双以太网进行通信，采用光缆连接。数据处理及通信装置和数据网通信服务器所需信息直接来自间隔层设备。

（3）间隔层由按电气单元组屏的测控部件组成，具有交流采样、防误闭锁、同期检测、手动操作和液晶显示等功能。

三、NCS 的构架方式

网络监控系统是指使用综合测控装置、通信接口设备、自动准同期装置、监控系统等实现对发电厂升压站的监控和远动功能，并实现 NCS 与 DCS 的接口（如 AGC、AVC 部分）；同时实现升压站相关保护装置信息的收集与管理；其他智能设备指需进行规约转换再接入本系统的设备如电能计量装置、直流系统、无功补偿装置、UPS 系统等。

后台监控系统中的数据库服务器主机操作员站一般配置两台，形成双机数据库以及应用服务热备用运行，充分保证了系统数据库的安全性。运行时分为值班机和备用机，当值班机故障时，系统自动进行切换，保证实时数据和服务功能不丢失。

四、站控层、间隔层测控屏的同期检测和操作功能

（1）升压站监控系统（NCS）不再设置独立的同期装置，而是将同期检测功能含在每个控制单元中，在间隔级控制层内完成，每条母线的电压以及线路电压都被固定接入到间隔单元中。

（2）监控系统具有"检同期""检无压"和"不检同期"及"按定值方式合闸"四个功能，其中"按定值方式合闸"也就是"检同期"方式合闸，断路器任一侧无电压时可选择"检无压"并由操作员确认后实现断路器合闸操作。在站级控制层和间隔级 I/O 测控单元同时具有软件实现对同期检

测监督的功能，该软件对运行人员的操作步骤进行监测、判断和分析，以确定该操作是否合法、安全。若发生不合法操作，则对该操作进行闭锁、并告警和打印信息。

（3）为了防止误操作，在任何一种控制方式下都采用分步操作，即选择、校核、执行，每步操作有时间限制，并在站级控制层设置操作员口令和监护员口令。

（4）间隔层每台测控屏装置对应于一个断路器及与之有闭锁关系的隔离开关、接地隔离开关、线路或主变压器等组合设备单元进行控制。

五、升压站监控系统（NCS）的操作规定

（1）正常情况下的操作均应在 NCS 执行，间隔层、就地控制屏仅用于 NCS 故障情况下的事故处理。

（2）升压站系统设备在 NCS 监控画面操作前，均应在间隔层对应的每台测控屏装置上确认五防投退开关在"联锁"位置，线路开关的同期投退开关在"强合"位置，母分开关同期投退开关在"同期"位置，操作开关及远方/就地切换开关均在"远方"位置。

（3）在 NCS 的任何操作必须有操作人和监护人共同执行，严禁单人进行操作，操作权限密码应注意保密。

第七节　同步发电机及其运行

一、同步发电机的结构

1. 发电机主要部件

同步发电机主要由静止和旋转两大部分组成。静止部分称为定子，旋转部分称为转子。发电机主要部件如图 11-10 所示。

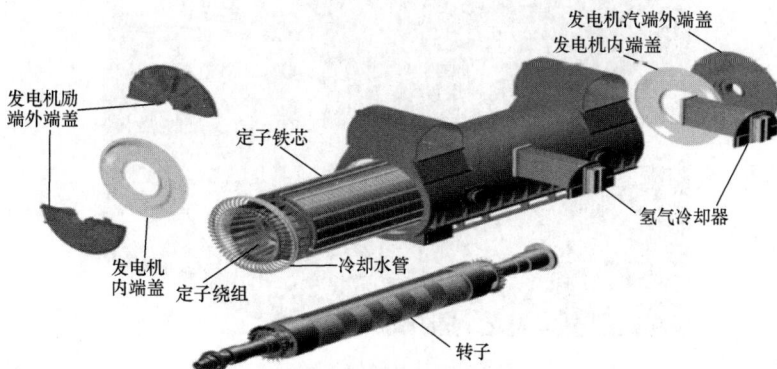

图 11-10　发电机主要部件

2. 定子

定子由定子铁芯、电枢绕组、机座三大部分组成。

（1）定子铁芯。定子铁芯是构成发电机磁路和固定定子绕组的重要部件。

为了减少铁芯的磁滞和涡流损耗，定子铁芯采用导磁率高、损耗小、厚度为 0.5mm 的优质冷轧硅钢片冲制而成。每层硅钢片由数张扇形片组成一个圆形，每张扇形片都涂了耐高温的水溶性无机绝缘漆。定子铁芯如图 11-11 所示。

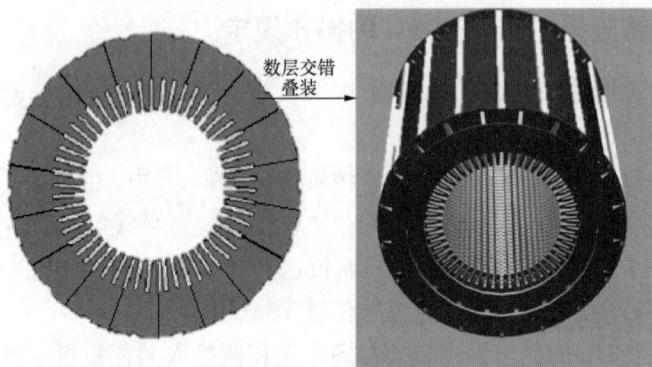

图 11-11　定子铁芯

（2）电枢绕组。电枢绕组是由条形线棒构成的短节距双层式绕组，条形线棒嵌装在沿整个定子铁芯圆周均匀分布的矩形槽中。一根线棒分为直线部分和两个端接部分，直线部分放在槽内，它是切割磁力线感应电动势的有效边，端线按绕组接线形式有规律地连接起来。电枢绕组端部如图 11-12 所示。

图 11-12　电枢绕组端部

（3）机座。机座是用钢板焊成的壳体结构，它的作用主要是支持和固定定子铁芯和定子绕组。机座（外壳）如图 11-13 所示。

图 11-13　机座（外壳）

3. 转子

转子由转子铁芯和转子绕组（励磁绕组）组成。

（1）转子铁芯。转子铁芯采用高强度合金钢整体锻造而成，具有良好的导磁性能和机械性能。在转子本体上加工有用于嵌入励磁绕组的平行槽。纵向槽沿转子轴圆周分布，从而获得两个实心磁极。转子轴的磁极均设计有横向槽，以降低由于磁极和中轴线方向挠曲所引起的双倍频率的转子振动。转轴由一个电气上的有效部分（转子本体）和两处轴颈组成。转子本体圆周上约有三分之二开有轴向槽，用于嵌放转子绕组。转子本体的两个磁极相隔 $180°$。转子铁芯如图 11-14 所示。

图 11-14　转子铁芯

（2）转子绕组。转子绕组如图 11-15 所示。转子绕组由嵌入槽中的多个串联线圈组成，转子绕组通入直流（励磁电流）产生恒定的一对磁极的磁场。转子绕组由带有冷却风道的含银脱氧铜空心导线构成。线圈的各线匝之间通过隔层相互绝缘。

图 11-15　转子绕组

（3）转子护环。采用整体式转子护环来抑制转子端部绕组的离心力。转子护环由非磁性高强度钢质材料制成，以降低杂散损耗。每个护环悬空热套在转子本体上。采用一开口环对护环进行轴向固定。

4. 轴承

（1）轴承。转子支撑在动压润滑的滑动轴承上。轴承为端盖式轴承。轴承润滑和冷却所用油是由汽轮机油系统提供，通过固定在下半端盖上的油管轴瓦座和下半轴瓦实现供油。

（2）轴承油系统。发电机轴承、励磁机或滑环轴轴承均与汽轮机润滑油供应系统相连。

发电机轴承都配备高压油顶油系统，高压油顶起转轴，在轴瓦表面和轴颈之间形成润滑油膜减小汽轮发电机组启动阶段轴承的摩擦。

二、同步发电机的励磁系统

燃气轮机发电机和汽轮发电机的励磁型式均为高起始响应的全静态晶闸管整流励磁系统。燃气轮机发电机励磁变压器电源接自中压母线或取自发电机机端，通过晶闸管整流将交流电流转变为直流电流，并经灭磁开关送入发电机磁场线圈。晶闸管整流器的输出大小由相位控制器控制，并经过脉冲放大器放大。

励磁系统的主晶闸管装置采用三相全波桥式整流，由六个臂组成，整流元件每臂采用一个元件，并有足够的电流裕度和足够的承受反向电压的能力，晶闸管元件有快速熔断器保护和交流侧设置抑制尖峰过电压的保护措施。每个臂有两个并联的元件支路，当1个支路退出运行时，能满足包括强励在内的所有运行状态。晶闸管整流器具有较高的可靠性。

励磁系统的特性与参数满足电力系统和发电机的各种运行方式的要求，能自动地调整和维持发电机电压为额定值，设有完善的保护和信号报警装置。

三、同步发电机辅助系统

1. 密封油系统

（1）系统功能。为安全有效地使用氢气来冷却发电机定转子，必须将氢气密封在发电机机壳中，在发电机两端配置了径向油膜型密封件，密封油系统就是用于向密封件提供压力油并保持一定的油氢差压。

（2）系统主要流程。滑油压力母管或密封油泵来的压力油经差压调节器调整后，经流量计再分别进入发电机集电端和透平端的轴承，空气侧回油与轴承的润滑回油直接汇流至回油扩容器，氢气侧回油分别进入各自的密封排放扩容器，后经阻氢排油器至回油扩容器。发电机底部设有液位检测开关，当液位高至一定值时发出报警。在密封回油的管路上装有油氢差压低检测开关，用于差压低报警和差压低启动直流密封油泵。

2. 氢气系统

采用氢冷方式的发电机需要建立专用的供气系统。供气系统应保证：给发电机充以氢气和空气；进行两种气体的置换，补充漏气；自动监视和保持氢气压力和纯度。

正常运行时，经过氢气干燥器干燥过的氢气，通过过滤器进入发电机内的低压区，对发电机铁芯和转子绕组进行冷却后回到发电机高压区，然后再进入氢气干燥器再次冷却，以保持氢气的干燥；当氢气压力不足需要补偿时，补偿氢气从制氢站（或储氢钢瓶），经过减压阀减压后，通过管道进入发电机氢气汇流排，以保持氢气压力恒定；对氢气进行的监测，发电机高压区的氢气，进入气体分析器后，再回到发电机，以实时监测氢气的纯度、压力和温度。

四、同步发电机的故障、不正常运行状态及其保护方式

发电机的安全运行对电力系统的稳定运行起着决定性的作用。发电机是一个旋转设备，它既要承受机械、热力的作用，又要承受电流、电压冲击的影响。因此在发电机的运行过程中，其定子绕组和转子回路均可能出现各种故障及不正常运行方式。

（一）发电机的故障类型

（1）定子绕组相间短路：由于相间短路电流及故障点的电弧，将损坏定子绕组的绝缘，烧坏绕组和铁芯，甚至引发火灾。

（2）定子绕组的匝间短路：定子绕组的匝间短路可分为相同分支的匝间短路和同相异分支的匝间短路。被短路的绕组将流过短路电流，引起故障处局部过热，绝缘破坏，并可能发展成单相接地故障和相间故障。

（3）定子绕组的单相接地：是最常见的一种故障，通常是由于绝缘破坏使其绕组对铁芯短接。发电机是中性点不接地或经消弧线圈接地的小接

地电流系统。单相接地后其电容电流流过故障点的定子铁芯，当此电流比较大或持续时间比较长时，会引起电弧灼伤铁芯、破坏绕组的绝缘、铁芯局部融化等现象，给修复工作带来很大困难。

（4）发电机转子绕组一点接地和两点接地：转子绕组一点接地时，由于没有构成电流通路，所以对发电机本身并无危害，对发电机运行也无影响，但若不及时处理，再发生另一点接地由此转化为两点接地，则转子绕组一部分被短接有可能使转子绕组和铁芯烧毁，还可能因磁动势不平衡而引起剧烈的机械振动。

（5）失磁低励故障：转子回路失去励磁电流。发电机失磁分为完全失磁和部分失磁，是发电机的常见故障之一，失磁故障不仅对发电机造成危害，而且对系统安全也会造成严重影响。

（二）发电机的不正常运行状态

由于发电机是旋转设备，加上一般发电机在设计制造时，考虑的过载能力都比较弱，一些不正常的运行状态将会严重威胁发电机的运行安全，因此对以下这些状态的处理也同样必须及时、准确。

（1）外部故障引起的定子绕组过电流和超过额定容量运行的定子过负荷。

（2）外部不对称短路或不对称负荷而引起的发电机负序过电流和负序过负荷。

发电机作为旋转元件，当其出现负序电流时，会产生一个反转的磁场，发电机的工作原理是其转子上加上一个励磁电流后产生磁场，随着转子的旋转，这个磁场会跟着转子一起旋转，磁场在定子绕组上感应电动势，产生三相交流电。三相交流电同样会合成一个旋转磁场，这个磁场在一般情况下转子磁场保持静止状态，对于负序电流，转子磁场正转，而定子负序电流所产生的这个磁场反转，磁场抵消，磁场很弱，机组振动。

（3）过电压：调速系统惯性较大的发电机突然甩负荷引起的过电压。

（4）失步：对发电机而言，转子转速下降，其频率下降，出现转子转速接近于发电机的谐振转速。发电机的转子转速和系统的额定转速由于发电机振荡导致一致从而引起失步。

（5）由于励磁回路故障或强行励磁时间过长引起的转子过负荷。

（6）过励磁：过励磁为定子铁芯中的磁场严重饱和，对 30 万 kW 以上的发电机组要考虑的，为了充分利用有色金属材料，也为了缩短转轴的长度，容易出现过励磁状态。

（7）逆功率：与系统并列运行的发电机，失去原动机功率，但励磁仍存在，发电机变为电动机运行，从系统吸收功率，驱动原动机运转。逆功率对发电机本身危害不大，但可造成汽轮机转子叶片过热损坏，燃气轮机的齿轮损坏等后果。

（8）发电机频率异常：发电机在非额定频率下运行，可能会引起共振，使发电机疲劳损伤，应配置频率异常保护。

（9）发电机误上电（突然加电压）：检测发电机在并网前可能出现的误合闸。发电机在停运或盘车过程中，由于出口断路器误合闸，发电机定子突然加电压，使发电机异步启动，给机组造成损伤。

（10）启停机故障：发电机组在没有给励磁前，有可能发生了绝缘破坏的故障，若能在并网前及时检测，就可以避免大的事故发生。对于发电机组，具有启停机故障检测功能对发电机组的安全将十分有利。

（三）发电机的常规保护配置

（1）发电机差动保护：发电机定子绕组发生相间短路若不及时切除，将烧毁整个发电机组，引起极为严重的后果，必须有两套或两套以上的快速保护反应此类故障。对于相间短路，国内外均装设纵联差动保护装置，瞬时动作于全停。

（2）发电机相间后备保护：反应发电机外部故障引起的过流，作为发电机相间短路的近后备，反应发电机过负荷或过流。

（3）发电机定子接地保护：发电机的中性点接地方式与定子接地保护的构成密切相关。

（4）发电机转子接地保护：大容量汽轮发电机组，应装设励磁回路一点及两点接地保护，在一点接地保护动作后投两点接地保护。

（5）发电机定子过负荷保护：发电机对称过负荷通常是由于系统中切除电源、生产过程出现短时冲击性负荷、大型电动机自启动、发电机强行励磁、失磁运行、同期操作及振荡等原因引起的，会导致定子过热，在转子中不会产生电流，不会过热。为了避免绕组温升过高，必须装设较完善的定子绕组对称过负荷保护，限制发电机的过负荷量。限制定子绕组温升，实际上就是要限制定子绕组电流，所以对称过负荷保护，就是定子绕组对称过电流保护。定子过负荷保护反应发电机定子绕组的平均发热状况。保护动作量同时取发电机机端、中性点定子电流。分为定时限和反时限定子过负荷保护。

（6）发电机负序保护：定子绕组负荷不对称运行，会出现负序电流可能引发电机转子表层过热，装设定子绕组不对称负荷保护（转子表层过热保护）。

（7）发电机失磁保护：也称为低励失磁保护。是指在励磁电流异常下降或消失时的保护，100MW 以上发电机装设。对于不允许失磁运行的发电机，可在自动灭磁开关断开时，连跳发电机断路器。

（8）发电机电压异常保护：反应发电机定子绕组电压异常。

（9）发电机逆功率保护：当发电机组在运行中主汽门关闭产生逆功率时动作断开主断路器。

（10）发电机低功率保护：当主汽门未完全关闭而发电机出口断路器未跳开时，发电机变成低功率输出状态的保护。

（11）发电机频率异常保护：反应发电机低频、过频、频率累积的保护。

（12）发电机启停机保护：在启停机过程中检测发电机绕组的绝缘变化。发电机组在没有给励磁前，有可能发生了绝缘破坏的故障，若能在并网前及时检测，就可以避免大的事故发生。对于大型发电机组，具有启停机故障检测功能对发电机组的安全将十分有利。

（13）误上电保护（断路器突然加电压）：检测发电机在并网前可能出现的误合闸。发电机在停运或盘车（低速旋转）状态下，由于出口断路器误合闸，发电机定子突然加电压，使发电机处于异步启动工况，此时由系统向发电机定子绕组到送大电流。定子气隙同步旋转磁场和转子有较大滑差，在转子本体中感应差频电流，会引起转子过热而损伤，是一种破坏性很大的故障。虽然在上述异常启动过程中，逆功率保护、失磁保护、阻抗保护也可能动作，但时限较长，因此需要有相应的专用保护迅速切除电源。

（14）发电机断路器失灵保护：当断路器拒动时跳开其他相关的断路器以保证设备安全。

（15）过激磁保护：为防止发电机励磁电流异常升高引起过磁通损坏铁芯而装设的保护。

第八节 变压器及其运行

一、变压器的结构

变压器结构的主要构成部分有：铁芯、带有绝缘的绕组、油箱及附件、绝缘套管等组成，如图 11-16 所示。铁芯和绕组是变压器进行电磁感应的基本部分称为器身。油箱作为变压器的外壳，起着冷却、散热和保护作用。变压器油是器身的冷却介质，起着冷却和绝缘作用。套管主要起绝缘作用。下面分别介绍这几部分的结构形式。

1. 铁芯

铁芯是变压器的磁路部分。为了提高磁路的导磁系数和降低铁芯的涡流损耗，目前大部分铁芯采用厚度为 0.35mm 或小于 0.35mm、表面涂有绝缘物的晶粒取向硅钢片制成。铁芯分为铁芯柱和铁轭两部分。铁芯柱上套绕组，铁轭将铁芯柱连接起来，使之形成闭合磁路。

在容量较大的变压器中，为了改善铁芯的冷却条件，在叠片间设置油道，以利散热。

图 11-16　油浸变压器

2. 绕组

绕组是变压器的电路部分，它由铜或铝的绝缘导线（圆的或扁的）绕制而成。一台变压器中，电压高的绕组称为高压绕组，电压低的绕组称为低压绕组。高、低绕组同心地套在铁芯柱上，为了减小绕组和铁芯间的绝缘距离，通常低压绕组靠近铁芯柱，高、低压绕组间以及低压绕组与铁芯柱之间留有绝缘间隙和散热通道。根据绕制的特点，绕组可分为同心式、交迭式。

3. 油箱及主要附件

油浸式变压器中使用的变压器油，是从石油中提炼出来的矿物油，其介质强度高、黏度低、闪燃点高、酸碱度低、杂质与水分极少。它在变压器中既作为绝缘介质又是冷却介质，在使用中要防止潮气侵入油中，即使进入少量水分，也会使变压器的绝缘性能大为降低。

（1）油箱是油浸式变压器的外壳，是用钢板焊成的，器身就放置在油箱内。

（2）储油柜（也称油枕）是一个圆筒形的容器，储油柜底部有管道与油箱连通，柜内油面高度随油箱中的油热胀冷缩而变动，储油柜一侧端面装有油位表。通过油位表可观察储油柜内的油位，当储油柜内油位低于 5％或高于 95％时，会输出报警信号。

为防止空气中的水分进入储油柜内的油中，储油柜经过一个呼吸器（又称吸湿器）与外界空气连通，呼吸器中盛有能吸潮气的物质，通常为硅胶，大型变压器为了加强绝缘油的保护，不使油与空气中的氧相接触，以免氧化，采用在储油柜内增加隔膜或充氮等措施。

气体继电器是油浸式变压器及油浸式有载分接开关所用的一种保护装置。气体继电器安装在变压器箱盖与储油柜的联管上，在变压器内部故障而使油分解产生气体或造成油流冲动时，使气体继电器的接触点动作，以接通指定的控制回路，并及时发出信号或自动切除变压器。

4. 分接开关

（1）无载调压分接开关利用改变变压器线圈匝数，以实现电压调整。当需要调整电压时，首先必须将变压器从回路上切除，使变压器处于完全无电压的情况下才能操作分接开关。这种分接开关又称无载调压分接开关。

（2）有载调压分接开关也称带负荷调压分接开关，其基本原理是在变压器的绕组中引出若干分接抽头，通过有载调压分接开关，在保证不切断负荷电流的情况下，由一个分接头切换到另一个分接头，以达到变换绕组的有效匝数，即改变变压器变比的目的。在切换过程中需要过渡电路。切换开关装在油箱内，切换在油中进行。

5. 绝缘套管

变压器的绝缘套管将变压器内部的高、低压引线引到油箱的外部，不但作为引线对地的绝缘，而且担负着固定引线的作用。绝缘套管一般是瓷质的，它的结构主要取决于电压等级，1kV 以下的采用实心瓷套管；10～35kV 采用空心充气或充油式套管，电压 110kV 及以上时，采用电容式套管。为了增加外表面放电距离，套管外形做成多级伞状裙边，电压愈高，级数愈多。

二、变压器的冷却方式

为了保证变压器散热良好，必须采用一定的冷却方式将变压器中产生的热量带走。常用的冷却介质是变压器油和空气两种。前者称为油浸式，后者称为干式。油浸式变压器又分为自冷、油浸风冷式及强迫油循环等三种。油浸自冷式依靠油的自然对流带走热量，没有其他冷却设备。油浸风冷式是在油浸自冷式的基础上，另加风扇给油箱壁和散热管吹风，以加强散热作用。强迫油循环式是用油泵将变压器中的热油抽到变压器外的冷却器中冷却后再送入变压器。冷却器可以用循环水冷却或强迫风冷却。

（1）油浸自冷式冷却系统没有特殊的冷却设备，油在变压器内自然循环，铁芯和绕组所发出的热量依靠油的对流作用传至油箱壁或散热器，常用于高压厂用变压器。

（2）油浸风冷式冷却系统，也称油自然循环、强制风冷式冷却系统。它是在变压器油箱的各个散热器旁安装一个至几个风扇，把空气的自然对流作用改变为强制对流作用，以增强散热器的散热能力。

（3）强迫油循环风冷式冷却系统用于大容量变压器，常用于主变压器。这种冷却系统是在油浸风冷式的基础上，在油箱主壳体与带风扇的散热器（也称冷却器）的连接管道上装有潜油泵。油泵运转时，强制油箱体内的油从上部吸入散热器，再从变压器的下部进入油箱体内，实现强迫油循环。

强迫油循环水冷却系统由潜油泵、冷油器、油管道、冷却水管道等组成。工作时,变压器上部的油被油泵吸入后增压,迫使油通过冷油器时,利用冷却水冷却油。因此,这种冷却系统中,铁芯和绕组的热先传给油,油中的热再传给冷却水。

冷却器运行时需要达到以下标准:变压器投入或退出运行时,工作冷却器均可通过控制开关投入与停止;当运行中的变压器顶层油温或变压器负荷达到规定值时,辅助冷却器应自动投入运行;冷却器冷却系统按负荷情况自动或手动投入或切除相应数量的冷却器。

三、变压器不正常运行情况及其保护方式

(一)电力变压器的故障

(1)对于油浸式变压器而言,故障可分为油箱内故障与油箱外故障。

(2)变压器内故障主要包括绕组相间短路、绕组匝间短路及中性点接地系统绕组地接地短路等。这些故障危害很大,因为短路电流产生的高温电弧不仅会烧毁绕组绝缘盒铁芯,还会使绝缘材料和变压器油分解而产生大量气体,有可能使变压器油箱局部变形、破裂,甚至发生油箱爆炸事故。因此,当变压器发生内部故障时,必须迅速将变压器切除。

(3)变压器外部故障主要是变压器套管和引出线上发生的相间短路和接地短路。发生这类故障时,也应迅速切除变压器,以尽量减少短路电流对变压器的冲击。

(二)电力变压器的异常

变压器的异常状态是指变压器本体未发生故障,但运行中外部环境变化后引起的变压器异常运行方式。主要表现为:

(1)外部短路引起的过电流。

(2)过负荷。

(3)油箱漏油造成的油面降低。

(4)变压器中性点电压升高。

(5)外部电压过高或频率降低等引起的过励磁。

(三)电力变压器的保护配置

(1)瓦斯保护:反映变压器油箱内部故障和油面降低的。反映故障时气体数量和油流速度的保护称为瓦斯保护。当变压器内部故障时,故障点局部高温使变压器油温升高,体积膨胀,油内空气被排出而形成上升气体。若故障点产生电弧,则变压器油和绝缘材料将分解出大量气体,这些气体自油箱流向储油柜。故障程度越严重,产生气体越多,流向储油柜的油流速度越快。由于气体数量和油流速度能直接反映变压器故障性质和严重程度,故产生少量气体和气流速度较小时,轻瓦斯动作于信号;故障严重,油流速度高时,重瓦斯保护瞬时作用于跳闸。轻瓦斯动作值的大小用气体容量大小表示。一般轻瓦斯保护的气体容积范围为 $20\sim300\mathrm{cm}^3$;气体容量

的调整可通过改变重锤的力臂长度来实现。重瓦斯保护动作值的大小用油流速度大小来表示。对油流的一般要求：自冷式变压器为 $0.8\sim1.0\text{m/s}$，强油循环变压器为 $1.0\sim1.2\text{m/s}$，120MVA 以上的变压器为 $1.2\sim1.3\text{m/s}$。

（2）纵差保护或电流速断保护：变压器纵差动保护是变压器主保护，用于反映变压器绕组的相间短路故障、绕组的匝间短路故障、中性点接地侧绕组的接地故障及引出线的相间短路故障、中性点接地侧引出线的接地故障。发电厂中的主变压器（发电机-变压器组）、高压厂用变压器、高压启动备用变压器均配置有纵差动保护。其保护原理都一样，所不同的主要是引入的电流量有差异。

（3）变压器相间短路的后备保护：反映变压器外部相间短路并作为气体保护和差动保护（或电流速断保护）的后备保护。该保护的构成方式多样，主要有：

1）简单过流保护；

2）低电压启动过流保护；

3）后备阻抗保护；

4）复合电压启动（方向）过电流保护；

5）负序电流保护。

（4）零序保护：反映中性点直接接地系统中变压器外部、内部接地短路的。在电力系统中，接地故障是主要的故障形式，所以对于中性点直接接地电网中的变压器，都要求装设接地保护（零序保护）作为变压器主保护的后备保护和相邻元件接地短路的后备保护。变压器接地保护方式及其整定值的计算与变压器的型式、中性点接地方式及所连接系统的中性点接地方式密切相关。变压器接地保护要在时间上和灵敏度上与线路的接地保护相配合。

（5）过负荷保护：反映变压器对称过负荷的。变压器的过负荷电流在大多数情况下是三相对称的，过负荷保护作用于信号，同时闭锁有载调压。另外，过负荷保护安装地点，要能反映变压器所有绕组的过负荷情况。因此，双绕组升压变压器，过负荷保护应装设在低压侧（主电源侧）。双绕组降压变压器应装设在高压侧。一侧无电源的三绕组升压变压器，应装设在发电机电压侧和无电源一侧。三侧均有电源的三绕组升压变压器，各侧均应装设过负荷保护。单侧电源的三绕组降压变压器，当三侧绕组容量相同时，过负荷保护仅装设在电源侧；当三侧容量不同时，则在电源侧和容量较小的绕组侧装设过负荷保护。两侧电源的三绕组降压变压器或联络变压器，各侧均装设过负荷保护。

（6）过励磁保护：频率降低和电压升高引起的铁芯工作磁密过高。由于因为目前的大型变压器设计中，为了节省材料，降低造价，减少运输质量，铁芯的额定工作磁通密度都设计得较高，约在 $1.7\sim1.8\text{T}$，接近饱和磁密（$1.9\sim2\text{T}$），因此在过电压情况下，很容易产生过励磁。另因磁化曲线比较"硬"，在过励磁时，由于铁芯饱和，励磁阻抗下降，励磁电流增加得很快，当工作磁密达到正常磁密的 1.3～1.4 倍时，励磁电流可达到额定电流水平。其次由于励磁电流是非正弦波，含有许多高次谐波分量，而铁芯和其他金属构件的涡流损耗与频率的平方成正比，可引起铁芯、金属构件、绝缘材料的严重过热，若过励磁倍数较高，持续时间过长，可能使变压器损坏。因此装设变压器过励磁保护的目的是检测变压器的过励磁情况，及时发出信号或动作于跳闸，使变压器的过励磁不超过允许的限度，防止变压器因过励磁而损坏。由于系统电压升高和频率降低对变压器过励磁具有同样的影响，且变压器铁芯的工作磁密与 U/f 成正比，因此过励磁保护通常是反应 U/f 而动作的，根据不同情况选用定时限或反时限特性。过励磁保护反时限特性的整定，与变压器过励磁特性曲线相匹配，可通过控制字或压板选择是否跳闸。

第十二章　联合循环机组公用设备及系统

第一节　凝结水系统

一、概述

凝结水系统主要作用是把低压缸排气冷却下来的凝结水通过凝结水泵加压送到锅炉低压汽包或除氧器建立正常水循环。同时从凝结水主管道上引出分支供中、低压旁路减温水，凝汽器水幕喷水、低压缸减温水等用户使用，根据电厂设备配置不同，部分电厂还配备前置泵以提升凝结水泵入口压力。

二、系统及工作流程

凝结水由热井经一根总管引出，然后接至凝结水泵。泵进口管道上设置了电动闸阀、滤网以及膨胀节。为了防止运行泵排出的压力水可能倒入备用泵，造成备用泵吸入管道系统超压，在每台泵的吸入管电动闸阀后装一只泄压阀，也有部分厂家为防止备用泵超压，在每台泵的进水管电动阀后安装了一只压力平衡阀以防超压。根据节能需要，部分电厂也采用变频凝结水泵，变频凝结水泵主要是通过改变电源频率及电压来改变电机转速，在设备低负荷时使设备处于高效率状态。

凝结水泵将凝结水输送至余热锅炉的除氧器或低压给水系统，保证余热锅炉有连续的水源用来产生蒸汽，在主凝结水管上还有一路溢流管引出，管路上设有调节阀，调节信号来自锅炉侧低压汽包或除氧器，另一路信号来自凝汽器水位，处于连续可调状态，两者均为高水位信号时，该调节阀打开，当两者水位达到正常值，自动关闭该调节阀。

凝结水泵轴封的自密封水管道从凝结水泵泵体上接出，分两路接至每台泵的密封水接口，用于一台凝结水泵已经启动，备用泵的密封用。另从凝结水输送泵出口取一路密封水供至密封水母管，机组启动时使用。凝结水泵出口管道经止回阀和电动闸阀后合并成一路，至轴封冷却器。

电厂为了保证机组启动初期蒸汽品质和保证紧急停机时高压力蒸汽快速排放，在热力系统中还设置中、低压旁路路使蒸汽不通过汽轮机，在旁路中减温减压后排放至凝汽器，所以凝结水除供给锅炉侧用水外还有对旁路和凝汽器减温的作用：

（1）汽轮机再热旁路减温喷水。

（2）汽轮机低压蒸汽旁路减温喷水。

（3）凝汽器水幕喷水。

为防止汽轮机低压缸排气过热，凝结水还具有的作用：

当汽轮机低于一定负荷，或低压缸排汽温度高时，凝结水喷水管路上的气动调节阀开启降温。

为防止蒸汽管路、疏水管路和疏水罐超温，凝结水还具有以下作用：

（1）疏水扩容器高压蒸汽疏水集管、再热蒸汽疏水集管、扩容器罐内喷淋，管路上设有电动截止阀，当机组启动及低负荷时开启进行减温。

（2）从凝结水主管上还分别接有到动力岛区疏水扩容器罐内喷淋、余热锅炉中压蒸汽供辅助蒸汽减温器喷淋。

部分电厂凝结水还接至化水辅助蒸汽减温器进行减温喷水。凝结水系统示意见图 12-1。

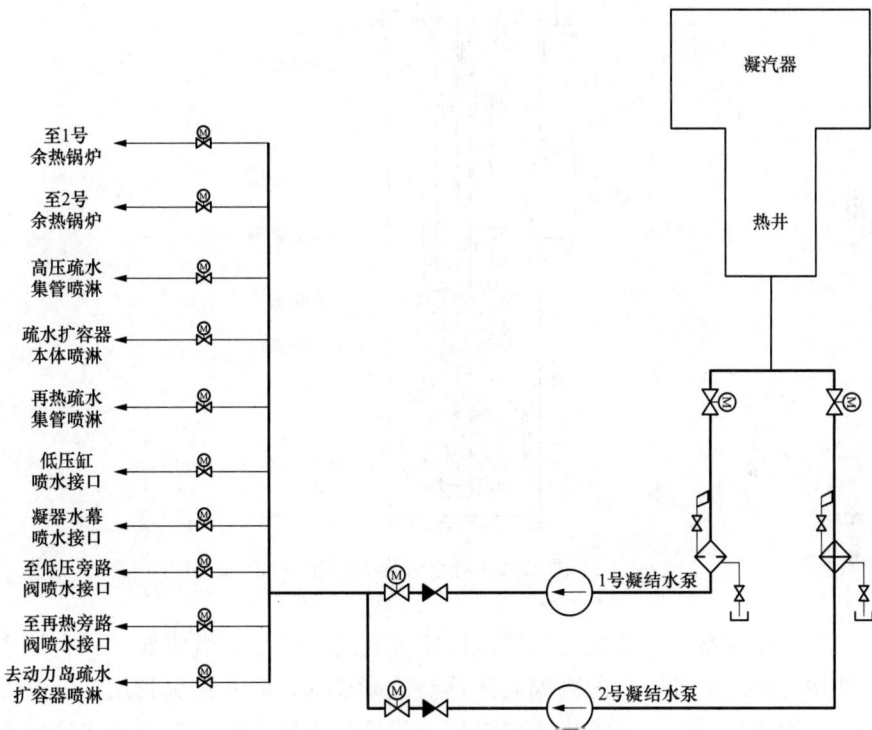

图 12-1　凝结水系统示意图

三、主要设备及作用

（1）凝结水泵：凝结水泵是火力发电厂中重要的运行设备，其作用是将凝汽器热水井的凝结水进行升压后输送至低压汽包或除氧器。凝结水泵按照其布置方式，可分为立式泵和卧式泵，结构为多级式离心泵，其工作原理与离心泵的工作原理一样，由电机带动叶轮高速旋转，叶轮又带动叶片间的液体一道旋转，由于离心力的作用，液体从叶轮中心被甩向叶轮外缘并以较高的压强沿排出口流出。由于凝结水泵的入口属于负压状态，为了防止凝结水泵汽化，通常在凝结水泵的入口装有诱导轮，而且在凝结水泵泵体上接有一个抽真空管，抽真空管源源不断地将漏入泵内的空气和凝结水中析出的空气抽到凝汽器内部，然后由抽真空系统抽出排向大气。凝结水泵示意见图 12-2。

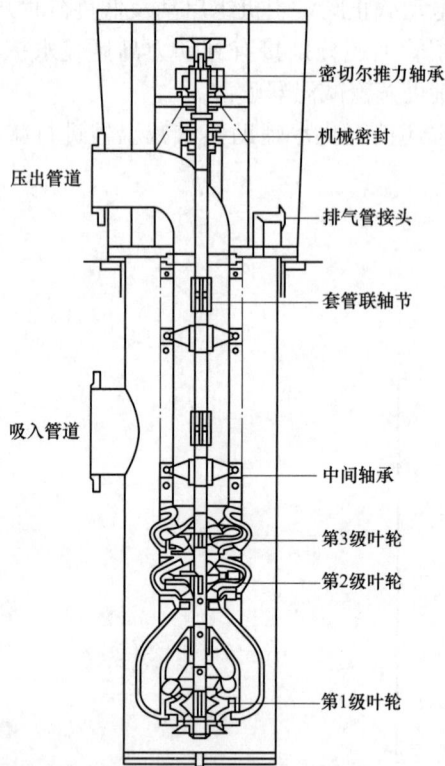

图 12-2　凝结水泵示意图

（2）凝汽器：汽轮机凝汽器是汽轮机系统中的重要组成部分，它的主要作用是将汽轮机排出的高温高压蒸汽冷凝成水，以便再次利用。凝汽器的工作原理是利用冷却水将高温高压蒸汽冷凝成水，然后将冷凝水排出系统；凝汽器通常由几个部分组成，包括凝汽器本体、冷却水系统、排水系统和真空系统等。其中，凝汽器本体是凝汽器的主体部分，它通常由多个凝汽器管束组成，每个管束内部都有许多小口径管道，蒸汽从这些小管子中流过，与冷却水进行热交换，最终冷凝成水。供热机组不设置凝汽器，汽轮机做功后排出的蒸汽直接通过热网输送至热用户进行再次利用。凝汽器示意见图 12-3。

（3）密封水：起到对负压系统设备、阀门防止漏入空气作用，凝结水泵入口密封水主要防止空气进入后导致凝汽器无法形成真空和防止溶氧超标。

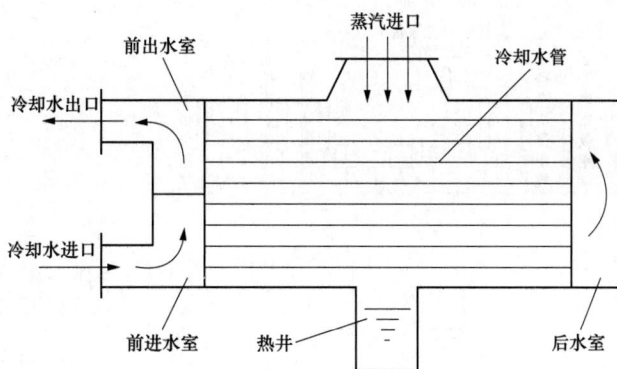

图 12-3　凝汽器示意图

第二节　仪用空气系统

一、概述

压缩空气系统的主要功能是为燃气轮机、余热锅炉和汽机房的所有气动阀、仪表用气以及化水专业提供动力驱动气源。该气源经组合式压缩空气干燥器除去油、水等杂质，进入储气罐，保证了气源的质量和压力，提高了气动装置动作的可靠性。

二、系统及工作流程

空压机从大气环境中吸气，空气经空气过滤器过滤后进入压缩机进行压缩，压缩后的空气经油气分离器、后冷却器后排至压缩空气母管。空压机出口设一根或多根母管，分成多路接至冷干机。每台冷干机前配有一只除油过滤器，冷干机后配有一只除尘过滤器和一只精密除油过滤器。冷干机采用冷冻＋吸附的组合干燥方式，压缩空气经预冷器预冷后进入蒸发器进行冷冻，再经气液分离后进入干燥塔进行吸附处理。处理后的空气经预冷器换热后排出。每台冷干机设有两座干燥塔，采用活性氧化铝作为吸附剂。一座塔在进行吸附工作时，另一座塔同时对吸附剂进行再生操作。产生的废气通过管道排出室外，管道出口设有消声器。

仪用压缩空气系统主要流程：环境空气→空压机→空压机出口母管→冷干机→仪用储气罐进口母管→仪用储气罐→仪用储气罐出口母管→分支管路仪用气。仪用空气系统示意见图 12-4。

三、主要设备及作用

（1）空压机：空压机分为容积式和动力式两大类，而容积式又分为往复式和回转式空压机，在电厂中普遍采用回转式螺杆空压机，螺杆空压机

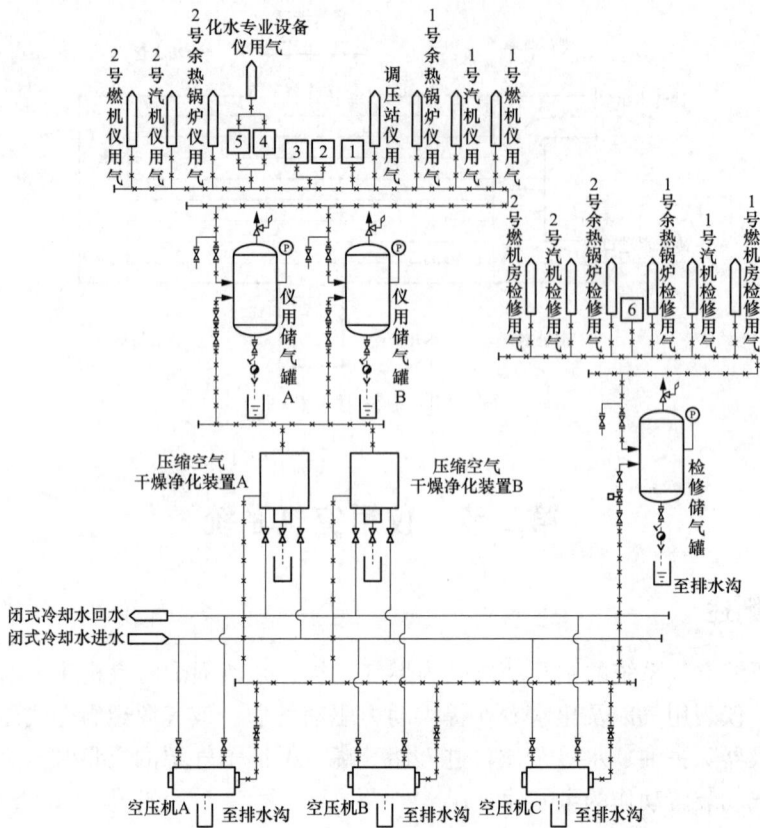

图 12-4　仪用空气系统示意图

工作原理是由一对相互平行齿合的阴阳转子（或称螺杆）在气缸内转动，使转子齿槽之间的空气不断式地产生周期性的容积变化，空气则沿着转子轴线由吸入侧输送至输出侧，实现螺杆式空压机的吸气、压缩和排气的全过程。螺杆式空压机示意见图 12-5。

图 12-5　螺杆式空压机示意图

（2）冷干机：由一只前置的"除油过滤器"、一台中置的"压缩空气干燥机"与一只后置的"除尘过滤器"串联而成，作用是自动匹配空压机的自动卸载、加载运行状态，对压缩空气进行干燥、净化处理，保证露点温度达到仪用空气的要求，并连续提供品质符合质量技术参数要求的无油、无水、洁净的仪用压缩空气。冷干机示意见图 12-6。

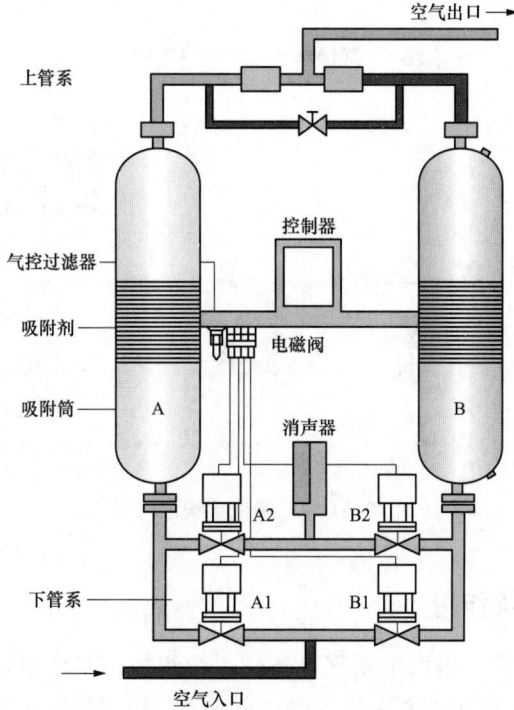

图 12-6　冷干机示意图

第三节　辅助蒸汽系统

一、概述

辅助蒸汽系统指全厂的公用蒸汽系统，它接收辅助锅炉或余热锅炉中压过热器来汽，用来满足机组辅助蒸汽用户的用汽。辅助蒸汽系统主要供汽轮机轴封蒸汽，除此之外还供给凝汽器热井除氧加热，汽轮机的高、中、低压缸冷却蒸汽和除氧器加热蒸汽等，部分电厂还用于化学用气等。

二、系统及工作流程

通常辅助蒸汽汽源由余热锅炉中压过热蒸汽以及辅助锅炉过热蒸汽提供，各路汽源分别经过一调节阀和并汽电动阀供至辅助蒸汽母管。沿途分别设置疏水阀，以保证启动初期的疏水和快速升温，辅助蒸汽主要供给汽轮机轴封用汽。其中辅助锅炉为余热锅炉冷态时，中压过热器内无蒸汽产出或过蒸汽压力及温度无法达到使用要求时采用辅助锅炉供给辅助蒸汽；当余热锅炉启动后中压过热器内蒸汽参数达到辅汽使用要求时，辅助锅炉停运，辅助蒸汽切换至余热锅炉中压过热器继续供给。辅助蒸汽系统示意见图 12-7。

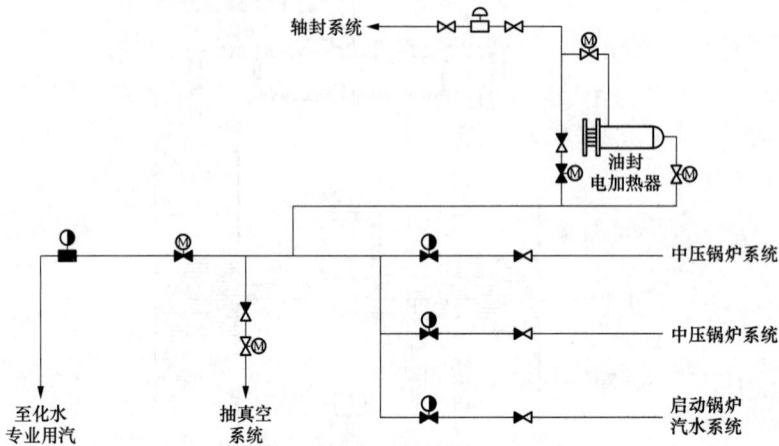

图 12-7　辅助蒸汽系统示意图

三、主要设备及作用

（1）辅助锅炉：由汽水系统、风烟系统组成。其中汽水系统由除盐水泵来的除盐水首先经过除氧器，再由除氧器经过给水泵升压供给辅助锅炉省煤器、上下锅筒，经过炉膛加热产生蒸汽供至辅助蒸汽母管。风烟系统由一台与燃烧器天然气流量相匹配的送风机和一台引风机组成；辅助锅炉主要作用将化学能转化为热能，将蒸汽供给辅汽管道输送至用户做功。

（2）除氧器：主要是用来除去锅炉给水中的氧气以及其他气体，保证给水品质。

（3）上下集箱：主要承装介质作用，高温蒸汽上升进入上锅筒，低温水下降进入下锅筒形成自然循环。

（4）燃烧器：主要将燃料燃烧，将化学能转化为热能。

（5）引风机：将锅炉利用后的烟气排出。

（6）鼓风机：吸入一定配比空气，与燃料混合后进入燃烧器燃烧。

（7）受热面：从放热介质处吸收热量向受热介质传递，是"锅"与"炉"的分界面。

辅助锅炉汽水示意见图 12-8。

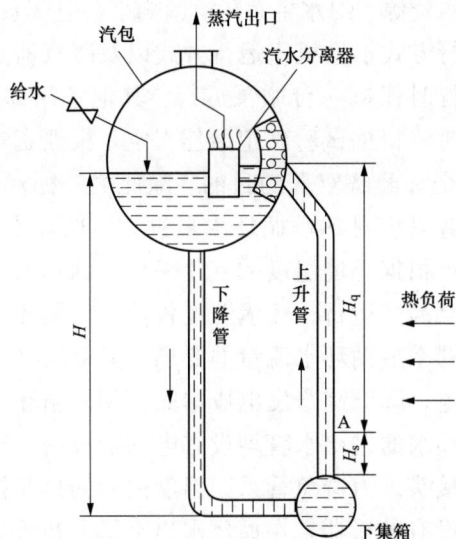

图 12-8　辅助锅炉汽水结构示意图

第四节　循环水系统

一、概述

循环水系统的主要功能是用以冷却汽轮机的排汽，形成凝汽器的真空，保证机组热力循环的正常运行，同时也为凝汽器、开式冷却水系统、其他辅机冷却水系统提供冷却水源，循环水系统又分为开式循环水和闭式循环水两种，其中沿江、河、湖、海布置的电厂采用开式循环方式较多，距离水源较远的电厂通常采用闭式循环水较多。

二、系统及工作流程

电厂循环冷却水系统可分为闭式循环水系统和开式循环水系统。

（1）开式循环水系统是指：冷却水被一次性利用（不重复使用）的供水方式。在该方式中，冷却水从水源引入，由循环水泵一次性送入凝汽器等设备吸热升温后，直接排放至水源下游。这种系统投资省、运行经济性高。但这种系统要求电站附近有充足的水源、耗水量大，水源下游水温升高，对水生态环境有一定的不利影响。

（2）闭式循环水系统是指：冷却水被重复利用的供水方式。在该方式中，冷却水由循环水泵送入凝汽器等设备吸热升温后，在冷却塔或冷却池等二次冷却设备中对环境空气放热，温度降低后再由循环水泵送入凝汽器等设备中重复使用，从而构成闭式循环。运行过程中只需补充小部分损失掉的循环水，节约水资源，对水生态环境影响小，但该系统前期投资较大。

循环水泵的运行方式根据机组运行方式以及凝汽器真空情况而定，一般机组非满负荷运行时保持一台循泵运行、其他备用即可满足运行需要，当机组满负荷运行时可根据试验确定最佳真空，根据真空情况启动其余循环水泵，以达到安全和经济双赢的目的。除此之外循环水泵还可实行高、低速改造和变频改造以应对冬季循环水量过大、循环水泵电耗高的问题，改造后的循环水泵可根据环境温度的变化采用灵活运行方式，即在环境温度较高时，循环水泵高速运行；环境温度较低时，循环水泵低速运行；这样，既可以满足不同季节循环水流量的要求，又可以在环境温度较低的情况下起到节约厂用电、降低综合发电成本的作用。循环水泵的出口除设置液控蝶阀外，在循环水的进出水管均设有电动隔离阀，并在阀附近设有方便检修阀门的伸缩接头。为避免管系因温度引起的热胀推力，在靠近凝汽器侧的进出水管上设有补偿器，在循环水出水管上布置有胶球收球网。整个循环水管道系统一般布置在循环水管负米坑内。

为保证凝汽器循环水侧清洁，还配备了凝汽器胶球清洗系统，该系统由胶球泵、装球室和收球网等组成。胶球从循环水进水管电动蝶阀后进入，至凝汽器的前水室进水管侧，将管内的污垢经胶球清洗从循环水出水管带出，胶球由收球网回收再次送入胶球泵进口，构成闭式循环。循环水系统示意见图 12-9。

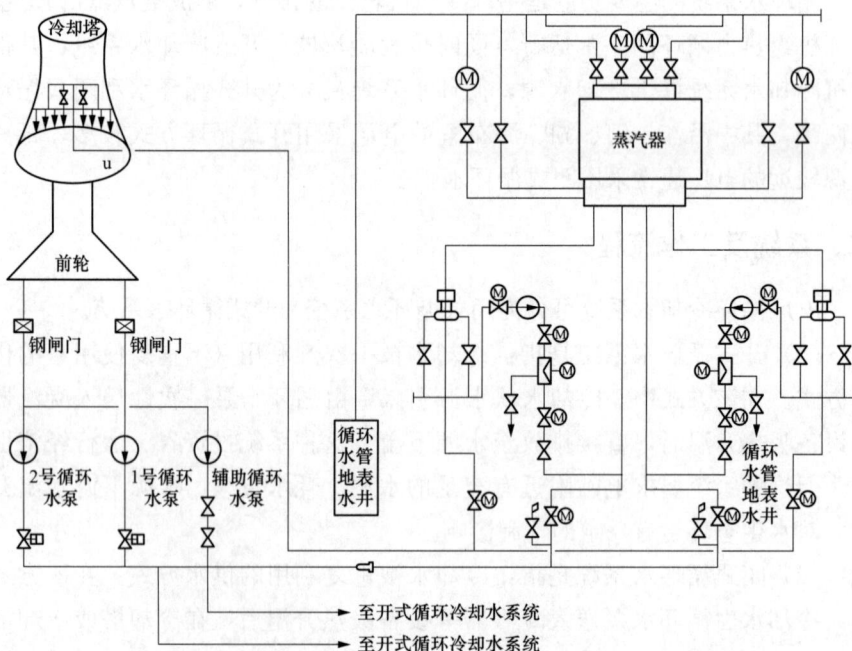

图 12-9　循环水系统示意图

三、主要设备及作用

（1）冷却塔：在闭式循环水系统中冷却塔分为自然通风和机械通风两种。

自然通风冷却塔有一个像烟囱一样高大的风筒，依靠塔外、塔内空气密度差形成的自然通风抽力使冷空气流经塔内吸热、排出至大气，冷却效果较为稳定。塔内外空气密度差越小，则通风抽力就越小，对水的冷却越不利，所以在高温、高湿地区一般不宜采用这种冷却塔。机械通风冷却塔没有高大的风筒，塔内空气流动主要是靠通风机强制形成的，具有冷却效果好、运行稳定的特点。自然通风冷却塔见图 12-10。

图 12-10　自然通风冷却塔

机械通风冷却塔分为鼓风式冷却塔和抽风式冷却塔：鼓风式冷却塔采用的鼓风机安装在冷却塔下部，主要用于小型冷却塔或水对风机有侵蚀性的冷却塔中。抽风式冷却塔采用的抽风机安装在冷却塔上部，主要用于大、中型冷却塔或水对风机侵蚀性小的冷却塔中。机械通风冷却塔按换热时水流和气流方向不同分为逆流式与横流式。机械通风冷却塔示意见图 12-11。

（2）循环水泵：为循环水提供动力源的水泵，一般只用来克服循环水系统的压力降，多数采用低扬程泵。

（3）胶球：在进行凝汽器冷却管清洗的专用清洁工具。

（4）收球网：将胶球从循环水中分离出来。

（5）胶球泵：是胶球清洗装置中不断循环的动力。

（6）装球室：胶球清洗系统中用于加球、取球、存储球及观察球的腔室。

图 12-11　机械通风冷却塔示意图

第五节　抽真空系统

一、概述

凝汽器抽真空系统在汽轮机启动前从凝汽器中抽出空气来建立初始真空；在机组正常运行时从凝汽器中抽出空气和不凝结气体来维持凝汽器真空，供热机组由于汽轮机做功后排汽通过热网直接输送至热用户，因此没有安装凝汽器，所以在供热机组中不设计抽真空系统。

二、系统及工作流程

凝汽器抽真空系统管道从凝汽器的抽吸口接出，通过隔离阀连至一个母管，然后从母管分两条单独管线经隔离阀分别连接至真空泵组的接口。真空泵组由水环真空泵、大气喷射器、供水冷却循环系统、进排气控制系统组成。目前燃气轮机电厂主要以水环真空泵为主，水环式真空泵由电动机直接驱动。泵出口的汽水混合物排至分离器，气侧经止回阀排向大气，水侧通过板式换热器冷却以后进入真空泵作为工作水。在汽水分离器上设有溢流装置，保证水位的动态平衡；同时汽水分离器底部设有手动阀门，能够依靠人工手段将多余的水排出。真空泵汽水分离器出口设置止回阀，以防止设备在停运时，大气倒入凝汽器而破坏真空，保证真空泵的安全运行。水环真空泵的吸入口处装有喷淋装置，从供水管路引入部分工作水，通过喷嘴在泵的吸入口内喷水，借以降低泵进口温度。当系统中气、蒸汽混合物遇到从喷嘴来的工作水时，大部分蒸汽凝结成水，这个"预凝结"的整个作用就是通过减小容积流量来提高泵的性能。机组正常运行时保持一台真空泵运行维持凝汽器真空，因真空泵电机功率较大，大幅增加耗电量，且正常运行时凝汽器内不凝结汽体较少，所以在抽真空系统中通常配置两台大功率真空泵，但大功率真空泵运行经济性较差，因此部分电厂在抽真空系统上增加一台由罗茨泵和水环真空泵串联的小真空泵组（高效真空泵组），既能维持真空又可减少电耗。

抽真空系统主要作用为在汽轮机启动冲转前连续抽气用以建立起"冲转真空"，在汽轮机启动冲转后连续抽气用以满足蒸汽凝结并提升"启动真空"，在汽轮机正常运行时连续抽气用以满足蒸汽凝结并维持"正常运行真空"。抽真空系统示意见图 12-12。

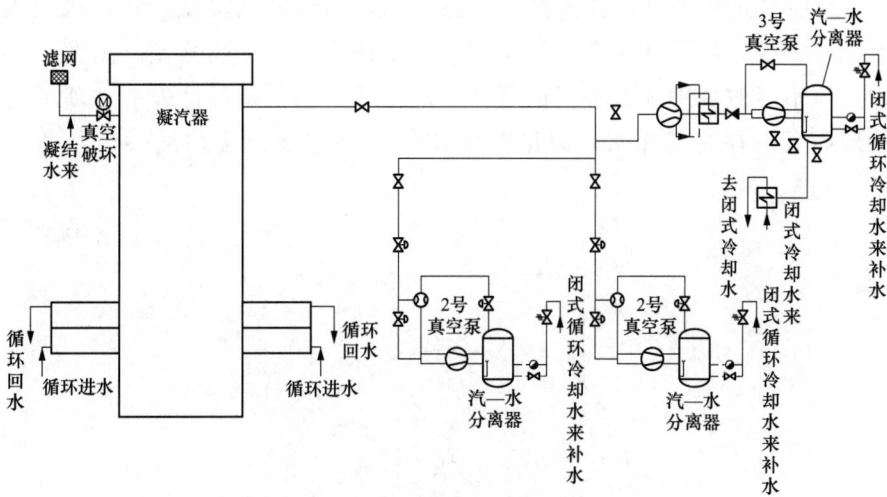

图 12-12　抽真空系统示意图

三、主要设备及作用

（1）水环式真空泵：以水作为工作介质从凝汽器空气冷却区域抽出不凝性气体。水环式真空泵排出的气水混合物在气水分离器中进行气、水分离：分离出来的不凝性气体经止回阀排至大气；分离出来的水经密封水冷却器冷却后进入水环式真空泵入口作为工作水重复使用。通过溢流阀、补水阀的控制来维持气水分离器的正常水位。

水环式真空泵壳体内部形成一个圆柱状空间，叶轮偏心地装在这个空间内，同时在壳体上部分别开设有吸气管和排气管，吸气管和排气管位于叶轮的两侧。

水环式真空泵壳体内充有适量工作水（密封水），带有若干前弯叶片的转子在泵体内按图 12-13 所示方向旋转，工作水受离心力作用而被甩向壳体圆桶内表面并形成一个运动着的圆环，被称为"水环"。由于叶轮与壳体是偏心的，所以转子每转一周，转子上两个相邻叶片与水环间所形成的空间均会出现由小到大、又由大到小的周期性变化。当抽气口空间处于由小到大的变化时，由于扩容效应，该空间产生真空，其真空值比凝汽器抽气口的真空值还要高，即对应的绝对压力值比凝汽器抽气口的绝对压力值还要低，形成"抽吸压差"。于是，真空泵吸气口便从凝汽器抽气口处吸入气体。当空间由大变小时，由于缩容效应，该空间内的气体被压缩而升高压力，经排气口排出。由于转子上安装有多个叶片，相邻叶片与水环之间所构成的空间均处于不同的容积变化过程，所以当转子连续转动时，泵的吸气、排气均为连续的过程。

在吸气过程中叶片间为真空状态，工作水会自然蒸发，并且从凝汽器抽气口抽来的气体中含有少量蒸汽，工作水会被加热蒸发。蒸发产生的汽体不可避免地随被抽吸的气体一起排放。因此运行过程中必须不定时地向泵内补充工作水，以维持恒定的水环径向厚度。液环泵示意见图 12-13。

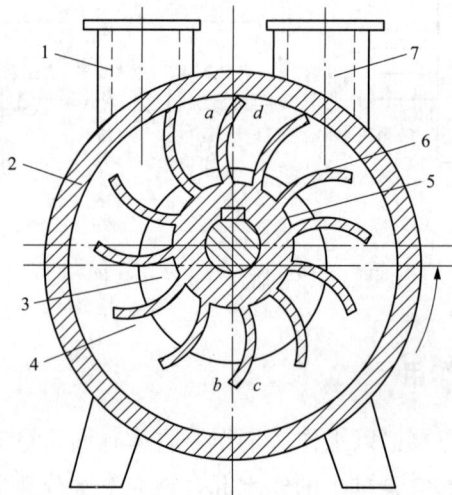

图 12-13　液环泵示意图
1—吸气管；2—泵壳；3—空腔；4—水环；5—叶轮；6—叶片；7—排气管

（2）罗茨真空泵组：罗茨泵是一种无内压缩的真空泵，通常压缩比很低，故高、中真空泵需要前级泵。靠泵腔内一对叶形转子同步、反向旋转的推压作用来移动气体而实现抽气的真空泵。罗茨真空泵是指具有一对同步高速旋转的"8"字形转子的机械真空泵，此泵不可以单独抽气，前级需配油封、水环等可直排大气。罗茨泵在泵腔内，有两个"8"字形的转子相互垂直地安装在一对平行轴上，由传动比为1的一对齿轮带动作彼此反向的同步旋转运动。在转子之间，转子与泵壳内壁之间，保持有一定的间隙，可以实现高转速运行。罗茨泵转子示意见图 12-14。

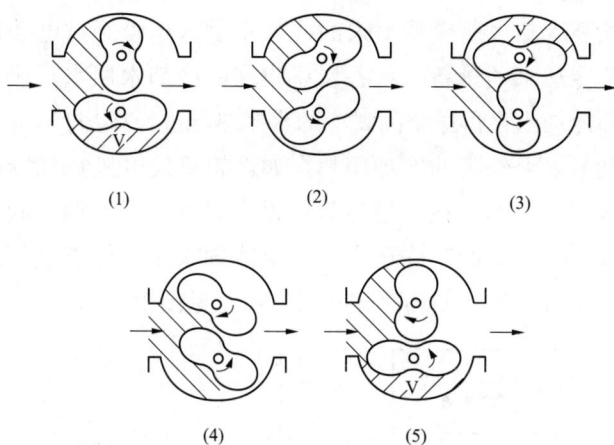

图 12-14 罗茨泵转子示意图

第六节 闭式循环冷却水系统

一、概述

闭式循环冷却水系统采用除盐水作为冷却介质，可减少对设备的污染和腐蚀，使设备具有较高传热效率。闭式循环冷却水系统的主要功能为各设备提供冷却水，保证机组安全可靠地运行。同时又可防止流道阻塞，提高各主、辅设备运行的安全性和可靠性，大大减小设备的维修工作量。

二、主要流程及功能

燃气轮机发电机组通常设置多台闭式循环冷却水泵和多台板式闭式循环冷却器。系统正常运行时，闭式循环冷却水泵一台运行，其余水泵备用；冷却器根据各厂设计情况和机组实际情况进行投运。闭式循环水系统一般还设置一台闭式循环冷却水膨胀水箱，它作为闭式循环冷却水的缓冲水箱，用以调节系统中流量的波动和吸收水的热膨胀，并且还为闭式循环冷却水泵提供足够高的位置压头，防止闭式循环冷却水泵空蚀；另一个作用是为闭式循环冷却水管路提供补充水同时也保证了回水母管压力，为闭式水系统的稳定运行提供保障。为了确保机组的安全，部分电厂还设置一台停机冷却水泵，当全厂失电时，停机冷却水泵启动，同时自动关闭其他设备的冷却水供水管道上的电动隔离阀，利用闭式水系统管道及膨胀水箱内的水容量为汽轮机和燃气轮机润滑油模块提供冷却水，减缓润滑油的温升，确

267

保机组安全停机。

从闭式循环冷却水换热器出来的冷却水供水母管经过电动调节阀组后供至所有需要冷却水的设备，从各设备出来的冷却水回水汇成一根母管后通过闭式循环冷却水泵再送至闭式冷却水换热器进行冷却。

对温度调节要求较高的冷却用户，如汽轮机发电机氢气冷却器和燃气轮机发电机氢气冷却器，在其进口管道设有单独的温度调节阀。采用进水调节，可降低冷却设备的工作压力，确保冷却水压力低于氢侧压力，有利于设备的安全运行。闭式循环冷却水系统示意见图 12-15。

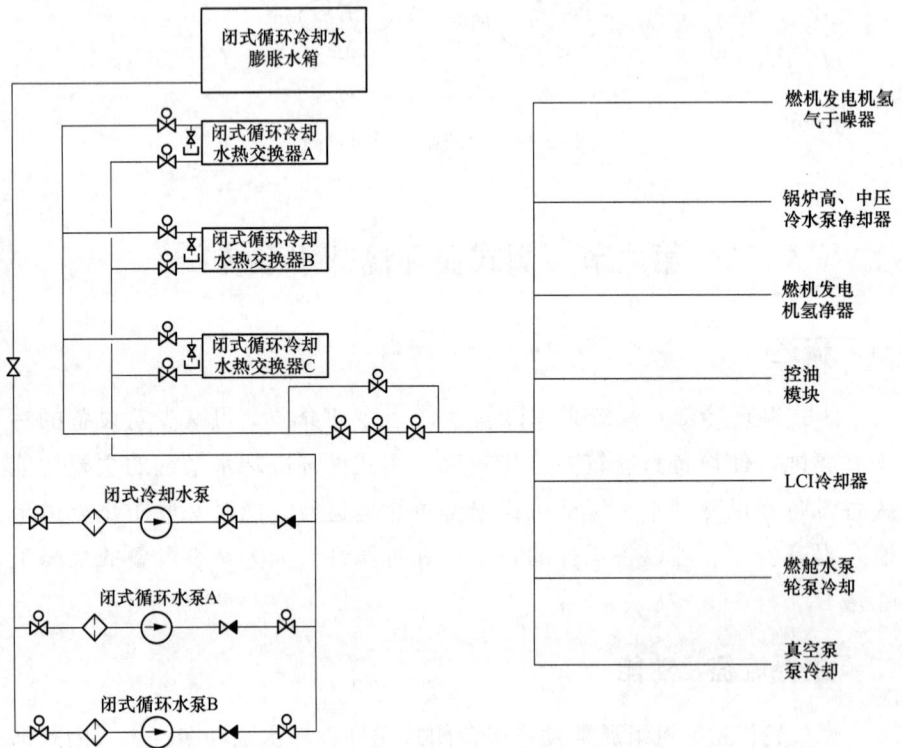

图 12-15　闭式循环冷却水系统示意图

三、主要设备及作用

（1）闭式循环水泵：对闭式循环水起压和循环的作用，一般供给燃气轮机火焰检测器、燃气轮机本体支撑腿、给水泵密封冷却水、凝结水泵密封水、发电机氢冷器等，并通过冷却器与开式水换热。闭式冷却水泵示意见图 12-16。

（2）循环水冷却器（水-水板式换热器）：是由带一定波纹形状的金属板片叠装而成的新型高效换热器，构造包括垫片、压紧板组成，板片之间由

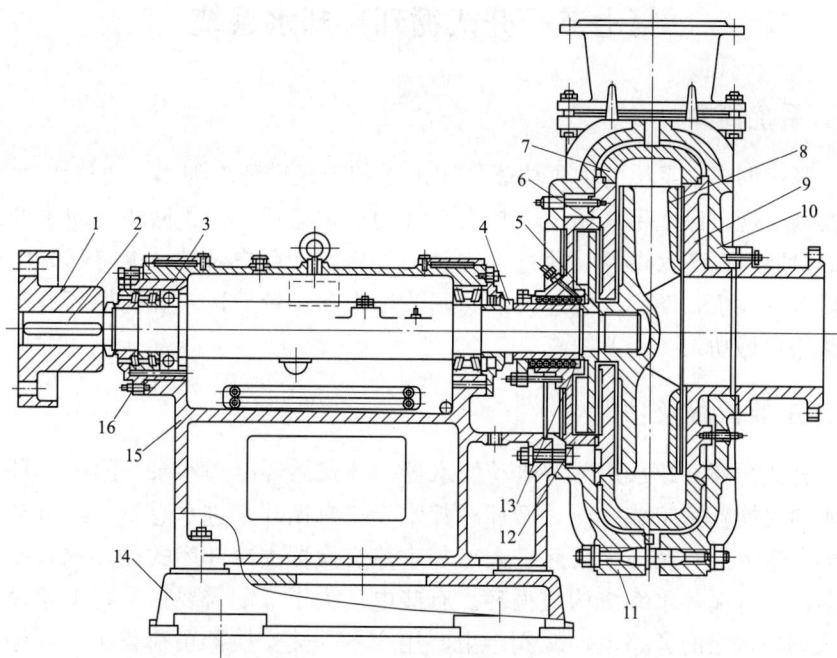

图 12-16　闭式冷却水泵示意图

1—联轴节；2—轴；3—轴承箱；4—拆卸环；5—副叶轮；6—后护板；
7—蜗壳；8—叶轮；9—前护板；10—前泵壳；11—后泵壳；12—填料箱；
13—水封环；14—底座；15—托架；16—调节螺钉

密封片进行密封并导流，分隔出冷/热换热介质，分别在各自通道流过，与相隔的板片进行热量交换，以达到用户所需温度。板氏换热器结构示意见图 12-17。

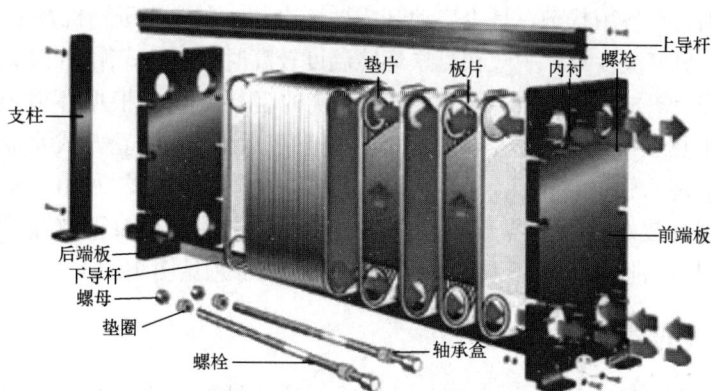

图 12-17　板式换热器结构示意图

第七节　开式循环冷却水系统

一、系统简介

开式循环水系统的主要功能是用来冷却闭式循环冷却水，通过水-水热交换器实现，保证闭式循环冷却水系统的正常运行，开式循环冷却水的水源通常取自循环水母管，通过开式泵加压后送入用户做功，也有部分电厂不设置开式泵，循环水通过调节阀调节压力和流量后送入开式循环冷却水系统用户做功。

二、主要流程及功能

开式循环冷却水系统由电动滤水器、开式循环冷却水泵、闭式循环冷却水热交换器等组成。开式循环冷却水管接自循环水进水总管，经电动滤水器，送入开式循环水泵后进入冷却水热交换器去冷却闭式循环水，冷却后再次排入循环水系统构成循环。有些电厂为了节能需要，系统中还设有开式循环水泵的旁路电动蝶阀，主要用于冬季热交换器负荷较小时，停开式泵，开启旁路，节约厂用电。

部分燃气电厂不设置开式水泵，开式水来源于循环水供水母管。从循环冷却水系统供水母管取水，经电动滤水器过滤后水质提高，形成开式冷却水源，然后分别送往闭式冷却水热交换器、凝汽器抽真空系统的真空泵冷却器、发电机空冷器等设备进行热交换，再经开式水回水母管收集后排放至循环冷却水系统中。此外，另有一路从循环冷却水系统进水母管取水，经滤水器过滤后水质提高，形成另一路开式冷却水源，用于汽轮机的冷油器，然后排放至循环冷却水系统回水母管中。

设置开式水泵的燃气电厂，正常运行时一台开式循环冷却水泵运行，其他水泵则处于备用状态，是否启动开式循环冷却水泵取决于辅机及主机轴承、润滑油、氢气温度等，一般在夏季环境温度较高时开启开式循环冷却水泵。

未设计开式水泵的电厂，开式水系统的运行调整应根据环境温度、闭式冷却水热交换器等设备出口温度合理控制。由于未设置开式水泵，开式水取自循环水管道，因此，闭式冷却水热交换器开式冷却水出口电动阀应保持在线性较好位置，若开度过大或过小，则会造成循泵偏离流量特性线太远，对设备运行安全不利。开式循环水系统示意见图 12-18。

三、主要设备及作用

（1）电动滤水器：电动滤水器为反冲洗式结构，主要是由转动轴、电动减速机、支架壳体、不锈钢网芯、进水口、出水口、电动排污阀电器控制箱组成。主要作用是将水源通过管道进入滤芯，其中杂质和污染物被滤

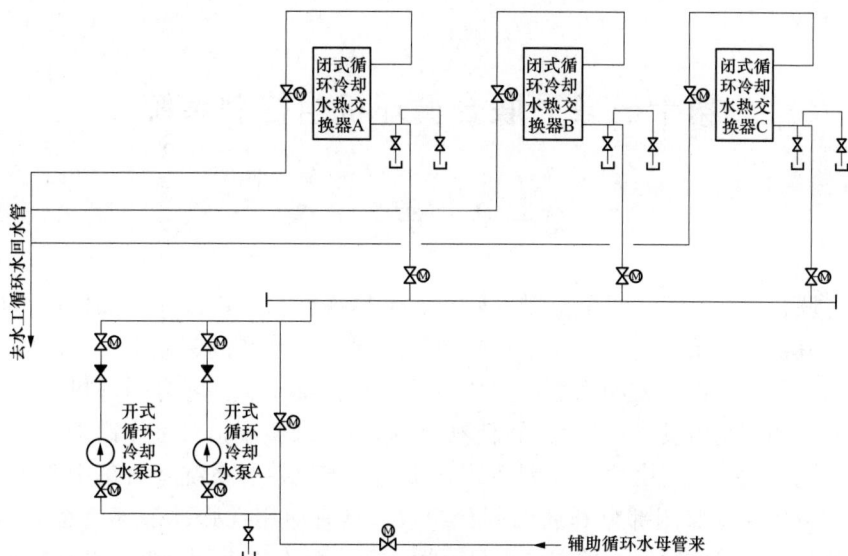

图 12-18　开式循环水系统示意

网、滤芯等过滤材料截留，而水和溶解物通过。

（2）开式水泵：开式循环水泵的工作原理是基于离心力的作用，在启动时，水泵的叶轮受电机驱动开始旋转，产生离心力。当叶轮旋转时，泵体内的液体也随之旋转，并形成一定的涡流。涡流在离心力的作用下，将液体从泵体底部快速抛向泵体的出口方向。出口处设有出水口，从而使得液体能够在循环系统中被抽出和重新注入，开式循环水泵的结构相对简单，通常由泵体、电机、叶轮、轴和轴承等基本组件构成。泵体是水泵的主体部分，负责容纳液体并进行液体输送。电机是泵的动力源，通过驱动叶轮的旋转来实现液体的运动。叶轮是水泵的核心部件，其形状和数量根据不同的应用需求而变化，可以分为单级和多级。泵的轴和轴承起到支撑和传动叶轮的作用，其质量和制造工艺直接影响到水泵的稳定性和寿命。开式水泵示意见图 12-19。

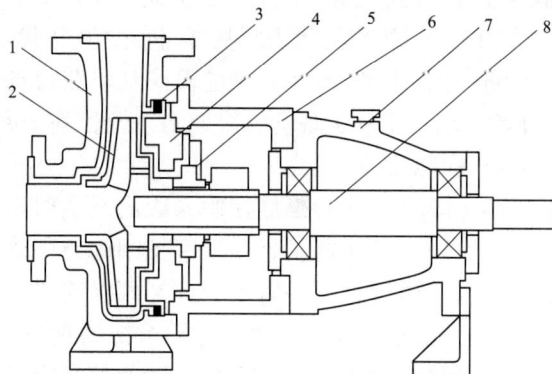

图 12-19　开式水泵结构图

1—泵体；2—叶轮；3—密封圈；4—泵盖；5—机械密封；6—连接架；7—轴承座；8—泵轴

第十三章　联合循环机组控制系统

第一节　概　　述

联合循环机组主要是由燃气轮机、余热锅炉和汽轮机三大部件所组成的，其他控制系统也是在简单循环燃气轮机控制系统的基础上，再增加余热锅炉和汽轮机的控制系统，并协调地完成控制要求。联合循环机组中燃气轮机的控制由设备厂家采用自身的控制系统来实现；对余热锅炉和汽轮机控制系统，主要由集散控制系统来实现。集散控制系统是由集中管理部分、分散控制监测部分和通信部分组成，具有通用性强、系统组态灵活、控制功能完善、数据处理方便、显示操作集中、人机界面友好、调试方便、运行安全可靠的特点。

一、集散控制系统简介

DCS 集散控制系统：DCS 英文全称为 distributed control system，中文全称为集散型控制系统。DCS 可以解释为在模拟量回路控制较多的行业中广泛使用的、尽量将控制所造成的危险性分散而将管理和显示功能集中的一种自动化高技术产品。DCS 一般由五部分组成，即控制器、I/O 板、操作站、通信网络以及图形和编程软件。

二、集散控制系统的发展

控制系统其实从 20 世纪 40 年代就开始使用了，早期的现场基地式仪表和后期的继电器构成了控制系统的前身。现在所说的控制系统，多指采用电脑或微处理器进行智能控制的系统。在控制系统的发展史上，称为第三代控制系统，以 PLC 和 DCS 为代表。从 20 世纪 70 年代开始应用以来，在冶金、电力、石油、化工、轻工等工业过程控制中获得迅猛的发展。从 20 世纪 90 年代开始，陆续出现了现场总线控制系统、基于 PC 的控制系统等。集散控制系统发展可概述如下。

第一阶段：1975—1976 年，为集散控制系统的诞生时期。这一阶段是集散控制系统的形成阶段，它保留了直接数字控制中集中监视的功能，而将控制功能分散到现场，通过总线将监视和控制两级连成整体，实现信息和数据交互，构成集散系统的基本框架。这类系统的现场控制比较简单，为常规的 PID 控制。监视功能也少，上下级之间的信息交换量少，通信速度较慢。该阶段集散控制系统利用高新技术，继承和发展了常规控制系统的特点，集散控制系统作为新一代工业过程自动化产品表现出新型自动化系统初期产品的特点。

第二阶段：1977—1984 年，为集散控制系统飞速发展时期。该阶段是集散控制系统功能扩大的阶段。集散控制系统的现场控制站的核心部件 CPU 由 8 位向 16 位过渡，现场控制站的控制功能加强，可以完成多种控制算法，形成多功能控制站。在该阶段中，监视和管理功能扩大，软件上开发出了更完善的实时操作系统和应用更好的图形显示技术。网络数据通信向标准化推进，逐步完善了网络中的通信协议，数据传送更快、更可靠。

第三阶段：1985 年至现在，为综合信息管理系统时期。集散控制系统将随着计算机及计算机网络、控制理论、信息管理与集成等相关领域的新器件、新技术的发展而继续发展，集散控制系统在小型化、现场仪表智能化、通信网络和现场总线标准化、系统软件智能化和开放化等方面有着广泛的发展。

集散控制系统在第三阶段的发展可以总结为"两头拓展，中间壮大"。集散控制系统向上发展不仅包括生产过程和监视功能，而且要引入更多的管理信息，使其成为管理一体化的综合自动化系统，向下发展使其控制分散特性更加明显。仪表智能化，开放程度更高，网络结构更合理。

三、集散控制系统的特点

集散控制系统的设计原则和特点是：操作、管理集中和控制分散。这使运行操作人员能及时、全面了解工业过程的运行状况，对需要控制的各种参数进行及时调整，具体有下列特点：

（1）系统模块化和智能化。集散控制系统在功能上是分级的，最上层从事决策性工作；最下层从事具体控制决策的执行、数据的采集及处理。这种结构使整个控制系统功能分散、危险分散、可靠性高。集散控制系统可根据需要自由组合，灵活应用，构成不同形式、不同规模的控制系统，达到功能强、投资少的目的。现场控制站可小到几路 I/O，大到几百路甚至上千路 I/O。现场控制站具有监视、操作和采集控制两部分，可单独构成小型控制系统，也可组合成大型控制系统。集散控制系统采用了以微处理器为基础的"智能技术"。在局域网络通信、信息容错技术、现场控制单元的冗余备用等方面采用了先进的技术，具有记忆、逻辑判断和数据运算等功能，能够自适应、自诊断和检测等智能功能。

（2）现场总线结构。现场总线的突出特点在于它把集中与分散相结合的 DCS 集散控制结构，变成新型的全分布式结构，把控制功能彻底下放到现场，依靠现场智能设备本身实现基本控制功能。现场总线有下列几种标准：基金会现场总线（Foundation Fieldbus）、Profibus 现场总线、LonWork（LocalOperating Network 局部操作网）现场总线、控制局域网（Control Area Network CAN）控制网络。

（3）网络通信技术。集散控制系统的数据通信网络采用工业局域网络技术进行通信，传输控制信息，进行全系统综合信息管理，并对分散的现场控制单元、人机接口进行控制和操作管理。大多采用同轴电缆或光纤传输媒质，通信的可靠性和安全性提高，通信协议为标准化协议。

（4）功能丰富。集散控制系统具有丰富的软件功能，它能为各种工业过程提供控制算法软件、工程监控软件、控制程序软件、显示软件、报表打印及信息检索等软件，同时还能提供应用程序开发平台，供用户开发高级的应用软件。

（5）可靠性高。集散控制系统模块化的结构使控制系统回路分散，不会影响系统的全局安全。重要设备和部件的冗余配置大大提高了集散控制系统的可靠性。由于集散控制系统的生产厂家在硬件方面对元件和部件进行了一系列的可靠性测试和筛选，广泛采用专用集成电路芯片和表面安装技术；在软件设计上，采用冗错技术、故障的智能化自检和自诊断技术等。

（6）安装维护方便。集散控制系统在控制方面靠软件来实现，这大大节省了安装的时间和成本。由于系统具有自诊断和自检等智能功能，硬件采用带电拔插技术，使系统的维修十分方便，维修时间大为缩短。

第二节　联合循环机组的控制

集散控制系统一般由硬件和软件两部分组成。在硬件方面，包括过程处理站、现场智能仪表、数据通信及网络、操作员站以及开发与维护的工程师站等组成；在软件方面，由工程组态软件、监控操作软件和通信协议软件等组成。

一、过程处理站

DCS 中，控制站作为一个完整的计算机，它的主要 I/O 设备为现场的输入、输出处理设备以及过程输入/输出，包括信号变换与信号调理，A/D、D/A 转换。控制站是整个 DCS 的基础，它的可靠性和安全性最为重要，死机和控制失灵的现象是绝对不允许的，而且冗余、掉电保护、抗干扰、构成防爆系统等方面都应很有效和可靠，才能满足用户要求。

过程控制站一般在硬件上都由主控制器、通信模块、数字量输入模块、数字量输出模块、模拟量输入模块、模拟量输出模块、热电偶或热电阻输入模块以及其他调节控制模块及接线端子板、网络通信电缆或光缆等组成。

DCS 控制站的系统软件，包括实时操作系统、编程语言及编译系统、数据库系统、自诊断系统等，只是完善程度不同而已。第二代 DCS 控制站开始面向过程语言和高级语言，第三代 DCS 控制站的系统软件可以完成离线组态及在线修改控制策略。为了形成控制策略，目前典型的 DCS 具有各种功能模块，这是 DCS 厂家的专有技术。对于顺序控制和批量控制组态编程，各种 DCS 控制站采用不同的方法。

二、DCS 操作站

DCS 操作站具有操作员功能、工程师功能、通信功能和高级语言功能等，其中工程师功能中包括系统组态、系统维护、系统通用功能，还有系统配置、操作标记、趋势记录、历史数据管理、总貌画面组态、控制站组态、工艺单元或区域组态等。

实际的 DCS 操作站是典型的计算机，它与控制站不同，有着丰富的外围设备和人机界面。在人机界面方面，逐渐过渡为以 GUT 图形用户界面为平台，并采用鼠标，组态时制作流程图和控制回路图等采用菜单、窗口等，使人机界面友好。第三代 DCS 操作站是在个人计算机及 Windows 操作系统普及和通用监控图形软件已商品化的基础上诞生的。目前，大多数 DCS 操作站已采用高性能 PC 机或工控机，服务器结构，DDE 或 OPC 接口技术，以太网接口与管理网络相连。DCS 组态、操作站组态、控制站组态均有相应软件，为 DCS 用户的工程设计人员提供人机界面。有的 DCS 采用通用监控图形软件或以此类软件为核心进行二次开发。

第三节　三种常用的 DCS 简介

一、美国西屋公司的 OVATION 系统

（一）OVATION 系统概貌

OVATION 是美国西屋推出的最新分散控制系统，其控制网是标准的以太网，采用了高速、高容量的商业化的硬件；系统的建立严格按照开放式标准进行，可以把第三方的产品很容易地集成在一起；先进的分布式全局数据库将功能分散到多个独立的站点，而不是集中在一个中央处理器；以上众多特点决定了系统的安全可靠和高可用性。

（二）OVATION 系统硬件配置

系统主要分为以下几个部分：冗余的高速标准以太网、基于 Solaris 或者 Windows 的工作站、DPU 控制器和各种模拟、顺序控制 I/O 子模件。

1. 网络系统

OVATION 系统的通信网络采用标准的高速工业以太网，配置为全冗余方式，采用容错技术标准。该网络可以使用多种通信介质：光纤或铜缆。由于广泛采用商业化硬件，可以方便地与公共的 LAN 等企业内网进行连接。

OVATION 网络采用树型拓扑结构，网络中使用的交换机为商用设备，经过西屋公司的软件处理，通常分为三种类型：ROOT 交换机、Primary 交换机和 IP traffic 交换机。系统中要求有且只有一对"ROOT"交换机，

配置为冗余结构。树形结构的层次最多两层，下层交换机一般也配置为冗余方式，负责直接连接 OVATION 控制器、OVATION 工作站等设备。

2. 控制器基本功能

OVATION 控制器采用英特尔奔腾处理器，具有强大的处理功能。可以实现数据采集功能，执行简单或复杂的调节和顺序控制策略，与 OVATION 数据接口网络及 I/O 子系统进行通信连接。其最大处理能力为 16 000 个原始数据点。

控制器处理器冗余配置是为了实现自动故障切换功能，具体是指如果主处理器失败或者监视电路检测到故障时，将把控制权交给辅助控制器，辅助控制器在最短时间内执行 I/O 控制等一系列控制功能。由于切换时间非常短，且辅助控制器内的数据与主控制器时刻保持同步，切换后不会对控制产生任何不良影响。故障切换后，过程控制功能保持连续进行。

3. I/O 机架及柜内总线

OVATION 模块使用符合 DIN 制标准的单点导轨固定，使安装模件快速、方便，内置的连接器取消了电源和通信间的连接导线。每个基架内可以容纳两块各种类型的 I/O 组件，基架提供现场连接端子、I/O 通信、I/O 模件电源和模件的组态使用软件，不需要跳接线或手动拨码。基架上的现场连接端子可以接收 2 个 14AWG 或 1 个 12AWG 电缆，在每个现场连接端子上有试针和探头固定器，此外，基架内有备用熔断丝固定器和探头固定器。

4. 远程站点的配置及连接

使用远程站点，只是增加了远程通信卡件，远程柜内的所有信息都是送入 DPU 内部进行处理的。实现远程通信需要在 DPU 侧和远程柜内都增加卡件。

5. 机柜电源系统

OVATION 处理器的供电系统提供冗余的 AC/DC 供电，通过冗余的二极管切换电源，可以为每一个控制器、每一个 I/O 线路分别提供电源。

（三）某 9F 燃气轮机电厂 OVATION 控制系统介绍

某 9F 燃气轮机电厂使用的控制系统为艾默生的 OVATION 系统，同其他以往的 DCS 相比，OVATION 系统具有以下特点：

（1）高速、高容量以太网通信网络，通信速率 100Mb/s；网络上的设备采用网卡，不需要专用网络接口。

（2）网络采用双网，系统网络一部分发生故障，可自动进行隔离，而不影响其他站。

（3）PLC 可成为 OVATION 数据高速公路的直接站点。

（4）具有 LAN 和 WAN 互联能力的桥路和监视器。

（5）控制处理单元 OVATION 控制器可扫描的原始点多达 16 000 点。

（6）工作站目前主流采用 Windows7 操作系统，或以 PC 机为基础的 Windows NT4.0 操作系统。

（7）图形化控制组态界面，可与 AUTO CAD 制图软件互相转换，便于系统工程师进行组态、维护、检查控制逻辑。

图 13-1 为 OVATION 分散控制系统的网络结构图。

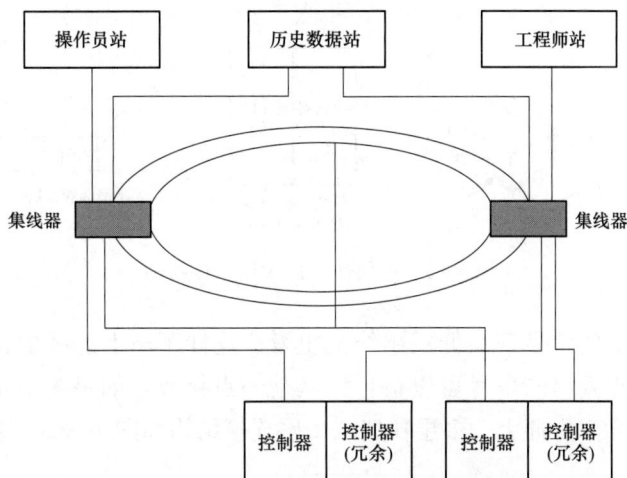

图 13-1　OVATION 分散控制系统的网络结构图

由图 13-1 可看出 OVATION 分散控制系统网络采用了标准化的商用快速以太网，网络拓扑为层次星形结构，由互为冗余双环网、集线器（数据交换站）以及操作员站、工程师站、历史站、控制单元 DPU 等各节点构成。数据高速公路网络的各节点的连接由集线器来完成，集线器的作用类似一个转发器，当单一站点传输时，集线器重复该信号，在出线上向每个站点发出，还对冗余的双环网的状态进行监测，故障时进行切换。双环网采用反相旋转的结构。当双环电缆同时被切断时，可自成回馈的单网环，更大限度地避免网络的故障。全冗余容错技术的 Ovation Control Network 严格遵循 IEEE 的标准。Ovation 网络与通信介质无关，既可采用光纤，也可采用 UTP。

目前 Ovation 网络拓扑结构包括单层星形拓扑（CSMA/CD）和双层星形拓扑结构。单层星形拓扑结构是每一个节点通过两根双绞线与集线器相连。尽管物理上是星形连接但逻辑上仍是总线，任一个站发出信息能被其他任一个站点接收，若同时有两个站点要求传输就会发生冲突。单层快速以太网连接结构如图 13-2 所示。

多层星形拓扑结构是由多个集线器配置不同的层次而成，头端集线器有类似于单层集线器的功能，而中间集线器作用是将低层的信号在高层重

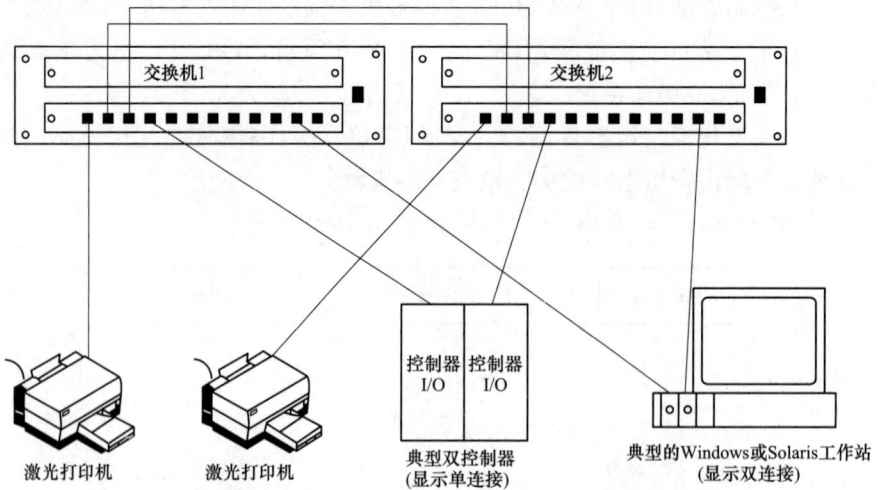

图 13-2　单层快速以太网连接结构

发，所有高层的信号都在低层出线上重发。这样逻辑上总线的特性得到保持，一个站点发出的信号可以被任何其他站点接收，如果两个站点同时发出信息时就会产生冲突。多层快速以太网连接结构如图 13-3。

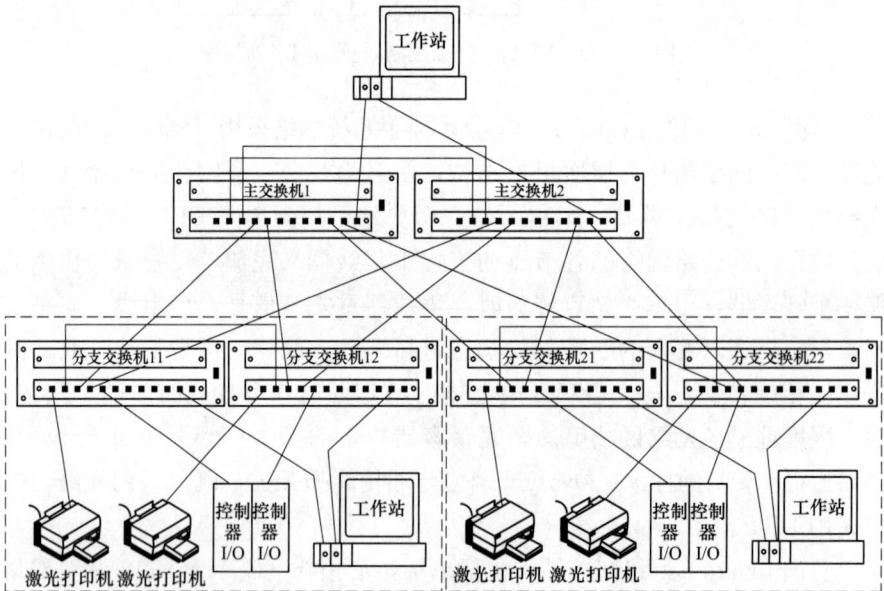

图 13-3　多层快速以太网连接结构

OVATION 分散控制系统为了实现传输介质的共享，对于多个节点传送信息采用广播式来达到数据信息的共享，以避免网络上的冲突。I/O 数据传送采用令牌式，各个模块与控制器的通信时间为限定时间，从而保证通信的实时性、顺畅性、有序性。

278

Ovation 软件系统是安装在 Open Windows 3.0 基础之上的。工作站采用的是微软操作系统，数据库为 Oracle 全嵌入式、分散性的关系数据库，系统将数据管理分散嵌入到网络上的对应的站点中，任何站点的工作均不需要彼此依赖，使得系统在数据管理上真正做到了彻底分散。

二、ABB Baily 公司的 Symphony Rack 系统

（一）Symphony Rack 系统概貌

1987 年，原美国贝利公司（现 ABB 贝利公司）推出了第三代集散控制系统 INFI-90。贝利公司 1994 年推出了 INFI-90 OPEN 系统，1998 年推出了 Symphony Rack 系统后无新系统更新，使用至今。两者在硬件结构上基本功能相同，目前比较常用的为 Symphony Rack 系统。

（二）Symphony Rack 系统的主要结构

1. 系统硬件

在 Symphony Rack 系统中，按照通信系统对通信设备的定义，称通信网络中的硬件设备为节点 Nodes，一般分布式系统有如下类型的节点：现场过程控制设备、人系统接口设备、计算机设备及工程工具接口及网络结构等方面的节点。

用于过程控制，实现物理位置相对分散、控制功能相对分散的主要硬件设备，称为现场控制站。

在一个 HCU 中，可以配置效果高性能处理器为核心、能进行多种过程控制运算并通过子总线和相关 I/O 模件连接来获得现场信息的智能模件型控制器，称之为多功能处理器。用于过程监视、操作、记录等功能，以及多项如报警、数据处理、数据归档、数据交换和通信等管理功能，并以通用计算机内基础的硬、软件有机结合的设备，称为人系统接口。

Symphony Rack 系统与包括系统工程工具在内的其他第三方计算机以及有关控制设备接口，称为网络至计算机接口。

采用通用计算机和操作系统以及完整的专用组态软件系统，过程控制应用完成软件组态、系统监视、系统维护等任务，并能够在线或离线工作的设备，称为系统工具。

2. 系统软件

在控制处理器多功能处理器内，已固化在 ROM 中可供系统设计、组态、完成过程控制、数据采集的标准子程序的功能码。用于给系统设备如 HCU、HIS 等组态的专用软件。作为系统过程管理的核心，它为操作员提供监视、控制、诊断、维护、优化管理等方面人机界面。

（三）Symphony Rack 系统的通信网络

Symphony Rack 通信系统采用多层、各自独立、不同通信方式与信息类型的结构。具体可分为操作网络、控制网络、控制总线和 I/O 扩展总线四个层次。

（四）Symphony Rack 系统的现场控制单元

现场控制站 HCU 是 Symphony Rack 系列实现过程控制的主要设备，其核心是具有智能的控制器元件 MFP 及 BRC。

HCU 通过相应的结构完成数据采集、过程控制及其他功能，其主要功能包括：①与现场连接，向整个系统提供 I/O 数据。②经过组态，使 HCU 能够进行现场所需的各种类型的控制特性。③将采集的现场数据进行特定的处理，形成所需的数据。④经过配置满足各种 I/O 信号。⑤通过标准接口实现与其他控制设备或第三方计算机的连接。⑥成为整个系统的现场执行结构，并参与整个系统的通信。

三、FOXBRO 公司的 I/A Series 系统

（一）系统概述

I/A Series 系统是美国 FOXBORO 公司推出的新一代开放式智能 DCS 控制系统，是世界上第一种使用开放网络的工业控制系统，也是目前使用 64 位工作站和全冗余的高标准 DCS 控制系统。I/A Series 已经在全世界电力、石化、冶金、建材、轻工、组织、食品等各个领域都有广泛应用的系统。

过程操作人员可以通过操作站调出过程显示画面，观察过程回路参数状态、实时趋势、历史趋势和报警情况，实现过程回路操作和参数调整。过程工程师可以通过操作站调出过程组态画面进行控制方案组态、过程流程图组态、趋势画面组态和各种报表组态。

软件工程师通过操作站系统提供的许多方便、实用及功能强的应用软件包来开发软件，提供与其他网络的接口功能，也可用 C 语言开发用户应用程序。系统维护工程师可以通过操作站监视系统的工作状态，并对系统进行诊断。每台操作站处理机配有独立的硬盘和键盘，放置本身操作系统软件和流程画面，可独立对系统进行实时操作和显示。

（二）I/A Series 系统的特点

整个网络的开放结构使得任何一台处理机或工作站出现故障时，都不会影响到其他工作站的操作功能。这是由网络的拓扑结构决定的。

节点总线与现场总线均采用冗余结构，提供完善的传输出错检测技术，节点总线接口采用一个 32 位出错检测码与来自各处理机的信息一同送出，在错误检测方面提供重发，增强系统安全和可靠性。I/A Series 系统网络对系统的访问是基于可组态的口令保护环境，这些环境将所有用户限制在他们工作所需的显示画面、应用程序和组态程序的范围内，而不提供可能引起误操作的环境。

现场输入/输出模块可以由软件设置为在通信故障下的保持状态，即使上行控制处理机都已故障，或是双冗余的通信电缆都被切断，甚至所有的上行控制和操作管理站都断电，由于 FBM 采用了冗余电源供应，可以继续

保持输出，直至系统重新恢复后，再由上行控制处理机接管控制。另外，如果发生整个系统的 UPS 电源和系统后备电源都被切断的情况，I/A Series 的电源系统中依然提供了电池后备电源。所有的卡件都可以带电插拔，不必采取特殊的防静电措施。与其他系统不一样，I/A Series 电源采用矩阵式电源系统，对于重要的处理机，则采用不停电供电方式，而不是与其他系统一样采用集中后备供电方式。

从总体来看，I/A Series 的结构上处处都贯彻了安全可靠的思路：工作站与节点总线之间是冗余配置，节点总线是冗余的，控制处理机是容错的，控制处理机与 I/O 卡件之间的现场总线也是冗余的，而且 I/O 卡件上的每个模拟量通道都是互相隔离的，开关量通道都是成对隔离的。这些方面的措施保证了用户在可靠性方面的要求。

第四节　联合循环电厂中使用的 DCS 控制系统

联合循环电厂中，控制系统主要控制燃气轮机、汽轮机和余热锅炉。目前，燃气轮机的控制一般由燃气轮机厂家提供控制系统，汽轮机及余热锅炉的控制由集散控制系统来实现，将来的发展方向是联合循环电厂中的燃气轮机、汽轮机和锅炉由一套控制系统来完成，以实现控制系统统一。为了体现联合循环电厂投资少、见效快的特点，并充分利用燃气轮机排烟余热以提高整个电厂的经济效益，目前在进行余热锅炉设计时，一般都取消旁通烟道，采用双压或三压汽包以及除氧器自身除氧等。根据这些特点，DCS 在对余热锅炉辅汽轮机的控制时，也相应地具有下列特点。

（1）分散式就地布置现场控制柜。余热锅炉的控制柜放置于锅炉的零米层，利用网络线进行与其他控制柜的通信，以减少大量电缆投资。

（2）控制范围广。在联合循环电厂中，DCS 除对汽轮机、锅炉进行全面的控制外，还对电气设备进行控制。现代的 DCS 控制系统响应速度快，数据采集速度已达毫秒级，完全满足电气设备的连锁保护需要。控制系统利用专用的控制软件对发电机的同期并网进行控制。结合 DEH 系统对汽轮机的转速/负荷控制，DCS 控制系统自动完成汽轮机从冲转、定速、并网、带负荷、保护等一系列工作。

（3）控制系统简单灵活。联合循环电厂的控制系统采用现代通用的功能组形式对设备进行控制，功能组可根据系统需要完全由投入自动顺序控制，也可单个进行手动操作。

在燃气-蒸汽联合循环电厂中，DCS 主要实现的功能有：①数据采集系统（DAS）；②模拟量控制系统（MCS）；③顺序控制系统（SCS）；④电气控制系统（ECS）；⑤汽轮机数字电液控制系统（DEH）；⑥旁路控制系统（BPC）；⑦汽轮机紧急跳闸系统（ETS）；⑧事故追忆功能（SOE）；⑨DCS 基于 MODBUS 协议的 RS232 接口或 TCP/卫 协议的以太网 R45 接

口实现了与燃气轮机 MARK V、MARK VI、MARK VIe 系统以及其他
PLC 等系统的通信，使整个联合循环电厂在 DCS 的协调下构成一个完整的
控制整体；⑩利用 DCS 通信系统的开放性实现生产数据在线、远程数据浏
览、远程设备故障诊断及远程在线培训等功能。

一、数据采集系统

数据采集系统（DAS），包括数字量/逻辑量（DI）输入、模拟量（4～
20mA、0～5V）信号输入、温度信号热电阻或热电阻输入、转速或脉冲频
率信号输入等。

二、模拟数量控制系统

在联合循环电厂中，常用的 MCS 有余热锅炉高低压汽包水位控制、除
氧器水位控制、除氧器压力控制、低压蒸汽温度控制、轴封压力控制、轴
封温度控制、凝汽器水位控制及燃气轮机负荷控制等。其中轴封压力控制、
轴封温度控制、凝汽器水位控制、除氧器压力控制都为单回路调节控制，
下面分析几个典型的 MCS 控制回路。

1. 余热锅炉汽包水位调节

锅炉给水自动控制的任务是：维持汽包水位稳定在允许范围内，同时
维持给水量稳定。维持汽包水位稳定是保证汽轮机及锅炉安全运行的重要
条件。

汽包水位的调节方法有单冲量调节系统、单级三冲量调节系统及串级
三冲量调节系统。

在低负荷阶段，由于疏水和锅炉排污等因素的影响，给水和蒸汽流量
存在着严重的不平衡，而且流量太小时，测量误差大，故在低负荷阶段，
采用单冲量调节方式，使汽包水位信号直接作用于给水流量。当负荷达到
一定值后，疏水和排污泵逐渐关闭，蒸汽流量和给水流量趋于平衡，流量
逐渐增大，测量误差逐渐减少，这时可以采用三冲量系统对水位进行调节
控制。三冲量调节又分单级三冲量和串级三冲量调节两种。串级三冲量采
用主、副两个调节器，两个调节器的任务分工明确，整定相对容易，而且
不要求稳态时的蒸汽流量和给水流量信号完全相等，这种调节方式在联合
循环电厂中使用较多。

给水控制系统中，三冲量是指水位、给水流量和蒸汽流量。通过调节
回路的输出控制给水调节阀的开度来控制给水流量。其中水位是被控量，
蒸汽流量和给水流量的变化是引起水位变化的原因，它们分别作为水位控
制的前馈和反馈信号。当蒸汽流量改变时，调节器立即动作。适当地改变
给水量，保证蒸汽流量和给水流量比值不变，而当给水流量自身发生变化
时，调节器也动作，使给水流量恢复原来的数值，这样就会有效地控制水
位的变化。当出现"虚假水位"时，由于采用了蒸汽流量信号，就有一个

使给水流量和负荷相反方向变化的趋势。给水流量信号能消除流量自发的扰动，所以水位可以基本保持不变。

在串级三冲量给水控制系统中，设有主调节器和副调节器。副调节器一般是比例规律，主调节器接受水位信号（作为主控制信号）去控制副调节器，副调节器除接受主调节器信号外，还接受给水流量信号和物气流量信号，组成一个三冲量串级控制系统。其中副调节器的作用主要是通过内回路进行蒸汽流量和给水流量的比值调节，并快速消除来自给水侧的扰动。主调节器 PI 主要是通过副调节器对水位进行校正，使水位保持在给定值。

2. 低压蒸汽温度控制

在联合循环电厂中，特别是与 9E 机组配套的联合循环中，余热锅炉都为双压锅炉，即锅炉有高压冷包和低压汽包，汽轮机也设计为双压进汽，即带低压补汽轮机组。在汽轮机低压进流侧，为了同膨胀后的高压蒸汽温度相匹配，需要对低压蒸汽温度进行调节，以保证进汽参数满足要求。

目前，对蒸汽温度的控制采用减温水控制气温的手段来实现，动态调节特征如下。

（1）加热量不变时蒸汽流量的变化。蒸汽流量减少，必然引起出口蒸汽温度上升。由于传热有个过程，温度上升有滞后现象，当出口蒸汽温度升温后，传热方程式中的平均温差减小、传热量减少，使蒸汽温度不能继续上升，最后稳定在某一范围，说明此时有自平衡能力。

（2）蒸汽流量不变而加热量变化。加热量增加（烟气流量增加），蒸汽温度也会上升，与上述理由相同，最后稳定下来，但稳定的温度会高些。

（3）动态调节过程。实测蒸汽温度转变为电压信号，输入调节器与给定值比较，如温度高于给定值，调节器输出开大调节阀，使减温水量增大，与低压蒸汽混合，两者混合后温度下降，直到锅炉输出减温器出口的蒸汽温度与给定值相等时为止。

三、顺序控制系统

在锅炉方面主要有余热锅炉吹灰顺控、锅炉高低压汽包给水系统顺控、锅炉高低压汽包强制循环系统顺控、锅炉定排/连排顺控、锅炉蒸汽管疏水顺控及锅炉启炉和停炉顺控等。在汽轮机方面主要有汽轮机循环水系统顺控、循环冷却塔风机顺控、汽轮机滑油系统泵组顺控、汽轮机真空泵组顺控、汽轮机管道疏水系统及本体疏水系统顺控、凝结水泵组系统顺控、汽轮机工业水顺控系统等。

顺序控制系统 SCS 的控制原则：单一的设备控制，即单一设备的开启条件、关闭条件、自动开启/关闭条件、连锁开/关条件，保护开/关条件。这些构成对单一设备的控制，根据工艺要求。几个单一设备构成一个功能组，如泵及其进出口阀门为一个功能组，一个或几个功能组构成一个系统，由数个系统级的 SCS 构成对汽轮机、锅炉的顺序控制。实现顺序控制的方法有多种，一种为通过逻辑组合来实现，另一种为利用 DCS 厂家专用的 SFC 功能块来实现。下面对两种 SCS 进行分析。

1. 锅炉定期排污顺序控制

锅炉定期排污的作用是：降低锅炉炉水中的含盐量，提高蒸汽的品质。随着汽包中的水不断蒸发，炉水的含盐量会不断增加。因此，在机组运行一段时间后，就应该将锅炉水冷壁下联箱中盐量最高的炉水排走。

定期排污系统中的控制对象为一系列排污电动阀，电动阀的数量根据锅炉容量的大小和下联箱的数量决定。排污是每一个联箱依次进行的，当联箱排污门开启后，下联箱的水就可以通过排污母管及排污总阀排走。因此，排污是先将排污母管总阀门打开。然后顺序开启，并经一段时间排放污水后，关闭每一个联箱排污门。当最后一个联箱排污门关闭后，再关闭总排污门。

定期排污系统工作时，必须保证锅炉的水位正常，即定期排污顺控的启动条件必须是锅炉汽包水位正常。如排污过程中遇到水位低等异常情况时，发出保护信号，停止排污，并将所有的排污门关闭。

锅炉定期排污顺控具有手动跳步功能，以便在某些阀门出现故障后将其退出程序而不影响其他工作。

完成锅炉定排的方法一般为利用专用的 SFC 功能块，实现锅炉定排中的各个阀门开关顺序。

2. 汽轮机滑油系统顺序控制系统

汽轮机滑油系统顺序控制系统的功能为：对机组轴承进行润滑、冷却及密封。相应的设备有辅助滑油泵、高压启动油泵、直流应急油泵、主润滑油泵、主滑油箱、滑油箱排烟风机、顶轴油泵等。在滑油系统的顺序控制中，根据工艺分成三个功能组，即三台油泵控制功能组、排烟风机控制功能组及顶轴油泵控制功能组。在投汽轮机滑油系统顺序控制时，设置三个功能组为自动，其设备将按下面的控制逻辑运行，当然，顺控中的单个设备也可手动投入运行。

（1）滑油泵控制功能组。被控制的设备有辅助滑油泵、高压启动油泵和直流应急油泵；三台油泵分别作为单个设备进行控制。

1）高压启动油泵的控制。机组准备冲转前和正常运行时主滑油泵的压力下降到一定值时自动开启。

开机过程中，在机组转速达一定值且主滑油泵的出口压力达一定值时自动停止。

2）辅助滑油泵的控制。有盘车命令过程中或停机时，机组的转速下降到一定值后自动开启；在开机过程中，当高压气动油泵运行一定时间后或盘车停止时自动停止；机组压力下降到一定值时保护启动。

3）直流应急油泵的控制。机组运行或盘车时，当滑油压力下降到一定值后自动启动，当盘车停止时自动停油泵。

（2）顶油泵控制功能组。被控制的设备为两台一用一备的顶轴油泵。

控制方案为两台顶轴油泵一用一备，在运行前，指定一台为主运行泵；另一台为备用泵。顶轴油泵的启动条件为其进口油压力高于一定值，停机时，当机组转速下降到一定转速时，主运行泵自动投入运行。当主运行泵运行时，顶轴油压力低于设定值或主运行泵故障时连锁开启备用泵。开机时，当机组的转速达一定转速后或盘车停止时，自动停顶轴油泵。

（3）滑油箱排烟风机功能组。滑油箱排烟风机功能组控制的设备只有排烟风机。排烟风机的功能为抽走滑油箱中的油烟，保证滑油箱有一定的负压。一般在开机时，高压启动油泵投入后，自动开启滑油箱排烟风机；停机时，当盘车投入一定时间后或滑油温度下降到一定值后，则自动停止排烟风机。

四、典型的功能组顺控

下面分析一种在联合循环电厂常用的两种泵（一用一备）及其进出口电动门的功能组的顺控。根据工艺要求，为防止泵空蚀，在泵启动时其出口电动门都在关闭状态，即先开泵前电动门，关闭泵出口电动门，再开泵，然后再开泵出口电动门。此功能组是利用 SFC 和控制逻辑组合来完成的，对于开停泵及开关阀门的顺序由 SFC 功能块来实现，对于功能组中的单个设备的控制（启停条件、自动开启/停止等）则由逻辑组合来完成。当设备发生故障而 SFC 不能执行下去时，系统将提示报警，备用的设备将自动投入运行。

五、电气控制系统

现代的 DCS 控制系统响应速度快，数据采集速度已达毫秒级，完全满足电气设备的连锁保护需要。控制系统利用专用的控制软件对发电机的同期并网进行控制。结合 DEH 系统的其他控制部分对汽轮机的转速和负荷进行控制，DCS 控制系统自动完成汽轮机从冲转、定速、并网、带负荷、保护等一系列工作。

电气系统的电气参数（电流、电压、功率、频率等）进入 DCS，这样 DCS 可以对电气系统进行全面监视和控制，在 DCS 操作员画面上完成电气监盘、倒闸操作、切换厂用电等工作，还可进行报表统计工作以及在线监视发电的效率等。

六、汽轮机数字电液控制系统

DEH 实现下列功能：汽轮机挂闸/开主气门、自动/手动升速控制、转速闭环控制（冲转/升速/暖机/转速保持/自动冲临界）、OPC 超速保护/AST 跳闸保护、同期与并网及带负荷、超速试验/超速保护、并网运行方式、真空低减负荷/RUNBACK、阀门试验、汽轮机手动、汽轮机本体疏水电动门的控制。

数字电液控制系统（DEH）工作原理为：DEH 发出的阀位控制指令通过 DCS 专用的伺服卡送到电液伺服阀（如 MOOGDDV/634）上；MOOG-DDV/634 电液转换器将电气信号转换成液压信号，由油动机带动调节汽阀的开启和关闭，控制蒸汽液流量，从而控制汽轮机的转速和负荷。

1. 汽轮机挂闸/开主气门

当汽轮机保安系统动作后需再次启动时，必须首先恢复保安油压。保安油路上设计有一个挂闸电磁阀，当运行人员发出挂闸指令时，该电磁阀带电，关闭危急遮断器滑阀排油；滑阀在压力油的作用下复位；安装在保安油路上的压力开关动作，挂闸电磁阀失电，完成挂闸操作。挂闸后，具备了开启主次门条件。当运行人员发出开启主气门指令后，控制自动关闭器的开启电磁阀失电动作，自动关闭器打开。

此时，汽轮机具备了冲转条件。

2. 升速控制

转速闭环控制是 DEH 的基本控制功能。升速过程中，DEH 将转速给定与测速模件采集到的实际转速进行比较，如果有偏差，转速 PI 调节器便产生一个阀位指令，经 MOOGDDV/634 电液转换器，控制调节气门开度发生改变，使汽轮机实际转速逐渐与给定值达到一致，消除转速偏差。

DEH 具有自动和手动两种升速方式。自动升速是指 DEH 根据高压内缸金属温度自动从冷态、温态、热态或极热态四条升速曲线中选择相应的升速率，并自动确定低速暖机和中速暖机停留时间，自动冲临界，直到 3000r/min 定速。手动升速是指运行人员根据经验自行判断机组的温度状态，然后通过操作员设定目标转速和目标升速率。当运行人员设定的目标转速进入临界转速区时，DEH 程序将自动跳过临界区，即运行人员无法将目标转速设定在临界区域。手动升速时，低速和中速暖机点及暖机时间由运行人员决定。自动和手动升速可根据需要随时进行切换。

3. 同期与并网

DEH 改有自动同期和手动同期两种方式。自动同期是指 DEH 接受自动准同期装置发出的转速、增程脉冲信号。自动调改变汽轮机转速，控制机组并网。自动同期方式下，不需要运行人员干预。手动同期是运行人员通过 DCS 操作站，手动改变机组转速，实现并网。自动同期和手动同期的转速范围都是 2970～3030r/min，自动带初负荷。

4. 并网运行方式

机组并网带初始负荷后，有三种控制方式供运行人员选择，即负荷控制、主汽压控制和阀位控制，其中阀位控制是缺省的控制方式。

负荷控制方式下，DEH 将发电机功率作为被调量和反馈信号，实现功率闭环控制。

主汽压控制回路通过控制汽轮机调节阀的开度来调节主蒸汽压力。

阀位控制主要用于机组滑压运行时，保持调节阀开度不变，以利于锅炉的稳定调节，使机组在供给的蒸汽参数下发出最大的功率。

三种控制回路相互跟踪，回路之间的相互切换不会造成负荷的波动；三种回路相互闭锁，任何时候只有一个回路起作用。阀位控制是缺省的控制模式，即并网后如果运行人员没有选择控制回路，则系统自动默认阀位控制是当前的控制方式。当机前压力变送器发生故障时，自动退出相应的控制回路，返回阀位控制方式；发电机功率变送器故障时，阀位方式自动投入。

在联合循环电厂中，多为单元机组运行，尽量利用余热，后置机组（汽轮机）一般不参与调节负荷，负荷的调节利用燃气轮机来实现，故通常运行在阀位控制方式下。

5. 真空低减负荷/RUNBACK

真空低减负荷是一种保护措施。DEH 根据电厂运行的要求，在凝汽器真空降低时，自动减小负荷给定，降低汽轮机负荷，避免机组设备受到损坏。

RUNBACK 是在锅炉侧出现事故工况时，DEH 自动以事先设定好的速率快速降低汽轮机负荷。

七、旁路控制系统

利用 DCS 对旁路调节阀的控制实现以下功能：在冷态锅炉启动时，开启旁路，加快锅炉的升温升压速度。在汽轮机部分负荷时，通过旁路调节汽轮机的负荷。在发电机甩负荷时或汽轮机保护动作时，快速开启旁路，防止锅炉安全门动作。

八、负荷控制系统

就联合循环机组调节控制的目的来说，就是要使机组的某些参数在运行过程中基本保持不变，或者是按某个预先给定的规律进行变化。显然，作为一个发电设备，联合循环机组的首要调节任务是根据外界电负荷或热负荷的要求，来调整机组的功率；另一个任务则是使其他某些重要的运行参数，保持在某些预先确定的允许范围之内变化。联合循环机组中负荷调节是一个非常重要的调节参数。

在由一台燃气轮机和一台汽轮机组成的联合循环机组发电装置中，一般只调节燃气轮机的功率输出。在这种方式下，整个蒸汽循环完全在滑压方式下运行，汽轮机的进汽网门全开，不做调节。这种方式最适合在部分负荷条件下效率高而低负荷运行期间汽轮机的排气速度又比较低的工况要求。那时，整个联合循环机组的输出功率可以通过只是改变单个燃气轮机功率控制的给定值来进行调节。

在配备有补燃方式余热锅炉的联合循环机组中，蒸汽的压力和温度都比较高，汽轮机可以不再采用滑压模方式运行，而像常规的汽轮机那样，可以采用定压运行方式。此时，就需要为汽轮机配备负荷控制设备，如何根据负荷的变化，在保证主蒸汽压力恒定不变的前提下，来调节主蒸汽阀的开启程度。以求改变进入汽轮库的蒸汽流量。在这种方式下，是通过调节汽轮机的进气阀开度来控制汽轮机功率输出，此时，主蒸汽的压力保持恒定，主蒸汽流量的变化则是通过对余热锅炉补燃的燃料量的控制来进行调节的。

九、DCS 与燃气轮机控制系统 MARK VIe 之间的通信

DCS 基于 MODBUS 协议的 RS232 接口或 TCP/I 协议的以太网 R45接口，实现了与燃气轮机 MARK VIe 系统的通信，在 DCS 的协调下将整个联合循环电厂构成一个完整控制整体。

1. 基于 MODBUS 协议的 RS232 接口的通信

利用标准的 MODBUS 协议，在 MARK VIe 系统的〈I〉机中，设置MARK VIe 与 DCS 之间的通信端口、通信方式、波特率及校验码等。

在 MARK VIe 中已对 MODBUS 的数据通道进行约定，且其数据点容量通常远超过分散控制系统 DCS 接口所需要的数据量。在 DCS 表中建立相应的数据点表，建立通信后，DCS 就可对 MMARK VIe 的数据进行读写。这种通信的速度较慢，每秒钟的数据流量为 1kbit 左右，但通信简单，使用广泛。

2. 基于 TCP/IP 协议的以太网接口的通信

利用 GE 公司的工业标准信息系统 GE Indus-trial Systems（GEIS）Standard Messages（GMS）的通信功能，同 DCS 进行通信，DCS 对MARK VIe 的数据进行读写工作，从而实现对燃气轮机的控制。DCS 数据采集计算机通过 RJ45 双绞线连接于 MARK VIe 的工厂数据总线上，在MARK VIe 的 HINI 中设置通信网关服务器、相应的 IP 地址和网关地址，在 DCS 上进行相应的设置，以建立通信。

GMS 通信的速度快，它基于以太网的 TCP/IP 协议进行通信，理论上的通信速度可达 100Mbit/s，数据交互能力相应提高，在同没有直接以太网接口的 DCS 通信设置相比比较复杂。

第五节　APS 联合循环机组控制系统

一、APS 系统综述

燃气-蒸汽联合循环机组的设备数量多、容量大、运行参数高和控制系统结构复杂，对运行人员的操作和管理水平提出了更高要求，在机组运行

特别是机组启动和停运过程中，如果靠运行人员手动操作，不仅容易发生误操作事故，而且极大地影响了机组运行的安全性和经济性。机组自启停控制系统（automatic power plant startup and shutdown system，APS）是实现机组启动和停止过程自动化的系统，其优势在于可以提高机组启停的正确性、规范性，减轻运行人员的工作强度，缩短机组启停时间，从整体上提高机组的自动化水平。

APS可以使机组按照规定的程序启停设备，不仅大大简化了操作人员的工作，减少了出现误操作的可能，提高了机组运行的安全可靠性，同时也缩短了机组启动时间，提高了机组的经济效益。因此，对发电机组自启停控制技术进行研究和应用，提高机组的运行效率和经济性，成为近年电厂热工自动化和自动控制技术的研究热点之一。APS对发电机组的控制是通过电厂常规控制系统和上层控制逻辑共同实现的。在没有投入APS的情况下，常规控制系统独立于APS实现对电厂的控制；在APS投入时，常规控制系统给APS提供支持，实现对电厂的自动启停控制。

以下用GE公司联合循环机组为例介绍。GE公司设计的联合循环机组全厂一键启停（APS）系统覆盖了对燃气轮机、余热锅炉、汽轮机的启停。该系统的设计前提是采用一体化ICS控制，即燃气轮机、余热锅炉、汽轮机机组均使用GE的MarkVIe控制系统。其中燃气轮机的启停和负荷控制主要在燃气轮机控制系统中完成；汽轮机的启停、升速、并网在汽轮机控制系统ST MarkVIe中实现；汽轮机旁路及余热锅炉，辅控系统的控制则在DCS中完成，同时由DCS调度协调机、炉、电系统，实现整个机组的启动、升速、暖机、同期、并网、带负荷和停机等过程，并参与整个电网的调峰运行。

APS系统整体结构分为4层，即机组协调控制级、功能组控制级、功能子组控制级和单个设备驱动控制级。机组控制级是整个机组启停控制的管理中心，它通过对机组工况全面、准确迅速地检测和大量的条件与时间等方面的逻辑判断，按规定好的程序向各功能组、功能子组发出启动或退出命令，确保机组安全，稳定运行。单个设备控制级接受功能组或功能子组控制级来的命令，与生产过程直接联系。

二、APS 系统重要控制步骤

APS启动前需要确定汽轮机的冷态/温态/热态的启动方式，系统会根据汽轮机高压缸入口金属温度给出冷态/温态/热态判断，运行员可根据需要进行更改。机组APS逻辑设计有全自动和半自动两种模式。全自动启动模式下，机组启动过程中所有断点判断条件都由系统自动进行，实现真正的全过程控制；在半自动启动模式下，APS系统会自检每个断点的条件，如条件满足则提醒操作人员，并等待操作人员确认后系统进步到下一步操作。

　　机组自启停程序的执行情况，设备启停状态和每一步序的状态均在 DCS 操作画面上显示。一旦出现故障或错误，程序将自动中断，根据故障或错误类型退回到机组安全状态，顺控程序切换到功能组级，同时造成中断的原因将在 DCS 画面上显示。

　　以下以一拖一机组为例对 APS 启停进行说明。具体 APS 的断点设置，以及每一断点的允许条件和顺控逻辑，会根据每个项目的具体要求，在项目执行阶段进行细化调整。

　　（1）机组启动程序。本程序逻辑包括了机组从准备启动状态到所期望的电厂负荷输出的全部控制程序步骤。在机组启动前必须满足一定的条件，这些条件由 DCS 逻辑程序监控，当所有的条件都满足后，机组就可以确认处在启动准备就绪。现依次列出机组辅助设备、燃气轮机设备、汽轮机设备和余热锅炉设备一般的启动准备条件。

　　STEP 1：机组辅助系统准备。

　　在机组启动前，需要确保机组辅助系统已经具备启动条件。机组顺控程序将向以下辅助系统功能组发出启动指令，以实现机组的"一键式启停"控制：

　　1）凝结水补给水系统功能组；

　　2）凝结水系统功能组；

　　3）汽轮机疏水槽功能组；

　　4）辅助蒸汽系统功能组；

　　5）汽轮机轴封蒸汽系统；

　　6）凝汽器排气功能组；

　　7）循环水系统功能组；

　　8）其他待定；

　　9）启动准备就绪判断条件（初步）；

　　10）凝汽器水箱水位正常，主循环水泵投运中；

　　11）凝汽器真空度建立，满足汽轮机启动需求；

　　12）辅助冷却水泵运行，冷却水压力正常；

　　13）闭式冷却水泵投运；

　　14）高压旁路喷水切断阀关闭；

　　15）BOP 辅助系统控制器投自动；

　　16）电动/气动切断阀和疏水阀投自动；

　　17）凝结水泵投运，出口压力正常（另一台备用）；

　　18）凝汽器热井水位正常；

　　19）化学加药系统准备就绪。

　　STEP 2：GT/HRSG/ST 启动准备。

　　启动准备条件概述如下，具体条件根据机组的配置与运行情况进行细化调整。

1）余热锅炉系统准备条件就绪（初步）；

2）汽轮机准备条件就绪（初步）；

3）燃气轮机准备条件就绪（初步）。

STEP 3：燃气轮机/锅炉启动（燃气轮机暖机、点火启动，锅炉暖管等）。

当系统确认启动准备就绪后，DCS 就向燃气轮机控制系统发送一个启动指令，燃气轮机开始点火启动。燃气轮机的启动主要在燃气轮机控制系统中完成，主要的顺控步骤描述如下：

1）燃气轮机 TCS 系统自检；

2）燃气轮机冲转至清吹转速；

3）燃气轮机点火并暖机；

4）燃气轮机升速；

5）燃气轮机全速空载。

STEP 4：燃气轮机并网带负荷。

1）全速空载至并网；

2）燃气轮机加速至最小负荷；

3）燃气轮机升负荷。

（2）蒸汽温度匹配。燃气轮机并网 GCB 合闸后，进入旋转备用模式，机组将维持在该负荷下，开始汽轮机蒸汽温度匹配程序。

启动温度匹配允许逻辑，汽轮机高压缸第一级上缸金属温度计算值作为燃气轮机排气温度的标的值，其结果进行高低限值选择，将计算处理后的匹配温度返送给燃气轮机系统，通过控制压气机叶片角度或改变燃料量来控制转速控制基准实现燃气轮机排烟温度与汽轮机高压缸第一级上缸金属温度的匹配。

当燃气轮机排气温度在目标排气温度范围内时（冷态汽轮机启动时通过打开进口可转导叶使排气温度下降到满足目标温度，或热态汽轮机启动时通过增加燃气轮机负荷使排气温度上升至满足目标温度），温度匹配程序结束。

STEP 5：锅炉升温升压。

1）高压蒸汽系统暖管和升压。

2）中压段暖管和疏水。

3）低压段暖管和疏水。

STEP 6：汽轮机冲转暖机，并网。

1）汽轮机和高压旁路系统投运。

2）投入余热锅炉中压蒸汽系统。

3）余热锅炉低压蒸汽启动。

STEP 7：机组升至指定负荷或基础负荷。

1）燃气轮机准备加负荷。

2）机组升负荷。

（3）APS停机步骤。机组正常停机过程中应最大限度地减少汽轮机和余热锅炉冷却，保持有蒸汽流过余热锅炉再热段。在停机后尽量做好保温工作，缩短下次启动的启动时间，同时也减少再启动时的循环应力，降低停机的寿命消耗。

STEP 1：机组辅助设备停机准备；

STEP 2：燃气轮机降负荷；

STEP 3：燃气轮机停止减负荷，汽轮机继续减负荷；

STEP 4：燃气轮机解列到熄火；

STEP 5：机组惰走，盘车。

第六节　联合循环机组的联锁保护

一、联合循环机组联锁保护的概述

联合循环机组是一种高效的能源利用方式，通过将燃气轮机和汽轮机组合在一起，利用它们的协同作用，达到提高能源利用率和减少环境污染的目的。在联合循环机组系统中，联锁保护是一个重要的组成部分，它能够确保系统的安全稳定运行，防止设备损坏和事故发生。

二、联锁保护的目的

联锁保护是联合循环机组系统中的一种自动保护装置，它的主要目的是在系统出现异常情况时，迅速切断燃料供应，停止系统的运行，从而避免设备损坏和事故扩大。联锁保护还能提供告警信息，提醒操作人员及时采取措施，防止事故发生。

三、联锁保护的组成

联锁保护主要由传感器、逻辑控制器和执行机构三部分组成。传感器用于监测系统中的关键参数，如温度、压力、流量等；逻辑控制器用于接收传感器的信号，根据预设的逻辑进行判断和处理；执行机构则用于执行逻辑控制器的动作，如切断燃料供应、启动紧急排气等。

四、联锁保护的原理

联锁保护的原理是根据系统运行的关键参数，设置相应的阈值，当参数超过或低于阈值时，逻辑控制器会触发相应的动作。例如，当燃气轮机的排气温度过高时，逻辑控制器会切断燃料的供应，防止设备过热损坏。同时，执行机构会启动紧急排气，将高温气体排出系统，避免系统内部的压力过高。

五、联锁保护的维护与管理

为了确保联锁保护装置的正常运行，需要定期进行维护和管理，具体包括：

（1）定期检查传感器的准确性和灵敏度，确保能够准确检测系统的参数。

（2）定期检查逻辑控制器的逻辑关系和阈值设置，确保能够正确判断和处理异常情况。

（3）定期检查执行机构的动作可靠性和灵敏度，确保能够迅速执行逻辑控制器的动作。

（4）在系统运行过程中，密切关注联锁保护的运行状态和告警信息，及时采取措施处理异常情况。

（5）定期对联锁保护进行测试和校验，确保其正常运行和可靠性。

六、联合循环机组锅炉联锁保护

（1）锅炉高压汽包水位高，锅炉跳闸。

（2）锅炉高压汽包水位低低，锅炉跳闸。

（3）锅炉中压汽包水位高，锅炉跳闸。

（4）锅炉中压汽包水位低低，锅炉跳闸。

（5）锅炉低压汽包水位高，锅炉跳闸。

（6）锅炉低压汽包水位低低，锅炉跳闸。

（7）燃气热交换器下部水位高高，锅炉跳闸。

（8）燃气轮机硬手操跳闸，锅炉跳闸。

（9）联合循环机组硬手操紧急跳闸，锅炉跳闸。

（10）发电机保护动作燃气轮机跳闸，联锁锅炉跳闸。

（11）燃气轮机跳闸联跳相应余热锅炉。

（12）锅炉高压主蒸汽旁路节阀阀位故障，锅炉跳闸。

（13）锅炉中压主蒸汽旁路调节阀阀位故障，锅炉跳闸。

（14）锅炉低压主蒸汽旁路调节阀阀位故障，锅炉跳闸。

七、联合循环机组汽轮机联锁保护

下列条件之一，汽轮机跳闸。

（1）锅炉高压汽包水位高高高且机炉侧高压蒸汽出口电动闸阀均未关。

（2）锅炉中压汽包水位高高高且锅炉中压过热器出口蒸汽电动阀或中压锅炉主蒸汽电动阀未关。

（3）锅炉低压汽包水位高高高且机炉侧低压蒸汽出口电动闸阀均未关。

（4）凝汽器热井水位高高高。

（5）高压主蒸汽电动阀均关。

（6）再热主蒸汽电动阀均关。

（7）燃气轮机均跳闸。

（8）汽轮机硬手操跳闸。

（9）汽轮机跳闸。

（10）联合循环机组硬手操紧急跳闸1和2均跳。

八、联合循环机组重要联锁保护

（1）燃气轮机发电机跳闸，燃气轮机跳闸。燃气轮机发电机解列，燃气轮机全速空载。

（2）燃气轮机跳闸触发燃气轮机发电机跳闸，同时触发汽轮机跳闸，通过程跳逆功率保护触发汽轮发电机跳闸。

（3）燃气轮机全速空载触发汽轮机跳闸，通过程跳逆功率保护触发汽轮发电机跳闸。

（4）余热锅炉水位高高高，触发汽轮机跳闸；余热锅炉水位低低低，触发燃气轮机跳闸，汽轮机跳闸。

（5）汽轮机跳闸通过程跳逆功率保护触发汽轮机发电机跳闸，其中真空低引起的汽轮机跳闸，燃气轮机跳闸。

（6）汽轮机跳闸且旁路未开启，燃气轮机跳闸。

（7）汽轮机发电机跳闸触发汽轮机跳闸。

联合循环机组的联锁保护是确保系统安全稳定运行的重要部分。通过设置合理的逻辑关系和阈值，以及定期地维护和管理，可以有效地防止设备损坏和事故发生。同时，操作人员需要及时关注联锁保护的运行状态和告警信息，以便及时采取措施处理异常情况。

第十四章 联合循环机组的运行与维护

第一节 概 述

联合循环机组是指燃气轮机的布雷顿循环与汽轮机的朗肯循环两者组合，以实现能源梯级利用，达到能源利用效率最大化的目的。

目前，1000MW 二次再热汽轮机发电效率达到 47.82%，而全球最先进的 9H 级燃气-蒸汽联合循环电站的热效率已经超过 60%，基本参数见表 14-1。

表 14-1 9H 级燃气-蒸汽联合循环电站参数

9H 燃气轮机比较				
燃气轮机厂家	GE		西门子	三菱
燃气轮机型号	9HA01	9HA02	SGT5-8000H	M701J
ISO 功率（MW）	397	510	400	470
热耗（kJ/kWh）	8483	8440	8999	8783
效率（%）	42.4	42.7	40.0	41.0
压气机级数	14	14	13	15
透平级数	4	4	4	4
燃烧进口温度（℃）	1500	1500	1500	1600
排气温度（℃）	633	636	627	638
一拖一联合循环机组参数				
ISO 功率输出（MW）	592	774	600	680
效率（%）	61.4	62.7	61.5	61.7
热耗（kJ/kWh）	5750	5739	<6000	5835

联合循环机组发电机组通常有一拖一单轴、一拖一分轴、二拖一分轴三种模式。

联合循环电站的基本工艺流程为：燃气轮机做功后排出的烟气进入余热锅炉，余热锅炉受热面对烟气热量进行回收，产生蒸汽进入汽轮机做功，汽轮机的输出功率约为燃气轮机输出功率的一半。

第二节 联合循环机组的启停

一、联合循环机组的启动总则及准备

（一）联合循环机组启动的原则

1. 机组启动规定

（1）新安装以及大、中、小修后的机组在首次启动前应经过验收，设备变更后应有设备变更报告及书面通知。

（2）下列项目在生产副总或总工程师主持下进行：

（a）机组大修、中修、小修后首次启动；

（b）机组超速试验；

（c）机组甩负荷试验；

（d）汽轮机主汽门、调速汽门严密性试验；

（e）水压试验；

（f）发电机零起升压试验；

（g）发电机假同期试验；

（h）发电机空载试验；

（i）发电机短路试验。

（3）机组临时检修及备用后的冷态启动应在运行部主任主持下进行。

2. 机组遇到下列情况之一时，禁止启动或并网

（1）机组大联锁试验不合格。

（2）机组跳闸原因未查明。

（3）机组主要仪表工作不正常，影响机组启动及正常运行。

（4）机组控制系统不正常，影响机组操作，短时间内不能恢复。

（5）机组任一主要液控阀门卡涩，调节系统工作不正常。

（6）机组任一润滑油泵、直流密封油泵、控制油泵工作失常。

（7）盘车过程中，动静部分有摩擦声，原因及影响程度不清。

（8）润滑油、控制油等油质不合格，油箱油位，控制油箱等油位低于规定值。

（9）机组主要管路系统泄漏严重。

（10）胀差大于规定的报警值。

（11）汽轮机高中压缸进汽区上、下金属温差大于或等于规定值（参考值 $42℃$）。

（12）余热锅炉任一安全阀解列或动作不正确。

（13）余热锅炉高压过热蒸汽、再热蒸汽减温装置工作失常。

（14）发电机-变压器组绝缘电阻、风压试验等不合格。

（15）发电机-变压器组主保护有任何一项不能投入。

（16）发电机主变压器出口开关、励磁开关、高厂用变压器开关动作不正常。

（17）励磁系统故障，调节器不能正常工作或励磁系统不能满足强励运行条件。

（18）消防系统不正常。

（19）有严重威胁人身或设备安全的相关设备缺陷。

3. 遇有下列情况之一时，应汇报生产副总或总工程师，并决定机组启动方案

（1）机组发生跳闸后，原因未查明或缺陷未消除时。

（2）机组任一操作子系统失去人机对话功能。

（3）发电机-变压器组一次系统、励磁系统有异常。

（4）发电机轴承绝缘不合格。

（5）主变压器冷却风扇未能正常投运或其控制回路有故障。

（二）机组状态划分

根据汽轮机高、中压内缸金属温度平均值，启动状态划分为以下几种：

（1）冷态：汽轮机内缸金属温度比较取小值小于相应机型的规定温度。

（2）温态：汽轮机内缸金属温度比较取小值在相应机型的规定温度之间。

（3）热态：汽轮机内缸金属温度比较取小值在相应机型的规定温度之间。

（4）极热态：汽轮机内缸金属温度比较取小值大于相应机型的规定温度。

（三）联合循环机组启动前总体检查及准备

（1）确认所有的检修工作已经完成，所有的工作票已严格按有关规定终结。

（2）天然气、循环水、化学水等系统具备启动条件，系统内各阀门位置正确。

（3）检查消防系统正常并投运。

（4）主辅机所有操作电源、保护电源、控制电源、仪表及保护电源等均已送电且正常。

（5）机组整体启动前辅助设备的试运及相关的静态试验完成并符合要求。

（6）机组各阀门传动试验完成，远方、就地状态指示一致，各阀处于启动前状态。

（7）机组油水气体品质合格，润滑油、液压油、发电机密封油、定子冷却系统启动运行正常，管道、阀门、接头无渗漏。

（8）燃气轮机压缩空气系统、罩壳通风系统运行正常，CO_2 灭火系统

处于正常备用状态。

（9）顶轴油系统运行正常，燃气轮机连续盘车时间原则上以制造厂规定为准。

（10）检查汽轮机真空及轴封系统具备投入条件。

（11）检查汽轮机旁路系统各阀门位置正确，自动控制正常投入。

（12）余热锅炉各汽包水位调整至规定的启动水位。

（13）余热锅炉烟道系统正常，打开烟气挡板，检查烟气挡板各位置开关状态显示正确。

（14）检查锅炉脱硝系统正常，已经具备投运条件。

（15）检查 GIS 各开关、隔离开关储能动力系统运行正常，SF_6 气体压力、湿度符合规定。

（16）检查确认发电机-变压器组油温、油位正常，冷却器、冷却油泵运行正常，各保护投入正常。

（17）机组各保护投入正常。

二、联合循环机组启动

（一）机组启动步骤

联合循环机组启动前确保主机及各辅机系统和设备均处于良好的备用状态，余热锅炉水位上至正常水位，检查燃气轮机启动前条件均满足，燃气轮机进入自动启动程序。通过静态启动装置将同步发电机作为电动机带动整个转子转动，升速到一定转速后，燃气轮机维持当前转速进行吹扫，防止热通道内有残余的天然气，吹扫结束后进行降速点火，点火成功后升速至脱扣转速，静态起动装置自动脱扣，燃气轮机继续升速至全速空载，检查无异常后燃气轮机并网带低负荷并保持，燃气轮机点火后余热锅炉即开始升温升压，待主蒸汽参数满足汽轮机冲转条件后，进行汽轮机冲转操作，汽轮机升速至全速空载，检查无异常后汽轮机并网，期间主蒸汽压力采用旁路控制，主蒸汽温度采用余热锅炉侧减温水控制，随后燃气轮机及汽轮机开始逐步升负荷，其中若为供热机组，在汽轮机升负荷过程中需进行供热汽源的切换操作。若为二拖一机组，待第一台燃气轮机与汽轮机启动运行正常后，顺控启动第二台燃气轮机，待第二台余热锅炉产生的蒸汽参数与第一台余热锅炉相匹配时，进行并汽操作，实现两台燃气轮机带一台汽轮机运行。

机组具体的启动操作步骤根据企业具体机型及配置模式制定，以上机组启动步骤仅作为参考。联合循环机组启动流程如图 14-1 所示。

（二）机组启动中监视和检查

（1）启动过程中要密切监视程序的运行情况及画面的报警情况。

（2）燃气轮机升速时，检查盘车装置自动停运并脱开；若盘车不能自动脱开时，应立即紧急停机。

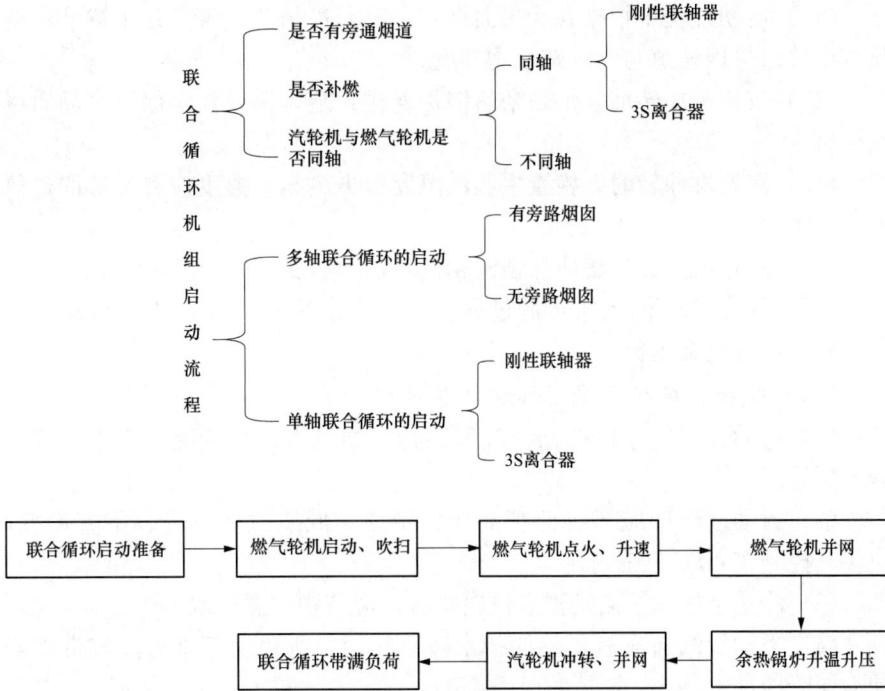

联合循环机组启动流程
- 是否有旁通烟道
- 是否补燃
- 汽轮机与燃气轮机是否同轴
  - 同轴
    - 刚性联轴器
    - 3S离合器
  - 不同轴
- 多轴联合循环的启动
  - 有旁路烟囱
  - 无旁路烟囱
- 单轴联合循环的启动
  - 刚性联轴器
  - 3S离合器

联合循环启动准备 → 燃气轮机启动、吹扫 → 燃气轮机点火、升速 → 燃气轮机并网

联合循环带满负荷 ← 汽轮机冲转、并网 ← 余热锅炉升温升压

图 14-1 联合循环机组启动流程图

（3）升速过程中要监视各参数的变化，特别是转速、各轴承的温度和振动、燃气轮机的排烟温度、燃气轮机排气分散度、排气压力等。轴承振动测量应按照 GB/T 11348.2《机械振动 在旋转轴上测量评价机器的振动 第 2 部分：功率大于 50MW，额定工作转速 1500r/min、1800r/min、3000r/min、3600r/min 陆地安装的汽轮机和发电机》和 GB/T 11348.4《机械振动在旋转轴上测量评价机器的振动 第 4 部分：具有滑动轴承的燃气轮机组》相关技术要求严格执行。

（4）升速过程中监视发电机氢、油、水的运行状况，加强密封油温度、发电机冷却水温度和加热装置的检查。

（5）发电机升压过程中监视三相定子电流变化，发电机升压至额定值，核对转子空载电压、空载电流正常。

（6）并网后，检查发电机三相电流平衡，发电机接带负荷正常。

（7）启动过程中，监视发电机氢气、密封油、冷却水系统及氢冷器运行情况。

（8）启动过程中监视凝汽器与汽包水位、汽包壁温差变化，及时调整补水量。

（9）启动过程中加强旁路系统运行监视，监视凝汽器真空与轴封系统运行情况。

（10）启动过程中监视余热锅炉各模块进口烟温的变化，监视主蒸汽和再热蒸汽温度，加强监视减温水调节阀运行情况。

（11）启动过程中根据各受热面烟温情况、过热蒸汽管道疏水罐液位变化等调整过热器管道与汽缸疏水阀开度。

（12）汽轮机冲转前，加强余热锅炉连排、定排调整，确保汽水品质尽快合格。

（13）汽轮机冲转时，检查主蒸汽温度、再热蒸汽温度应有足够的过热度（参考值 $50\sim100℃$）。

（14）汽轮机升速过程应加强汽轮机各轴承温度、振动情况监视。

（15）联合循环机组加负荷过程中，注意余热锅炉各模块出口温度变化，防止出现超温现象。

（三）联合循环机组冷态启动注意事项

（1）启动过程应严格按操作规程执行，如发生紧急情况，应立即按规程果断处理。

（2）启动过程中应严密监视高压、中压、低压汽包的上、下壁温差，应将其控制在 $40℃$ 范围内。

（3）冷态余热锅炉启动温态汽轮机时，应特别注意疏水。

（4）送轴封汽前应有足够的疏水暖管时间，避免由于轴封蒸汽带水而使金属受冷冲击。

（5）启动过程中，蒸汽温度高于汽缸金属温度，并始终保持足够的过热度（参考值 $50\sim100℃$）。

（四）机组温热态启动的注意事项

（1）应先投入轴封蒸汽，再抽真空。

（2）根据汽轮机缸温确定汽轮机启动参数，通过控制燃气轮机负荷，获得汽轮机启动需要的蒸汽参数。联合循环机组温态、热态及极热态启动重点注意不能使汽轮机高温金属冷却。控制汽轮机胀差不出现缩小（负胀差），以防汽轮机产生动静摩擦。

（3）汽轮机并网后，尽快带负荷至启动曲线对应的负荷值。

（4）温态、热态启动，注意轴封蒸汽温度尽量与汽轮机高、中压转子温度相匹配，并有一定的过热度。

（5）根据汽轮机缸温的变化，决定暖机时间。

三、联合循环机组停运

（一）机组停运规定

1. 停机方式

（1）"正常停机"是指在正常运行时，按照调度命令机组停运，停机后应保持燃气轮机或汽轮机转子温度较高以备重新启动。正常停机方式适用于调峰、消缺停机等，机组停、备后较短时间内可重新启动。包括：联合循环机组二拖一转一拖一的解汽停机，二拖一正常全停和一拖一正常全停。

（2）"滑参数停机"是在汽轮机检修前，为缩短汽轮机停运后自然冷却的时间，尽早进行检修工作，在汽轮机停运时采取降低蒸汽参数的方法，将汽轮机缸温降低到较低水平的停运方式。包括：联合循环机组二拖一滑参数全停和一拖一滑参数全停。

（3）"强制冷却停机"是指燃气轮机停运后通过高盘强制通风将燃气轮机高温部件快速冷却，适用于燃气轮机高温部件的临时停备消缺。

（4）"一般故障停机"是机组设备出现异常，而设备异常程度未达手动紧急停运条件，但停运机组可对异常设备进行检修，并保证机组停机过程的安全，它是需要人为干预的停机方式。

（5）"紧急停机"是指危及人身和设备安全情况下应立即遮断机组的停机方式。

2. 停机条件

（1）"正常停机""滑参数停机""一般故障停机"应按值长命令执行。

（2）"强制冷却停机"应经公司主管领导批准后方可执行。

（3）"紧急停机"应按照事故处理要求，条件满足立即执行，防止事故扩大。

3. 停机原则

（1）机组停运过程是机组高温部件的冷却过程，在停机过程中，如果参数控制不当，将产生较大的应力，影响机组使用寿命。因此，要求在各种方式下，严格控制降温、降压速率及保持锅炉良好的水动力工况，从而保证机组的安全停运。

（2）正常停机，要在停机过程中最大限度地减少余热锅炉、汽轮机热量散失，在停机后做好保温工作，缩短下次启动的启动时间。

（3）滑参数停机，滑参数过程中严格控制主再热蒸汽温度、压力下降速度，保证新蒸汽温度有 50℃以上的过热度，防止蒸汽带水。

（4）紧急停机，在值长统一指挥下进行，准确判断迅速处理，防止事故扩大。

（二）停机前的准备工作

（1）检查没有影响安全停机的工作票、缺陷、逻辑强制。

（2）检查机组各控制系统无影响停机的报警。

（3）执行人员到位制度，停机前通知相关专业负责人到位。

（4）准备好停机工作票，执行安全交底，做好操作分工。

（5）检查汽轮机侧及锅炉侧各疏水阀在自动方式。

（6）停机前启动加药泵确保高、中、低压炉水 pH 值在正常控制范围内。

（7）停机前将本机供公用系统的电、热负荷进行切换，如辅助蒸汽、厂用电等。

（8）供热机组应将供热网汽源切换。

（9）视机组运行情况试启动交流润滑油泵、直流润滑油泵、顶轴油泵等。

（三）联合循环机组正常停机操作监视及注意事项

（1）检查设备的自动工作正常。

（2）开始停机操作，减负荷停机过程中注意主、再热蒸汽的温度，防止超温，监视各装置动作正确。

（3）在减负荷过程中，监视汽轮机的轴封蒸汽母管压力、胀差、轴向位移、轴承振动、径向轴承和推力轴承的金属温度等参数。

（4）机组负荷下降后，程序逆功率保护动作自动将发电机解列，注意机组转速控制正常，机组解列时的逆功率值应在正常范围。

（5）检查解列至熄火的时间和对应转速是否正常，监视机组真空及熄火后机组的惰走情况是否正常。转速惰走到零后，盘车装置应投入运行。

（6）监视机组停运后应自动关闭的阀门关闭正常。

（7）停机后注意汽轮机低压缸排汽温度，防止超温。

（四）联合循环机组滑参数停机

（1）汽轮机本体部分停机消缺、计划检修停机时，为较快降低汽缸金属温度，缩短检修等待期，采用滑参数方式停机。

（2）采用逐渐降低燃气轮机负荷的方法降低主蒸汽和再热蒸汽的温度；在降温过程中，观察减温水阀门调节正常。

（3）停机过程中严格控制主蒸汽和再热蒸汽的降温速度和降压速度不超过规定的降温曲线对应数值，保持主蒸汽温度和再热蒸汽温度稳步下降，不应发生蒸汽温度大幅度波动。

（4）滑停过程中控制汽轮机高中压转子内外应力不应超过规定值。

（五）联合循环机组滑参数停机注意事项

（1）机组正常运行期间，提前利用主再热蒸汽减温水逐渐降低主再热蒸汽温度；主再热蒸汽温度及主再热蒸汽减温器后温度应保持足够过热度，防止发生蒸汽管道水击现象。

（2）待汽轮机高压缸温度和过热器出口汽温一致后可进行滑参数停机操作。快速降低燃气轮机负荷至规定负荷值，控制主再热蒸汽减温水使主再热蒸汽温度保持下降趋势，注意汽轮机高中压缸应力、上下缸温差、轴承振动、轴瓦温度、胀差、轴向位移等相关参数正常。

（3）检查汽轮机运行稳定后，继续利用减温水和燃气轮机负荷逐步降低主再热蒸汽温度和汽轮机缸温，降温过程以保证汽轮机应力不超限、减温器后蒸汽保持足够过热度为原则。

（4）燃气轮机降负荷阶段通过减温水降低蒸汽温度，每降低一定阶段要停留一段时间，检查汽轮机金属温度跟随下降，确保充分冷机。

（5）燃气轮机降负荷要缓慢，防止锅炉热负荷快速下降，蒸汽温度快速下降，对机组产生热冲击。

（6）滑参数过程中，上下缸温差是主要控制指标，缸温差控制的优劣直接影响滑停效果。

（7）滑参数停机保持大蒸汽量可提高滑停速度。

（8）滑参数过程中，调整高压、再热蒸汽温度同步平稳下降，确保高中压缸温度相近并一起平稳下滑。

（六）紧急停机

1. 按照停机方式分为保护动作停机和手动紧急停机

（1）手动紧急停机：通过按下控制台燃气轮机、汽轮机紧急停机按钮或打开燃气轮机、汽轮机就地安全油泄放阀来实现。手动紧急停机按照停机的范围分为汽轮机破坏真空停机、汽轮机不破坏真空停机和燃气轮机紧急停机。汽轮机真空破坏后，燃气轮机和汽轮机因真空保护动作跳闸，所以汽轮机破坏真空停机会导致联合循环机组紧急全停。

（2）保护动作停机：由机组保护自动完成，当机组保护参数达到限值，控制系统自动遮断，实现紧急停机。

2. 机组运行过程中发生异常停机注意事项

（1）停机过程中严密监视汽轮机各运行参数变化趋势，包括汽温、汽压、轴向位移、振动、胀差、真空和转速等。机组停机过程中，密切注视事故和故障的发展动态，采取相应措施，避免事故扩大化。

（2）汽轮机转速接近盘车转速时，注意盘车应自动投入，否则应及时手投盘车。盘车投入后注意盘车转速变化。一旦盘车无法投入，严禁强投盘车，应维持润滑油系统正常运行，保证轴承供油，同时检查汽缸所有疏水阀均已关闭，根据缸温情况定期手动疏水。而后手动试盘汽轮机转子，若能盘动则定期（参考值 10min）转子翻转 180°（若盘不动可适当延长时间直至盘动为止），直至盘车可以连续投运为止，应严密监视并酌情处理。此间，机组润滑油系统应正常运行，否则不应盘动汽轮机转子。

（3）若汽轮机发生油系统着火或汽机房着火事故，在紧急停机过程中，对氢冷发电机应立即将发电机内氢气，通过氢系统排氢门排放到汽机房外，以防发生氢爆使事故扩大；汽轮发电机组异常停机过程中，应确保人身安全，避免或减少设备损坏。如果是油系统着火，不应启动顶轴油泵。

3. 燃气轮机紧急停机条件

发生以下情况之一，在保护动作之前，应立即手动紧急停机：

（1）机组转速超过规定值，超速保护不动作。

（2）机组发生强烈振动，振动值超过规定值，保护不动作。

（3）伺服阀故障失控，天然气调节阀卡涩，或排烟温度发生急剧变化。

（4）发电机冒烟着火，或冷却（氢气）系统发生爆炸时。

（5）润滑油系统大量漏油，且无法补救时。

（6）天然气管道大量泄漏有发生爆炸危险时。

（7）机组内有明显的金属摩擦声。

（8）机组任意一个轴承断油、冒烟或发生火花时。

（9）压气机发生喘振时。

（10）燃气轮机透平排气道大量漏气。

（11）机组发生火灾而灭火保护系统未动作。

（12）全部操作员站出现故障，机组主重要参数同时失去监视且无法恢复。

（13）发生危及人身和设备安全的其他事故。

4. 余热锅炉紧急停运条件

（1）余热锅炉或燃气轮机保护定值达到跳闸条件保护拒动。

（2）锅炉任一汽包的所有水位传感器损坏，无法监测汽包水位。

（3）省煤器或高、中、低压蒸发器管道爆破，给水流量异常增大，且汽包不能维持正常水位。

（4）过热器管道爆破，主汽温度无法维持正常运行。

（5）炉外汽水管道爆破，威胁到设备和人身安全。

（6）余热锅炉运行压力超过安全阀动作值，而安全阀拒动，同时排大气阀失灵。

（7）安全阀动作后不回座，压力骤降，汽温变化至汽轮机限定值时。

（8）发生其他威胁设备和人身安全的故障或事故。

5. 汽轮机紧急停机条件

（1）汽轮机组发生故障，自动紧急停机保护拒动作。

（2）汽轮机主保护达到保护定值未动作。

（3）汽轮机调节、保安系统故障无法维持机组正常运行时。

（4）汽轮机蒸汽系统泄漏不能维持运行时。

（5）汽轮机蒸汽温度升高到大于额定温度的限值，不能恢复时。

（6）汽轮机主蒸汽压力升高到最大值，连续运行达到规定时间，不能恢复时。

（7）发电机出线电缆头、开关或避雷器爆炸。

（8）发电机电压互感器或电流互感器冒烟。

（9）循环水、闭式水中断不能及时恢复，厂用电源全部失去，汽轮机发生水冲击等。

汽轮机出现以下情况，应立即破坏真空紧急停机：

（1）汽轮机发生强烈振动，轴振振幅超过规定值。

（2）汽轮机或发电机内有金属摩擦声和撞击声。

（3）汽轮机发生水击或主蒸汽或再热蒸汽温度规定时间内急剧下降达限定值以上。

（4）任一轴承回油温度升至限定值或任一轴承断油冒烟时。

（5）汽轮机任一轴承金属温度升至限定值、发电机轴承金属温度升至限定值。

（6）轴封或挡油环严重摩擦，冒火花。

（7）润滑油供油中断或油压下降至规定值，启动交流润滑油泵无效。

（8）汽轮机主油箱油位降至低油位停机值以下，补油无效。

（9）系统着火不能很快扑灭时。

（10）轴向位移超过跳闸值，轴向位移保护装置未动作。

（11）汽轮机转速超过限定值，超速保护不动作。

（12）汽轮发电机组汽轮机进冷汽、冷水或上下缸金属温差超过限定值。

（13）汽轮发电机励磁机冒烟或冷却（氢气）系统爆炸时。

（14）发生其他可能严重危及人身或设备安全的故障时。

6. 燃气轮机紧急停机操作步骤

（1）在集控操作台按下燃气轮机紧急停机按钮。

（2）检查并确认燃气轮机发电机、汽轮机发电机出口断路器、灭磁开关跳闸，发电机有功、无功、电压、电流到零。

（3）天然气截止阀及控制阀已关闭，燃料流量到零，放散阀开启。

（4）压气机防喘阀全开。

（5）燃气轮机熄火，所有火焰指示显示火焰熄灭。

（6）汽轮机跳闸，相关阀门动作正常。

（7）燃气轮机、汽轮机转速开始下降进入惰走。

（8）余热锅炉侧所有减温水电动阀及调阀全关。

（9）检查汽轮机防进水保护动作正常。

（10）检查润滑油母管压力正常。

（11）迅速切换轴封供汽汽源，维持轴封压力正常。

（12）紧急停机后，若怀疑燃气轮机内部损坏，严禁高速盘车。

（13）如发生燃气轮机转动部分事故，停机后不能投入盘车，润滑油泵应继续运转，不得强行盘车。

（14）如紧急停机后，燃气轮机盘车不能投用，应查明原因并消除故障，重新启动后，应注意机组的振动及转动声音。

（15）其余操作参见正常停机。

7. 汽轮机紧急停机步骤

（1）在操作台按下汽轮机紧急停机按钮或就地手动打闸。

（2）检查并确认汽轮机跳闸，相关阀门动作正常。

（3）汽轮机发电机出口断路器、灭磁开关跳闸，发电机有功、无功、电压、电流到零。

（4）汽轮机转速开始下降进入惰走，润滑油母管压力正常。

（5）检查汽轮机防进水保护动作正常。

（6）迅速切换轴封供汽汽源，维持轴封压力正常。

（7）密切关注锅炉汽包水位，必要时给水调阀切至手动调节。

（8）密切关注并调整高压旁路阀后温度。

（9）燃气轮机降负荷。

（10）若是润滑油系统或汽轮发电机组本体等故障，需加速汽轮机惰走时间时，在汽轮机转速下降至 2900r/min 后，停止真空泵运行，开启真空破坏阀。当凝汽器压力降至保护动作值时，确认燃气轮机联锁跳闸，否则燃气轮机紧急打闸；当凝汽器真空降至联锁保护值时，确认凝汽器保护动作，相关蒸汽管道疏水联锁关闭，并且闭锁开启。

（11）若为循环水中断或其他原因导致凝汽器真空异常停机，则可保留真空泵运行且不宜破坏真空。凝汽器压力已降至保护动作值，则应开启真空破坏阀，停真空泵。

（12）因轴或轴承振动超过限制停机的，在重新启动前至少连续盘车 4h。

（13）汽轮机惰走过程中应注意机组振动、润滑油温等参数正常，记录惰走时间，倾听机内声音正常；当汽轮机转速降至零，投入连续盘车。

（14）如发生汽轮机转动部分事故，停机后不能投入盘车，润滑油泵应继续运转。根据汽轮机缸温情况定期（参考值 30min）手动盘动转子 180°，不得强行盘车。

（15）若故障马上能消除，燃气轮机维持低负荷，当蒸汽参数达到冲转要求后，汽轮机极热态启动；若故障不能马上消除，顺控停运燃气轮机。

（16）其余操作参见正常停机。

（七）故障停机

1. 故障停机条件

（1）锅炉承压部件发生泄漏尚能维持运行。

（2）锅炉安全阀启座后无法回座。

（3）DCS 画面显示部分参数异常，或部分设备状态失去，或部分设备手动控制功能无法实现，并将危及机组的安全运行。

（4）仪用压缩空气压力低于正常值，经采取措施后仍无法恢复正常压力。

（5）锅炉给水、蒸汽品质严重恶化，经处理无效时。

（6）汽轮机侧高压主蒸汽温度高于规定值，15min 内降不下来或汽温超过厂家要求的最高允许值，经减负荷处理无效。

（7）两台轴封加热器风机全停超过 30min 且不能恢复正常运行。

（8）锅炉汽包水位远方指示全部损坏，而短时内无法恢复。

（9）凝汽器真空持续降低，采取降负荷至零仍无效时。

（10）轴向位移超过规定值，且推力轴承乌金温度、回油温度异常升高，处理后仍不能恢复正常。

（11）主变压器、厂用变压器有轻瓦斯报警，经取油样化验油中含氢量或总烃含量远远超过注意值。

（12）汽轮机胀差超过规定值，经处理后仍不能恢复正常。

（13）任一轴承金属温度或任一轴承回油温度超过规定值，经处理无效。

（14）发电机-变压器组保护任一出口跳闸通道故障，4h内无法恢复。

（15）TSI、DEH系统故障，致使一些重要的汽轮机运行参数无法监控，无法维持汽轮机正常运行。

2. 故障停机操作步骤

（1）立即汇报值长及上级有关领导。

（2）手动停运燃气轮机。

（3）手动将汽轮机负荷降至最低。

（4）对汽轮机轴封汽源进行切换。

（5）燃气轮机解列熄火后，确认大联锁、各辅机联锁动作正常。

（6）其余操作参见正常停机。

第三节　联合循环机组的运行

一、机组运行调整

机组运行调整的主要任务是：满足负荷需求、安全稳定运行、保持运行参数正常、汽水品质合格、提高效率及经济性、减少污染物排放。机组正常运行中的操作和调整，应保证各参数在允许的范围内，以利于运行工况的稳定，提高调整质量。

通过经常性的检查、监视及调整发现设备缺陷，并及时消除。提高设备的健康水平，预防事故的发生和扩大，提高设备的利用率，保证设备的长期安全。

通过经常性的检查及对仪表、数据的监视和分析，做到经济调整，使设备在最佳工作状态下运行，降低热耗率、厂用电率及汽耗率，提高运行经济性。

使锅炉蒸发量随时适应外界负荷的需要，均衡给水并维持汽包正常水位。保证合格的蒸汽品质，尽量减少热损失，提高锅炉效率。

定期进行设备的切换、试验、检查及维护。当发现异常和报警后，应立即查找原因，按有关规定进行调整，使机组尽快恢复到正常运行状态，必要时做好事故预想。

二、正常运行参数限定值

（一）燃气轮机主要运行参数及限值

燃气轮机主要运行参数限值应包括电超速保护频率、燃气轮机轴承振动及温度、排气分散度、天然气压力等，具体以机组说明书为准，并对相应参数报警值、限制值列表说明。

（二）余热锅炉运行参数

余热锅炉运行中主要调整控制参数应包括汽温、汽压、汽包水位等，具体以机组说明书为准，并对相应参数报警值、限制值列表说明。

（三）汽轮机运行参数

汽轮机主要运行参数限值应包括汽温、汽压、轴承振动及温度，润滑油、顶轴油、控制油温度压力等，具体以机组说明书为准，并对相应参数报警值、限制值列表说明。

（四）发电机运行参数

发电机运行参数电压、电流、冷却系统温度等，具体以机组说明书为准，并对相应参数报警值、限制值列表说明。

三、机组正常运行中的检查监视

（一）燃气轮机运行中的监视和检查

在燃气轮机运行过程中，运行人员应监视燃气轮机主、辅设备各项运行参数并按时记录，检查燃气轮机主、辅设备的运行状态，若发现问题，及时判断处理，确保燃气轮机的正常运行。

（1）检查压气机、燃烧室和透平上各阀门、连接法兰无漏气，运行过程中无异常声音和明显振动。

（2）检查压气机及透平的润滑油管线和法兰、液压油管线和法兰无泄漏。

（3）监视轴承振动和金属温度正常。

（4）监视透平轮间温度、排气温度与相邻测点温差、压气机进出口温度、压力及燃烧室压差正常。

（5）检查保温层是否完好，膨胀节及支撑件无明显破损和变形。

（6）罩壳通风系统入口防护格栅清洁无杂物，罩壳内温度、天然气浓度符合要求。

（7）检查润滑油、液压油系统及密封油系统液位、温度、压力、滤网压差正常。

（8）检查压气机进气滤网差压正常，进气滤网、进气格栅无脱落，进气格栅无异物附着，进气室门关闭严密。

（9）检查火警保护无报警，CO_2 灭火系统正常。

（10）检查天然气模块滤网前和天然气关断阀后压力，确定滤网前后压差不超过定值。

（11）检查备用过滤器、备用滤网正常备用，压差过高报警时，应及时切换滤网。

（12）检查油系统无泄漏，油系统附近无违章动火作业，无可燃物。

（13）其他需要特别监视的燃气轮机相关参数可根据不同机型需要完善。

（二）余热锅炉运行中的监视和检查

运行人员应监视余热锅炉各项运行参数并按时记录，检查余热锅炉运行状态，若发现问题，及时判断处理，确保余热锅炉的正常运行。

（1）机组正常运行时，应维持余热锅炉各汽包水位在正常水位，水位浮动范围为不超过规定值（参考值±100mm）。

（2）锅炉各汽包水位高于或低于保护值时应跳机，否则应手动紧急停机。

（3）机组正常运行时，应监视和调整高压过热器出口蒸汽温度在要求范围内，汽温调节时（尤其在低负荷时）应保证减温后的蒸汽温度一定的过热度。

（4）运行中汽温急剧上升或下降，自动调节装置无法将汽温保持在正常范围时，检查自动调节装置是否发生故障。

（5）手动调节高压过热汽温度和再热蒸汽温度时，应注意喷水减温的迟延特性，注意减温器前后汽温的变化，防止负荷变化时汽温大幅度波动超限。

（三）汽轮机运行中的监视和检查

运行人员应监视汽轮机各项运行参数并按时记录，检查汽轮机运行状态，若发现问题，及时判断处理，确保汽轮机的正常运行。

（1）检查系统管路、阀门位置正常，无跑、冒、滴、漏现象。

（2）检查汽轮机润滑油压力、润滑油箱油位、润滑油母管温度正常，油系统附近无违章动火作业，无可燃物。

（3）检查汽轮机支持轴承金属温度、推力轴承金属温度、润滑油回油温度不超规定值。

（4）检查控制油系统压力、油箱油位、油温正常。

（5）检查汽轮机各主汽门、调门控制油管道无泄漏，无异常振动现象。

（6）检查凝汽器水位正常，凝汽器真空正常。

（7）检查轴封母管压力、供汽温度正常。

（8）检查汽轮机各瓦处轴封无冒汽、吸气现象。

（9）检查汽轮机轴瓦处无异常声音。

（10）检查外围管路及各主汽阀运行正常，无漏汽、漏油现象。

（11）检查汽轮机缸胀差正常。

（12）检查汽轮机轴承振动在规定范围内。

（13）检查汽轮机轴向位移在规定范围内。

（四）发电机系统运行中的监视与检查

运行人员应监视发电机各项运行参数并按时记录，检查发电机运行状态，若发现问题，及时判断处理，确保发电机的正常运行。

（1）发电机各瓦声音正常，各瓦油挡、油管路、压力开关、测点无漏油。

（2）发电机、励磁间的外壳清洁，周围无杂物，发电机励磁间声音振动都正常。

（3）电刷和滑环清洁完整，无变色、发黑现象，弹簧片压力正常均匀，电刷接触良好、无火花、不过短、不过热，电刷在刷握内无摇摆、跳动、卡涩等现象，刷辫完整无损。

（4）发电机螺母、垫块等零件无松动和脱落，端盖、底板上无水等异常情况。

（5）发电机气体冷却温度以及定子线圈、铁芯温度应正常。

（6）励磁回路及发电机引出线一次回路各接头、隔离开关、开关、绝缘支座、互感器、电缆头应无发热、变色、烧红、断脱、裂纹、放电等不良现象。

（7）定子线圈及转子回路无放电或电晕现象。

（8）发电机保护压板按规定投入。

（9）发电机正常运行中，电压波动不超过额定值的规定范围（参考值 $\pm 5\%$），不允许发电机在电压偏移额定值的规定范围（参考值 $\pm 10\%$）情况下长期运行。

（10）正常运行中发电机定子电流及转子电流不允许超过额定值，定子三相电流应平衡，发电机功率因数在正常范围内。

四、机组运行操作和调整

（一）燃气轮机运行操作和调整

1. 负荷调整

联合循环机组正常运行方式下，机组的负荷设定由单元协调完成，设定需要的目标负荷以及正常加载速率。

2. 电压调整

发电机正常运行的电压为额定电压，其变动值应在制造厂规定的范围以内。运行人员应执行上级调度值班员下达的电压控制曲线调整无功，调整时应注意各机组无功负荷的均衡。厂用电正常运行电压为额定电压，其变动范围参考值为（6kV 电压的 $-5\% \sim +5\%$ 以内；380V 电压的 $-5\% \sim +5\%$ 以内）。正常运行方式下当电压偏差较大时及时进行电压调整。

（二）余热锅炉运行操作和调整

1. 汽包水位调整

（1）正常运行中，汽包水位应以差压水位计为准，参照双色水位计及光电磁浮液位计指示作为监视手段。锅炉运行期间，每班均应进行就地水位计和表盘水位的校核工作，若指示不一致，应验证水位计是否正确，若水位指示不正确，应立即通知热工人员处理。

（2）调整水位过程应仔细分析给水量、蒸发量和汽包水位三者关系，做到提前调整，稳健操作，调整时应注意锅炉各汽包容积，不能盲目调节。

（3）遇有下列情况时应注意水位的变化。

（a）给水压力和给水流量波动较大时。

（b）负荷大幅变化和事故情况下。

（c）锅炉启动和停运过程。

（d）水位自动控制不正常时。

（e）锅炉排污时。

（f）安全门动作时。

（g）汽轮机旁路突然开启或关闭时。

（h）热网系统热负荷突然大幅改变时。

（i）给水泵定期轮换过程中。

（j）安全门校验试验。

2. 汽温调整

（1）主再热蒸汽温度应保证在额定温度下连续运行，超过额定温度可以连续运行和限定运行时限的规定值以制造厂规定为准。

（2）机组正常运行时，维持高压、再热蒸汽在规定范围内，减温水控制均投入自动。

（3）运行中应根据运行工况的变化，根据蒸汽温度变化的趋势，尽量使调整工作恰当地落在蒸汽温度变化之前，保证汽温不超限。

3. 汽压调整

（1）主再汽压力超过额定值可以连续运行和限定运行时限的规定值以制造厂规定为准。

（2）如果安全阀动作后未回座，应立即联系检修人员处理。

（三）汽轮机运行操作和调整

（1）注意高压、中压及低压主汽压力、温度变化，及时调整保证在最佳经济状态运行。

（2）注意机组真空变化，当真空不稳定时应及时启动备用真空泵或者调整循环水运行方式，保持机组真空正常。

（3）油箱油位应保持在运行范围内，油位降低时应加以分析，检查油系统是否有漏油，油箱油位过低时应补油。

（4）润滑油温度应保持在正常范围，油温变化应及时调整冷油器冷却水流量。

（5）负荷变动时应及时调整轴封进汽压力，使轴封进汽压力始终在运行范围内。运行中应注意低压轴封的温度变化，防止转子轴封部位由于热应力而造成损坏，当机组启动和停止时，宜尽量减小轴封和转子表面间的温差，不应超过规定值（参考值110℃）。

（四）热网系统运行操作和调整

（1）当热网温度降低时，通过调大抽汽调门开度以提升供热温度；当热网温度过高时，通过关小抽汽调门来降低供热温度。操作过程中应保证压力控制在允许范围内。

（2）根据要求调节热网参数，调整时应缓慢进行，避免对汽轮机和余热锅炉造成较大的冲击，而使部分参数发生突变，影响机组安全运行。

（3）冬季供热期间，回水压力设定值在规定范围内，如发现回水压力降低应及时补水量，应检查管道是否有泄漏点。

（4）热网加热器液位保证在正常范围内。

（5）对外供蒸汽的机组通过调整抽汽减温水量和蒸汽压力实现热网相关参数调整。

（五）发电机运行操作和调整

1. 发电机运行的规定

（1）发电机按制造厂额定铭牌参数运行，称为额定运行方式，在这种方式下允许发电机长期连续运行。

（2）发电机负荷、电压、频率、功率因数以及绝缘电阻等，按照说明书的规定执行。

2. 发电机进相运行的规定

发电机均应完成进相运行试验，通过试验验证每台发电机各自的进相运行能力，根据进相试验报告所注明各台发电机的进相范围，明确进相运行的特别注意事项、操作规定及异常处理方式。

3. 发电机的运行及调整

（1）发电机在运行中，值班人员应经常监视各种表计在额定范围内运行，如超过允许值，应及时调整。

（2）运行中值班人员应了解冷却系统的情况，当冷却系统的运行工况超出规定时，应及时调整。

（3）氢冷发电机运行中密封油油压应高于机内氢压。若密封油油压不能维持时，应排放机内氢气减压，以保持与密封油油压的规定压差值，并根据运行方式的需要，进行补、排氢气的调整。

4. 电气系统运行操作和调整

出线系统应按规定有可靠的中性点接地，厂用电系统开关及快切装置、联锁应正常投入，直流系统及 UPS 开关机柜、蓄电池均应正常投入。

五、联合循环机组定期轮换和试验规定

设备试验、切换工作应在机组停运或稳定状态下进行，操作前做好事故预想。要充分利用燃气轮机启停频繁特点，实现设备切换，降低运行切换风险。

辅机定期切换前应确认备用辅机具备启动条件，切换过程中运行人员应至现场监视。

对备用时间超过规定天数（参考值 15 天）的电动机，启动前应测绝缘，绝缘合格后方可启动设备。加装变频器的电动机测量前应与变频器隔离。

设备试验、切换工作中发现异常情况应立即停止操作，恢复原状。在试验切换中发现设备缺陷应立即汇报值长或部门领导，并做好记录，同时要求迅速处理，及时消除，如短时间不能消除缺陷，运行人员应加强监视，采取必要安全措施，做好事故预想，并按《设备缺陷管理制度》执行。

如试验结果与上次试验有较大变化时应立即分析原因，必要时应请专业技术人员或检修人员到场重做一次，确属异常，应逐级汇报处理，并按规定作好相应记录。

遇有特殊情况，试验切换项目不能如期进行时，应征得当值值长或有关专业技术人员的同意，方可推迟进行，但应在运行日志上写明原因。

六、联合循环机组汽水品质运行监督

（一）水汽品质调整总则

（1）炉内水汽品质调整除进行合理排污外，还需进行加药处理。炉内加药系统包括磷酸三钠、除氧剂、氨水等的配制、投加系统。

（2）凝结水加热器入口采用加氨处理。

（3）高压省煤器入口采用加除氧剂（联氨）处理。

（4）高压炉水采用低磷酸三钠处理。

（5）闭式循环冷却水采用加除氧剂、氨水处理。

（6）根据水质情况定期对高、低压炉水定排。

（7）高、低压炉水排污量保证不低于锅炉连续蒸发量的 0.3%，炉水水质劣化时，需加大排污量，直到水汽品质合格。

（二）机组水质要求标准

根据国家电力行业标准《燃气-蒸汽联合循环机组余热锅炉水汽质量控

制标准》（DL/T 1924—2018）规定，机组汽水品质要满足以下要求，见表 14-2～表 14-9。

表 14-2　凝结水泵出口水质质量

精处理方式	氢电导率（25℃）（μS/cm）	钠（μg/L）	溶解氧（μg/L）	硬度（μmol/L）
有精除盐	≤0.30	≤10	≤50	≈0
无精除盐	≤0.20	≤5		

注　1. 直接空冷机组凝结水溶解氧应小于等于 100μg/L，混合式凝汽器间接凝结水溶解氧应小于等于 200μg/L。

2. 当氢电导率大于 0.20μS/cm 时，应保证脱气氢电导率小于等于 0.20μS/cm。

表 14-3　经过凝结水精处理后凝结水的水质质量

精处理方式	氢导电率（25℃）（μg/cm）	钠（μg/L）	铁（μg/L）	铜（μg/L）	二氧化硅（μg/L）
精除盐	≤0.15	≤2	≤5	≤3	≤10
除铁过滤	≤0.20	≤5	≤10	≤3	—

注　1. 余热直流锅炉配备凝结水精除盐时，应定期查定精除盐出口氯离子浓度，保证小于等于 2μg/L。

2. 当无精除盐或除铁过滤装置时，凝结水水质应符合表 14-2 中"无精除盐"的要求。

3. 当氢电导率大于 0.20μS/cm 时，应保证脱气氢电导率小于等于 0.20μS/cm。

表 14-4　余热锅炉高、中、低压给水水质质量

给水系统	给水处理方式	氢电导率（25℃）（μS/cm）	pH值	溶解氧（μg/kg）	联氨（μg/kg）	电导率（25℃）（μS/cm）	钠（μg/kg）	铁（μg/kg）	铜（μg/kg）	氧化硅（μg/kg）	总有机碳（TOC）C（μg/kg）
无铜给水系统	AVT（O）	≤0.20	9.2～9.8	≤20	—	4.3～17.1	5	≤20	—	≤20	≤500
	OT	≤0.15	9.0～9.6	10～150	—	2.7～10.8	2	≤2	≤2	≤20	≤200
有铜给水系统	AVT（R）	≤0.20	8.8～9.3	≤10	≤30	1.7～5.4	5	≤20	≤3	≤20	≤500

注　1. 高、中、低压给水取样点应分别在高、中、低压省煤器出口处设置；当低压汽包炉水作为高、中压汽包的给水时，低压汽包炉水应采用全挥发处理，以保证高、中压给水质量符合本表要求。

2. 轴封加热器为铜合金时，加氨为二级，即凝结水出口泵加氨至 pH 值 8.8～9.1；高、中压给水泵入口加氨调节至 pH 值 9.1～9.3 无铜给水系统，未配置凝结水精处理装置的，宜控制给水 pH 值为 9.5～9.8。

3. 当除氧器是旁路设计，给水不是全部通过除氧器或除氧器旁路时，给水溶解氧标准值同凝结水。

表 14-5　炉水全挥发处理时炉水水质

汽包压力 （MPa）	pH 值 （25℃）	氢电导率 （25℃）（μS/cm）	氯离子 （mg/L）	钠离子 （mg/L）	二氧化硅 （mg/L）
＜2.5		≤15	≤1.0	1.5～2.0	—
[2.5，5.8）		≤6.0	≤0.5	0.8～1.5	≤4
[5.8，12.6）	9.2～9.8	≤3.0	≤0.2	0.3～0.7	≤0.50
[12.6，15.8）		≤1.5	≤0.06	0.1～0.4	≤0.25
[15.8，18.3）		＜1.0	≤0.03	0.05～0.35	≤0.10

注　1. 当低压汽包炉水作为高、中压汽包的给水时，低压汽包炉水不应加固体碱化剂，以保证高、中压汽包给水质量符合表 14-4 的要求。

　　2. 炉水采用全挥发处理时，应特别注意控制钠离子含量的低限，以确保炉水具有一定的缓冲性。

表 14-6　炉水固体碱化剂处理时炉水水质

汽包压力 （MPa）	pH 值 （25℃）	磷酸根 （mg/L）	氢氧化钠 （mg/L）	二氧化硅 （mg/L）	氯离子 （mg/L）	电导率 （25℃） （μS/cm）	氢电导率 （25℃） （μS/cm）
＜2.5	9.2～11.0	2.0～8.0	—	—	≤2.0	≤100	≤25
[2.5，5.8）	9.2～10.5	1.0～6.0	1.5～2.0	7.5	≤1.0	≤80	≤20
[5.8，12.6）	9.2～10.0	0.5～2.0	0.8～1.5	2.0	≤0.5	≤50	≤15
[12.6，15.8）	9.2～9.7	0.3～1.0	0.4～1.0	0.45	≤0.4	≤20	≤10
[15.8，18.3）	9.2～9.7	≤1.0	0.2～0.6	0.10	≤0.3	≤15	≤5

注　1. 当低压汽包炉水作为高、中压汽包的给水时，低压汽包炉水不应加固体碱化剂，以保证高、中压汽包给水质量符合表 14-5 的要求；机组启动和停机期间汽包炉水应采用全挥发处理，严禁采用固体碱处理。采用炉水固体碱处理的机组，停机前应提前 2h～4h 停止加固体碱，并加大炉水排污量。

　　2. 炉水仅采用氢氧化钠处理时，不检测磷酸根含量指标。

　　3. 炉水仅采用氢氧化钠处理时，应检测氢氧化钠指标，检测方法按 DL/T 805.3 执行。

　　4. 炉水二氧化硅浓度指标应保证蒸汽二氧化硅浓度符合标准。

　　5. 炉水仅采用氢氧化钠处理时，应检测氢电导率指标。

表 14-7　锅炉补给水水质质量

除盐水箱进口			除盐水箱出口	
氢电导率（25℃） （μS/cm）	二氧化硅 （μg/L）	钠 （μg/kg）	氢电导率（25℃） （μS/cm）	TOCa （μg/L）
≤0.10	≤10	≤3	≤0.40	≤200

注　必要时监测，对于供热机组，锅炉化学补给水 TOC 含量应满足给水 TOC 含量合格。

表 14-8　余热锅炉启动时高、中、低压给水水质质量

炉型	硬度 （μmol/L）	pH 值（25℃）	氢电导率（25℃） （μS/cm）	铁 （μg/L）	二氧化硅 （μg/L）
汽包炉	≈0	9.5～9.8	≤1.00	≤75	≤80
直流炉	≈0	9.5～9.8	≤0.50	≤50	≤30

注　轴封加热器等给水系统设备中有铜管时，pH 值应为 8.8～9.3。

表 14-9　余热锅炉启动时高 、中、低压汽包炉水或分离器排水水质质量

炉型	汽包压力 （MPa）	硬度 （1mol/L）	pH 值（25℃）	电导率（25℃） （μS/cm）	铁 （μg/L）	二氧化硅 （mg/L）
汽包炉	＜2.5	≈0	9.2～11.0	≤100	≤1.00	≤7.5
	［2.5～5.8）	≈0	9.2～10.5	≤80	≤300	≤5.0
	［5.8～12.6 ）	≈0	9.2～10.0	≤50	≤200	≤2.0
	≥12.6	≈0	9.2～10.0	≤30	≤200	≤2.0
直流炉		≈0	9.2～10.0	≤20	≤100	≤0.1

七、联合循环机组运行方式

（一）联合循环机组正常运行方式

燃气-蒸汽联合循环发电机组中，燃气轮机和汽轮机可以单独或组合驱动发电机，因而可以形成多种运行方式，一拖一单轴、发电机偏置布置时燃气轮机、汽轮机同时启动，汽轮机不需要单独冲转，蒸汽参数满足要求时，以补汽的方式引入汽轮机即可；一拖一单轴、发电机中置式燃气轮机启动时，汽轮机不需要同时启动，汽轮机进汽前，不再需要通入冷却蒸汽对鼓风热进行冷却。蒸汽参数满足进汽条件时，汽轮机需要单独冲转，待达到发电机同步转速时，SSS 离合器自动啮合，与燃气轮机共同作用推动发电机做功发电。汽轮机与发电机之间无 SSS 离合器时，机组的运行情况与汽轮机中置型类似；一拖一分轴，相比一拖一单轴，增加了一台发电机，但机组灵活性增强；二拖一分轴将两台燃气轮机排气所产生的蒸汽供一台汽轮机使用，一台燃气轮机排气所产生的蒸汽可让汽轮机实现大约燃气轮机一半的功率输出，因而，二拖一机组的总功率大致为燃气轮机功率的三倍，也与两套一拖一机组的总功率相当。

（二）联合循环机组交叉运行方式

以设计有两台联合循环机组的"1＋1"多轴布置方式的热电厂为例，在 1 号机和 2 号机的高压蒸汽系统及低压蒸汽系统管道上分别增设一根联通管道以及相应的电动隔离阀，即可实现由 2 号余热锅炉产生的蒸汽进入 1 号汽轮机中进行做功以及由 1 号余热锅炉产生的蒸汽进入 1 号汽轮机中进行做功两种运行方式的自由切换。

采用交叉运行方式可提高机组运行调峰的稳定性和安全性，当需要 1 号燃气轮机及 1 号汽轮机运行顶峰时，若 1 号燃气轮机出现故障或有检修工作导致无法启动时，可启动 2 号燃气轮机供 1 号汽轮机运行，大大提高了系统的容错率和灵活性。

（三）联合循环机组燃气轮机直排供热运行方式

联合循环机组燃气轮机直排供热运行方式一般是在汽轮机发生事故情况时，机组考虑汽轮机全切作为应急措施满足区域供热量，通常系统设置 100％余热锅炉蒸发量的高、中、低压汽轮机旁路系统。当汽轮机全切运行时，汽轮机全部汽门关闭。余热锅炉产生的高压过热蒸汽，经汽轮机高压旁路减温减压后送入再热器，加热生成高温再热蒸汽与中压过热汽混合后经汽轮机中压旁路减温减压后和低压蒸汽一起进入热网加热器。热网加热器疏水经过热网疏水泵升压后进入凝结水系统，送入锅炉尾部低压省煤器，进入低压汽包兼除氧器。

第四节　联合循环机组的检修维护

一、联合循环机组检修

（一）联合循环机组检修简介

与常规燃煤火电机组惯用的计划检修情况不同，联合循环机组的检修周期基本上是根据燃气轮机的检修周期来确定的。虽然燃气轮机工质的压力不是很高，但温度却非常高，对于高速旋转式机械，这种工作条件是相当恶劣的。尽管在燃烧系统和热通道部件的选材、加工工艺、涂层及冷却等诸多方面采取了许多抗高温和应力的措施，但是仍然不可避免地会发生氧化、腐蚀和裂纹，所以在此条件下工作的燃气轮机除了必须加强日常的运行维护之外，还必须按照严格的时间周期，进行定期检修和部件更换。各制造厂针对其生产的燃气轮机，都提供了一套比较复杂的检修周期计算方法。联合循环电厂的工作人员必须充分消化和吸收这些统计方法，严格地按照燃气轮机制造厂商提供的技术文件和有关的规范要求，进行检修规划和施工，确保机组的安全运行，并科学、合理地延长价值高昂的热通道部件的使用寿命，提高联合循环机组运行的经济性。

不同生产厂家的机组检修要求及相关内容也不尽相同，以下仅做参考。

（二）联合循环机组检修分类

由于燃气轮机各部分工作温度的不同，所以检修的周期也不同，通常可将燃气轮机的检修分成三种形式。

1. 燃烧室检查（也称小修）

由于燃烧室是燃气轮机中工作温度最高的设备，所以燃烧室的部件出故障的概率也就多样，燃烧室的检查是相对较短的停机解体检查。燃烧室检查的目的是消除燃烧系统中影响机组安全运行的因素。

燃烧器检查的范围包括从燃烧室头部至过渡段出口所有属于燃烧室的部件，也包含因进行燃烧室检查而可以接近的其他部件。需要检查的主要部件为燃料喷嘴、火焰筒、过渡段、联焰管及转环、火花塞组件、火焰探测器和导流套等，检查的重点在火焰筒、过渡段、燃料喷嘴和端盖。

2. 热通道检查（也称中修）

在燃气轮机各组成部分中，热通道部分的工作温度仅次于燃烧室的工作温度，是燃气轮机中将工质的热能和压力能转换成机械功的部分，并且是高速旋转件，可以说是燃气轮机的各组成部分中工作条件最恶劣的部分，尽管热通道部分的零部件采用了耐热合金钢，并采取了尽可能完善的冷却技术和抗氧化、抗腐蚀的涂层，但发生故障的概率还是较高。所以，必须定期进行检修，其检修的周期比燃烧室的检修周期长些。热通道检查的目的是检查所有暴露于热通道中的零部件。

热通道检查的范围包括从燃料喷嘴开始到透平末级动叶为止的所有零部件。热通道检查的内容包括全部的燃烧室检查，另外还要仔细检查各级透平喷嘴、护环和动叶。

3. 整机检查（也称大修）

整机检查的范围包括从压气机的进气室开始到透平排气部分为止的所有内部转动和静止部件。整机检查除了包括所有的燃烧室检查和热通道检查项目外，所有的燃气轮机中分面以上的部件都需要揭开，便于对燃气轮机进行内部检查。

（三）联合循环机组检修范围

1. 小修工作范围

（1）检查和确认燃烧室部件。

（2）检查和确认每个联焰管、支架和火焰筒。

（3）对火焰筒进行热障涂层（TBC）脱落磨损和裂纹检查，检查燃烧室和排气缸有无碎屑物。

（4）检查导流套的焊缝有无裂纹。

（5）检查过渡段有无磨损和裂纹。

（6）检查燃料喷嘴前端是否积炭和堵塞，前端孔的冲蚀和旋流器的锁定状态。

（7）检查燃料喷嘴各流体通道有无堵塞、磨损和烧毁等。

（8）检查火花塞组件能否自由活动无卡涩，检查电极和绝缘体的情况。

（9）更换所有损耗件和正常磨损及断裂的零件，如密封件、锁片、螺栓螺母和垫片等。

（10）对第1级透平喷嘴进行目视检查，对透平叶片进行内窥镜检查，记录下这些部件磨损和恶化情况，这有助于制定热通道的检修计划。

（11）对压气机进行内窥镜检查。

（12）进入燃烧外套，用内窥镜观测压气机末端的叶片情况。

（13）目测检查压气机进口和透平排气区域，检查进口可转导叶及其衬套，检查末级叶对和排气系统部件。

（14）确认清吹阀和单向阀能正常工作，确认燃烧控制系统设置和标定正确。其中，对某些可以现场修复的零部件，在现场修复后回用；对某些现场不能修复的更换新件，换下的旧件送制造厂或专门的修理厂修复后，作为下次检修时的备件，以降低检修中各品备件的费用。

2. 中修工作范围

（1）遵守动叶拆卸和状态记录的指导程序，把透平动叶拆出来，检查并记录第1～3长动叶的情况；有保护涂层的动叶要评估其剩余涂层的寿命。

（2）检查并记录第1～3级喷嘴的情况。

（3）检查并记录第2、3级喷嘴密封间隙的情况。

（4）检查所有气封有无磨损和间隙恶化的情况。

（5）记录叶顶间隙。

（6）检查动叶胫密封的间隙、磨损和状态恶化的情况。

（7）检查透平护环的间隙、裂纹、腐蚀、氧化、磨损和积垢。

（8）检查和更换损坏的轮间温度热电偶。

（9）进入压气机进气室，观察压气机前端情况。特别要注意IGV可转导叶，查看有无腐蚀和由于间隙过大而引起的衬套磨损，以及叶片有无裂纹。

（10）进入燃烧外套，用内窥镜观测压气机后几级叶片的情况。

（11）目视检查透平排气区域有无裂纹或状态恶化的情况。

3. 大修工作范围

（1）所有径向和轴向间隙（揭缸和合缸状态），并与原始值进行核对。

（2）检查气缸、支架有无裂纹和腐蚀。

（3）检查压气机进口和流道有无积垢、冲蚀、腐蚀和泄漏，检查进口可转导叶有无磨蚀、轴衬磨损和叶片裂纹。

（4）检查压气机转子和静子的叶片有无磨损、异物损伤、腐蚀麻点、弯曲和裂纹，核对叶顶间隙。

（5）检查透平护环的间隙、磨蚀、磨损、裂纹和积垢。

（6）检查透平喷嘴的密封和止口有无擦伤、磨蚀、腐蚀和热退化。

（7）取下各级透平动叶，对动片和轮盘的燕尾槽作无损检查（评估第一级动叶保护涂层的剩余寿命）。在进行热通道检查时，对没有喷涂、翻修的动叶要更换。叶轮燕尾槽的圆角、压力面、边和交叉特征必须要仔细检查磨损、裂纹和腐蚀情况。

（8）按照维修和检查手册检查转子。

（9）检查轴瓦和密封的间隙及磨损。

（10）检查进气系统有无腐蚀、开裂的消声器和松动的部件。

（四）联合循环机组检修前后试验

机组大、小修后，依据相关检修管理规定和技术监督管理规定要开展的重要试验。重要的试验项目有余热锅炉水压试验；机组启动前辅机联动和阀门传动试验；机炉电大联锁保护试验；燃气轮机、汽轮机阀门严密性试验；燃气轮机、汽轮机超速试验；机组带负荷试验等试验项目。

机组经大修、小修后应进行整组试运。通过整组试运，考验主机及主要设备运行的稳定性，对机组各项性能进行验收；对经过技术改造的设备和系统，必要时应进行专项性能试验。联合循环机组检修试验项目见表 14-10。

表 14-10　联合循环机组检修试验项目（参考）

序号	实施阶段	机组试验项目（★：必须　○：可选）	大修	中修	小修	备注
1	修前	燃气轮机组振动测试	★	★	○	
2	修前	燃气轮机组惰走时间测试	★	★	○	
3	修前	汽轮机惰走时间测试	★	★	○	
4	修前	发电机定子绕组绝缘电阻、吸收比、极化指数测试	★	★	★	
5	修前	发电机定子绕组泄漏电流和直流耐压试验	★	★	★	
6	修前	主变压器、高厂用变压器绝缘油试验	★	★	★	
7	修中	汽轮机凝汽器灌水查漏试验	★	○	○	
8	修中	汽轮机汽门关闭时间测试	★	○	○	
9	修中	汽轮机抽汽（排汽）止回门关闭时间测试	★	○	○	
10	修中	DCS、DEH、ETS 系统基本性能试验（包括冗余切换、电源切换、接地电阻、负荷率测试等试验）。电源切换包括：设备冗余电源切换、机柜冗余电源切换。其他通信部件冗余切换、控制器冗余切换	★	★	★	
11	修中	热工专用 UPS 试验：UPS 电源切换试验（UPS 电源切换时间，小于 5ms）；电源切换、状态显示、带载能力试验	★	★	★	
12	修中	机组检修阀门与重要阀门活动试验	★	★	★	
13	修中	ETS、DEH 系统主从控制器冗余切换试验	★	★	★	
14	修中	机组调速控制系统静态试验	★	★	★	
15	修中	电气一次相关试验	★	★	★	根据规定执行相应项目

续表

序号	实施阶段	机组试验项目 （★：必须　○：可选）	大修	中修	小修	备注
16	修后	IGV 活动试验	★	★	★	
17	修后	机组检修阀门与重要阀门活动试验	★	★	★	
18	修后	电气二次相关试验	★	★	★	
19	机组启动前	重要辅机保护逻辑传动试验	★	★	★	
20	机组启动前	ETS 通道试验：跳闸电磁阀动作试验，查看实际 ETS 电磁阀动作效果	★	★	★	
21	机组启动前	ETS 主保护试验：汽轮机跳闸功能试验（ETS）	★	★	★	
22	机组启动前	汽轮机低油压联锁保护试验（包括润滑油与调节油）：检查低油压联锁保护功能	★	★	★	
23	机组启动前	机组联锁保护传动试验：包括机组大联锁试验	★	★	★	
24	启动过程中	汽轮机汽门严密性试验	★	○	○	
25	启动过程中	汽轮机组超速试验	★	○	○	
26	启动过程中	汽轮机真空严密性试验	★	★	★	
27	启动过程中	汽轮机组振动监测	★	○	○	
28	启动过程中	发电机组轴电压试验	★	★	★	
29	启动过程中	燃气轮机燃烧调整试验	★	★	★	
30	启动过程中	燃气轮机超速试验	★	○	○	
31	启动过程中	燃气轮机组振动测试	★	★	○	
32	启动过程中	1 号余热锅炉高压主蒸汽电动阀活动试验	★	★	★	
33	启动过程中	膨胀节测温	★	★	★	
34	启动过程中	余热锅炉高压主蒸汽出口电动阀、低压给水调节阀、高压给水调节阀、一级减温器调节阀、高压给水电动阀活动试验	★	★	★	
35	启动过程中	发电机空载试验	★	★	★	

序号	实施阶段	机组试验项目 （★：必须　　○：可选）	大修	中修	小修	备注
36	启动过程中	发电机轴电压试验	★	★	★	
37	启动过程中	转子绕组不同转速下交流阻抗和功率损耗	★	○	○	
38	启动过程中	汽轮机超速试验：电超速、机械超速、OPC等	★	★	★	
39	启动过程中	AGC负荷跟随试验：A级检修或AGC被严重考核或与AGC相关的主要设备发生变更后	★	○	○	
40	启动过程中	一次调频试验：A级检修或一次调频被严重考核或与一次调频相关的主要设备发生变更后	★	○	○	
41	机组正常运行时	膨胀节测温	★	★	★	
42	机组正常运行时	机组检修后调节系统扰动与整定试验	★	★	★	
43	机组正常运行时	机组检修后协调控制系统负荷变动试验	★	★	★	
44	机组正常运行时	机组检修后减温阀流量及主汽温度对象特性试验	★	★	★	

二、联合循环机组停运后的保养

联合循环机组保养方法介绍：

当前按照国家电力行业标准《火力发电厂停（备）用热力设备防锈蚀导则》（DL/T 956—2017）规定，对停用时间超过一周（一季度以下）的燃气轮机、汽轮机、锅炉防锈蚀方法主要有以下几种：

（1）充氮保养法：当各汽包压力降低至一定值时，利用制氮机或氮气瓶向各汽包注入氮气，并维持一定的压力，以防空气渗入。此法会因系统不够严密，致使无法维持氮气的压力，需要经常性地补充氮气。

（2）余热烘干法：锅炉长期备用时，当锅炉压力、炉膛温度降低到较低值时，进行排水操作，利用余热将炉内湿气除去，从而达到防腐目的。

（3）热风干燥法：热风干燥法是利用未饱和湿空气吹拂被干燥的汽缸内部零部件表面，吸收其中的水分，为提高空气的吸湿能力，应先将湿空气进行加热。

（4）干风干燥法：干燥空气在管侧连续循环是降低湿度的经济有效的方法。干燥空气流经工质侧时可以带走管侧的水分，通过开关各点放气、疏排水阀门，确保干燥空气流经工质侧各处。

（5）干燥剂去湿法：将硅胶（硅胶能吸收它本身质量 25％的潮气）或干石灰把干燥剂放置在扁平的防腐蚀的盘中，放入汽包中，注意不要堵住开孔处。

（6）成膜胺保护法：机组在冷备用或大小修期间可采用成膜胺法对锅炉及给水系统进行保养，成膜胺法也可用于较长时间停炉保养。在机组运行时，从加药口向系统内加入十八胺保养剂，加药完毕后，使水汽继续在热力系统内循环一定时间，以保证整个水汽系统充分成膜，待机组停运后，汽包压力降至一定时进行热炉放水。

对于燃气轮机保养并无统一的标准和规范可供遵循，GE 等国外公司推荐参照核电站的设备的保养方法，推荐干风干燥法及充氮保养的方法。各种防锈蚀方法主要的目的为了控制金属部件的氧化、锈蚀，按照碳钢腐蚀速率与空气相对湿度的关系，制定出相关标准保养，对于各种保养方法，只是尽可能阻止设备部件氧化、锈蚀，延长设备使用寿命。

第五节　典型故障及处置

一、汽轮机典型事故处理

（一）运行中汽轮机叶片损坏或断裂异常处理原则

（1）汽缸内发出清楚的金属撞击声或汽轮机发生强烈振动，立即破坏真空紧急停机。

（2）正常运行中出现相同工况下负荷下降，轴向位移和推力瓦温度明显变化或相应轴承振动明显增大时，立即减负荷直至停机。

（3）低压缸末级叶片断裂而打破凝汽器钢管，凝结水导电度、钠离子、硬度等升高，但汽轮机无异音，振动无明显增大时，应进行如下处理：

如凝汽器水位上升，立即打闸停机，同时启动备用凝结水泵，采取排水措施。当凝汽器水位上升无法控制，立即按破坏真空紧急停机处理；同时采取排水措施，停止凝汽器循环水运行，水侧放水消压；凝结水泵保持再循环运行。关闭高中压缸、低压缸疏水阀门，监视汽缸金属温度变化，防止汽缸进冷水。

预防措施：

（1）保证汽轮机在许可的周波范围内运行。

（2）保证汽轮机主蒸汽参数正常。

（3）保证相关疏水畅通，防止水冲击。

（4）保证汽轮机正常出力，严格控制运行负荷。

（5）加强汽水品质监督，防止叶片结垢腐蚀。

（二）汽轮机真空急速下降处理原则

（1）发现真空急速下降，如汽轮机低压缸排汽温度同步上升，判断真空确实下降，应立即降低燃气轮机负荷，同时启动备用真空泵，迅速查找原因，进行相应的处理。

（2）循环水中断，应立即启动备用循环水泵、及时查找原因并处理；若循环水系统发生严重漏泄无法维持水压，视具体情况减负荷直至停机或紧急停机。

（3）如真空下降是由于轴封供汽压力不足或中断，应解除压力自动，手动增加供汽量，同时，应检查轴封加热器及轴封风机。应检查轴封加热器及轴封风机运行正常，若轴封汽由启动炉或其他外来汽源供汽时，应检查汽源情况，尽快恢复轴封供汽正常。

（4）如凝汽器水位过高影响真空，应增加凝结水流量，必要时启动备用凝结水泵，关闭凝汽器补水，并查明原因，及时恢复凝汽器水位至正常。

（5）如真空系统泄漏，应查明原因进行系统隔绝或堵漏，如真空破坏阀未关严应立即手动关严，并采取注水等方法检查阀门严密性。

（6）真空低保护不得解除，根据真空限制机组负荷。当凝汽器内绝对压力达规定值并发出报警信号，凝汽器内绝对压力达跳闸值时，低真空保护触发动作停机，否则应打闸停机。

（三）汽轮机振动大事故处理原则

（1）汽轮机启动过程中发生振动大，需查明原因，消除故障后方可继续进行。

（2）汽轮机正常运行中振动异常增大，应减小电负荷、调整热负荷，并查找原因使振动恢复正常，重新加负荷时要特别注意振动是否加大。

（3）检查润滑油压、油温及各轴瓦温度，回油温度是否正常，调整润滑油压、油温在正常范围内。

（4）注意高、中、低压主蒸汽温度及热网抽汽母管上、下壁温度变化，防止汽轮机水冲击。

（5）降低发电机无功等参数，检查振动是否正常。

（6）联系检修确认热工测量元件是否故障，及时处理。

（7）就地倾听汽轮机内部及各轴承声音，若确认有异音或金属撞击声，立即紧急停机。

（8）机组任一轴承振动大于跳闸值，汽轮机保护动作，否则手动打闸。

（9）如推力轴承或径向轴承损坏，应立即紧急停机。

（10）在汽轮机停机惰走阶段进行听音检查，并检查盘车电流和转子挠度。

（11）停机后，应连续盘车足够小时（制造厂家规定）以上，检查无问题后方可重新启动。

（四）汽轮机润滑油压异常下降处理原则

（1）发现润滑油压异常下降应迅速查明原因，当油压降至低于备泵联启值时，启动备用交流油泵；当油压降至低于规定值时，启动备用直流油泵，维持油压，油压继续下降至跳闸值时，应立即破坏真空紧急停机。

（2）因润滑油管漏油引起油压下降而又无法消除时，应立即故障停机。

（3）润滑油压下降，应密切监视各轴承温度、回油温度及回油流量情况，若推力轴承、支持轴承温度异常升高接近限额时，立即故障停机。

（4）机组启动升速过程中，若油泵故障，应停止启动。

（5）若冷油器漏泄或滤网堵塞，立即切换到备用支路，隔离故障支路，联系检修处理。

（6）处理油系统泄漏时应重点注意防火。油压下降而油箱油位不变时，应设法查找原因，但油压危及机组安全运行时，应进行紧急事故停机处理。

（五）汽轮机油系统着火处理原则

（1）汽轮机油应符合 GB/T 7596《电厂运行中矿物涡轮机油质量》的技术要求，并同时符合设备规范要求。

（2）油系统火灾时，禁止用水灭火，可以使用泡沫灭火器、CO_2 灭火器、干式灭火器灭火，地面上油着火，可用干砂灭火。

（3）因汽轮机润滑油系统漏油引起火灾，当火势严重，危及设备安全运行时，应立即破坏真空紧急停机。

（4）汽轮机油系统着火，需开事故放油阀时，放油速度应适当，以使转子静止前润滑油不中断，并应立即破坏真空紧急停机。

（5）汽轮机油系统着火时，禁止启动备用油泵，必要时应降低润滑油压以减少外泄油量，不得已时可停止油系统运行。

（6）因液压油系统漏油引起火灾，在可能情况下采取快速减负荷停机，在严重危及机组安全运行时，应立即故障停机。

（7）密封油系统着火，无法迅速扑灭危及设备安全运行时，立即破坏真空紧急停机并迅速进行排氢，主机惰走过程中应保持密封油系统运行。

（8）发电机及氢气系统着火时，如无法维持机组运行，立即破坏真空停机，并迅速进行排氢。

（9）预防措施。

1）油系统设计安装应减少法兰连接，禁止使用铸铁阀门。法兰禁止使用塑料垫、橡皮垫（含耐油橡皮垫）和石棉纸垫。油管道应可靠固定，防止振动磨损泄漏。靠近油管道的高温管道设备保温应完好，表面温度不大于50℃并有金属外层保护。

2）加强运行巡检，发现轻微泄漏亦应及时消除并采取措施，防止漏油至高温管道设备引起火灾。

3）油系统的事故放油阀应有明显的标志，其位置应操作方便且又不易被火包围，正常运行中应加铅封以防误操作。

4）不允许在未彻底清理的油系统上使用明火。

5）不允许用水扑灭油系统着火。现场消防设施完备、充足，运行人员应熟知一般消防器材的使用方法及灭火方法，定期进行防火、灭火的反事故演习。

6）机组油系统的设备及管道损坏发生漏油，凡不能与系统隔绝处理的或热力管道已渗入油的，应立即停机处理。

二、锅炉典型事故处理

（一）余热锅炉汽包水位高或满水事故处理原则

（1）当高压、中压、低压汽包水位高至报警水位，DCS 发出水位高报警时并证实水位确实高时，检查事故放水阀自动开启且就地确认，同时可立即开启汽包定排电动阀参与放水，检查汽包水位下降趋缓。

（2）判明水位高的产生的原因，若是高压、中压、低压给水调节阀自动调节故障，应立即将给水自动调节阀置手动，并减少给水流量。

（3）高压给水泵勺管差压调节过调造成流量突升，可手动降低勺管开度，与给水调节阀配合，一起控制高压给水流量，使高压汽包水位趋于稳定。

（4）若是汽轮机骤增负荷引起，则应稳定负荷。

（5）若水位高而保护拒动，二拖一运行时应立即手动紧急停运相应余热锅炉和燃气轮机，检查相应主、再热，冷再和低压补汽电动阀超弛关闭，否则立即手动关闭，辅汽切至正常运行机组带运行。一拖一运行时联跳汽轮机，否则紧急停运汽轮机，打开汽轮机主蒸汽管道上的疏水阀，保持汽包定排电动阀开启，并严密监视汽包水位。若水位在水位计重新显示时，应适当关小或关闭汽包定排电动阀，保持正常水位。

（6）待事故原因已查明并消除后，重新恢复余热锅炉正常运行。

（二）余热锅炉汽包缺水事故处理原则

（1）高压、中压、低压汽包缺水，当水位低至报警水位时发出水位低报警信号，此时运行人员应判明水位低的原因并进行处理。

（2）若高压、中压、低压给水调节阀自动调节失灵引起，可将给水自动调节改为手动控制，适当增加给水量。

（3）运行给水泵跳闸，查备用给泵自启。如果自启不成功，可立即强合一次。若抢合备用泵失败，确证非就地紧急停泵则可再抢合原运行泵一次。启动仍不成功，则故障停炉和相应燃气轮机。

（4）高压系统检查高压给水泵勺管差压调节情况，及时调整压差设定，提高给水压力；低压系统运行凝结水泵跳闸，查备用给泵自启。如果自启不成功，可立即强合一次。若抢合备用泵失败，确证非就地紧急停泵则可再抢合原运行泵一次。启动仍不成功，则故障停运联合循环机组。

（5）因受热面或排污阀门泄漏引起，视情况作相应处理，无法维持时余热锅炉故障停炉。

（6）安全门动作后不回座，汽包水位无法维持则余热锅炉故障停炉。

（7）经上述处理无效，水位下降至低低水位延时余热锅炉保护动作，对应燃气轮机跳闸。一拖一运行时，联跳汽轮机。如保护拒动，则应手动停炉。

（8）锅炉严重缺水时禁止上水，再次上水时间由分管生产副总经理或总工程师批准。恢复上水时应缓慢进行。

（三）锅炉汽包水位计故障处理原则

（1）汽包锅炉应至少配置 2 只彼此独立的就地汽包水位计和 3 只远传汽包水位计。水位计的配置应采用 2 种以上工作原理共存的配置方式。

（2）当一套水位测量装置因故障退出运行时，一般应在 8h 内恢复。若不能完成，应制定措施，经主管领导批准，允许延长工期，但最多不能超过 24h，并报上级主管部门备案。

（3）锅炉汽包水位高、低保护应采用独立测量的三取二的逻辑判断方式。当有一点因某种原因需退出运行时：应自动转为二取一的逻辑判断方式，办理审批手续，限期（不宜超过 8h）恢复；当有两点因某种原因需退出运行时，应自动转为一取一的逻辑判断方式，应制定必要的安全运行措施，严格执行审批手续，限期（8h 以内）恢复，如逾期不能恢复，应立即停止锅炉运行。

（4）当在运行中无法判断汽包真实水位时，应紧急停炉。

（四）汽水共腾事故处理原则

（1）适当降低余热锅炉蒸发量，并保持稳定。

（2）全开连续排污门，必要时，开启事故放水门或其他排污门；停止加药。

（3）维持汽包水位略低于正常水位；开启过热器和蒸汽管道疏水门，并开启汽轮机有关疏水门。

（4）通知化学值班人员加强取样化验，采取措施提高炉水质量。

（5）在炉水质量未提高前，不允许增加余热锅炉负荷。

（6）故障消除后，应冲洗汽包水位计。

（五）炉内水击事故处理原则

（1）在送汽时管道发生水击声，应立即关闭阀门停止供汽，进行管道疏水，然后再缓慢开启阀门送汽。

（2）若因水平管道的支架松动引起管道振动，应立即将支架和管卡加固。

（3）如省煤器内水沸腾，则应调节省煤器出口水温低于对应饱和温度或适当降低燃气轮机的排烟温度。

（六）安全门故障事故处理原则

1. 安全门不起座的处理

（1）检查过热器出口泄压电磁阀和汽轮机旁路自动开启，否则手动开启降压，如有必要可立即开启向空排汽门，同时降低燃气轮机负荷，并立即通知检修迅速处理。

（2）若压力快速上升无法控制时，应立即停炉。

2. 安全门起座后不回座的处理

（1）降低燃气轮机负荷，降低汽压使安全门回座。

（2）通知检修人员到现场检查处理。

（3）若汽压降至安全门动作值，而安全门仍不回座，请求停炉处理。

（4）在处理过程中，应注意调节汽包水位、汽温，监视汽包上下壁温差。

（七）过热器或再热器泄漏事故处理原则

（1）过热器、蒸发器管损坏严重时，应及时停炉，以免破口处大量蒸汽喷出吹坏附近管子，造成事故扩大，停炉后应保持汽包水位正常。

（2）如果过热器、蒸发器泄漏不严重时，允许短时间维持正常运行，应注意观察损坏情况及发展趋势，并提出申请停炉检修，以免扩大事故。

（3）省煤器、蒸发器泄漏事故处理原则。

（4）省煤器或蒸发器轻微泄漏能维持正常水位时，可降压减负荷运行，注意性能加热器运行情况，并申请停炉。

（5）省煤器或蒸发器损坏严重不能维持正常水位时，应紧急停炉，并保持烟囱挡板处于开启位置。

（6）停炉后继续加强上水，若水位不能回升，应立即停止上水。

（八）主、再热蒸汽超温事故处理原则

（1）机组在加减负荷时，应严密监视主再热蒸汽的温度变化情况，发现温度上升趋势较快时应立即作相应处理，尽量提前做好手动调节准备工作，减温水提前介入，并控制主汽压力，注意减温器后温度应高于对应压力下的饱和温度且有一定的过热度。

（2）若是主、再热蒸汽喷水减温调节阀自动调节故障引起，应立即切至手动调节。

（3）因减温水压力低或不足引起，则检查高压给水勺管差压调节情况并适当提高给定值。

（4）在加减负荷过程中应力求平稳，必要时停止加减负荷，防止继续恶化。

（5）余热锅炉严重缺水引起主再热蒸汽温度高，则按相应条款处理，无效时紧急停炉。

（6）经上述处理无效，主再热蒸汽温度继续上升，直至燃气轮机甩负荷至全速空载，应注意燃气轮机转速飞升情况。一拖一时联跳汽轮机，注意防止超压。

（九）主再热蒸汽温度突降事故处理原则

当发生燃气轮机突减负荷等原因导致主再热蒸汽温度突降时，按以下规定处理：

（1）主再热蒸汽温度突降时，稍开主再热蒸汽母管至本体疏水扩容器疏水。

（2）主蒸汽温度应确保足够的过热度，过热度低时应适当降低主汽压。

（3）发生性能加热器故障导致的燃气轮机快速减负荷时，注意主再热蒸汽减温水的控制，在燃气轮机排烟温度较高阶段，加大减温水量，尽量使主再热蒸汽温度预先降低一些，以减少平均温降率。

（4）发生主再热蒸汽温度突降时，密切关注高中压应力，经常检查汽轮机振动、胀差和汽缸膨胀情况，若发生应力超限且振动呈增大趋势，主、再热汽温规定时间内降低到规定值，情况严重时紧急手动停运汽轮机，若振动达报警值以上，采取破坏真空紧急停机措施。

（5）主、再蒸汽温度下降速度达到手动打闸值时，需要手动打闸。

三、电气典型事故处理

（一）电气系统故障处理原则

（1）电气系统发生故障时，各值班人员应坚守本职岗位，根据故障现象尽快查明故障范围和原因、正确处理故障和向上一级值班员汇报。当故障危及人身或设备安全时，值班人员应迅速果断解除人身设备危险，事后立即向上级值班人员汇报。

（2）故障发生后，所有值班员应在值长的统一指挥下遵循"保证人身和设备安全，缩小事故范围和损失"的原则，迅速隔离、正确处理故障。

（3）值长应及时将故障情况通知各值班员，使全厂各岗位做好事故预想，并判明事故性质和设备情况以决定电气系统是否可以再恢复运行。

（4）当故障危及厂用电时，应在保证人身和设备安全的基础上隔离故障点，尽力设法保住厂用电。

（5）设法调整厂用电系统的运行方式，使厂用电尤其是保安段电源、直流及不停电电源系统供电不中断。

（6）凡涉及对送出线路运行有严重影响的操作均应得到调度员的命令或许可。除非是将直接对人身安全有威胁的设备停电，可自行处理，同时向调度作简要报告，事后再作详细汇报。

（7）在故障处理过程中，值班员有权拒绝执行危及人身或设备安全的指令，同时应向上级值班员或领导说明不执行该指令的原因和一旦执行可能造成的危害。

（8）值班员外出检查和寻找故障点时，控制室值班员在未与其取得联系之前，无论情况如何紧急，不应将被检查的设备强行恢复送电。

（9）非当值人员到达故障现场时，未经当值值长同意，不得私自进行操作或处理，当发现确实危及人身或设备安全状况时，可采取紧急处理措施，事后应立即报告当值值长。

（10）在事故原因未确认以前，不得复归继电保护及自动装置的报警信号，只有得到值长的同意后，才可复归，对复归的报警信号应作明确、完整、全面和详细记录。严禁值班人员盲目切除联锁保护或消除第一动作声光信号。

（11）在交接班期间发生故障时，应停止交接班，由交班值班员进行处理，接班值班员可根据交班值班员的要求或征得交班值班员同意后协助处理，事故处理告一段落后再进行交接班。

（12）在故障处理完毕后，值班员应及时将设备的运行方式、有关参数、画面及事故现象和处理过程如实地做好记录，以备故障分析。事后按照"四不放过"的原则认真分析讨论、总结经验。

（13）当发生本规程未涉及的特殊故障时，值班员应根据运行知识和经验在保证人身和设备安全的原则下进行正确处理，处理完毕后，做好记录，并汇报上级。

（二）机组厂用电中断事故处理原则

（1）确认机组跳闸，燃气轮机熄火，发电机已解列，机组转速下降。

（2）确认直流润滑油泵、密封油泵自启动，若未自启动，应立即手动启动，并确认润滑油压、密封油压正常。

（3）确认保安电源及所供设备运行正常。若不正常，立即手动启动柴油发电机并确认相关保安段设备可正常启动。

（4）严密监视润滑油温、轴承油温度、轴瓦金属温度在允许范围内。

（5）并将全部停运的交流电动机开关切至停止位置。

（6）确认燃料供应系统阀门位置无异常，可通过手动阀门进行系统隔离，若异常则应及时恢复至正常状态。

（7）确认汽轮机高、中、低压主汽门，高、中、低压调节阀关闭，供热机组确认汽轮机抽汽调节阀和止回门关闭。

（8）应严密监视凝汽器水位的变化；若凝汽器水位升高至无法监视，应立即破坏凝汽器真空，开启放水门放水至正常水位。

（9）当厂用电中断且无法维持密封油压时，应立即进行发电机排氢置换工作，防止氢气外泄而发爆炸。

（10）当厂用电中断无法投入盘车时，应采取闷缸措施，监视上下缸温差、转子弯曲度的变化，待厂用电恢复后及时投入连续盘车。

（11）厂用电中断后，根据情况除必需操作的项目外，一般维持设备原状。尽快查清厂用电中断的原因，在故障消除后，立即恢复厂用电系统。

（12）厂用电恢复后，辅机的启动程序按机组系统顺序恢复。

（三）发电机失磁处理原则

（1）如果保护动作跳机，则按跳机处理。

（2）如果调节器故障，检查是否切换至正常，调节励磁。

（3）在一定时间内，如失磁继电器拒动，应将发电机解列停机。

（4）停机后尽快查明失磁原因，排除后尽快并入电网。

（四）发电机振荡、失步

（1）若振荡是由系统引起，尽可能增加励磁，并汇报值长联系调度，消除振荡。

（2）若振荡系本台机组功率过高引起，则应立即增加励磁降低有功负荷；若励磁方式为"自动"，则应减少该机的有功负荷，使发电机拉入同步，若调整仍无效，则与值长联系后，解列停机。

（3）在发电机振荡期间，电压降低可能会引起强励动作，若强励动作，10s内不应干涉；若仍不能恢复正常，立即降低有功负荷，使发电机定子电流不超过允许值。

（4）若失步直接动作跳机，则按跳机处理。

（五）母线事故处理原则

母线故障的迹象是母线保护动作开关跳闸，并出现由于故障引起的声、光、信号等。当母线发生故障停电后，现场值班运行人员应立即报告上级调度值班调度员，同时对停电母线进行外部检查，并把检查结果报告上级调度值班调度员（如母线故障系对侧跳闸切除故障，现场值班运行人员应自行拉开故障母线全部电源开关），并按下列原则进行处理：

（1）找到故障点并能迅速隔离的，在隔离故障后对停电母线恢复送电。

（2）找到故障点但不能很快隔离的，若系双母线中的一组母线故障时，应迅速对故障母线上的各元件检查，确无故障后，冷倒至运行母线并恢复送电，要防止非同期合闸。

（3）经外部检查找不到故障点时，应用外来电源对故障母线进行试送电。有条件时对母线进行零起升压。

（4）如只能用本厂电源送电时，试送时试送开关应完好，并将该开关有关保护时间定值改小，具有速断保护后进行试送。

（5）双母线中的一组母线故障，用发电机对故障母线进行零起升压时，或用外来电源对故障母线试送时，应停用母差保护。如母差要继续投用，应做好相应的安全措施。

（六）线路跳闸事故处理原则

（1）检查重合闸装置是否动作，如重合闸成功可恢复光字信号。并对回路检查，汇报值长。

（2）如重合闸未动或不成功，值长应立即汇报上级调度值班调度员，由上级调度值班调度员决定是否强送。

（3）线路跳闸后（包括重合不成功），值班人员应按有关规定立即将跳闸线路名称、保护动作情况、设备受损情况等汇报值长，同时应监视其他运行线路的潮流，不应超过规定限额，如超过规定限额应及时降低有关机组的出力使线路潮流在规定限额内。

（4）联络线路跳闸，强送一般选择在大电网侧或采用鉴定无电压重合闸的一端。如要强送应有上级调度的命令，同时强送电的开关设备要完好，并具有全线快速动作的继电保护，对大电流接地系统，强送端变压器的中性点应接地。

（5）充电线路跳闸后，应立即报告上级调度值班调度员，听候处理。

（6）值班人员记录开关实际切除故障的次数，若已到达规定数，值班人员应向调度汇报并提出要求。

（七）系统振荡事故处理原则

（1）根据表计摆动方向，判明机组失步，还是系统失步，并汇报调度。

（2）如各机组间表计摆动方向一致，说明本厂与系统失步否则为厂内机组失步，此时应判明哪台机组失步，并进行处理，增加失步机组无功，降低有功。

（3）立即将无功升至最高允许值。

（4）如振荡期间周波升高，则降低有功使周波恢复正常，或电网并列所需值，如周波降低应增加发电机有功。

（5）除失去同步的机组及保厂用电外，不能擅自将发电机解列，或停用自动调节励磁装置及强励装置，应按调度命令执行。

（6）如采取上述措施振荡不能消失，联系调度断开本厂与系统联络线路中摆动幅度最大的线路开关，在值长统一指挥下进行处理，以确保厂用电安全。

（八）变压器事故跳闸处理原则

（1）继电保护动作将变压器开关切除，在没有查明原因消除故障之前不得将变压器恢复送电。

（2）厂用变压器跳闸，厂用母线失压，应迅速查明备用电源投入的情况。当确认备用电源自动投入装置未动作时，检查无保护动作后，应手动强合备用电源开关一次。若备用电源自投后开关跳开，且有保护动作掉牌信号，不允许强送。

（3）由人员误碰或误拉引起开关跳闸变压器失电的，应立即恢复送电。

（4）由保护装置误动引起变压器失电的，应将误动保护暂时停用或排除保护故障后，尽快恢复送电。

四、辅机设备典型事故处理

（一）辅机设备事故处理一般原则

（1）发现辅机故障跳闸后应立即检查备用辅机是否已自投，若未自投应立即手动投上，仍不成功，视紧急程度及跳闸原因，原则上可强合跳闸辅机一次。

（2）若检查发现辅机运行异常，如有异声，振动大、轴承温度高、出力不足、润滑油漏等情况，应立即汇报值长，联系切换备用辅机并通知检修进行处理。

（3）辅助系统设备跳闸后，应立即检查电气及热工保护动作情况。

（4）辅助系统设备跳闸后应到就地检查设备，确认无异常后方可再次启动。

（5）出现下列情况，禁止启动：

1）跳闸原因未查明。

2）设备故障未消除。

3）开关跳跃等原因导致设备频繁启停。

（二）辅机设备紧急停运条件

（1）发生危及人身或设备安全情况时。

（2）转动设备及电机发生剧烈振动或听到设备内部有清楚的金属摩擦声时。

（3）辅承温度急剧上升超过规定值时或滑动轴承温度超过限值、滚动轴承超过限值时。

（4）轴承润滑油管、冷却水管破裂或泄漏严重无法维持运行时。

（5）设备及附近发生火灾，不能继续运行时。

（6）电动机进水及有被水淹的危险。

注：润滑油泵、控制油泵、开闭式泵等设备参照以上原则处理。

（三）循环水中断事故处理原则

（1）立即减负荷，汇报值长，减负荷过程中，注意控制主、再热汽温，经检查确认循环水中断确实不能立即恢复运行，应立即手动紧急停运整套联合循环机组，手掀控制盘上紧急开启真空破坏阀按钮，检查真空泵全停，并闭锁启动，真空破坏阀全开，凝汽器真空下降。当凝汽器真空到零时停止轴封供汽。破坏真空过程维持凝结水运行。

（2）及时切除并关闭旁路系统，关闭主、再热蒸汽管道至凝汽器的疏水；及时关闭循环水进、出水阀；注意闭式水各用户的温度变化。加强对燃气轮机、汽轮机润滑油温、轴承金属温度、轴承回油温度的监视，加强对高中压给水泵、凝结水泵等重要冷却水用户的监视，温度超出限值，及时停运。

（3）检查低压缸安全膜应未吹损，否则应通知检修及时更换。

（4）尽快查明循环水中断原因，予以消除，对于运行无法处理的问题，做好隔离措施通知检修处理。

（5）若循环水故障已消除，不可盲目向凝汽器通水，还需待排汽温度降至安全值以下才可恢复。

（四）凝结水中断事故处理原则

（1）运行凝结水泵跳闸，备用凝结水泵未联启造成凝结水中断，应立即手动抢启备泵一次。

（2）若因热井水位低导致两台凝结水泵跳闸，应立即检查凝结水系统是否有泄漏，及时补水。

（3）凝结水系统大量泄漏，应设法隔离泄漏点，并降低负荷，加大热井补水量，联系检修处理。无法隔离时，申请停机处理。

（4）若凝结水泵出口阀门开启或关闭故障，应立即派人至就地手动操作；若凝结水泵短时不能恢复运行，应立即降低负荷，同时降低高中压汽包水位，减缓低压汽包水位下降速率，尽量维持低压汽包水位在低限值以上，防止高中压给水泵跳闸，同时开启低压省煤器电动放气阀，防止省煤器剧烈汽化，待凝结水泵满足启动条件后，立即启动凝结水泵。

（5）确认凝结水长时间不能恢复运行，向值长汇报，联合循环机组执行故障停机。

（6）故障停机过程中，调整高、中汽包水位低限运行，低压汽包水位到达低限时，及时停运高、中压给水泵；密切关注凝汽器真空、水位，低压汽包水位，汽轮机振动，凝汽器排汽温度等，任一参数到达报警值并且还在快速变化，联合循环机组执行紧急停机并破坏真空操作。

（7）故障停机过程中加强对轴封加热器及轴封加热器风机运行参数的监视，防止轴封加热器冷却水中断，对轴封加热器及轴封加热器风机造成影响。

（8）凝结水中断后若凝汽器水位过高影响真空泵安全运行，应停止真空泵运行。

（9）真空破坏后等真空到 0 后，及时隔离轴封汽系统，停运轴封加热器风机。

（10）尽快查明凝结水中断原因，予以消除，对于运行无法处理的问题，做好隔离措施通知检修处理。

（五）仪用压缩空气中断事故处理原则

（1）运行空压机跳闸，检查备用空压机应联启，否则立即手动启动备用空压机，若所有备用空压机无法启动，立即试启动一次跳闸空压机，调整仪用压缩空气系统运行正常。

（2）如果是由于运行空压机无法正常减压导致仪用压缩空气中断，则应启动备用空压机并联系检修对故障空压机进行处理；检查确认仪用压缩空气中断，所有空压机全部故障，且在短时间无法恢复时，申请机组故障停机。

（3）停机过程中，严密监视仪用压缩空气母管的压力，如果无法正常保证各重要气动门的正常操作，则执行联合循环机组紧急停机并破坏真空操作。

（4）停机过程中，在轴封蒸汽调节阀失控全开时，及时安排人员手动调节，确保停机安全。

（5）尽快查明仪用压缩空气中断原因，予以消除，对于运行无法处理的问题，做好隔离措施通知检修处理。

（6）仪用压缩空气系统故障消除，及时恢复仪用压缩空气系统的正常运行。

（六）闭式水中断事故处理原则

（1）检查确认闭式水中断不能立即恢复运行，汇报值长，联合循环机组执行破坏真空紧急停机。

（2）停机过程中，密切关注运行机组润滑油油温、轴承金属温度变化；停机过程中，严密监视高、中压给水泵，凝结水泵等泵轴承金属温度、线圈温度，任一参数达报警值并且还在快速变化，及时停运。

（3）尽快查明闭式水中断原因，予以消除，对于运行无法处理的问题，做好隔离措施通知检修处理。

（4）闭式水系统故障消除，根据命令及时恢复闭式水泵的正常运行。

五、综合性典型事故处理

（一）机组甩负荷处理原则

（1）燃气轮机发电机保护动作后（差动和95％定子接地保护除外），确认出口开关和灭磁开关跳开，同时严密监视燃气轮机转速变化。若转速飞升超过110％额定转速，确认超速保护动作跳闸；如保护不动，应立即手动紧急停机。

（2）关注燃气轮机本体的振动、轴向位移、排气温度、排气分散度正常。

（3）确认汽轮机跳闸，汽轮机发电机跳闸，汽轮机发电机出口断路器、灭磁开关联跳，汽轮机转速开始下降；汽轮机惰走过程中监视各轴承金属瓦温、轴承振动、润滑油母管温度、润滑油回油温度。

（4）确认汽轮机侧防进水保护动作，各气动疏水阀开启正常。

（5）关注锅炉侧减温水调节阀调节，若未关闭，手动关闭，防止汽温下降过快。

（6）关注高低压蒸汽压力，若蒸汽压力超过规定值，手动开启旁路调节阀控制压力。

（7）检查甩负荷原因，查看燃气轮机发电机保护屏具体保护动作情况，查看升压站、机组的故障录波器，并通知电气、继保专业进行检查，同时检查燃气轮机发电机的一次设备（发电机本体、出线及励磁系统等）有无异声、异味及异常现象，在继保专业确认故障之前，运行人员不得擅自复归保护。

（8）若检查结果系保护误动，经继保专业定值修改或强制后，燃气轮机可继续并网带负荷，机组正常热态启动；若检查结果确定为发电机本体或励磁系统故障，手动停运燃气轮机，手动停运燃气轮机后的操作参见第四章正常停机。

（二）TCS、DCS 控制系统故障

（1）迅速查看报警信息栏，确定故障类型。

（2）运行中发现控制计算机断电、死机，应汇报值长、联系热工处理。

（3）发生故障时，不应完全依赖微机的自动控制，必要时应手动抢合、抢拉有关设备。

（4）若为 DCS 环网故障，应立即停机，手拍紧急停机按钮外，还应到就地，根据就地汽包水位、凝汽器水位等情况，决定是否停泵，避免缺水或满水造成设备损坏。

（5）若为 DCS 部分卡件故障，则应视故障情况及时调整运行方式，或切换备用设备。

（6）若 DCS 故障不能及时消除，并影响设备正常运行时，应申请故障停机。

（7）严密监视燃料、油压、水位、蒸汽温度、压力，达到限值时紧急停机。

（8）启动过程中发现控制计算机断电、死机，应打闸停机，联系热工专业处理。

（9）操作员站计算机死机时，经值长同意后可强行重新启动计算机；在死机期间，可使用其他的操作员计算机进行操作、监视。

（10）操作员站计算机全部死机且短时无法恢复时，应汇报值长进行紧急停机处理。

（三）火灾

（1）运行人员管辖范围内发生火灾时，值班人员须做到：

1）不得擅离岗位；

2）加强机组运行维护，按规定处理事故；

3）迅速执行上级岗位的正确命令。

（2）发生火警时，应立即赶到现场，进行灭火处理，并迅速报警，汇报公司领导。检查有关消防系统自动投入正常，若不能正常投入或无自动灭火装置，则应使用有关消防器材进行灭火，假如着火地点有带电设备或电缆时，必须先切断电源。

（3）尽量隔离着火区域并保证机组安全运行。当火灾严重威胁机组及人身安全时，应紧急停机；当燃气轮机或汽轮发电机组主油箱或其附近着火，严重威胁油箱安全时应紧急停机，同时应将主油箱中的油放至事故油坑，控制放油速度，维持堕走用油，防止轴承损坏。

（4）一般电气设备（如电动机、电缆、配电装置）发生火灾时，首先应切断电源，然后使用相应的灭火器灭火，电气设备附近发生火灾威胁设备安全运行时，也应停止有关设备运行并切断电源。

（5）主变压器、厂用变压器发生火灾，应紧急停机，确认电源切断后，采取相应的措施进行灭火。

（6）发电机着火，应立即紧急停机，设法堵住发电机进风道及风口，避免着火时进风助燃，同时采取相应措施灭火。

（7）燃气轮机负荷齿轮间、透平间着火时，正常情况下二氧化碳灭火保护自动动作，燃气轮机跳闸，当二氧化碳灭火保护失灵时应立即启动对应隔间的手报，人为地使灭火系统动作。当二氧化碳灭火系统动作后，人员不得进入隔舱内。

（8）天然气系统着火，应判明着火部位，隔离有关设备，迅速报警并向有关领导汇报，火势蔓延且不能很快扑灭时，应紧急停机。

（四）蒸汽管道及其他管道发生故障

（1）高低蒸汽、给水、凝结水、抽汽管道（或法兰、阀门）破裂而不能隔离时的处理：

1）一般按故障停机处理，但在严重威胁人身或设备安全时，应作紧急停机处理。

2）在停机的同时，尽快隔离发生故障部分的管路，必要时开启机房的窗户排汽，管子爆破时，切勿乱跑，以防被汽、水烫伤，吹伤。

（2）蒸汽管道或其他管子破裂可以隔离并维持机组运行时，应立即进行隔离，及时调整机组的运行方式，同时联系检修处理。

（3）蒸汽管道及其他管子破裂，虽然不能隔离，但并不威胁机组运行及人身安全，应及时汇报值长，由值长决定处理方案。

（4）蒸汽管道发生水击，应进行疏水检查并查明原因，设法消除。

（5）蒸汽及给水、凝结水管路发生较大振动时，应检查支架及蒸汽管的疏水情况，如威胁有关设备时，应联系减负荷或做必要的隔离工作。若高、低压蒸汽管道振动，应注意高、低压蒸汽温度变化，严防汽轮机水击。

（6）若有高压介质倒入低压管路，应先将高压侧隔绝，以防低压管子炸裂。

（7）管道故障的隔离原则。

1）尽量不停运设备。

2）隔离时应先关介质来侧阀门，后关介质送出侧阀门。

3）先隔离近事故点阀门，如因汽、水弥漫而无法接近事故点，可扩大隔离范围，待允许后再缩小隔离范围。

第十五章 技术展望

第一节 燃气轮机国产化现状与愿景

一、概述

燃气轮机是一种以空气为介质，内部连续回转燃烧、依靠高温燃气推动透平机械连续做功的大功率、高性能热机。燃气轮机由三大部件：压气机、燃烧室、透平组成，作为装备制造业的"皇冠上的明珠"，对能源安全和工业发展等方面具有重大的推动作用。

当前国际燃气轮机市场被 GE 公司、西门子、三菱重工等公司占据。自主研发产品的缺失导致我国燃气轮机长期受制于人，随着燃气轮机技术的不断突破，燃气轮机市场目前稳步增长。当前我国燃气轮机的研发和生产还远远不能满足市场需求，并且产品附加值较低，缺少高端燃气轮机产品，国产化替代仍是未来燃气轮机国内市场的主要方向。

我国重型燃气轮机产业建立于 20 世纪 50 年代，与发达国家相比起步并不晚，但是六十多年来行业的发展基本呈马鞍形，目前与发达国家差距很大。在早期阶段（1950—1970），我国在消化吸收苏联技术的基础上自主设计、试验和制造燃气轮机，开发出 200～25 000kW 多种型号的燃气轮机，包括车载燃气轮机、机车燃气轮机和重型燃气轮机等，培养了我国第 1 代燃气轮机核心技术自主研究开发、试验研究、产品制造和工程服务技术队伍，全行业技术水平进步很快；在中期阶段（1980—2000），由于全国油气供应严重短缺，国家不允许使用燃油/燃气发电，重型燃气轮机失去市场需求，全行业进入低潮，全国除保留南京汽轮机厂一家重型燃气轮机制造厂外，其他制造企业全部退出，人员和技术流失，大学燃气轮机专业改行，人才培养和国家研发投入基本停止，与国际水平差距迅速拉大。近期阶段从 2002 年开始，随着西气东输和进口液化天然气（LNG）的增加，我国启动了重型燃气轮机国内市场需求，通过引进了国外先进的 F/E 级重型燃气轮机制造技术，并成功实现了国产化制造。按照我国国民经济发展前景，在未来长时期内我国发电总装机还需要大幅度增加，同时我国电力工业面临的资源、环境压力与日俱增。减少煤炭消耗，增加绿色、可再生、低碳发电的比例，最终达到大幅度减少二氧化碳和污染排放，构建可持续发展的能源电力系统，已经成为全民的共识。在这个历史进程中，重型燃气轮机在我国迎来了前所未有的发展机遇。

燃气轮机素来被称为动力机械领域"皇冠上的明珠"，可见其技术难度。进入 21 世纪以来，我国非常重视燃气轮机的国产化。国家发展改革委于 2001 年发布了《燃气轮机产业发展和技术引进工作实施意见》，决定以市场换技术的方式，与国际先进燃气轮机制造厂家合作，引进一大批先进的燃气轮机项目，并在国内进行合作，学习提高国产燃气轮机的设计和制造能力。在 21 世纪初，以"打捆招标"的方式，重点引进了美国 GE 公司、日本三菱公司以及德国西门子公司的 E 级和 F 级燃气轮机 60 余套总计 2000 万 kW 装机量。国内配套的合作厂家与这些国际燃气轮机公司组成联合体，其中 GE 公司与哈汽、南汽合作，西门子公司与上汽合作，三菱公司与东汽合作。

二、上海电气

上海电气从 2001 年开始与西门子公司在燃气轮机领域展开合作，但合作并不一帆风顺。2004 年，西门子公司和上海电气公司合资成立上海西门子燃气轮机部件有限公司。上海电气实际上是希望通过合资公司来完成西门子燃气轮机技术的转让，吸收，消化以及国产化。然而合作过程中，燃气轮机的核心零部件依然需要西门子直接提供，而非交给上海电气进行国内制造，因此燃气轮机的核心技术被牢牢封锁在西门子手中，原本计划的技术的吸收过程也就并不能如愿。2013 年，上海电气公司与西门子公司终止了十几年的合作关系，2014 年，上海电气公司在与西门子分道扬镳后，又斥巨资收购意大利安萨尔多能源公司 40% 的股权，并寄希望凭借此次收购动作，加速推进其燃气轮机制造领域的国产化进程。

安萨尔多原本是与西门子合作的燃气轮机组装商以及西门子 E、F 级燃气轮机的部分零件供应商，同时还获得了一部分西门子的专利使用权。后来收购了法国阿尔斯通 GT26、GT36 重型燃气轮机的专利和业务，具备了一定程度的技术积累。安萨尔多自 2005 年与西门子正式结束燃气轮机技术研发合作后，不断改进原先与西门子合作的 E、F 以及小 F 级燃气轮机，并拥有了完整的知识产权和专利。欧债危机爆发后，安萨尔多的母公司因经营不善资金困难，并将安萨尔多挂牌出售寻找买家，上海电气趁此机会一举买下了安萨尔多 40% 的股份。2014 年 11 月 6 日，上海电气和安萨尔多合资成立了上海安萨尔多燃气轮机科技有限公司，上海电气控股 64%，与江苏永瀚叶片厂合作，开展燃气轮机叶片制造和加工业务。上海电气与安萨尔多合作后与西门子解除了燃气轮机制造的合作关系，但上海电气同时具备安萨尔多和西门子燃气轮机组装和试验能力。该公司经营范围包括生产重型燃气轮机热气通道部件（包括燃烧室、燃烧器、隔热瓦、透平静叶和动叶等）等。

上海电气目前已经获得 AE94.3A、AE94.2KS、AE64.3A 技术并转化完成。按宣传口径，其自主创新示范项目，国产化率大于 95%，自主可控。最新的 GT-36S5 型（H 级）燃气轮机上海电气已经获得了全套图纸，后续也有望进一步将其转化为国产产品，实现中国第一台全国产 H 级燃气轮机。

三、东方电气

2004 年，日本三菱重工与东方电气合资建立三菱重工东方燃气轮机（广州）有限公司，其中三菱持股 51%，东方电气持股 49%。根据其官网披露的信息，公司产品线集中在 M701F 型燃气轮机热通道部件部分，包括燃烧器和透平等。以东方电气首台 M701F4 国产化机组为例，国产化范围为燃气轮机缸体、轴系和压气机叶片等，但燃烧器、透平等关键部件为日本三菱生产。

2009 年，东方电气在国家、四川省、德阳市各级政府的大力支持下，率先在国内开展具有完全自主知识产权的 F 级 50MW 重型燃气轮机的研制，旨在全力突破技术壁垒，带动燃气轮机上下游产业链协同发展，填补我国燃气轮机产业体系空白。2022 年，历时 13 年自主研发，东方电气自主研发国内首台 F 级 50MW 重型燃气轮机首台机组完成设备制造，标志着我国在重型燃气轮机领域完成了从"0"到"1"的科技突破。2023 年 3 月，首台自主研制 F 级 50MW 重型燃气轮机发电机组 G50，在广东清远完成 72+24h 试运行，并正式投入商业运行，填补了我国自主燃气轮机应用领域的空白。通过 G50 的研制，东方汽轮机目前已经搭建了自主 F 级燃气轮机设计体系，已获授权发明专利 136 项，具备了燃气轮机全部部件的制造能力。

四、哈尔滨电气

哈尔滨电气与美国 GE 公司合作开展燃气轮机制造业务，该公司在小型燃气轮机制造上取得了一定的成果，但重型发电用燃气轮机主要由美国 GE 公司进口，目前尚不具备燃气轮机热通道部件的设计和制造能力。2003 年哈尔滨电气公司与 GE 公司签署了 9FA 重型燃气轮机及其配套的 D10 汽轮机、390H 发电机的技术转让协议。随后哈尔滨电气公司投资建设了秦皇岛基地项目，目前具备了年生产 18 台以上燃气轮机机组的能力。2023 年 2 月，在秦皇岛基地，国内首台 HA 级重型燃气轮机成功下线，标志着燃气轮机本土化制造迈入了新阶段。秦皇岛基地作为 GE 公司在亚洲唯一的重型燃气轮机制造核心基地，哈电通用燃气轮机（秦皇岛）有限公司除了 HA 级燃气轮机的本土化制造组装，未来有望实现 9F 级和 9HA 级燃气轮机热通道部件、燃烧室部件的本地化生产，逐步建立国内产业链。

五、小结

燃气轮机是工业制造领域"皇冠上的明珠"，燃气轮机由几万个零部件组成，所能带动的产业链可涉及高达数百家甚至数千家企业。燃气轮机的研发和国产化，能够有效带动国内材料科学、工艺技术、设计技术和控制技术的发展，促进先进制造产业集群，带动当地经济高质量发展。进入"十三五"以来，工信部决定全面实施"航空发动机和燃气轮机重大专项"，重点突破发电用重型燃气轮机、工业驱动用重型燃气轮机、分布式能源用中小型燃气轮机以及燃气轮机运维服务技术，燃气轮机将逐步进入国产化替代阶段。初步建立燃气轮机自主创新的基础研究、技术与产品研发和产业体系。目前我国重型燃气轮机设计和制造的总体水平与国外相比差距依然较大。一是未掌握燃气轮机热通道部件制造与维修技术以及控制技术，高端热通道部件还是依赖进口；二是未形成完善的研发体系，不具备 H 级及以上燃气轮机产品研发的能力和技术。虽然我国三大动力厂以"市场换技术"引进燃气轮机制造多年，在燃气轮机核心部件的设计和制造方面取得一定程度的突破，但要达到或者接近世界领先水平尚需继续努力。

第二节　燃气轮机清洁燃烧技术现状与展望

一、概述

随着透平进口温度的提高，同时受到污染物排放的限制，G/H/J 级重型燃气轮机燃烧室的技术特征主要体现在高稳定性、低排放以及燃料适应性等方面。表 15-1 所示为国外公司燃用天然气燃烧室的技术参数，三家公司在先进燃烧室的结构类型上都选择了管型或者环形燃烧室来保证燃烧的稳定性，同时结合贫预混、多喷嘴和分级燃烧实现在较宽的工作范围内保持较低的污染物排放。为了减少冷却所消耗的冷气量，将空气更好地用于组织燃烧和保证燃烧室出口温度剖面，G/H/J 级重型燃气轮机燃烧室均采用了热障涂层和先进的冷却形式来保护燃烧室筒壁，提高冷气利用率。近年来，掺氢燃烧技术越来越受到重视，主要原因是日益增长的可再生能源装机容量催生"绿氢"发展，从而带动燃气轮机掺氢技术。

相对而言，GE 公司在干式低氮燃烧器技术方面较为典型，具有一定程度的代表性。GE/西门子/三菱燃用天然气燃烧室的技术参数见表 15-1。

表 15-1　GE/西门子/三菱燃用天然气燃烧室的技术参数

分类	GE 公司		三菱公司			西门子公司	
	9F DLN-2.6+	9H DLN-2.6+	F 级 DLN	G 级 DLN 或 ULN	J 级 DLN	F 级 DLN	G/H 级 DLN 或 ULN
结构类型	多喷嘴环管型		多喷嘴环管型			环形	多喷嘴环管型
No$_x$ 排放 @15%O$_2$ (mL/m³)	15	—	25	15	25	25	25
出口温度 (℃)	1400	1430	1400	1500	1600	1400	1550

续表

分类	GE公司		三菱公司			西门子公司	
	9F DLN-2.6+	9H DLN-2.6+	F级 DLN	G级 DLN或ULN	J级 DLN	F级 DLN	G/H级 DLN或ULN
冷却设计	热障涂层，对流冷却、气模冷却		双层空气冷却、热障涂层	双层蒸汽冷却或空气冷却		陶瓷隔热瓦，空气冷却	热障涂层，对流冷却、气模冷却
喷嘴设计	传统	Swozzle	传统	V Nozzle		传统	SFI

二、GE公司的清洁燃烧技术

近年来，GE公司在E级、F级以及H级燃气轮机的清洁燃烧技术方面新技术的应用见表15-2。总体而言，无论是GE公司，或者是西门子公司等其他燃气轮机制造厂，他们控制NO_x排放的手段都是大同小异的。由于NO_x产物的生成量和燃烧火焰温度呈正相关，且随着温度上升，NO_x的生成量呈指数级上涨。因此控制NO_x的排放，关键就是控制火焰温度。例如传统的扩散燃烧方式（如GE公司的DLN2.0+燃烧系统）虽然有着许多优点，但是扩散燃烧火焰中心温度过高，就会导致NO_x排放较高。目前来看，全世界各燃气轮机制造厂家控制NO_x排放的手段主要有（包括但不限于）：

（1）使用全预混燃烧器；

（2）分级燃烧技术；

（3）自动燃烧调整；

（4）缩短火焰时间；

（5）高性能预混器。

表15-2 GE先进燃烧室技术列表

适用机型	先进燃烧系统
9E	DLN1+ULN
	DLN1+AFS
9F	DLN2.6+
	DLN2.6+ULN
9H	DLN2.6e

（一）GE公司9E机组的先进燃烧系统

9E机组的DLN1+ULN技术主要从7EA DLN1+借鉴发展而来，在部件结构上基本一致，主要从燃料预混、材料升级、冷却技术、涂层技术以及值班火焰比例调整等几个方面进行了改进，如过渡段增加了稀释孔，移除了原火焰筒的稀释孔等。DLN1＋ULN 燃烧系统能够在 0℉到 120℉的环境温度下实现 5μL/L(11mg@15％O2) NO$_x$ 和 25ppm CO 排放。燃烧室检修间隔达到 32k 点火小时和 1300 启停次数（原先分别为 8/12K 和 450 次），而燃烧温度保持不变，性能不受影响。DLN1＋ULN 技术于 2018 年首次应用在深圳 9E 机组上，为响应"深圳蓝"清洁空气要求，共计 5 家电厂 9 台 9E 燃气轮机进行了改造。调试完成后实际运行 NO$_x$ 排放为 5～7μL/L。

DLN1＋AFS 分级燃烧技术主要核心是引导一部分燃气至过渡段头部作分级燃烧，这样可以在更加宽泛的范围内满足排放要求。其采用先进的 CPC 控制技术（增强现有的透平控制，提升机组的排烟温度控制）辅助实现 DLN＋AFS 分级燃烧。AFS 技术能够显著增强部分负荷的运行能力，在整个环境温度范围内可 50％或更低符合下满足 NO$_x$ 排放要求。与此同时，AFS 还能提升部分负荷以及基本负荷效率，降低约 0.4％的热耗，同时提高基本负荷出力。

（二）GE 公司 9F 机组的先进燃烧系统

DLN2.6＋技术目前已经在国内 9F 电厂获得广泛应用，相对于原来的 DLN2.0＋技术，DLN2.6＋在燃料适应性、可靠性以及排放均有相当程度的改善（如表 15-3）。

表 15-3　GE 公司 9F 机组燃烧器性能

燃烧器特征	DLN2.0＋	DLN2.6＋ 9F.03 版本	DLN2.6＋ 9F.04 版本
检修间隔（点火小时/启停次数）	24k FFH/450 FFS	24k FFH/900 FFS	32k FFH/1200 FFS
NO$_x$ 排放（天然气，标识下）	25μL/L（50mg/m³）	15μL/L（30mg/m³）	15μL/L（30mg/m³）
满足排放最低负荷	～50％	35％	35％
天然气变化范围	±5％ MWI	±15％ MWI	±15％ MWI

而 DLN2.6＋ULN 技术是用于 9FA 电厂的新的超低排放燃烧系统。主要改进有以下方面：

（1）燃料喷嘴的端部流场优化改进预混和压降。

（2）燃管一体化的喷嘴，减少空气泄漏，改进排放和灵活性。

（3）改善导流衬套的冷却和压降。

（4）缩短火焰筒长度，减少 NO$_x$ 排放。

（5）先导预混喷嘴改进了预混均相性，降低 NO$_x$ 和满足排放最低负荷。

（6）4 回路的燃气回路设计，提供更高的稳定和灵活性。

采用 DLN2.6＋ULN 技术的燃烧系统，其 NO$_x$ 排放可进一步低至 7.5 μL/L，而实际运行过程中大约能保持在 5μL/L。

（三）GE 公司 9H 机组的先进燃烧系统

DLN2.6e 燃烧系统是应用在 9H 燃气轮机平台的先进燃烧系统。

DLN2.6e 燃烧系统是 DLN2.6＋燃烧系统的改进版，延续了后者很多特点，比如分管式结构，4 条燃料管路，双燃料能力，以及材料、涂层、冷却和密封。5＋1 的喷嘴布置模式和 4 条燃料管路控制的设计在 DLN2.6＋上已经运行 20 多年。一些运行特征（如点火、联焰、全预混启动和加载等）、管道和控制都沿用 DLN2.6＋的设计。

从 2005 年开始，GE 历经多年研发 DLN2.6e 燃烧技术，经过多次试验室试验和设计改进，直至最终定型。DLN2.6e 具有三个重要特征：轴向燃料分级燃烧；减少反应滞留时间和先进的微孔预混技术。这三项技术分别研发最终集成在 DLN2.6e 燃烧系统中，不断优化燃气轮机的性能、运行灵活性和降低排放。

DLN2.6e 燃烧系统的第一个特征是先进的微孔预混技术。这个预混技术是美国能源部高氢预混燃烧项目的成果，该项目从 2005 年开始研发，期间多个方案在 GE 全球研发中心的单喷嘴测试台上测试，DLN2.6＋预混是采用旋流器，而 DLN2.6e 则采用小型管束作为快速的混合器。主要达到三个目的，一是高活性气体燃料（乙烷、丙烷、氢气等）可以采用干式低氮燃烧器预混燃烧。二是不再采用旋流，流场更简单，不再需要大尺寸的有噪声的结构。三是混合空间分布更均匀，H 级燃气轮机燃烧温度提高也能实现低 NO_x 的排放。

DLN2.6e 燃烧系统第二个特征是轴向燃料分级燃烧。轴向燃料分级燃烧是将燃料喷射在主火焰区的下游，而四分燃料则是将燃料喷射在燃烧反应区的上游，这是两者之间的不同。一部分燃料喷入主火焰区的下游，其目的是更好地获得一个均匀且易控制的热量释放区和相应的温升。这样的设计不仅能够达到 H 级燃气轮机所需的燃烧温度，同时能够更好地控制热力型 NO_x 的形成。该轴向燃料分级燃烧系统最初是在 7EA DLN1＋燃烧系统上研发出来的，在 7EA DLN1＋上 NO_x 的排放达到小于 $5\mu L/L$，且达到排放的最小负荷可以更低。

DLN2.6e 第三个特征是燃烧筒与过渡段联合体，降低了燃烧区的反应时间。NO_x 的形成与燃烧反应区的温度和反应时间密切相关。反应区的温度通过优化火焰区和喷嘴的设计而达到最低，通过燃料分级（AFS）可以进一步优化。一体件的设计缩短了反应时间，减少了 NO_x 的生成。H 级燃烧温度结合优化的设计确保了充分的燃烧，减少 CO 和 UHC（未燃碳氢化合物）的排放。

三、掺氢燃烧技术

掺氢燃气发电是燃气轮机燃烧器研究的前沿领域，其技术成熟度和引用广泛度尚且不足，但这是未来清洁低碳发电的新趋势。开展掺氢燃气发电示范应用进而实现大规模商业化应用，将有助于推动可再生能源与气电融合发展，是迈向"双碳"目标的可行技术路径之一。

为助力实现碳达峰、碳中和目标，我国于 2022 年初正式发布《氢能产业发展中长期规划（2021—2035 年）》。明确了氢能在我国能源绿色低碳转型中的战略定位，提出"氢能是未来国家能源体系的重要组成部分"等重要论断。目前，氢气来源主要有三种，分别是"灰氢""蓝氢"以及"绿氢"。

灰氢，是通过化石燃料（例如石油、天然气、煤炭等）燃烧产生的氢气，在生产过程中会有二氧化碳等排放。目前市面上绝大多数氢气是灰氢，约占当今全球氢气产量的 95％左右。灰氢的生产成本较低，制氢技术较为简单，而且所需设备、占用场地都较少。

蓝氢，是将天然气通过蒸汽甲烷重整或自热蒸汽重整制成。虽然天然气也属于化石燃料，在生产蓝氢时也会产生温室气体，但由于使用了碳捕捉、利用与储存（CCUS）等先进技术，温室气体被捕获，减轻了对地球环境的影响，实现了低排放生产。

在未来，"绿氢"将扮演重要的角色。所谓"绿氢"，指的是通过使用再生能源（例如太阳能、风能等）制造的氢气，在生产绿氢的过程中，完全没有碳排放。

"绿氢"是氢能利用的理想形态，由于光伏发电和风力发电的受天气影响巨大，发电出力与社会用电需求不能很好地匹配，需要搭配抽水蓄能电站等调峰电站。在光伏和风力发电高峰期时储存电量，在低谷期间释放电量。从这个角度来说，"绿氢"也可以看作一种化学储能方式，它将多余的可再生能源转化为氢气，并利用这部分氢气在合适的时候通过燃气轮机发电。这种方式由于制氢成本低且净零排放，被广泛认为是碳中和目标下氢能发展的基础和方向。目前，我国可再生能源装机量全球第一，在清洁低碳的氢能供给上具有巨大潜力。

但掺氢燃烧也会带来一些问题。与甲烷相比，在标准状态下，氢气单位体积热值是 10 795 kJ/m^3，是甲烷的 30％，而单位质量热值是 119 984 kJ/kg，是甲烷的 2.4 倍。同样热值，燃料体积大幅增加，但华白指数与甲烷相比变化不大。氢气的燃烧速度非常快，$-200 \sim 300\ cm/s$，是甲烷的 5～10 倍，燃烧速度快意味着回火风险高。从排放来说，由于氢气燃烧温度高，比甲烷燃烧高出约 170℃，虽然实现了二氧化碳的零排放，但是 NO_x 排放相对较高，可能需要搭配 SCR 系统来进一步降低 NO_x 排放。另外，氢气可燃范围大，根据燃料中氢气浓度，电厂通风系统、危险区域设计需要改造。氢气更易泄漏，管道焊接和法兰连接也需要重新设计。最后，氢气火焰相对于天然气火焰肉眼不易见，根据燃料中氢气浓度，需要特殊火焰探测器。

天然气掺氢技术在国外已有 20 余年深入研究的历史，从世界范围看，目前全球各家不同的燃气轮机制造厂均在燃气轮机掺氢技术上有所成果，其中以美国 GE 公司和德国西门子公司技术较为领先。目前来看，这两家公司的燃气轮机基本上已经能够实现至少 5％的掺氢能力，最高已经实现100％氢气燃烧能力。

但需要注意的是，使用目前主流的使用干式低氮燃烧器的重型燃气轮机，其最高的掺氢能力为 50％左右，比如 GE 公司使用 DLN2.6e 燃烧器的9HA 机组，或者西门子公司使用 ACE 燃烧器的 SGT5-9000HL 机组。

目前技术上能够实现 100％掺氢能力的机型大多是工业小型燃气轮机或者航改燃气轮机，同时需要搭配使用扩散燃烧器或者湿式燃烧器。比如 GE在韩国的一台 6B 机型，使用标准（扩散）燃烧器，自 1998 年开始运行燃烧 70％～95％纯度的氢气，至今已经 20 余年。另外还有西门子公司 SGT-A35 型燃气轮机，该燃气轮机属于航改型燃气轮机，使用湿式燃烧器的情况下能够实现 100％掺氢燃烧。

GE 公司与西门子公司已经明确表示计划 2030 年在使用干式低氮燃烧器的重型燃气轮机上实现 100％掺氢燃烧。

第三节　联合循环智能电厂

一、智能电厂的定义

智能电厂是指通过集成先进的信息技术、互联网、物联网、大数据、人工智能等技术，实现电厂的高效、安全、绿色和可持续发展。智能电厂不仅仅是一种技术手段，更是一种理念，旨在构建绿色、智能、高效、可持续发展的能源体系。

我国在"智能电厂"领域近些年已经进行了大量的相关探索，期间许多专家学者对智能化智慧化电厂提出了各自的见解。总的来说，智慧化联合循环机组更多的是数字化电厂与智能系统结合后的进一步发展，以新型传感、物联网、人工智能、虚拟现实为技术支撑，以创新的管理理念、专业化的管控体系、一体化的管理平台为重点，具有数字化、信息化、可视化、智能化等特征，可最大限度地实现电厂安全、经济、高效、环保运行，打造与智能电网及需求侧相互协调，与社会资源和环境相互融合的联合循环智能电站。

二、智能电厂的发展背景

近年来，全球能源转型加速，可再生能源逐渐成为能源结构的主要组成部分，对传统电力系统产生了巨大冲击。同时，全球电力需求持续增长，对电力系统的稳定性和安全性提出了更高要求。联合循环发电企业想要得到在智能化浪潮中顺势而为，一是要把握政策导向，顺应经济现状的具备需求；二是要引入现代化智能技术，为传统行业注入创新活力，同样重要的是对传统管理模式进行革新，这样才能适应电力行业高质量发展的国民需求。在此背景下，智慧化的联合循环发电企业作为一种新的能源解决方案，应运而生。

同时，伴随着第四次工业革命的快速发展，第五代移动通信技术（5G）、物联网、大数据、云计算、人工智能、区块链、边缘计算等新一代信息智能技术成为了电力行业实现智慧化智能化的创新支撑，通过应用这些先进的信息技术和智能技术，汇集各方面资源，为规划建设、生产运行、经营管理、综合服务、新业务新模式发展、企业生态环境构建等各方面，提供充足有效的信息和数据支撑。而联合循环智能电站建设是数字化转型、智能技术与工业技术融合在传统联合循环发电厂转型升级中的具体体现，利用IT、物联网、大数据等技术，通过云平台、信息系统集成、数据采集、数据统一、数据打通等手段，提升电厂信息化水平，建立完善的数据基础，为智能智慧的实现提供支撑，并在核心发电技术领域通过智能控制、智能运行、数字化状态检修等手段，提高联合循环机组生产运行技术水平。

三、智能电厂发展政策

（一）发展脉络

电力行业在政策导引下不断完善智能电厂建设、创新技术深度融合落地以及科学规划未来发展。2014年，《能源发展战略行动计划2014—2020年》中提出"绿色低碳"的发展战略，明确能源科技创新战略方向和重点；次年发布《中国制造2025》；2016年2月，国家发展改革委发布了《关于推进"互联网＋"智慧能源发展的指导意见》，提出推动互联网与能源行业深度融合，促进智慧能源发展；党的十九大报告也指出，推进互联网、大数据、人工智能和实体经济深度融合；2017年，《国家能源发展"十三五"规划》和《电力"十三五"规划》中，也对电源侧的智能化提出了相应的要求；中国自动化学会等国家学会、电力企业、行业专家联合组织多次对智能化电厂显现发展技术和发展方向的研讨，制定了《智能电厂技术发展纲要》。

（二）针对能源数字化智能化的规划性政策

国务院关于印发2030年前碳达峰行动方案中特别提到要"推进工业领域数字化智能化绿色化融合发展"，还颁布了智能制造工程技术人员等3个国家职业技术技能标准，电力行业中的智能化进程频频被政策所关怀，并不断推进相关领域的标准化进程。

2021年7月5日，十部委联合印发《5G应用"扬帆"行动计划（2021—2023年）》，提出"5G＋智慧电力"的重要应用领域。突破电力行业重点场景5G确定性时延、授时精度、安全保障等关键技术，搭建融合5G的电力通信管理支撑系统和边缘计算平台。开展基于5G的工业控制与监测网络升级改造，推广发电设备运维、配电自动化、输电线/变电站巡检、用电信息采集等场景应用，实现发电环节生产的可视化、配电环节控制的智能化、输变电环节监控的无人化、用电环节采集的实时化。

2021 年 12 月 3 日，国家智能制造标准化总体组、专家咨询组全体会议暨《国家智能制造标准体系建设指南（2021 版）》。其中提到针对电力装备行业产品种类多、个性化定制以及运维需求大等显著特点，围绕智能电网用户端及电动机等领域，制定智能工厂建设指南标准和系统集成规范；制定制造过程数字化仿真（加工过程、生产规划及布局、物流仿真）、资源数字化加工、数字化过程控制、数字化协同制造、设备远程运维、个性化定制、智能制造能力评估等实施指南标准。

2021 年 12 月 28 日，工业和信息化部等八部门联合对外发布《"十四五"智能制造发展规划》，明确提出"两步走"，即到 2025 年，规模以上制造业企业大部分实现数字化网络化，重点行业骨干企业初步应用智能化；到 2035 年，规模以上制造业企业全面普及数字化网络化，重点行业骨干企业基本实现智能化。

（三）针对各发电类型的具体政策

随着"碳中和"成为全球共识，以光伏、风能为代表的可再生能源正逐渐加快推进。立足"双碳"目标，可再生能源的战略对实现我国未来各项经济社会建设目标具有重大意义。随着利好可再生能源相关政策和法律法规的相继出台，以及地方政府和民营企业的推动，整个社会对新能源的认识不断发生改变。可以预见到，可再生能源作为新兴产业，其作用和影响力越来越大，而传统火电作为一段时间内的主体发电类型，智慧低碳转型将成为亟待政策引导的主要趋势。

（1）火电。2021 年 11 月 13 日，国家发展改革委、国家能源局联合印发《关于开展全国煤电机组改造升级的通知》。其中提到要推行更严格能效环保标准，推动煤电行业实施节能降耗改造、供热改造和灵活性改造制造"三改联动"，严控煤电项目，持续优化能源电力结构和布局，深入推进煤电清洁、高效、灵活、低碳、智能化高质量发展，努力实现我国煤电行业碳达峰目标。

（2）新能源（风光）。2021 年 12 月 31 日，五部门联合印发《智能光伏产业创新发展行动计划（2021—2025 年）》。其中明确光伏行业的发展目标是要支撑新型电力系统能力显著增强，智能光伏特色应用领域大幅拓展。把握数字经济发展趋势和规律，促进 5G 通信、人工智能、先进计算、工业互联网等新一代信息技术与光伏产业融合创新，加快提升全产业链智能化水平，增强智能产品及系统方案供给能力，鼓励智能光伏行业应用，促进我国光伏产业持续迈向全球价值链中高端。

2021 年 5 月 11 日，国家能源局关于 2021 年风电、光伏发电开发建设有关事项的通知，官方对政策的解读中提到，有必要按照目标导向，出台新的年度政策，完善发展机制，释放消纳空间，优化发展环境，给行业和企业更加明确的预期，切实增强市场主体信心，促进风电、光伏发电实现大规模、高比例、高质量跃升发展。

（3）生物质发电。2021 年 8 月 11 日，国家发展改革委、财政部、国家能源局联合发《2021 年生物质发电项目建设工作方案》，强调要进一步完善生物质发电开发建设管理，合理安排 2021 年中央新增生物质发电补贴资金，明确补贴资金央地分担规则，推动新开工项目有序竞争配置，促进产业技术进步，持续降低发电成本，提高竞争力，实现生物质发电行业有序健康、高质量发展。

四、智能电厂发展现状和展望

智能电厂的发展趋势是依赖数字化智能化技术的应用来不断提高电力生产中智能运维、远程操作、协同调度的水平。运用物联网和大数据将有效实现实时、多维度安全监控，并通过人工智能算法的融合应用，从海量监测数据中敏锐发现隐藏的安全隐患，从而进行超前预警，消除安全隐患，实现电力生产安全。同时运用数字孪生和虚拟现实技术（VR）构建智能管控系统，全面应用智能化技术、巡检机器人等替代人工作业，实现人-机-环-管信息实现联动高效协同自动化运行。相信未来随着智能电厂建设功能不断完善以及提高目标，可参考水电站和风场，建设联合循机组的集中调度管控，同时朝着建设管理高效、指标最优、人员精选的智趋型的黑屏工厂不断努力发展。

（一）智能电厂发展现状

前些年，国内部分联合循环电站在"智能智慧"领域中开发了很多管理和生产相关的应用功能，也帮助员工在一定程度上解决了部分业务上的需求。但是，很多所谓的智能电站缺乏从整体上的"顶层设计"，没有做到全面设计和规划，往往从局部系统进行智能化升级，各系统之间缺乏紧密联系，往往形成了信息孤岛，导致后续维护难、升级难，以至于部分系统因无法更新和适应业务需求而被弃用，大大降低信息化投资的效率，没有真正做到数据打通，从整体上去解决生产发电和行政管理的一体化协同办公问题。近几年，随着国内各发电集团纷纷下发了各自的信息化、智能化建设的指导性文件，要求各直属企业按照集团"统一规划、统一标准、统一平台、统一建设"的基本标准开展相关工作，建设符合各企业自身特色的智慧化电厂。

（二）智能电厂建设标准

火力发电的总体系统复杂度较高，目前火电智能化建设主要依赖是行业标准，T／CEC 164—2018《火力发电厂智能化技术导则》是由中国电力企业联合会牵头发布的行业标准，其中规定了火力发电厂智能化的基本概念、体系结构、功能与性能、外部接口、工程实施等方面的技术要求。标准适用于火力发电厂智能化规划、设计、调试、验收、维护与评估。

发电企业现存大量业务系统，所产生的海量数据具备基础性战略资源和关键性生产要素的双重属性，数据资产化成为数据要素市场发展的关键与核心，因此数据资产相关的应用、服务和管理也纳入国家重点推进的标准化建设范畴之中。2022 年 5 月 1 日起，由国家市场监督管理总局、国家标准化管理委员会正式发布的国家标准《信息技术服务数据资产管理要求》正式实施。这是全国首个正式发布的数据资产管理领域国家级标准，填补了我国在数据资产管理领域的标准空白。能源企业的组织架构和系统比较复杂，不同应用场景数据格式差异较大，不统一标准就难以兼容，数据库接口难以互通，数据无法交互和流动，无法实现企业数据资产价值的最大化。《信息技术服务数据资产管理要求》对于识别、盘点和管理自有数据资产，建立跨层、跨域的信息技术架构具有重大的指导意义，实现数据服务可使用、能复用，降低新功能开发及部署成本，为有效推动数据要素价值流通，加快数据要素市场化发展奠定坚实根基。

企业标准的不断完善，也为集团电力产业的智能化发展确立了方向。2022 年 1 月，国家能源集团《火电智能电站建设规范》《水电智能电站建设规范》《新能源智能电站建设规范》正式发布。该系列规范是国内大型能源集团首次在发电产业智慧化转型方面成套发布的规范，为集团公司电力产业的智能化发展提供了统一规范与精准指导。该系列规范广泛融入云计算、大数据、物联网、移动互联网等现代信息技术和人工智能技术，提出了包含智能发电（ICS）和智慧管理（IMS）两大平台的智能应用架构，构建了智能电站智能化分级标准，并编制评分细则与评分标准，将为国家能源集团智慧发电示范企业验收、评级与奖励提供依据。规范中明确按照要求，应以数据分析、云计算和人工智能为技术手段，进行智能化升级和综合应用，形成具有"自分析、自诊断、自管理、自趋优、自恢复、自学习、自适应、自组织、自提升"为特征的智能电站。同时应按照集团"六统一、大集中"（统一规划、统一标准、统一投资、统一建设、统一管理、统一运维、业务系统和技术平台集中部署）的管控原则进行建设。对于战略决策、经营管理、共享服务及产业板块应用的系统和基础设施建设，应实现系统的统一管理、集中管控和可持续发展，确保系统安全、平稳、规范、高效运行。下面就以国家能源集团的《火电智能电站建设规范》为例，针对智能发电（ICS）和智慧管理（IMS）两大平台构架进行介绍：

1. 智能发电平台（ICS）

智能发电平台建立在基础设施和智能装备层的基础上，对电厂的生产及辅助装置实施控制、优化和诊断。在分散控制系统（DCS）基础上，通过增加高级应用服务网、实时数据池、智能计算引擎、智能控制器、工控信息安全防护等智能化组件，加强人工智能技术三要素"数据""算法"和"算力"在生产控制过程中的设计实现，将发电领域的专业知识注入人工智能模型中，并与先进控制技术相集成，实现智能电站生产运行的智能监控。智能发电平台主要由机组级子平台和厂级智能控制中心两部分构成。

智能发电平台应在智能电站建设规范的整体架构下，以数字化为前提，以网络、信息、人工智能和控制技术为手段，构建包含泛在感知环境、智能计算环境、智能控制环境、开放的应用开发环境的 基础平台软件，支撑"智能检测""智能监盘""智能寻优""智能控制""智能交互与展现"五项业务的实施以及以工业互联和智能应用为核心的产业协同模式，满足机组智能化、一体化运行控制的需求。同时，通过部署各类智能化应用模块，融合大量智能感知/传感设备信息，实现全过程的在线性能分析、预警和诊断，高性能的自主决策优化控制和新型的人机交互模式，构建智能发电平台全流程处理能力、全工况适应能力和全生命周期的可用性，最终达到"无人巡检、少人值班"的建设目标。智能发电平台技术架构见图 15-1。

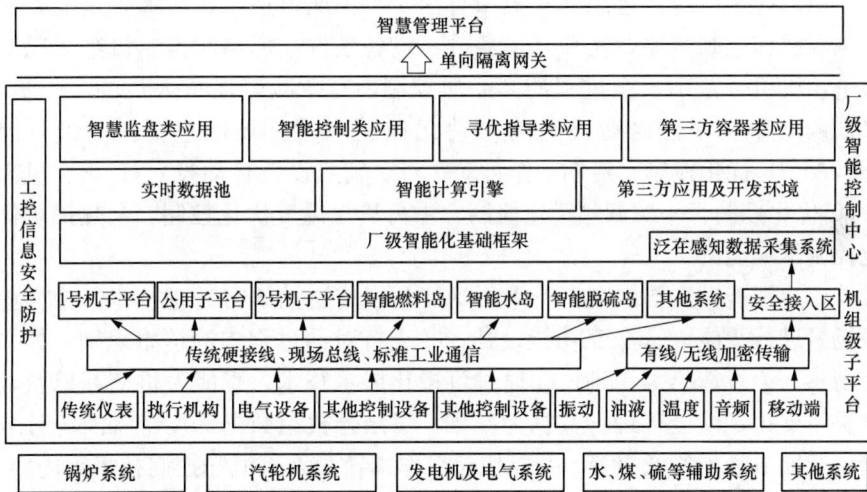

图 15-1　智能发电平台技术架构图

（1）智能检测：采用现代先进检测技术，如微波、激光、光谱、静电、声波等，配合测控、软件计算和信息融合技术，实现传统上难以检测的机组和设备运行关键参数的在线准确测量和上传。智能检测在环境多变、工况多变等条件下，为机组智能化运行控制提供准确、稳定、可靠的原始数据信息，是实现智能发电的基础保障。具体包括：油液在线检测技术、发电机智能检测、高压电机及部分低压电机绝缘在线检测、智能断路器在线检测、环境温湿度在线检测技术、阀门内漏在线检测技术、膨胀指示在线检测技术、基于音频分析的智能检测技术、动力设备电气频谱检测技术、设备振动及冲击脉冲在线检测技术、炉内工况在线检测技术、锅炉烟气在线检测技术等功能。

（2）智能监盘：利用数据挖掘、预测分析、深度学习等人工智能技术，结合运行规程要求和运行管理需求，对生产工艺参数进行预测、分析、评价，并合理展示结果信息，实现智能化系统辅助决策的重要作用，从而提高运行人员监盘效率，降低劳动强度，提升机组运行的安全性、经济性。

具体包括：控制回路品质监控、执行机构性能监控、设备健康度监控、锅炉三维运行监控、工质与能量平衡监控、智能抄表、智能预警、转机监测和诊断、设备性能劣化诊断、控制系统诊断等功能。

（3）智能寻优：采用机理建模、数据分析、最优化理论等方法，实时处理生产运行中产生的大量数据，通过计算 机组安全、经济、环保等各项指标并，在线评价机组运行状态；通过最优化模型计算参数的最优标杆值，并实时给出当前偏差，指导运行消差或投入自动校正回路，使机组实现自趋优运行。具体包括：冷端优化、辅机节能优化、性能计算指标、耗差分析指标、启停机过程评价、全厂负荷优化分配、压气机水洗决策分析、进气滤网更换决策分析等功能。

（4）智能控制：运用具有模型自学习、工况自适应、故障容错能力的控制算法和控制策略，实现环境条件、设备条件、燃料状况、机组工况变化下，机组全范围、全过程的高品质控制，有效减轻运行人员的工作量，降低误操作概率，提高机组的自动化控制水平。具体包括：机组自启停（APS）优化控制、定期工作自动执行、辅机设备自动投入/退出、机组AGC优化控制、一次调频优化控制、主再热汽温度优化控制、余热锅炉优化控制等功能。

（5）智能交互与展现：①采用深度学习与自然语言处理技术，结合业务场景进行智能语音交互功能设计；②支持对话过程中的情感识别，如文字情感、语音情感等识别。③通过可视化展示技术、智能人机交互以及辅助决策支持，以全厂运行数据为基础，可结合机组数据深度挖掘及统计分析、智能故障预警及报警、智能优化操作指导和无人值守控制技术等内容，形成"多业务、多窗口、多交互手段、少人工"的数据驾驶舱模式。

2. 智慧管理平台（IMS）

智慧管理平台是一套资源组织管理体系架构，以数据支撑、算法工具、软件开发工具、报表工具、生产过程与经营管理信息为基础支撑，加强数据共享和综合分析，在平台内部消除信息孤岛，实现系统间的业务功能协同和集中服务。并实现各支撑工具间的融合，建设覆盖电厂安全、运行、设备、应急、经营、营销、燃料、物资、风险、党建、行政管理等业务的管理体系，实现对全厂设备资产数字化、可视化、智能化的监控与管理，以及生产经营各环节的智能预测、智能分析、智能诊断、智能决策，在安全可控的前提下，可提升智能电站的经营管理水平，实现利润最大化，实现全流程、全生命周期的精细化管理。智慧管理平台技术架构见图 15-2。

智慧管理平台应用应根据电厂的实际条件和实际需求、结合相关技术成熟度确定实施，各应用功能应有明确的优化目标。可从平台层数据支撑环境、算法工具和软件开发工具开始实施，从数据中心的建设逐步过渡到将智慧基建、智能安全、智能运行、智能设备、智能应急、智慧经营、智慧物资、智慧党建、智慧行政管理等功能在开发工具上进行多层次、多方

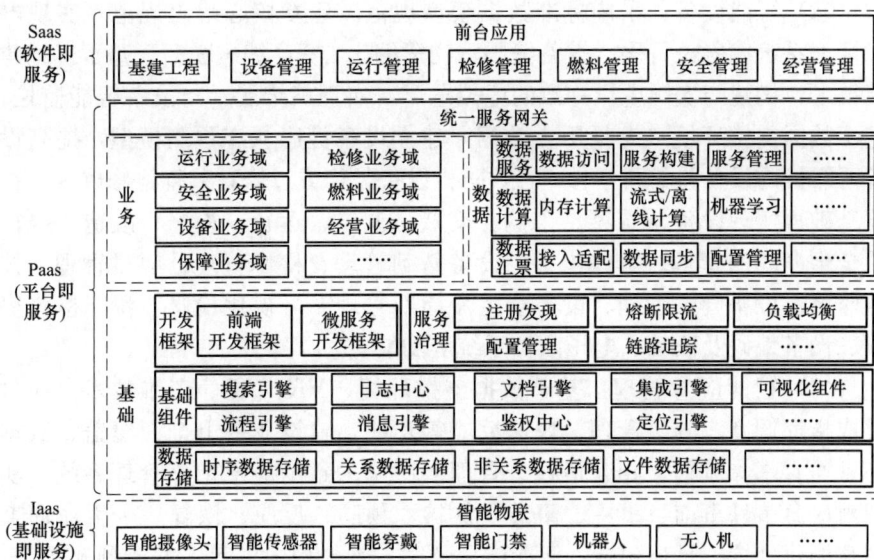

图 15-2 智慧管理平台技术架构图

位融合，在数据中心和业务应用完善的同时，开始逐步进行报表工具的实施，实现数据、业务的可视化展示和分析。

（1）智慧基建：智能基建管理系统一般具备多源监控、定位系统、门禁系统、周界防护及集团统建应用等功能，可实现各项功能应用的统一平台、统一登录，满足基建期对于安全、质量、进度、造价、合同、综合等方面的管理需求。在此基础上还可整合展现各岗位工作所需的各项功能导航，即时联动、推送各类通知及待办事项。智慧基建系统一般按照永临结合的原则建设，基建完成后整合至智能电站。

（2）智能安全：采用三维建模、人员定位、电子围栏、生物识别、视频分析、门禁动态授权、移动智能终端、工业数据分析等先进的技术手段，进行"物防、人防、技防"全面智能化升级改造，建立统一的智慧厂区安防系统，实现事故链条物理闭锁、现场作业智能风险管控、风险辨识、实时违章告警等功能，规范运行和检修作业过程，强化管理人员上岗到位，夯实安全基础，保障安全生产。具体包括：人员安全管理、设备安全管理、环境安全管理、管理安全等内容。

（3）智能运行：基于数据支撑环境、算法工具、人员定位、智能机器人等技术实现对所有运行设备的全过程监督、统计、查询、汇总、分析、深度挖掘，利用机器学习与人工智能技术，实现运行管理规范化、智能化，实现生产过程的智能监视、智能分析、智能对标与考核评价，保证机组高效环保运行。具体包括：智能监视、智能分析、智能对标、智能考核、智能巡检（智能机器人巡检和可视化智能巡检）、交接班管理、定期工作管理、运行日志管理、运行技术管理、仿真培训等功能。

（4）智能设备：采用标准数据模型规范，建立核心编码规范，实现电厂标识系统编码位置码、设备编码、物资编码、资产编码联动；基于三维建模技术，构建与实际电厂一致的虚拟电厂，实现三维展示与设备智能监控，基于数据支撑环境（海量历史数据）建立设备健康状态预测模型，提高设备可靠性与设备检修科学性，有效防止设备欠修或过修，节省检修成本；在此基础上实现设备从选型、采购、安装、调试、运行、检修、改造、退役的全生命周期管理。具体包括：设备基础管理、检修管理、项目管理、技术监督、设备健康管理、设备全生命周期管理、可视化检修、智能检修决策、设备编码及联动、电子图档系统等功能。

（5）智能应急管理：基于数据支撑环境、VR、AR、三维技术，通过集成指挥调度、分级管理、快速反应等功能，建设业务上全面覆盖、数据上互通共享、流程上相互衔接、管理上协调一致的应急指挥管理系统，实现对应急事件事前、事中、事后（保护、预防、反应、恢复）全生命周期的智能化处置。具体包括：智能应急预案、智能应急演练、智能预测预警、应急处置、应急保障、外部舆情管理电能功能。

（6）智慧经营管理：基于数据支撑环境，建设智能电站决策分析与智能运行管控应用，提供全公司所有业务领域、所有管理层级的决策分析主题，为各级决策、管理人员提供风险预警、指标监控以及报表统计工具。通过对 167 计划过程管理保证经营目标实现，通过利润、电价、电量实时分析、指标管理、预算分析与管理、指标分析与管理、辅助决策等技术，实现精确地"实时成本"分析与"日利润"预测，可以在一定的期间范围内反映企业的经营成果；发挥各管理技术之间的协同作用，实现发电生产成本的预控与动态分析，提升电厂竞价上网分析报价能力，保证效益的最大化。具体包括：经营指标管理体系、智能预算执行管控、智能成本管理、利润管控、经营决策分析、智能报表、智慧营销等功能。

（7）智慧物资管理：借助智能电站信息化、移动应用、工业数据、全生命周期管理等技术及业务管理模型及方法，实现对物资柔性化库存管理，结合物资计划申报制度和平衡利库技术，全面降低库存成本，并借助人工智能、数据挖掘等手段推进物资管理的规范化、精细化、智能化。具体包括：需求预测、计划管理、采购管理、仓储管理、仓储管理、合同管理、供应商评价、决策分析等功能。

（8）智慧党建管理：管理内容包括企业党建、思想政治工作、精神文明建设、党风廉政建设、工会工作和共青团工作等。通过智慧化手段实现移动党群管理，提高党群相关信息的传播效率和通过数据分析技术，实现党群相关信息的聚类分析，提高学习效率。具体包括：宣传展示、学习教育、党务在线、数据分析、服务中心、党建 App 等功能。

（9）智慧行政管理：整合企业现有信息系统，打通各应用间的信息流，实现信息的全方位共享，业务流程的无缝对接和生产经营过程中各相关业务领域的协同，提高业务执行效果和效率，将整体运营保持在一条科学、可持续发展的道路上，最终达到闭环管控、流程化运作、集约化发展和精细化管理的目标。具体包括：一体化管理工具、人力资源、人力资源提升培训、智慧人才、智慧班组、智慧法务、智慧审计、流程自动化、智能会议室、智慧后勤、智慧档案等功能。

（三）智能电厂案例

1. 大唐南京热电有限责任公司（智慧化项目——APS 一键启停在 6F 燃气轮机电厂中的建设应用）

（1）公司简介。

大唐南京热电有限责任公司燃气轮机采用南京汽轮电机（集团）有限责任公司供货、GE 公司设计制造的 6F.03 型燃气轮机，采用干式低 NO_x 燃烧器。余热锅炉为杭州锅炉集团股份有限公司的双压、无补燃、卧式、自然循环余热锅炉，汽轮机为南京汽轮电机（集团）有限责任公司的 50MW 等级供热抽汽凝汽式汽轮机。燃气轮机、汽轮机的发电机均由南京汽轮电机（集团）有限责任公司配套，二者均采用空气冷却。

（2）项目概述。

现阶段国内引进的燃气-蒸汽联合循环发电机组控制系统中，燃气机组的控制完全采用国外的控制策略和方案，而汽轮机、余热锅炉及所有辅机设备的控制设计仍为国内典型的主辅机控制策略。因此，国内在实现燃气 - 蒸汽联合循环发电机组一键启停功能上仍然存在一些困难，例如燃气机组、汽轮机旁路系统、DEH 系统等之间的控制系统接口复杂、协调等自动控制系统不能全程投入，机组测量元器件设置不完善等。整套机组的可控性，还未达到一键启停应具备的条件。

（3）技术优势。

1）大唐南京热电针对当前 APS 断点数量冗余繁杂问题，基于联合循环机组全程实时状态观测，提出了自优化断点数量配置的控制策略，从而使得一键启停控制系统具有自诊断控制能力，实现断点自动选择以及并行系统的跳步运行，甚至实现无断点全程自动启动。

2）大唐南京热电针对联合循环机组启动方式以及机组启动和停止过程中的一些特殊要求进行优化，进行面向全场景优化的 APS 全程自动控制技术优化研究，提出 APS 投入下燃气轮机和汽轮机的协同控制策略，解决了例如水位、汽温等自动控制系统无法全场景投入的技术难题。

3）大唐南京热电针对当前 APS 系统无法将疏水系统全部纳入其控制范围的难题，对当前疏水系统硬件配置进行优化，同时对现有疏水系统控制策略进行优化，改变疏水阀控制手段，减少运行人员人为判断操作，提高机组自动化程度。

（4）应用效益。

大唐南京热电 APS 项目为大唐集团公司内首例自主设计并成功实施应

用，使南京热电机组启动时间由 5～6h 缩短为 2～3h，机组启停所需运行人员由 5～6 人减少至 2～3 人，极大程度减少了人为操作失误的可能性，提高机组运行的安全性及经济性，在大唐集团内率先成功实现 APS "一键启机"，为集团公司后续燃气轮机智能电厂建设提供坚实支撑，也为集团内其他机组 APS 设计、应用提供宝贵经验。

2. 国能浙江南浔天然气热电有限责任公司（智慧化项目——生产管理系统）

（1）公司简介。

国能浙江南浔天然气热电有限公司地处浙江省湖州市南浔区临沪工业区，建设 2 套 6F 级燃气-蒸汽联合循环热电联产机组，装机容量 232MW。两台机组分别于 2018 年 2 月 6 日和 2 月 14 日通过 96h 试运行，获评 2019 年度中国电力行业中小优质工程奖。公司燃气轮机组采用美国 GE 公司生产的 PG6111FA 机组，汽轮发电机组采用"一抽一背"装机模式，由南京汽轮电机（集团）有限责任公司生产。

（2）项目概述。

国能浙江南浔天然气热电有限公司建设了一套以安全管理为核心，功能辐射到设备管理、运行管理、计划管理、办公综合的综合性、完备的生产管理系统。目前生产管理系统已具备安全管理、人力资源、计划经营、设备管理、运行管理、两票管理、科技管理、制度管理、办公综合、检修管理、物资管理、班组建设等 12 个大项，基本涵盖了电厂安全生产所需的所有功能。

（3）技术优势。

生产管理系统的功能建设以各项生产制度为依托，将制度中的流程通过电子逻辑实现，同时增加智能管理终端，实现如工器具、接地线等精准管理的目标。主要功能模块与智能终端简要介绍如下：

1）安全管理模块：该模块实现了全流程安全监控。系统可上传安全教育材料，员工下载学习，完成安全学习后，可在系统中进行安规考试、三种人赋权考试，成绩自动保存上传。针对安全检查中的问题和排查出的隐患，可以通过系统下达相关任务，待治理后进行逐级审核，实现闭环管理。系统还可方便地实现违章信息填写，由安健环部负责人审核后进行相应的批评教育与考核。系统与智能工器柜相连接，根据录入的工器具有效期，智能提示需要送检的工器具，同时闭锁超期工器具借出手续，待该工器具送检记录上传后方可使用。

2）设备管理模块：该模块下设设备台账、设备缺陷、设备异动、设备停复役、工单管理、技术管理等多个子分功能，各项功能均可实现闭环化管理，如设备异动后需上传修订后的图纸、规程及培训记录方可完成流程，避免由于异动产生的管理漏洞或误操作等情况的发生。

3）运行管理模块：该模块除设置运行日志、智能巡检、定期工作等常规模块外，还与智能终端一起实现了智能管理内容。如通过智能地线柜、接地桩实现地线管理，精准定位各地线位置，同时与操作票、工作票互联，从源头杜绝带地线送电的可能性。智能工器具柜与钥匙柜实现了工器具与钥匙的出借、归还管理。此外与生产监控系统关联，实现智能超表功能，对异常指标、数据进行提示，减少运行人员工作量。

同时，系统还根据生产运营实际情况不断完善功能，如增加电力市场报价模型，计算发电边际利润；增加疫情出入登记模块，助力防疫工作等。系统已开发手机 App，实现了生产、运行和经营的移动管理。

（4）应用效益。

生产管理系统投运后，以智能化功能覆盖生产的全过程，以电子实质约束实现厂内运行、维护、安全闭环化管理，夯实了安全管理基础，大大提升了企业安全管理能力。同时，系统简便化的流程、简单的操作大大节约了厂内各管理人员、运行人员的时间，提升了工作效率，减少了企业的人工成本。通过系统可实现无纸化办公，节约了办公耗材费用，降低能耗，实现低碳办公。

（四）智能电厂发展趋势

智能电厂的建设立足于应用新一代信息通信技术进行产业经营管理创新与生产技术革新，利用新的信息技术，以全面感知、全面数字、全面互联、全面智能为主攻方向，促进"人"与"物"的交互与融合，实现企业的智能生产、智慧管理。树标杆，领方向，引领产业进行数字化转型，实现产业升级，彰显企业的行业价值、经济价值和社会价值。

近几年，发电行业国有企业已经逐步从数字化转型探索阶段转向更加务实、更加系统化的智慧化建设模式：

（1）组织层面：一是发电企业信息化部门初步掌握了智能电厂建设所必需的 IT 领域知识，有效提升了智能电厂建设内容的辨识能力，即将成为发电企业智能电厂建设过程的中坚力量；二是发电行业数字化转型领域上，逐渐锻造了一批专家队伍，可以有效推动行业朝智慧化智能化发展；三是发电行业逐渐建立了以发电企业、高校院所、工业软件 IT 技术供应商为核心的生态体系，多业务、多技术、多学科融合，催生了更多可复制可推广的智慧化应用案例。

数据中台体系建设，进行厂内业务及数据的有效整合，实现对各个业务环节信息化程度、业务执行状态、数据质量状态的有效洞察，发电企业逐渐意识到建设统一数据体系的重要性，开始推行数据标准建设。通过多端数据共通、数据全周期管理、打造数据通用性及可复制性等手段，实施管理创新和流程再造，深化数据价值挖掘和应用，规范信息化标准，提升信息化管控能力，为企业管理模式的创新和变革起到支撑作用。

（2）管理层面：发电企业依托"云大物移智"、数字孪生、5G、机器人等技术手段，进行多源数据融合、深度数据挖掘、管理过程与工业数据分析协同，建设了安全、运行、设备、应急、经营、营销、燃料、物资、风险、党建、行政管理等业务的精益化管理体系，实现对全厂设备资产数字化、可视化、智能化的监控与管理，以及生产经营各环节的智能预测、智能分析、智能诊断、智能决策，升华了精益化管控水平、激发了全周期管理效率、提升了企业运营效率，起到了提质增效的效果。

（3）数据层面：从基建期发电企业普遍着手建设可视化工程数据中心，解决工程数据、隐蔽工程、设备资产的全生命周期管理问题；到运营期发电企业开始重视数据中台体系建设，进行厂内业务及数据的有效整合，实现对各个业务环节信息化程度、业务执行状态、数据质量状态的有效洞察，发电企业逐渐意识到建设统一数据体系的重要性，开始推行数据标准建设。通过多端数据共通、数据全周期管理、打造数据通用性及可复制性等手段，实施管理创新和流程再造，深化数据价值挖掘和应用，规范信息化标准，提升信息化管控能力，为企业管理模式的创新和变革起到支撑作用。

智能电厂的发展以创新管理理念为指导，有效整合利用新型传感器、物联网、云计算、大数据、人工智能、虚拟现实等一系列新兴技术，将数字化电厂与智能系统进行深度结合，以专业化的管控体系、人性化的管理思想、一体化的管理平台为重点，逐步打造具有数字化、信息化、可视化、智能化的电力企业，将最大限度地实现电厂的安全、经济、高效、环保运行，也为将来的"黑灯工厂"建设夯实基础。

参 考 文 献

［1］国家能源集团国能余姚燃气发电公司 . 9F 级燃气轮机发电技术-燃气轮机分册 . 北京：中国电力出版社，2018.

［2］清华大学热能工程系动力机械与工程研究所 . 燃气轮机与燃气-蒸汽联合循环装置 . 北京：中国电力出版社，2007.

［3］中国华电集团公司 . 大型燃气-蒸汽联合特循环发电技术丛书-设备及系统分册 . 北京：中国电力出版社，2009.

［4］中国华电集团公司 . 大型燃气-蒸汽联合特循环发电技术丛书-控制系统分册 . 北京：中国电力出版社，2009.

［5］中国华电集团公司 . 大型燃气-蒸汽联合特循环发电技术丛书-控制系统分册 . 北京：中国电力出版社，2009.

［6］清华大学热能工程系动力机械与工程研究所 . 燃气轮机与燃气-蒸汽联合循环装置 . 北京：中国电力出版社，2007.

［7］浙江省电力公司电力科学研究院 . 燃气轮机发电机组控制系统 . 北京：中国电力出版社，2012.

［8］郑叔琛，黄志刚，王震华 . 浅述燃气轮机的进气冷却技术 . 南京工程学院学报，2002，2（2）：1-8.

［9］蔡晓清，陈劼 . 柳絮对燃气轮机运行的影响及对策 . 东方电气评论，2018，32（127）：33-36.

［10］电力规划设计总院 . 中国能源发展报告 . 2023. 北京：人民日报出版社，2023.

［11］史丹 . 能源蓝皮书 中国能源发展前沿报告——中国能源高质量发展 . 北京：社会科学文献出版社，2023.

［12］国电电力发展股份有限公司，国电电力发展股份有限公司浙江分公司，国电湖州南浔天然气热电有限公司，上海电力大学 . 6F 级燃气-蒸汽联合循环发电设备与运行（热机分册）. 上海：同济大学出版社，2019.